我的探险生涯

（修订典藏版）

［瑞典］斯文·赫定 - 著

雷格　潘岳 - 译

国际文化出版公司
·北京·

图书在版编目（CIP）数据

我的探险生涯：修订典藏版／（瑞典）斯文·赫定
著；雷格，潘岳译.－－北京：国际文化出版公司，
2021.10
ISBN 978-7-5125-1311-2

Ⅰ．①我… Ⅱ．①斯… ②雷… ③潘… Ⅲ．①探险－
亚洲－近代 Ⅳ．① N83

中国版本图书馆 CIP 数据核字 (2021) 第 107662 号

我的探险生涯（修订典藏版）

作　者	[瑞典] 斯文·赫定
译　者	雷格 潘岳
统筹监制	文钊
策划编辑	文雯
责任编辑	侯娟雅
特约编辑	太井玉 卢倩倩
封面设计	今亮後聲 HOPESOUND 2580590616@qq.com·万聪
出版发行	国际文化出版公司
经　销	全国新华书店
印　刷	天津市祥丰印务有限公司
开　本	880 毫米 × 1230 毫米　32 开
	25.25 印张　　　　582 千字
版　次	2021 年 10 月第 1 版
	2021 年 10 月第 1 次印刷
书　号	ISBN 978-7-5125-1311-2
定　价	128.00 元

国际文化出版公司
北京朝阳区东土城路乙 9 号　　　邮编：100013
总编室：(010) 64271551　　　传真：(010) 64271578
销售热线：(010) 64271187
传真：(010) 64271187-800
E-mail：icpc@95777.sina.net
http://www.sinoread.com

纪念我亲爱的母亲

目录

第一次亚洲腹地旅行

第二次亚洲腹地旅行

第三次亚洲腹地旅行

第四次亚洲腹地旅行

第五次亚洲腹地旅行

修订典藏版前言

修订说明

《我的探险生涯》一书初版于 1925 年，是瑞典探险家斯文·赫定（Sven Hedin，1865－1952）博士为美国青少年读者所写的通俗读物，出版后即风靡全球，迅速成为经典，在我国的译介也受到广泛欢迎，至今已有至少五种译本公开出版。这些译本各有所长，但共同的问题是对作品的还原还不够精确，特别是一些史实、地名、人名、专有名词，有些资料缺乏，有些经过变迁，和斯文·赫定时代已有一定的差异。

此次修订，我们主要做了以下工作：

一，必要的文字修订。

二，尽量查实作品涉及的史实、地名、人名和专有名词。当年翻译此书时，网络尚不发达，主要的参考资料都是纸质出版物，还得到了许多友人的大力帮助，特别是沈昌文先生和赵丽雅女士专门为我们复印了《西域地名索引》，助益良多，但仍有不少难以解决的难点。此次修订，得以通过互联网找到一些有价值的资料和研究成果，还能够通过互联网地图具体追踪斯文·赫定的旅行路线，排除了大部分难点。一些实在无法查实的人名、地名，即按照其发音规律进行音译。要说明的是，书中有些维吾尔族探险队员的名字往往带有后缀，比如"克里木江""买买提依萨"中的"江"和"依萨"；

由于赫定有时会直接称呼他们为"克里木""买买提",为避免混乱,我们以"克里木·江""买买提·依萨"这样的方式来处理。

三,增加必要的注释。注释中有少数作者原著,其余皆为译者为方便读者阅读所加。例如,斯文·赫定在描述其探险考察时会简单提到一片湖泊、一条河流或一座山峰,并未具体指出其名称;我们则依据他的行走线路加以甄别,能够确定的,即明确注明其名称。

四,整理归纳斯文·赫定的探险考察线路,以文字或地图的形式加以呈现,以便读者掌握。其中文字部分见本前言的后面部分。

斯文·赫定其人

"斯文·赫定"是世界探险史上最熠熠发光的名字之一。斯文·赫定于 1865 年 2 月 19 日生于瑞典首都斯德哥尔摩一个中产阶级家庭,15 岁时目睹瑞典北极探险英雄诺登舍尔德载誉荣归,就此立下成为一名探险家的志向,终生不渝。1885 年,斯文·赫定中学毕业时得到一个工作机会,去当时沙皇俄国的巴库油田(在今阿塞拜疆)给一名工程师的儿子做家庭教师,就此与亚洲结缘。此后他在瑞典的乌普萨拉大学、德国的柏林大学和瑞典的斯德哥尔摩高等学校学习地理学和地质学,在德国时的老师是著名地理学大师李希霍芬。1890 年,瑞典国王派遣一支外交使团出访波斯,斯文·赫定作为使团的翻译同行,并进行了他在亚洲的第二次旅行,最后到达中国的喀什噶尔(今喀什)。1892 年,他继续师从李希霍芬研习地理学并获得博士学位,此后以专业人士的身份开始了漫长而艰苦的探险、勘察和测绘活动,探险活动主要在中国西部的新疆、西藏等地区展开。1893 年，斯文·赫定开始第三次亚洲之行，1894 年进入中国，主要在新疆、西藏、青海考察，1897 年从北京回国。1899 年，斯文·赫定开始第四次亚洲之行，主要在新疆、西藏、青海、甘肃考察，1902 年回国。1905 年，斯文·赫定开始第五次亚洲之行，1906 年进入中国，主要在西藏考察，1908 年离开中国，1909 年回国。1926 年，年逾古稀的斯文·赫定再次来到中国，领导中瑞中国西北科学考察团，自 1927 年起对中国西北地区进行了长达 8 年的科学考察，取得了大量学术成果。

斯文·赫定一生的探险工作所取得的最重要成果有三个：一是于 1900 年发现了楼兰古城遗址并于次年进行了发掘；二是提出关于罗布泊的"游移湖"假说，并创立"游移湖"理论；三是通过实地踏勘填补了地图上西藏地区大片空白地带，其间八次穿越冈底斯山脉。

斯文·赫定的第一次亚洲之行

1885 年夏，由斯德哥尔摩乘船渡波罗的海至俄国圣彼得堡，由圣彼得堡乘火车经莫斯科、罗斯托夫至弗拉季高加索，换乘马车至第比利斯，在第比利斯再乘火车经乌季里抵达巴库，做家庭教师。

1886 年 4 月，教师工作结束，用赚来的工资去波斯旅行。由巴库乘船渡里海至恩泽利，骑马经拉什特、科多姆、曼吉勒到加兹温，然后乘马车至德黑兰。

在德黑兰略做停留后继续南行，经库姆、卡尚、库赫鲁德、伊斯法罕、设拉子到达波斯湾港口城市布什尔，乘船从阿拉伯河（底格里斯河和幼发拉底河合流后形成的大河）上行，经巴士拉、古尔奈、库特－阿马拉抵达巴格达。

由巴格达骑马经拜尼萨德、巴古拜、克尔曼沙阿、哈马丹，于6月21日抵达德黑兰。

由德黑兰至巴尔福鲁什，乘船经克拉斯诺沃茨克至巴库，乘火车经第比利斯至巴统，乘船至君士坦丁堡，经阿德里安堡于8月24日抵达索菲亚，在德国的施特拉尔松德搭船返回斯德哥尔摩。

斯文·赫定的第二次亚洲之行

1890年4月，随瑞典使团由斯德哥尔摩至君士坦丁堡，乘船至巴统，乘火车经第比利斯至巴库，参观巴拉哈尼的油田。5月11日乘船至恩泽利，改乘船至拉什特，乘马车经加兹温抵达德黑兰。

使团访问任务结束后单独留在德黑兰，盗取了帕西人头骨，随波斯沙阿去厄尔布尔士山区避暑，并到中亚地区旅行。1890年9月9日由德黑兰出发，经库比德贡比德、德伊纳玛克、塞姆南、古谢赫、达姆甘、恰尔德、阿斯特拉巴德（今戈尔甘）、巴斯塔姆、米安达什特、萨卜泽瓦尔、内沙布尔至马什哈德。

10月中旬由马什哈德出发，经卡赫卡至阿什哈巴德，乘火车经梅尔夫、布哈拉至撒马尔罕，乘马车经苦盏、浩罕、马尔吉兰至奥什。

12月1日由奥什出发，经苏非库尔干，翻越铁列克达坂，经伊尔克什坦至中国边境要塞乌鲁克恰提，12月14日抵喀什噶尔。

12月24日离开喀什噶尔，骑马、坐雪橇、乘马车、乘船经吐尔尕特山口、恰特尔克尔湖、塔什拉巴特山口、纳林斯克（今纳伦)、伊塞克湖、普热瓦利斯克（今卡拉科尔）、奥利埃阿塔、奇姆肯特、塔什干、钦纳兹、米尔扎拉巴特、基塔布、沙赫里萨布兹、撒马尔罕、卡拉库姆沙漠、新罗西斯克、莫斯科、圣彼得堡、芬兰湾，于 1891 年春天回到斯德哥尔摩。

斯文·赫定的第三次亚洲之行

1893 年 10 月 16 日，由斯德哥尔摩出发，乘船至圣彼得堡，乘火车经莫斯科、坦波夫至奥伦堡。

11 月 14 日由奥伦堡出发，乘马车经奥尔斯克、塔姆德、康斯坦丁诺夫斯卡亚、卡扎林斯克、突厥斯坦、奇姆肯特、塔什干至马尔吉兰。

1894 年 2 月 23 日由马尔吉兰出发前往帕米尔高原，经兰加尔、拉巴特、腾吉斯巴依山口、达拉乌特库尔干、吉普蒂克、博尔德伯、克孜勒阿尔特山口、科克塞、喀拉库勒湖、阿克拜塔尔山口至帕米尔斯基。

4 月 7 日由帕米尔斯基出发，经郎库里、楚加塔依山口至中国边境要塞布伦库勒（今布伦口），经卡拉库里湖至慕士塔格山，登顶失败。经卡拉库里湖和布伦库勒，于 5 月 1 日抵达喀什噶尔。

6 月，由喀什噶尔出发，经英吉沙、帕斯拉巴特、阔克－莫依纳克山口、苏巴什、卡拉库里湖至慕士塔格山，三次尝试登顶失败，翻越慕士库劳山口至帕米尔斯基，经雅什库勒湖、卡拉库里湖，于 10 月 19 日返回喀什噶尔。

1895 年 2 月 17 日，由喀什噶尔出发，经英吉沙、马热勒巴什

（今巴楚），于 3 月 19 日至麦盖提，建立大本营。4 月 10 日，率探险队由麦盖提出发，开始由西向东横穿塔克拉玛干沙漠，4 月 21 日至卓尔湖，5 月 5 日至和阗（今和田）河谷的"天赐之湖"，探险队损失人员两名。经阿克苏，于 6 月 21 日返回喀什噶尔。

7 月 10 日，由喀什噶尔出发前往帕米尔高原，经乌帕尔、乌鲁尔特山口、瓦根基山口、查克马廷湖至麦曼约里，见证英俄勘界委员会勘界工作最后完成，经同村返回喀什噶尔。

12 月 14 日，由喀什噶尔出发，经叶尔羌（今莎车）、哈尔噶力克（今叶城）、库姆－拉巴特－帕德沙西姆（今鸽子塘），于 1896 年 1 月 5 日至和阗。1 月 14 日，由和阗出发，经塔瓦库勒，沿克里雅河由南至北进入塔克拉玛干沙漠，1 月 23 日至丹丹乌里克古城遗址考察，经通古孜巴斯特，于 2 月 2 日至喀拉墩遗址考察，在克里雅河下游发现野骆驼，2 月 21 日抵达塔里木河，成功穿越塔克拉玛干沙漠。2 月 23 日至沙雅，3 月 10 日至库尔勒，其间访问喀喇沙尔（今焉耆）。3 月底由库尔勒出发，经铁干里克、昆其村、阿不旦至罗布泊。由阿不旦出发，经婼羌（今若羌）、喀帕、克里雅（今于田），于 5 月 27 日返回和阗。

7 月下旬，由和阗出发前往青藏高原，经喀帕、达来库尔干、布拉克巴什，8 月 24 日翻越阿尔格山，经围山湖、可可西里湖、库赛湖，10 月 1 日至野牛沟。经奈齐河、伊克错罕郭勒进入柴达木盆地，经托素湖、可鲁克湖、哈拉湖（今尕海）、都兰寺、查汗诺尔、布哈河、青海湖、哈拉库图山口、丹噶尔（今湟源）、塔尔寺，于 11 月 24 日进入西宁。由西宁经平番（今永登）、石门河、凉州府（今武威）、阿拉善、王爷府、宁夏，1897 年 1 月 25 日渡黄河，经百眼井，再渡黄河，经包头、归化（今呼和浩特）、张家口，于 3 月 2 日抵达中国首都北京，在北京期间会见了李鸿章。

3 月中旬，由北京出发，经张家口、西伯利亚的坎斯克、圣彼得堡、芬兰，于 5 月 10 日返回斯德哥尔摩。

斯文·赫定的第四次亚洲之行

1899 年 6 月 24 日由斯德哥尔摩出发，至克拉斯诺沃茨克，乘坐豪华列车至安集延，组织探险队。7 月 31 日由安集延出发，经奥什、通布伦山口、过克孜勒苏河，抵达喀什噶尔。

9 月 5 日由喀什噶尔出发，至叶尔羌河畔的拉依力克，9 月 17 日开始沿叶尔羌河旅行，至穹塔格，游卓尔湖，经摩勒、阿瓦提，10 月 25 日抵达阿克苏河汇入叶尔羌河处，进入塔里木河，经和阗河口，12 月 7 日至英库勒，建立大本营"图拉萨勒干乌伊"。考察巴什库勒湖、英库勒湖。

12 月 20 日，由"图拉萨勒干乌伊"出发，自东北向西南穿越塔克拉玛干沙漠，经塔纳巴格拉迪湖，在沙漠中度过 19 世纪最后一天，于 1900 年 1 月 8 日抵达车尔臣河。至且末，过喀拉米兰河、莫勒切河，考察安迪尔古城遗址，经且末、都拉里，于 2 月 24 日返回"图拉萨勒干乌伊"。

3 月 5 日由"图拉萨勒干乌伊"出发，沿孔雀河至库鲁克塔格山脚布延图布拉克（兴地沟），考察营盘古城遗址，3 月 15 日至雅尔丹布拉克，又至阿提米西布拉克，3 月 28 日经过楼兰古城，4 月 2 日到达喀拉库顺湖（罗布泊），经库木恰普干、切尔盖恰普干返回"图拉萨勒干乌伊"。

5月19日,由"图拉萨勒干乌伊"出发前往西藏东部,沿塔里木河南下,5月25日考察贝格力克湖,经其格里克至阿不旦,河上漂流结束。骑马经墩里克、塔特勒克布拉克,翻越阿斯腾塔格、阿卡托山,经小湖(即尕斯湖)、铁木里克,于7月13日至孟达里克,建立大本营。7月18日,由孟达里克出发,翻越祁漫塔格、阿拉塔格、卡尔塔阿拉南山,至巴什库木库勒湖,翻越阿尔格山,8月22日至西金乌兰湖,又至乌兰乌拉湖,9月23日至若拉错,10月17日返回铁木里克,探险队损失成员一名。

11月11日,由铁木里克出发,考察阿牙克库木湖,12月返回。

12月12日由铁木里克出发,1901年1月1日至安南坝沟,绕行安南坝山,1月8日至布隆吉尔湖,返回安南坝河,向北进入库木塔格沙漠,经雅丹地形,2月24日至阿提米西布拉克(即"六十泉"),3月3日至楼兰古城并进行发掘,3月17日至喀拉库顺湖,经阿不旦至婼羌大本营。

5月17日,由婼羌出发前往西藏拉萨,经婼羌河谷,6月1日至阿牙克库木湖,翻越阿尔格山,6月26日至雪梅湖,7月20日翻越普若岗日冰川,7月24日在唐古拉山区建立第44号营地作为大本营。8月1日渡过扎加藏布,至安多莫曲,8月5日至错那,于亚洛受阻北返,渡扎加藏布,8月20日返回44号营地。由营地继续南行,9月3日至扎加藏布受阻西行,9月5日至色林错,9月7日至那宗错(今错鄂),经恰规错、阿当错(今吴如错)、拉果错、别若则错、诺和村、错温布、班公错,于12月17日抵达列城解散探险队,此行损失成员两名。

1902 年 1 月 1 日翻越佐吉拉山口，经斯利那加、拉瓦尔品第、拉合尔、德里、阿格拉、勒克瑙、贝拿勒斯至加尔各答，访问博尔拉拉姆、斋浦尔、琥珀堡、格布尔特拉等地，经斯利那加、列城、喀什噶尔、奥什、彼得罗夫斯克、圣彼得堡，于 6 月 27 日返回斯德哥尔摩。

斯文·赫定的第五次亚洲之行

1905 年 10 月 16 日由斯德哥尔摩出发，经君士坦丁堡、巴统、特拉布宗、埃尔祖鲁姆、巴亚泽特、大不里士、加兹温至德黑兰。1906 年 1 月 1 日由德黑兰出发，骑乘骆驼经卡维尔盐漠、诺斯拉塔巴德至努什基，乘火车至西姆拉，受到英国政府阻挠。由西姆拉至斯利那加，组织旅行队。7 月 16 日，由斯利那加出发经加恩德尔巴尔、索纳马格、佐吉拉山口、格尔吉尔、拉玛玉如至列城，重新组队，绕行新疆前往西藏。

由列城经摩格里布、张拉山口、鲁空、坦克策、布章、马尔斯米克拉山口、羌臣摩河谷至羌隆约玛山口，建立第 1 号营地。至阿克赛钦平原东行，经阿克赛钦湖、莱登湖（今郭扎错）、雅西尔湖（今邦达错），9 月 27 日至普尔错。向东南方穿越藏北羌塘，经拉雄错、戈木错、恰琼拉山口、东查错，12 月 4 日至波仓藏布，12 月 24 日至懂布错，于昂孜错遇阻，后获准南下，经马尔下错、帕布拉山，在色拉拉山口第一次翻越外喜马拉雅山（具体指冈底斯山），过美曲，经西布拉山口、切桑拉山口、扎拉山口、拉若山口至雅鲁藏布江北岸东行，经荣玛村、达那答村、年楚河谷，于 1907 年 2 月 9

日抵达日喀则，在扎什伦布寺参观藏历新年庆典，受到班禅喇嘛接见，2月16日为班禅喇嘛拍照。

3月27日由日喀则出发西行，经塔丁寺、甘丹曲登寺、扎西坚白寺、加嘎村、多温玛村至林欧村北行，经通村、折宗村、列隆寺、林嘎寺，4月17日至果吾村。在羌拉布拉山口第二次翻越外喜马拉雅山。于达果藏布受阻向西南行，经许如错，5月6日在阿灯拉山口第三次翻越外喜马拉雅山。5月11日至热嘎扎桑西行，经巴桑山谷、扎布尔、萨嘎宗、达吉岭寺、纽圭、吉隆拉、达巴容山谷至扎东。6月20日启程，经里孜寺，翻越科里拉山口进入尼泊尔，驻纳玛殊村，再经科里拉山口返回扎东，继续西行。经那木拉寺、土松村，沿库比藏布（今库比曲）上行，于7月13日发现雅鲁藏布江源头。翻越扎木隆拉山口至托钦，游览"圣湖"玛旁雍错及湖畔色热龙寺、果初寺、阳果寺、吹果寺、吉乌寺、本日寺、朗纳寺、加吉寺8座寺庙，游览拉昂错，于8月31日至巴嘎，9月2日在格列平原宿营，次日经年日寺（今曲古寺）、止热寺、卓玛拉山口、错嘎瓦拉、尊珠寺、塔尔钦拉章环绕"神山"冈仁波齐峰（即"神山"凯拉斯峰）转山，回到格列。由格列出发，在则地拉钦拉山口第四次翻越外喜马拉雅山，发现印度河源头"狮子口"。在久赤拉山口第五次翻越外喜马拉雅山，至噶尔昆萨，组织一整支新的旅行队，准备再次穿行西藏。

11月，由噶尔昆萨出发，经坦克策至鲁空集结，12月4日至什约克村，沿什约克河谷北行，经布拉克至"红山洞"东行，经达桑高地、喀拉喀什河谷转向东南至窝尔巴错，1908年2月1日至谢门错（今鲁玛江冬错），2月8日至热乌琼，经冷穷错（今喀湖错）、那荣，3月15日到达洞错。由洞错南行，经邦巴强玛、康坚藏布（今索美藏布）、曲依错、尼玛隆拉山口，沿布藏藏布（今毕多藏布）南行，4月15日在桑木耶拉山口第六次翻越外喜马拉雅山。不久东行，4月23日过嘎布拉山口，4月24日至炯钦拉山口，4月25日遇阻，前往斯莫苦，至此行最南端。

北返，于南木钦山谷更新装备。翻越康琼岗日，至勒布琼错（今惩香错），在桑木巴提拉第七次翻越外喜马拉雅山。经松娃藏布、德塔拉山口至扎日南木错，参观门董寺。西行，经果娃拉山口、嘎仁错，沿布藏藏布至塔若错。6月9日过隆嘎拉，经布如错（今帕龙错）、苏拉山口、边当藏布、休布错、嘎拉山口，6月23日翻越扎耶帕巴拉山口至昂拉仁错、松当藏布。6月27日参观赛利普寺。6月30日出发至日阿则平原，翻越此行最高的丁拉山口，在苏埃拉山口第八次翻越外喜马拉雅山，7月14日至托钦。由此西行去印度，重访朗纳寺、吉乌寺，沿萨特莱杰河经直达布日寺、炯隆寺、阿里藏布，过石布奇山口进入印度境内。8月28日至普村，9月9日至高拉，9月14日至法古，9月15日抵达西姆拉，此为第500号营地。

去斯诺顿度假后，10月11日由西姆拉启程返回家乡。由孟买乘船经科伦坡、槟榔屿、新加坡、香港至上海。由上海乘船至神户，由神户经横滨至东京。由东京至汉城（今首尔）。由汉城至旅顺，经沈阳、哈尔滨、海参崴（今符拉迪沃斯托克）、莫斯科、圣彼得堡，于1909年1月10日返回斯德哥尔摩。

译序

　　瑞典探险家斯文·赫定以 87 岁高龄在斯德哥尔摩寂寞辞世的时候，差不多已是一个完全被遗忘的人物，当年从亚洲腹地载誉荣归时的鲜花和掌声更是杳然不可寻——这都要归因于斯文·赫定在政治上的两次"豪赌"：两次世界大战中，他都坚定地站在老师、地理学大师李希霍芬的国家一方，赌德国最终获胜（德国方面也投桃报李，以他的名字为柏林的一个广场和一条街命名）；当然，他这样做的结果就是身披"附逆纳粹"恶名遭到盟国的孤立和唾弃，并且失去了几乎所有的朋友。

　　世事如烟。大半个世纪过去了，再来审视斯文·赫定的一生，我们会发现，其实，命运对斯文·赫定还是格外垂青的，发现塔克拉玛干古城、尼雅古城、楼兰古城，揭开罗布泊之谜，穿越西藏"尚未勘察"的空白地带，找到印度河源头，将外喜马拉雅山（冈底斯山）安置在地图上，这一系列壮举已经足以使他成为 19 世纪末 20 世纪初地理大发现时代的最后一位科学巨人（尽管他只是一个小个子），而同时期中亚探险大舞台上的诸位过客，无论普尔热瓦尔斯基、吕推还是荣赫鹏，都没有他这样的福分，即便是斯坦因这样的集大成者，也要仰仗他的恩泽才得以成就伟业。斯文·赫定的这些地理学上的伟大成就大都得于 1885 年他首次踏进亚洲的门槛到 1907 年离开西藏之间（20 岁到 42 岁），也正是这本《我的探险生涯》所涵盖的时段，堪称他个人的"黄金时代"。

直到今天，一些中国学者一提起斯文·赫定就不免咬牙切齿，因为正是他开了西方文化强盗对我国的考古资源进行巧取豪夺、致使文物大量流失的先河。他的首要罪状就是在1901年发掘楼兰遗址后将所得的木牍、手稿和木雕等文物据为己有。平心而论，斯文·赫定的这一举动更多地反映了清朝统治末期我国国力衰微、政局艰危、无力保护自己宝贵的文化遗产的现实，而较少涉及他本人的品质问题，否则他也不至于先把文物千里迢迢运到北京的六国饭店进行展览，然后再运回欧洲拿给德国学者希姆莱做研究。相比之下，倒是他1889年在波斯偷偷割取祆教（拜火教）徒尸体的头颅、给斯德哥尔摩的头盖骨博物馆做展品的行为更让人觉得恶心。斯文·赫定也曾到过敦煌，但是对那里的藏经洞缺乏斯坦因、伯希和、华尔纳和橘瑞超们那样大的兴趣；他在《我的探险生涯》的开篇就交代得很清楚，诺登舍尔德这样的北极探险英雄才是他的榜样，他与亚洲大地的不解之缘也根本得自一个偶然的机会。

《我的探险生涯》中有一段惊心动魄的描写予人印象最深：1895年春夏之交，斯文·赫定涉险横穿塔克拉玛干沙漠，由于没有足够的饮水，旅行队几乎全军覆没，斯文·赫定本人也丢掉了大部分测量器材，仅以身免。后来斯坦因也企图沿斯文·赫定走过的路线穿越沙漠，同样遇到缺水的问题，他明智地选择了放弃。斯文·赫定在检讨自己的失败时，这样写道：

> ……在相似的情境里，我是绝对不会做出这样的决定的。我会继续向沙漠深处走去。这可能意味着我和我的随

从们的死亡。我可能会失去一切，像 1895 年一样。但是冒险、征服未勘之地、向不可能挑战，这一切都对我有着一种不可抗拒的魔力。

　　他以这一番夫子自道式的自白心迹，表达了他对地理探险这个行当的个性化理解，也阐明了他所信奉的知行合一的人生哲学，虽说不上高深，却很合志在四方的年轻人的胃口。应当说，斯文·赫定的成功绝非偶然，与他的成就相匹配的是，他的气质和品格也同地理大发现时代那些伟大人物一脉相承，那就是敢于幻想并且敢于为幻想付出全部努力，因此有人称他为"最后一位古典探险家"。在我看来，这种浪漫情怀和理想主义色彩恰恰是《我的探险生涯》的价值和特色所在。本书原是斯文·赫定为美国青少年所写的一本通俗读物，1925 年问世后立即被译成了十几种文字，畅销全球，斯文·赫定本人则成为一代新青年的偶像；李述礼先生所译中文本（《亚洲腹地旅行记》）自 1934 年初版后，重印了数十次。

　　当然，斯文·赫定对自己同利文斯通、斯坦利和诺登舍尔德等杰出前辈并肩而立的伟大探险家的身份是非常自负的。他在本书中就多次不无得意地写到，当他率领探险队义无反顾地走进大漠深处，或是冒着暴风雨乘独木舟在湖上进行科学测量时，当地居民如何对他那看似"疯狂"的"找死"举动大摇其头、唉声叹气。他每谈到自己的一项地理发现，总是不厌其烦地申明，"迄今为止，还没有一个欧洲人"做到或意识到这一点。翻越外喜马拉雅山时，他甚至激动地给自己"加冕"："意识到自己是第一个涉足这一地区的白人，我不禁涌起难以形容的满足，觉得我好像是自己领地上一位强有力的君主。"看得出来，他脑子里的欧洲本位、白人至上心态还是相当严重的，颇以将文明之光带到愚昧落后之地的征服者自居。然而就是这蛮荒、闭塞的茫茫大漠、雪域高原，终成为他魂牵梦绕的系心之所（十几年间他曾四次进入中国境内——他的亚洲腹地探险的主战场），以至于后来人们问他为何终生未婚时，他会深情地说："我已经和中国结了婚。"

1890 年，斯文·赫定在喀什噶尔初会探险家、英国军官荣赫鹏，引为至交。此后二人各奔前程，都去了西藏，命运却迥然不同。荣赫鹏将永远以入侵者和屠夫的形象留在西藏人民的记忆中，斯文·赫定却始终恪守一个探险家的本分，当前往拉萨受到藏人阻拦时，他傲慢归傲慢，却也表现出了起码的正直、勇敢和通情达理。本书中下面一段话既谴责了荣赫鹏指挥的那次远征，又由衷赞佩藏人的坚定、从容和高贵，很有点惺惺相惜的味道：

> ……寇松勋爵派遣他的英印军队去了拉萨，他们用武力打开了通往圣城的南线，4000 藏人被杀。那就叫作战争。然而西藏人民仅仅想过自己的安生日子，此外别无他求。康巴邦布统治下的藏人智取我的时候，他们也使用了强硬手段，但是没有动武；他们贯彻了自己的意志，但是手上没有沾上一滴鲜血。恰恰相反，他们用最客气的态度来对待我。而我自己呢，也就以将冒险的旅行达到了极限而感到满足，我是不撞南墙不回头，一直坚持到了最后才退让。

在林嘎寺，斯文·赫定见到一个喇嘛教僧人的苦修洞穴，在封住洞口的石墙后面住着一位年轻的仁波切喇嘛，他自愿告别光明，在无尽的黑暗中思考和梦想着涅槃。这在精神生活至高无上的西藏大地上本是一件平常的事，却让坚定的斯文·赫定动摇了：

> 仁波切喇嘛不容抗拒地迷住了我。此后很久，我都会在夜里想起他；甚至今天，十八年已经过去，我仍经常好奇他是否还活在他的洞穴里。即便我拥有权力、获得许可，我死也不愿解放他，让他走出来进入阳光之中。在这样的伟大意志和神性面前，我觉得自己像一个毫无价值的罪人和懦夫。

伟大的东方式的献身、东方式的坚忍不期然击溃了斯文·赫定的全部自信。我甚至能听见他那欧洲人的优越感在瞬间分崩离析的声音。也许并非巧合的是，还是那位荣赫鹏上校，自西藏返回后便成了密宗的信徒。

斯文·赫定是一位天生的探险家，精力过人，同时还是一位才具超卓的艺术家，他旅行途中所画的素描已经成了他所有著作中不可或缺的一部分。他的文学才能尤其为人称道——他在把枯燥、艰险的旅行记录化成娓娓动人的文字方面似乎掌握了某种独门秘籍，能够把书写得结构繁简适度、墨色浓淡相宜，而且长于传神。若是想在这本书中寻找最生动的描写，我向大家推荐斯文·赫定会见李鸿章那一段：李鸿章见斯文·赫定是个非常认真和自尊的人，便"不讲理"地拿他的探险事业及他的祖国随意戏谑和调侃，赫定被惹得奋起反击，但仍左支右绌，不得不暗自认输。也许斯文·赫定的本意是在书中"讨伐"李鸿章，但考虑到当时的现实，内忧外困、独撑危局的李中堂还有心情同一个外国科学家"逗闷子"，倒真让人见识到了李大人的一点襟怀。

《我的探险生涯》并没有完结斯文·赫定的亚洲之缘，1926年他以古稀之年再赴中国，率领中瑞中国西北科学考察团开始了为期8年的科考活动。这一次，他同中国的学术界签订了我国现代科学史上第一个"平等条约"，还领下了为复活"丝绸之路"选取路线的任务，其在中国的声望达到了顶点。斯文·赫定在他的另一本通俗著作《丝绸之路》中写下了对于这条新路的期望；说得太好，所以抄录在后面：

> 这样一条世界上最长的公路交通动脉……不仅会有助于中华帝国内部的贸易往来，还能在东西方之间开辟一条新的交通线。它将联结的是太平洋和大西洋这两个大洋、亚洲和欧洲这两块大陆、黄种人和白种人这两大种族、中国文化和西方文化这两大文明。在这因怀疑和嫉妒而使各国分离的时代，任何一种预期可以使不同民族接近并团结起来的事物，都应得到欢迎和理解。

斯文·赫定在探险的征途上，每到一地都会留下自己的印记——测量，勘探，绘制精密准确的地图。他一生绘制的地图量之大令人吃惊，单是一部《南藏》地图就占了三卷之多。也许斯文·赫定想的是，这样一来，他就不仅仅是中亚大舞台上的一个匆匆过客了。在历史进入数字时代的今天，建立在实地踏勘、三角测量基础上的地图绘制工作已多半交给了航空摄影和卫星遥感技术，斯文·赫定曾经一步步走过的隘口、急流和危崖仍然极少有人涉足。那么斯文·赫定所孜孜以求的名标青史数百年是否可能呢？难道他和这片辽阔的土地的亲和力仅仅存在于他那精彩得有些夸张的叙述中吗？

也许每一位亲爱的读者都有自己的答案。

雷格

第一次
亚洲腹地旅行

第一章

缘起

一个孩子在他的童年时代就找到了自己未来一生工作的方向，真是件幸福的事。那恰恰是我的好运气。早在 12 岁的年纪，我的目标就已完全明确了。我最亲近的朋友是芬尼莫尔·库珀[1]、儒勒·凡尔纳[2]、利文斯通[3]、斯坦利[4]、富兰克林[5]、帕耶[6]和诺登舍尔德[7]，特别是北极探险中那一长串的英雄和殉道者。当时诺登舍尔德正在前往斯匹次卑尔根群岛、新地岛和叶尼塞河口进行勇敢的探险旅行。当他走完"东北航道"[8]、回到我的家乡城市斯德哥尔摩的时候，我刚满15 岁。

1878 年 6 月，诺登舍尔德乘坐帕兰德（Palander）船长指挥的"维加号"（Vega，"织女号"）轮船离开了瑞典。他沿着欧亚大陆的北岸航行，直到船在西伯利亚的北冰洋岸最东端冻结在了冰层中。他们在那里被困整整十个月。在家乡，人们无比焦急地关注着探险家和他的科考队员及水手们的命运。第一次救援探险队的行动是由美国发起的。詹姆斯·戈登·贝内特[9]——此公以命令斯坦利"找到利文斯通！"而闻名——派遣德朗[10]船长指挥美国船"吉内特号"（Jeanette）于 1879 年 7 月出发寻找北极、完成"东北航道"，并且试图解救瑞典探险队。

可怕的灭顶之灾在等着美国人。"吉内特号"在冰海中失事，大部分成员罹难。不过，"维加号"身上的冰箍松动了，它借助自己的蒸汽机的力量驶过白令海峡，进入太平洋。"东北航道"终于不折一兵一卒打通了。第一封海外电报从横滨发来，我永远也不会忘记它在斯德哥尔摩掀起的热潮。

沿着亚洲和欧洲南岸归国的航程是一次无与伦比的凯旋之旅。"维加号"于 1880 年 4 月 24 日驶入斯德哥尔摩港。全城灯火通明。临近海滨的建筑物被数不清的灯盏和火把照亮了。在王宫里，组成"维加"字样的煤气灯散射出明晃晃的光焰。就在这光海之中，那艘声名远播的船驶入港口。

我和父母、姐妹及一个兄弟一起站在南岸的高地上欣赏全城的美景。我完全沉浸在巨大无比的激动之中。我一辈子都会记得那一天，是它决定了我将从事的职业。热烈的欢呼在码头、街道、窗户和屋顶雷鸣一般轰响。于是我想："我也要像这样荣归故里。"

从那一刻开始，我拼命钻研有关北极探险的一切。我苦读描写北极奋斗的各种新旧书籍，为每一次探险画出地图。在我们北方的冬季，我跑到雪地里滚来滚去，敞开窗户睡觉，这样来锻炼身体。一旦我长大成人，做好了准备，一位仁慈的梅塞纳斯 [11] 出现，把一袋金子扔到我脚旁，说："去寻找北极吧！"我就要毅然决然地装备好我自己的船，带上人员、狗和雪橇，穿过黑夜，穿过冰原，直奔那只有南风劲吹的极点。

但是我命中注定与此无缘。1885 年春，就在我中学毕业离校前不久的一天，校长问我是否愿意去里海边的巴库给一个低年级男孩做半年家庭教师，这男孩的父亲是位受雇于诺贝尔兄弟 [12] 的总工程师。我没怎么花时间考虑就答应了。我那带着钱袋的梅塞纳斯，也许还要等上很久才会来呢。但眼下就明摆着一个前往亚细亚的门口作长途旅行的好机会，决不可轻易放过。就这样，命运引导我走上了去亚洲的大道。许多年过去，我年少时的北极梦也逐渐消散了。在我一生余下的岁月里，我都将为世界上最大的大陆发散出的魔力所吸引。

1885 年的春天和夏天，我焦急不安地等着出发的那一刻，直等得心力交瘁。我仿佛已经听见里海浪涛的咆哮声和商队驼铃的叮当声。用不了多久，整个东方就会将她的魅力在我面前展开。我觉得我好像掌握了打开那神奇和冒险之地的钥匙。一个展览动物的马戏班刚刚在斯德哥尔摩的一块空地上搭起了帐篷，动物中有一峰来自突厥斯坦[13]的骆驼。我把这峰骆驼看作一个来自远方的同胞，一次又一次地去看它。不久我就有机会去问候它在亚洲的亲属们了。

我的父母和兄弟姐妹都很不放心让我去做这样一次长途旅行。但我不是孤身一个人上路。不光是我的学生，学生的妈妈和弟弟也一道走。动情地跟家人依依惜别后，我们登上了一艘轮船，它带我们穿过了波罗的海和芬兰湾。从喀琅施塔得我们可以看见圣以撒教堂璀璨夺目的圆顶像太阳一样闪耀着光芒，几小时后我们就在圣彼得堡的涅瓦河码头靠岸了。

我们没时间耽搁。在沙皇的都城待了几小时以后，我们便乘特快列车出发了，总共需要四天的行程，要经停莫斯科，穿过俄国的欧洲部分，直达高加索。一望无际的平原飞速掠过。我们疾驰着穿过稀疏的松树林，穿过丰饶的田地，在那里金秋成熟的谷穗正迎风招展。从莫斯科往南，我们就一直飞驰在贯穿南俄罗斯起伏不定的草原地带的亮闪闪的铁轨上。我贪婪地将这一切景色尽收眼底，毕竟，这是我第一次出国旅行。许多白色的小教堂将它们那洋葱状的绿色圆顶耸立在可爱的村庄上面。身着红色罩衫和沉甸甸靴子的农夫在田里劳作，用四轮马车运送着干草和可食用的根菜。在糟糕的、未排净积水的路上，当时是不敢梦想有美式汽车行驶的，只有一辆辆三驾马拉的四轮马车飞驰而过，铃声叮当作响。

离开罗斯托夫后，我们渡过了波澜壮阔的顿河，离它注入亚速海的入海口不远。亚速海是黑海中的一个海湾。列车不知疲倦地向南奔

· 莫斯科

驰。车站上尽是些哥萨克[14]骑兵、士兵、宪兵，还有英俊健美的高加索部族奇人，他们身材高大，身穿棕色上装，头戴皮帽，胸前斜挎银色弹药筒，皮带上别着手枪、短刀或匕首。

列车沿着高加索山北麓缓缓爬升，带我们进入它的丘陵地带。捷列克河畔坐落着美丽的弗拉季高加索小城，这个名字的意思是"高加索的统治者"，正如符拉迪沃斯托克意为"东方的统治者"一样。我的学生的父亲，那个总工程师，乘马车去那里迎接我们，我们还要坐这辆马车在两天之内赶120英里[15]路，沿着格鲁吉亚军用公路穿过高加索山。这条路被划分成11个驿站，每到一站都要换马。要想拉着沉重的大车爬上海拔7870英尺[16]的古多里驿站，总共需要七匹马。下山的路途则只需两三匹。山坡崎岖不平。有时我们驾车爬上一道陡峭的山脊，只是为了再走下来，呈之字拐上四五个弯，赶到山另一侧的谷底，可过不久又要攀登另一座高山了。

这真是一次惊心动魄的旅行。我这辈子还从来没有任何经历能与之相提并论的呢。在我们四周，高加索的大山林立，而以白雪覆盖的山峰作为背景的奇妙景色，就在这险峻壁立的大山之间展开。众峰中的最高峰——卡兹别克山那海拔 16530 英尺高的峰顶沐浴在阳光中。

道路修得非常好。它建于尼古拉一世在位时期，耗资如此巨大，以至于沙皇在开通典礼上大叫道："我本来指望能看到一条金路呢，谁知铺的全是灰不溜丢的石头。"道路的外沿修了一道石头矮墙，以防备在下面张着大口的万丈深渊。在山坡上面，一到冬天就会有大雪崩，雪落下来挡住路，把山谷都填满了，所以我们驱车穿过了建得非常牢固、墙壁有 10 英寸厚的防雪廊。

马一路保持全速行进。我们以发了疯一般的速度赶路。我坐在车夫身旁，路每拐一次急弯，我都会头晕目眩；它就好像要在空中消失一般，让我觉得随时都有跌进深谷的危险。

但什么事也没出，我们平安、完好地抵达了高加索的首府第比利斯城。多么繁忙热闹的生活！多么绚丽多彩的画面！库拉河岸边，房屋就像古罗马圆形剧场一样在峻峭、光秃的山坡上立起。大街小巷挤满了骆驼、驴子、汽车和种族相异的各色人等——俄罗斯人、亚美尼亚人、鞑靼人、格鲁吉亚人、切尔克斯人[17]、波斯人、吉卜赛人和犹太人。

在第比利斯，我们登上火车继续我们的行程。时值盛夏，热浪袭人。我们坐的是三等车厢，因为那里的通风是最良好的。我们发现同车厢的有波斯人、鞑靼人、携妻带子的亚美尼亚商人，以及其他奇妙的东方人，他们的面貌和装束都像画中一样多姿多彩。他们不顾暑

· 穿过高加索山的军用公路

· 海拔 16530 英尺高的卡兹别克山，高加索山区最高峰

热，都戴着大大的羊皮帽子。火车开动时，几个从麦加回来的朝圣者把他们那薄薄的跪毯铺在分格车室的地板上，我还记得我当时满心惊诧不已。夕阳西下时分，朝圣者们都转身朝着圣地的方向，口中念着祈祷词。

我们时而走在库拉河的北岸，时而走在南岸。它那新鲜、翠绿的已开垦的河岸不时地在远处闪现。这个地方的其他部分则是荒无人烟的，主要是些干草原，供牧人们放牧羊群；不过在某种程度上，简直就可称为沙漠了。北面，高加索山脉就像有灯光照明的舞台布景一样，蓝色调，山脊上画有一条条白线。这就是亚洲！我对这迷人的画面简直百看不厌。我已经感觉到，我将爱上这无垠的荒野，而且将在未来的岁月中被越来越远地拉向东方。

在乌季里，我按照平素的习惯，下车在本子上画几张速写。我还没画上几笔，突然有几只手重重地按在我的肩膀上，然后我就被三个宪兵老虎钳一般紧紧地抓住了。他们粗暴无礼又疑心重重地向我倾泻着问话。因为我还不懂俄语，一个会讲法语的亚美尼亚姑娘给我当翻译。宪兵们夺过我的速写本，对我的解释报以轻蔑的大笑。显然，他们发现了一个间谍，这家伙可能会危及沙皇帝国的安全。我们身边围了一大群人。宪兵们想把我带走，也许还要把我关起来。火车出发的第一声信号响了起来。站长挤过人群来看看发生了什么事。他抓住我的胳膊，护送我回车上。出发的铃声第二次响了起来。我登上了车厢门口的梯子，宪兵们就跟在我的脚后。列车"吱吱嘎嘎"地开动了。我像条鳝鱼一样动作轻快地钻过两三节车厢，藏在一个角落里。待我回到同伴们身边的时候，那几个宪兵已经跳下了车。

我们接近了里海。风很大，阵阵沙尘从地面扫过。一开始，远山消失了，然后整个地区就笼罩在一片难以穿透的烟尘之中。风势渐强，先转成暴风，再转成飓风。火车头顶着迎面吹来的顶头风拼命工作。火车"噗噗"地喷着烟，气喘吁吁地沿着海岸艰难行进，我们只能模模糊糊地看见镶着白边的巨浪翻卷、破碎。火车终于停在了"风城"巴库，而当晚的巴库也的确当得起这个美名。

阿普歇伦半岛向东伸入里海几乎有50英里。巴库就坐落在这个半岛的南岸，在它的东面我们找到了"黑城"，诺贝尔和其他石油大王在那里都拥有庞大的炼油厂。经过精炼的石油从这里灌入输油管，经整个南高加索直达黑海，与此同时油轮又载着这贵重的液体穿过里海运到伏尔加河上的阿斯特拉罕和察里津[18]。这块包括了大部分油井

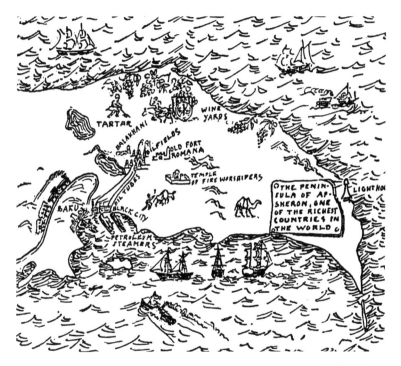

· 阿普歇伦半岛

的地区是以巴库东北方 13 俄里 [19] 外的鞑靼人村庄巴拉哈尼为中心的。人们很早就知道这一地区蕴藏着原油，但是直到 1874 年路德维希·诺贝尔和罗伯特·诺贝尔兄弟才到这里来，引进了美式钻取法。随后的一些年里，此地的石油业得到了极大的繁荣；1885 年，就是我第一次访问巴拉哈尼的时候，这里共有 370 部钻机和相同数量的油井，每年出产成千上万普特 [20] 原油。有时会出现这样的情形，地下压力使得原油像喷泉一样奔涌而出。一口油井往往能在 24 小时之内喷出 50 万普特原油。

我在这个奇异的钻塔林中间待了七个月。我向我的学生灌输历史、地理、语言，以及其他实用科目的知识，但陪同路德维希·诺贝尔去油田视察给我带来了更大的乐趣。我最钟爱的是骑在马背上走过一座座村庄，为鞑靼人及他们的妇女、儿童和马匹画像，或者骑上一匹欢蹦乱跳的马飞奔到巴库，去"黑市"闲逛，那儿有许多鞑靼人、波斯人和亚美尼亚人坐在他们那昏暗的小店铺里，出售来自库尔德斯坦和克尔曼的地毯、帷帐、锦缎、拖鞋和大皮帽子。我观察金银匠们打制首饰、造兵器的铁匠们打造刀和短刀。对于我，一切都非常迷人、有趣，不论是衣衫褴褛的伊斯兰托钵僧、乞丐，还是身着深蓝色长袍的亲王们。

要想做短途旅行，拜火教神庙是个很有吸引力的去处。从前，在神庙的圆顶之下，消耗天然气的圣火不分昼夜地燃烧；但是现在，圣火永远地熄灭了，一到夜里，坐落在草原上的圣殿便被黑暗和静寂围绕。

一个冬日的晚上，夜已深，我们正围坐在灯畔，忽听窗外路上传来不祥的叫喊声："火！火！"一些鞑靼人挨家挨户地跑，把人们叫醒，向他们发出警告，并且扯着嗓子尖声大叫。我们赶紧跑出去。整个油田都被照亮了，亮如白昼。失火的中心点就在几百码[21]外。一池原油正在熊熊燃烧，火焰在泥土堆成的墙壁之间蹿起，一个钻塔也烧起来了！风把火焰抽打得仿佛撕碎的、招展的旗帜，褐色的烟尘形成浓重的铅云向天空喷涌。很多东西在"噼啪"爆裂、沸腾。鞑靼人试图用土灭火，但无济于事。钻塔一座一座地挨得相当近。风把火星从一个钻塔带到另一个钻塔，摧毁着地面上挺立起来的一切。离我们最近的钻机在熊熊火光中好像白色的妖怪。鞑靼人正在尽可能快地把它们砍倒。经过超出常人的努力，他们成功地阻滞了烈火；过了几小时油池烧完了，黑暗重又君临大地。

· 燃烧的原油池

注释

1. 芬尼莫尔·库珀（James Fenimore Cooper，1789—1851），美国作家，以边疆冒险小说和海上冒险小说创作名世。

2. 儒勒·凡尔纳（Jules Verne，1828—1905），法国作家，科幻小说的鼻祖。

3. 利文斯通（David Livingstone，1813—1873），英国传教士、探险家。

4. 斯坦利（Sir Henry Morton Stanley，1841—1904），英国探险家。

5. 富兰克林（Sir John Franklin，1786—1847），英国海军少将和探险家。

6. 帕耶（Julius von Payer，1841—1915），奥地利北极探险家。

7. 诺登舍尔德（Adolf Erik Nordenskiold，1832—1901），芬兰地质学家、矿物学家、地理学家和探险家。

8. "东北航道"（Northeast Passage），经欧亚大陆北部沿岸特别是西伯利亚北岸展开的一条海上航道，穿过北冰洋将大西洋和太平洋联系起来。

9. 詹姆斯·戈登·贝内特（James Gordon Bennette，1795—1872），美国著名编辑。

10. 德朗（George Washington De Long，1844—1881），美国探险家。

11. 梅塞纳斯（Gaius Maecenas，约前70—前8），古罗马著名的文学艺术赞助人，曾保护维吉尔和贺拉斯。

12. 诺贝尔兄弟，指石油大亨罗伯特·诺贝尔（Robert Nobel）和路德维希·诺贝尔（Ludwig Nobel），他们是诺贝尔奖奖金创立者阿尔弗雷德·诺贝尔（Alfred Nobel）的兄弟。

13. 突厥斯坦（Turkestan），在西方沿用的对里海以东广大中亚地区的称呼。又译土耳其斯坦。

14. 哥萨克（Cossacks），源于突厥语，意为"自由自在的人"或"勇敢的人"。生活在东欧大草原的游牧社群，以骁勇善战著称。

15. 1英里≈5280英尺≈1.609千米。

16. 1英尺＝0.3048米。

17. 切尔克斯人（Circassian），高加索人之一支，现分布在俄罗斯、土耳其、叙利亚等国。

18. 察里津（Tsaritsyn），曾改名斯大林格勒，今名伏尔加格勒。

19. 1 俄里 ≈ 1.0688 千米。

20. 普特，沙俄重量单位。1 普特 ≈ 16.38 千克。

21. 1 码 = 3 英尺 = 36 英寸 ≈ 0.914 米。

第二章

翻越厄尔布尔士山脉到德黑兰

在巴拉哈尼的那些冬日的夜晚，我都用来学习鞑靼语和波斯语，能够说得相当流利。一个名叫巴吉·哈诺夫（Baki Khanoff）的有社会地位的鞑靼青年做我的老师。4月初，我的服务期结束了，我决定把挣得的300卢布工资拿去做一次骑马旅行，先向南穿过波斯，然后再直奔大海。巴吉·哈诺夫将与我同行。

我与我的同胞们作别，在4月6日晚上登上了一艘俄国明轮。此时一阵狂暴的北风刮过巴库，船长不敢离港出发。到了第三天早晨，大风才平息。一艘艘明轮开始了同汹涌海浪的搏斗，我们的船也向南进发了。经过30小时的航行，我们抵达了里海南岸的恩泽利港，又马上乘游艇渡过阔大的淡水潟湖穆尔达布湖（意为"死水湖"），在一个掩映在繁茂绿树中的湖边小村上岸。我们将从那里骑马前往商埠拉什特。

我已经把我的钱全部兑换成了波斯克朗，当时一克朗与一法郎等值。我们把这些小小的银币缝在皮带里，再把皮带系在腰上。我拿着这笔钱的一半，另一半由巴吉·哈诺夫拿着。除此之外，我们尽可能少带东西，轻装前进。除了身上穿的冬装，以及一件冬季短大衣和一张毛毯，我没带任何衣物。我随身带着一把左轮手枪防身。巴吉·哈诺夫在他的鞑靼大衣外面背着一杆猎枪，腰带上别着一把短刀。

高贵的孟加拉虎悄悄出没于拉什特周围茂密的丛林中；星罗棋布的沼泽中也蒸腾出可引发热病的瘴气，有时就会导致可怕的疫病流行。有一次瘟疫爆发，小城里就有6000人死亡，幸存者来不及掩埋死者，便把他们的尸体扔到了清真寺里面。这些清真寺有着低矮的尖塔和红色石板瓦的屋顶，看上去非常漂亮。为避开太阳的曝晒，商人们的货摊上遮着各色的帘帐。丝绸、稻米和棉花是这个沿海地区的主

· 拉什特的一座清真寺

要出产物。

拉什特有一个俄国领事弗拉索夫（Vlassoff）先生。我去拜见他，他请我当天晚上去吃饭。我穿着一身简单的旅行服，足蹬马靴，走进了一所装修得金碧辉煌、宛若帝王居所的波斯风格的宅子；所以当主人身着正式的晚礼服出来见我时，我感到周身不自在。我很后悔没有跟巴吉·哈诺夫一起待在我们那简陋的商队旅店里。可是我没有晚礼服，只好尽可能在这顿卢库卢斯[1]式豪华二人餐中表现得像样一点。

第二天早晨，两匹瘦够乏的马站在旅店门前用蹄子刨着地，由两个伙计看管着。一个鞑靼式褡裢装着我的所有行李，捆在马鞍后面。

我们上了马，那两个伙计步行跟随，一路小跑。道路穿过一片茂密的森林。我们遇见了一些骑马的人、步行的人，以及一支庞大的骡子商队，他们要把货物运过里海，运到俄国去，其中有装在蒙皮箱子里的干果。森林中回荡着骡子颈铃的叮当声；每支商队里领头的牲口都挂着一个大个儿的铜铃，发出的声音非常沉闷。

我们在科多姆的一家小旅店过夜。有几百只燕子在旅店覆满青苔的屋顶做巢，从巢里飞进飞出，还从打开的窗户飞进屋来。

更远些的地方，地势渐渐朝山地坡起。我们沿着塞菲德河（意为"白河"）河谷行进，在一些风景优美的村庄里过夜，这些村庄就坐落在橄榄树、果树、法国梧桐和柳树组成的树林中间。我们不带干粮，就靠这乡间出产的东西维生：鸡肉、鸡蛋、牛奶、面包、水果，花销小得不可思议。路越来越陡。我们已到了厄尔布尔士山脉之中，正在往高处攀登。森林越来越稀疏，最后完全消失了。

在曼吉勒，我们骑马走过一座古老的八孔石桥。天色阴沉，刮起了风。所有的山岭都完全披上了一层雪毯，我们越往高爬，这雪毯就越厚。现在，天又开始下起雪来。整个地区都被一阵铺天盖地的暴风雪席卷了。我身上穿的衣服可应付不了那种天气。我简直被大雪冻在了马鞍上，感觉着寒冷逐渐渗入骨髓和肌肉。雪毯掩盖了路径，两匹马像海豚一样冲进雪堆中，疾飞过来的雪粒打在我们脸上，一切都变成了白色。我们正以为自己迷了路，这时打着旋儿的飞雪之中现出了一点模模糊糊的影子。那是一支马匹、骡子混成的商队，正和我们走在同一个方向上。两个人骑马走在前面，用细长的长矛试探积雪的深度，以避免一切不可靠的暗藏的裂缝和险恶的悬崖绝壁。我们浑身都冻僵了，最后终于到了马斯拉村；到了那里，在一间酷似地洞的脏兮

· 暴风雪中穿越厄尔布尔士山

令的茅屋里，我们就地生起了一堆篝火。就这样，四个鞑靼人、两个波斯人和一个瑞典人围坐在一起，温暖着他们冻僵的关节，把他们打湿的衣服在篝火前烤干。

　　道路蜿蜒而上，跨过了厄尔布尔士山脉的最高峰。山南麓的雪不久就融化了，干草原逐渐伸向加兹温城。关于加兹温，先知[2]本人曾经说过："要敬重加兹温，因为那座城立于天堂的一扇门的门口。"伟大的哈里发[3]哈伦·赖世德[4]曾装饰过加兹温，沙阿[5]塔赫玛斯普一世[6]又使它成为自己的都城，1548年更把它定为波斯的国都，称它为"达累斯萨尔塔内特"（意为"王座"）。四十年后，沙阿阿拔斯大帝[7]将都城迁至伊斯法罕，加兹温的光辉就黯淡下去了。

　　传说中有一位阿拉伯诗人洛克曼（Lokman）住在加兹温，他感到死亡临近的时候，就把儿子叫到身边，对他说："我没有什么金银

· 在马斯拉村的休息室里

财宝给你，但是这里有三个瓶子，装着能显奇迹的神药。假如你把第一个瓶子里的药水往一个死人身上滴上几滴，他的灵魂就会回到他的身体里。假如你把第二个瓶子里的东西洒在他身上，他就会坐起来。假如你把第三个瓶子里的东西倒在他身上，他就会立即起死回生。不过这珍贵的药水你可要省着点用。"儿子到了老年，知道自己大限已近，就把仆人唤来，命令他在自己死去的当儿马上把药水倒在自己身上。仆人把主人的尸体搬到浴室，将第一瓶和第二瓶药水倒在他身上。于是，洛克曼的儿子坐了起来，扯着嗓子大叫道："倒啊！倒啊！"但是仆人见到死尸开口讲话，吓得把第三个瓶子掉在石头地面上，扭头就跑。洛克曼可怜的儿子就那么坐着，只好又回到阴曹地府去。不过那浴室现在还在加兹温供人参观，还能听见从拱顶传来的可怕的叫声："倒啊！倒啊！"

加兹温坐落在厄尔布尔士山脉南面的高原上。一条 90 英里长的路分成六段，从加兹温直通这个国家的首都德黑兰。这段旅程采用的是俄式四轮马车和三驾马车，一路要换五次马。

现在的天气春光明媚、和煦宜人，我们策马飞驰，很是快意。马匹全速奔跑，车轮扬起阵阵尘烟。向北可见厄尔布尔士山脉白雪覆盖的峰岭。向南可见一直延伸到天际的平坦的高地，在四处散布的村庄里，零零落落地现出果园菜园的翠绿颜色，这使得其他地方千篇一律的灰黄色风景得到了美化。

有一次我们听见后面另一辆四轮马车的"嘎啦嘎啦"声，不一会儿它就以极其危险的高速呼啸而过。车上的旅客是三个鞑靼商人，他们飞快地超过我们的四轮马车时，讥诮地喊道："旅途愉快！"现在他们将第一个到达下一个驿站，而且能够换到最好的马。但这马上激起了我的好胜心。我向车夫许诺，假如他能超过鞑靼人，我就赏给他两克朗。于是马被抽打得狂奔起来，在快到下一个驿站的时候，我们飞快地超过了鞑靼人。现在轮到我朝着他们恶狠狠地来一句"旅途愉快"了，我说这话时把嗓门提到了最高。

我知道有一位瑞典医生希博内特（Hybennet）从1873年起一直是波斯沙阿的牙医，现已跻身波斯贵族行列，拥有"汗"（意为"亲王"）的荣衔；所以，一到德黑兰，我就直接驱车去了他家。终于见到一个同胞，他高兴极了，张开双臂欢迎我。我在他美轮美奂的家里住了一阵子，房子的装修接近波斯风格。我们一天天地在这座大城市里闲逛，关于它我以后还要详尽地讲到。我在这里只提两件事，因为它们对我的将来意义重大。

一天，希博内特医生和我走在德黑兰尘土飞扬的街道上，两旁是黄色的土墙和房屋。这些街道若是足够宽，路两旁就会有窄窄的露天水沟，还栽种着一排排法国梧桐、白杨、柳树，或是桑树。突然间，我们注意到一支跑步行进的先导队，成员们身穿红色服装，头戴银盔，手执银色长棍。他们用长棍从人群中扫开一条路，让那万王之王的车辇通过。先导队后面跟随着一队50人的骑兵，然后就是沙阿那由六匹黑色牡马拉着的灰色马车，马身披着华丽的银色马衣，左首的每一匹马都驭着一个骑兵。沙阿肩披黑色大氅，头戴黑帽，帽上镶着一块大个儿的绿宝石，帽扣也是镶着宝石的。另一队骑兵跟在沙阿的马车后面，骑兵队之后是一辆应急马车，时刻待命，以备第一辆车损坏时替换。尽管街道上没有铺石头，马蹄却踏不起尘土，因为沙阿出行之前，总要派骡队驮来盛水的皮口袋，将水泼洒在要经过的路上。一两分钟之内，壮观的队伍就在远处的树林里消失了。

那是我第一次见波斯的沙阿纳赛尔丁[8]。他相貌庄严，长着漆黑的眼睛、鹰钩鼻子，唇上蓄着黑黑的大胡子。我们站在路边、马车从我们面前隆隆驶过时，沙阿指着我，朝希博内特喊道："那是谁？"希博内特急忙回答说："是一个来看我的同胞，陛下。"几年以后，我还有机会进一步结识这个人，这个波斯古老王位上的最后一代沙阿，这个有着强横脾性的十足的亚洲专制君主。

一天，我们去看一座有一半坍塌的王宫，沙阿的祖父非特·阿里（Feth Ali）18 世纪初住在里面。现在它已成了蛇蝎的居所，它们的洞穴就在房间里的石板之间。从前穿黑衣的太监住在里面，像老鹰一样守护着切尔克斯人、吉尔吉斯人和波斯人宫女们的贞节。现在人们可以在她们的脚踏过的地方随意游逛了，当初她们就在这里的地板上伴着提琴和竖琴的乐声翩翩起舞，以打发这漫长的禁宫时光。

宫女的住所通常在一楼，面对一个围着高墙的庭院。浴室中有一条铺着光滑石板的滑道，直通一个长条形的水池，当时池中灌满了水。沙阿的妃子早晨洗浴的时候，石板上涂了皂液，美人们便像闪电一般滑入水池中。有些居心不良的人据此说，沙阿隔上些日子就来观赏这奇妙的一幕。

注释

1. 卢库卢斯（Lucius Licinius Lucullus，约前117—前58/前56），古罗马将军，以巨富和举办豪华大宴著名。

2. 先知，指伊斯兰教创始人穆罕默德。

3. 哈里发（Caliph），伊斯兰国家政教首脑的称号。

4. 哈伦·赖世德（Harun-ar-Rashid，763/766—809），现译为哈伦·拉希德，阿拔斯王朝的第五任哈里发。

5. 沙阿（Shah），波斯国王的称号。

6. 塔赫玛斯普一世（Thamas I，1513—1576），波斯萨非王朝（萨法维王朝）的沙阿。

7. 阿拔斯大帝（Shah Abbas the Great，1571—1629），波斯萨非王朝的沙阿。

8. 纳赛尔丁（Nasr-ed Din），波斯恺加王朝沙阿（1848—1896 在位）。

第三章

骑马穿行波斯

夏天临近了。天气一天天地热起来，我找不到更多的理由拖延预定的南下旅行了。但是巴吉·哈诺夫烧得很厉害，我不得不一个人继续往前走。他回巴库的家去了，我于 4 月 27 日接着前进，没有了仆人。

骑着租来的马在波斯从一个驿站到另一个驿站旅行，其实并不完全孤单。总有一个马夫跟着走，好把租来的两匹马送回驻地去。租一匹马要几克朗，在驿站的客栈下榻一晚，价格也差不多。马匹和马夫每到一个驿站都要更换。旅客如果愿意拼命，可以日夜兼程。每站的距离是 12 英里到 18 英里。我把全部行李放在马鞍后面的褡裢里，但是仍然把约 600 克朗（或法郎）的银币缝进皮带里，系在腰间。需要用钱的时候，就割破皮带上的一个口袋。食品到处都很便宜。

我和我的第一个马夫骑马驰出德黑兰的南门，陌生国度的无边旷野在我的眼前展开。亚细亚自由、热情地向我张开它的怀抱，令我感到非常快乐。我们看到的马背上的人、商队、行脚僧，以及所有的生灵都是我的朋友。我无比同情那些疲惫的小骡子，它们驮着装在树皮筐里的红西瓜和黄蜜瓜，好像要被压垮了。左边耸立着拉格斯[1]之塔，次经《多比传》[2]里讲到过这座古城。金色圆顶下面的陵墓里长眠着神圣的沙阿阿卜杜勒·阿齐姆（Abdul-Azim），十年之后，纳赛尔丁沙阿在此地死于一个疯狂的伊斯兰毛拉之手。

地势越来越荒野。园林越来越稀少，干草原出现了，然后到处都像沙漠的模样了。我们一会儿骑马小跑，一会儿又奔驰起来。我们遇到从麦加回来的一支朝圣队伍，我的旅伴跳下马来，去吻他们披风的衣角。

圣地库姆是无数朝圣者谒拜的地方，圣女法蒂玛[3]在那里长眠。

· 库姆的圣女法蒂玛墓

一个金色的圆顶在阳光中发光，下面就是她的安息地，两侧耸立着两座细长的高塔。

我们接下来朝南边重要的商埠卡尚驰去，再往南去，地势又高了起来，前面通往一些新的山脉。我起程的时候没有注意，15 岁的小马夫为自己挑选了一匹壮马，却把一匹疲惫的马留给了我。我们跑到荒野上以后，我跟他调换了坐骑，于是他就追不上我了。他差点儿哭鼻子，央求我不要撇下他跑掉。但是我狠下心来说：

"你比我对道路和地势更熟。你肯定能靠自己摸到库赫鲁德驿站。我会在那里等你的。"

"是这样。但是你看，天快黑了，我自个儿从林子里经过会害怕的。"

"噢，不！这一点也不危险。你就听凭你的马随便跑吧，能跑多快就跑多快。"

我策马朝南跑去。小伙子在我身后逐渐消失了。太阳落山了。黄昏很快变成了黑夜。只要我看得见路就没有关系。但是看不见路以后，就全靠我的马了。马迈步快走，把我带到库赫鲁德山脉里。我完全不知道周围的风景是什么模样的，只是不时地路过一根树干，要不就感觉到树叶拂过我的脸颊。也许马把我引入歧途了。如果我当初跟那个小伙子结伴而行，那肯定是更明智的选择。但是现在一切都系于驿马一身了。它一步不停地走啊走。前面是无尽的黑暗。山谷上方只有星星在闪烁，我间或还能看见远方闪电的反光。

我在黑夜中骑马行走了四小时，在树林间发现了一点亮光。是一顶游牧人的帐篷。我把马拴好，掀起了帐篷的帘子，询问是否有人在家。一位老人生气地回答说，半夜里打搅他和他的家人太不像话了。然而他一听说我只不过想打听一下，看看这是不是通往库赫鲁德的正确的道路，就立即走出来陪着我在树林里走了一段路，指明了正确的方向，然后一语不发地再次消失在夜幕之中。我终于抵达了库赫鲁德，我残酷地撇下的小伙子正在门口笑话我呢。他是几小时之前抵达的，还在纳闷我是否被绑架了。最后，我用了茶水、鸡蛋、盐和面包，然后把马鞍当作枕头放在地上，很快就进入了梦乡。

横穿波斯的英印电报线路的制高点就在库赫鲁德（7000英尺）。

我们靠近了一座城市，大道上的生活顿时变得越来越丰富多彩了。村落和园林离得很近，我们路过了驮满水果和谷子的小队骡马和驴子，最终进入了一条街道。这就是著名的伊斯法罕城，沙阿阿拔斯大帝的都城。

扎因代河（"生命之河"）穿城而过，有着三百多年历史的雄伟的桥梁架在它那汹涌、浑浊的波涛之上。对于一个外乡人来说，伊斯法罕城里有的是值得一看的东西。他可以在那里见到世界上最大的集市之一沙阿广场[4]，它长2000英尺，宽700英尺。他可以欣赏到沙阿清真寺[5]辉煌的门面，上面装潢着美丽的彩釉陶瓷。在"四十柱宫"（Chehel Sutun），他只能数出20根巨柱，然而看到宫殿前静静的水池里映出的巨柱的倒影，他才会真正明白它的名字的由来。

约尔法是贫穷的亚美尼亚人居住的郊区，我在那里闻到了桃子、杏子和葡萄的香气；在大集市的石墙里面，我听到一声振聋发聩的巨响，商队正在穿过拥挤的人群，商贩们正在叫卖他们的货物，铜匠们正在敲打他们的铁锅。

我站在城南的山坡上，勒马回首望去，眼前出现了一幅实在迷人的景象：数不清的房舍掩藏在茂盛的园林中，光亮的圆顶和宝塔在青

· 伊斯法罕的沙阿清真寺

翠的草地上耸立起来。

我重新骑马穿过荒野，红色的蜘蛛和青灰色的蜥蜴四散奔逃，游牧人在照看他们吃草的羊群。驰过这个地区，我登上了帕萨尔加德[6]遗址，得以在一座有高高的台阶通着的小小的大理石建筑前小驻片刻。已经有 25 个世纪驾乘着时光的翼翅飞过它的顶盖，但它依然故我，不为所动。

波斯人把这处古迹称为"苏莱曼之母"（Mader-i-Suleiman），或曰"所罗门之母"，他们相信这位显赫的贵妇人的安息之处就在这间长 10 英尺、宽 7 英尺、高踞石阶顶端的墓室里。但欧洲人称之为"居鲁士[7]之墓"，尽管这位伟大的国王是否真的装在镀金大理石棺椁中葬于此地，墓室四壁挂着来自巴比伦的昂贵帘帐，死者的佩刀、盾牌和弓箭，他的项链、耳环和王服都装备齐全，还是一件很值得怀疑的事。

我忆起了居鲁士的豪言壮语："我父王的国土南接酷热不适居住的地方，北达冰封雪困的地区。凡处于两者之间的一切，无不是各省总督治下的臣民。"

我刚刚穿过的山区一直通向美尔达什特平原，到了这里，我骑马去看另一处古迹，也许更值得纪念的阿契美尼德帝国都城波斯波利斯[8]的废墟，波斯现存最美丽的古代遗迹。废墟坐落在一片几乎完全荒芜的旷野之上。炎热使得黄土地都干裂了，看不见一点生命的痕迹。我打发马夫带着驿马回了驿站，一个人在废墟中间盘桓了一整天。

一道带有两翼侧梯的阶梯，宽得足以容下十个骑手在它那低低的大理石台阶上并排上行，它通向一个巨大的平台，那上面还存留着大流士一世[9]王宫的地基墙，以及两千四百年前支撑薛西斯[10]王宫顶

· 建在一块孤岩上的耶斯迪城堡

梁的 36 根大圆柱中的 13 根。要想了解当时的盛况，可以去读一读《圣经·旧约》中《以斯帖记》第一章第六节对书珊城中亚哈随鲁王（Ahasuerus）王宫的描述："有白色、绿色、蓝色的帐子，用细麻绳、紫色绳，从银环内系在白玉石柱上。有金银的床榻，摆在红白蓝黑玉石铺就的石地上。"

所有这一切辉煌都在公元前 331 年被得胜的马其顿国王亚历山大[11]摧毁了，一次疯狂的豪饮之后，他一把火烧了王宫，整个波斯波利斯也化为灰烬。

我们接着向南行进。从一个狭窄的山口俯瞰山下平原上的设拉子城，那景致令人终生难忘。人们把这个山口称为"安拉·阿克巴尔山口"（Tang-i-Allah Akbar），因为波斯人第一次来到这里、远远望见设拉子城的时候，不禁惊奇地叫道："真主至大！"（Allah Akbar！）

设拉子以美酒、美女、歌曲和绚烂的玫瑰著称。那里，葡萄在山坡上成熟，空气中充满了浓烈的花香，翠柏挺立在杰出诗人们的墓地上。其中最引人注目的是波斯两位最伟大的诗人的陵墓。一位是《玫瑰园》（*Gulistan*）的作者萨阿迪（生于 1176 年）[12]，一位是《诗集》（*The Divan*）的作者哈菲兹（生于 1318 年）[13]。哈菲兹为自己写了如下墓志铭："噢，我亲爱的人们，带着美酒和歌声到我的墓地来，假如你们那欢乐的歌声和优美的音乐能让我听见，我就会从安眠中苏醒，从死者中间复活。"帖木儿[14]非常喜爱哈菲兹的诗，在一次出征途中到设拉子拜访了他。

那里有许多伊斯兰教的托钵僧教团。每个教团的首领称作长老（pir）。它们有各不相同的习俗和规矩。有些教团总是喊："真主啊！"另一些则爱喊："他是正道，他是真理！"还有一些教团更为严苛，托钵僧们用铁链抽打自己的肩膀。但是几乎所有教团都做同一件事：教团的托钵僧们都是一手拄着棍子，一手擎着半个椰子壳向人乞求施舍。

1863 年，一个名叫法格尔格伦（Fagergren）的瑞典医生来设拉子居住，在这座玫瑰花与诗人之城度过了三十年时光。他死后葬在城里的基督徒墓地。一天，一个托钵僧来敲他家的门。法格尔格伦打开门，把一枚铜币扔给那个乞丐。托钵僧不屑地说，他不是来乞讨，而是来劝导异教徒皈依伊斯兰教的。法格尔格伦说："先给我证明一下你的法力吧。"托钵僧说："好的，我可以用你指定的任何一种语言同你讲话。"法格尔格伦用自己的母语说："那好，你就说一点瑞典语吧。"托钵僧于是用准确无误的瑞典语朗声背诵了一些泰格奈尔[15]的《弗里蒂奥夫萨迦》（*Frithiofs Saga*）中的诗句。我们的好医生惊诧不已。他简直不敢相信自己的耳朵。然后，那位托钵僧觉得把医生戏弄得够久了，就除去伪装，表明自己的身份，原来是布达佩斯大学东方语言系的教授阿米尼乌斯·凡贝里（Arminius Vambéry），此人后来世界闻名。

我倒是没作任何伪装就来了设拉子，在一个非常和蔼可亲的法国人法尔格先生那里住了些日子。1866 年，他在自己的祖国是一名年轻的公务员，得到了六个月的假期，便去设拉子旅行。可是等我1886 年到设拉子来的时候，他还没有离开这座城市。四年后，我又在德黑兰遇到了他，看来他已完全爱上了波斯。

从设拉子到波斯湾的路是从里海开始的旅行全程中最不好走的一段。翻越扎格罗斯山脉的路非常陡峭、凶险。我们翻山越岭，走在粗粝、粉碎和太阳炙烤的砾石间，过了三个山口："白鞍"（Sin-isefeid）、"老妇人"（Pir-i-san）和"女儿"（Kotel-i-dukhter）。有一次我的马失蹄滚下了山坡，好在我及时从马鞍上脱身，跳到了路上。

闷热的天气使人窒息。山越来越矮，逐渐并入平坦的、像沙漠一样干燥的沿海地带。另一天夜里，我撇下我的马夫骑马走了，这次是个上了年纪的人。这一带不太安全，常有拦路强盗和土匪出没。但一切都很顺利。天亮了。我眼前现出一道亮闪闪的条痕，好像磨光的剑刃一般。几小时以后我骑马进入港口城市布什尔。我总共把29天花在赶路上，走了900英里，纵贯了沙阿辽阔的王国。

注释

1. 拉格斯（Rages），即今天德黑兰市东南郊的雷伊。

2.《多比传》（*Book of Tobit*），《圣经》次经之一，犹太教和基督教都将其列在正典之外，但天主教将其列入正典。

3. 法蒂玛（Fatima，约605—633），伊斯兰教创始人穆罕默德之女。

4. 沙阿广场（Maidan-i-Shah），现名伊玛目广场。

5. 沙阿清真寺（Mesjid-i-Shah），现名伊玛目清真寺。

6. 帕萨尔加德（Pasargadae），波斯阿契美尼德王朝（前559—前330）的第一个都城，为居鲁士大帝所建。

7. 居鲁士（Cyrus），指居鲁士大帝（前590/前580—约前529），波斯阿契美尼德王朝的开国君主，依靠外交和军事手段建立起一个规模空前的大帝国。

8. 波斯波利斯（Persepolis），阿契美尼德王朝第二个都城，取代了旧都帕萨尔加德，新都为大流士一世所建。

9. 大流士一世（Darius I），波斯阿契美尼德王朝最伟大的国王之一，前522年至前486年在位。

10. 薛西斯，即薛西斯一世（Xerxes I，约前519—前465），波斯国王，前485年至前465年在位。

11. 亚历山大，即亚历山大大帝（Alexander the Great，前356—前323），马其顿国王，著名的征服者。尽管死时只有33岁，但已征服了当时欧洲人已知世界的绝大部分。

12. 萨阿迪（Sadi），诗人，波斯古典文坛最伟大的人物之一。现认为他生于约1213年，卒于1291年。

13. 哈菲兹（Hafiz），波斯最优秀的抒情诗人之一。现认为他生于1325年或1326年，卒于1389年或1390年。

14. 帖木儿（Timur，1336—1405），又称帖木儿大帝、跛子帖木儿、帖木儿兰，出生于今乌兹别克斯坦的沙赫里萨布兹。信仰伊斯兰教的突厥征服者，在短短三十年间征服了从蒙古到地中海的绝大部分地区。

15. 泰格奈尔（Esaias Tegner，1782—1846），瑞典诗人。

第四章

穿过美索不达米亚
到巴格达

布什尔可能是我在亚洲到过的最令人厌恶的城市！如果不得不在那里生活和工作，那可真是一种不折不扣的惩罚。那里草木不生，顶多有一两株棕榈树；二层楼房都涂成白色；为了多一点阴影和凉爽，巷子都尽量缩减宽度，狭仄至极；人要成年累月地洗日光浴，在夏天尤其不堪忍受；有一次我发现阴凉处的温度到了 43.3 摄氏度，但实际上能达到 45 摄氏度；最要命的，还有明晃晃的日头照在波斯湾温暖、盐渍、死寂的浸水沙地上。

我住在好心的欧洲人家里。挂着蚊帐的床放在屋顶上。但是日出之前我得赶紧下来，以免身上晒出白水泡，疼得钻心。

一天，英国轮船"亚述号"（Assyria）抵达，在布什尔城外宽敞的港口下锚。我急忙上了船。为了节省我那笔花得飞快的款子，我订的是露天的上甲板的船票。这艘轮船在孟买和巴士拉之间运载货物和旅客，船上挤满了来自印度、波斯和阿拉伯的东方人。横渡波斯湾的航程并不长；驶近阿拉伯河的阔大河口时，甚至还没看见陆地，发动机就放慢了速度，舵手们小心翼翼地把船从三角洲水域不可靠的泥岸中间开过去。这条河由底格里斯河和幼发拉底河汇流而成，河水中携带着大量的泥沙，所以三角洲每年要向波斯湾侵入 175 英尺远。

我们溯流而上。低平的河岸上面有棕榈林、棚屋和黑色的帐篷，还有一群群的牛羊；扭角的灰水牛在泥里乱拱。在巴士拉城外，"亚述号"下了碇，有 30 来条小船划到了它旁边，河水"哗哗"地拍击着它们的船头。这些小船叫作"贝勒姆"（Belem），是用来运送旅客和货物的。在河上水深的地方，要用五颜六色的宽叶船桨；但是到了浅滩，阿拉伯划手们就跳上横木，用细长的竿子撑船。

河边立着欧洲国家的领事馆、商店和仓库。我在那里无所事事，就弄了一条不比独木舟宽的"贝勒姆",自己划着它沿一条弯弯曲曲的小溪穿过了一片枣椰树密林。树林里潮湿、憋闷、温暖,从没有一丝风来给透透气。但里面有一种棕榈的香味。一位波斯诗人断言说,一共有 70 种不同的枣椰树,它们有 363 种不同的用途。枣椰树还被称作"伊斯兰圣树",它那可口的果实自然也就成了大部分人口的主要食物。

阿拉伯人的巴士拉于 1668 年被土耳其人征服。城里主要是一些带阳台的两层楼房,妇女们就透过阳台上的格子窗观望狭窄街道上的生活。这里的咖啡馆都带有宽敞的游廊,土耳其人、阿拉伯人、波斯人,以及其他东方人就在那里喝咖啡或茶、抽水烟袋。城市很肮脏,热病横流。它主要的卫生工作者是豺狗和鬣狗,它们夜间从沙漠中的窝里跑出来,偷偷溜进城,把大街小巷的垃圾和腐烂的牲畜死尸清理干净。

"美济迪号"(Mejidieh)明轮于 5 月的最后一天从巴士拉起航去巴格达,我在上甲板订了间二等客舱。船上的船长和高级船员是英国人,中下级船员是土耳其人。我是唯一一名白人旅客,其余的都是东方人。从船桥上可以欣赏船首甲板上的生活。一些阿拉伯商人坐在那里玩十五子棋[1],与此同时波斯人在吸烟斗,把俄式茶汤壶的煤火吹旺。直往下看,可以看到一间用蓝色帐幔临时挂起来隔成的闺房,里面的年轻女人们懒洋洋地歪在靠垫和羽毛褥垫上,靠吃甜食、吸烟、喝茶打发时光。船头蹲着一个托钵僧,在向一群年轻人高声说教宣道,然后他就走到他的听众中间,捧着椰子壳化斋。

底格里斯河和幼发拉底河这两条"天国之河"在古尔奈汇流;阿拉伯人声称,在创世之初伊甸园[2]就在这两条河中间半岛的尖角上。

他们甚至会把能识善恶的树指给你看。另一些人说幼发拉底河是男性，底格里斯河是女性，古尔奈是他们举行婚礼的地方。在地图上看这两条河，不可能不注意到它们好像一对牛角；实际上，古尔奈这个名字明显地与拉丁语的"角"（cornu）和英语里的"角"（corn）相像。

幼发拉底河是西亚最大的河流，长 1665 英里，发源于亚美尼亚高原，源头距亚拉腊圣山[3]不远。它和稍短的底格里斯河一道围出了美索不达米亚平原——意为"两河之间的土地"，阿拉伯人则称之为"岛"。这里的每一寸土地都令人回想起过去的几千年，回想起亚述和巴比伦以及权倾一时的巨头们如何在世界大战中一决高下。在这里，古巴比伦一度繁盛；在这里，狂妄自大的人们建起通天的巴别塔[4]，从而激怒了上帝；在这里，从底格里斯河沿岸，我们发现了古代辛那赫里布、阿萨尔哈东和萨丹纳帕路斯[5]的都城尼尼微遗址。

我们离开幼发拉底河河口，沿着弯弯曲曲的底格里斯河缓缓地溯流而行。亚美尼亚高原和托罗斯山脉消融的冰雪使它的河床里河水暴涨、奔腾。我们将花四天时间赶到巴格达。在浅水处，由于豌豆汤一般浑浊的河水下面埋伏着变幻不定的沙洲，明轮不时地搁浅；这时候就得把压舱的水掏空，把货物和人员移走，以使船重新浮起来。出现了这种情况，旅程就得延长到七天了。要是在深水区顺流而下，我们用 42 小时就能从巴格达赶到巴士拉。

我们于 6 月 1 日停靠在以斯拉[6]墓，那里的棕榈树倒映在水面上；欢快的犹太小男孩划着小船出来接货物和旅客。在岸上，来自蒙特菲克（Montefik）和阿布·穆罕默德（Abu Mohammed）部落的半野蛮游牧民驱赶着他们的牲畜群。他们手握长矛，头戴马鬃编成的帽圈，束住白色包头巾，包头巾垂下来披在肩膀和身体两侧。

· 底格里斯河上的以斯拉墓

一些帆船掠过水面，向上游驶去，点点白帆被一阵轻风吹得鼓胀起来。库尔德斯坦的群山在蓝色的远方隐约可见。一群水牛正从河里游过，牧牛人用长矛驱赶它们，让它们排成一队。一顶顶黑色的帐篷搭在烧过的草原上。营火的光亮穿透了夜的黑暗。

太阳刚刚升起不久，热浪就令人窒息。我们晚上饱受蚊虫折磨，白天天空又被蝗虫遮得密不透风。整群整群的蝗虫飞过河面。它们落在船上，到处乱钻乱爬，爬到了我们的衣服上、手上甚至脸上；我们夜里只好关上舱房的门窗，以躲避它们的骚扰。它们撞在滚烫的烟囱上，翅膀都烧焦了，掉在烟囱底座旁，堆成一个还在不断增高的尸堆。

轮船在库特－阿马拉[7]装上了一袋袋羊毛。突然间船停住了，向后倒去。我们在一个沙洲上搁浅了。压舱的水掏空了，再加上水流的帮助（河水流经这里的速度达每小时两英里半），船终于得以脱身了。向上走不多远，河道拐了长长的一个大弯，一条船要花两小时四十分钟才能绕过去，而一个人步行可能只用半小时就能径直穿过地岬。这个地岬上坐落着泰西封城的遗址，帕提亚[8]人、罗马人、萨珊[9]人和阿拉伯人相继统治过这里。这里还矗立着塔克·柯斯拉（Tak-Kesra）城堡的遗址，其意为"霍斯劳[10]之弓"，名字取自萨珊国王"不朽的灵魂"霍斯劳。

"美济迪号"的船长对我上岸没有异议。四个阿拉伯人划船送我到岸边，其中的两个陪我穿过地岬，彩釉陶器的碎片在我们脚下"咯咯"作响。我在"霍斯劳之弓"停了一小时画速写。沙漠已经占领了从前耸立着都城泰西封城墙的地方。当时国王的御花园花团锦簇、金碧辉煌，但是在井井有条的绿地中央却有一块地，上面只长着杂草和荆棘。一位罗马使节问起个中原委，国王回答说，那块不相称的土地属于一个穷寡妇，她不愿意卖。那罗马人于是说，这块地是他在御花园里见到的最美的东西。

637 年，国王伊嗣俟三世[11]屈服于迅速壮大的阿拉伯人的优势兵力。敌方前来交涉，国王回答说："我见过许多民族，但没见过像你们这么寒酸的；老鼠和蛇是你们的食物，羊皮和骆驼皮是你们的衣服。你们怎么可能征服我的国家呢？"来使回答他说："你说得对。食不果腹和衣不蔽体是我们运气不好，但主给了我们一个先知，他的宗教就是我们的力量。"

我们驶近了巴格达！荒凉的风景笼罩在一片雾霭之中。我梦想着《天方夜谭》中的故事，梦想着所有那些令阿拔斯哈里发的都城名满东方的富贵荣华。但是雾散了。我只看见平常的泥房子和棕榈树。梦想顿时烟消云散。一座不结实的浮桥架在底格里斯河上。灌溉用水被马力驱动的大水车汲取到堤岸上。在大河的右岸可见哈伦·赖世德的宠妃佐贝德（Zobeide）的陵墓。"美济迪号"停泊在海关外面。一大队"贝壳船"围拢在轮船四周，把我们全部接上岸。如希罗多德[12]所说，它们"既无船首也无船尾，活像一面盾牌"。

强人曼苏尔[13]哈里发于公元762年建立了巴格达，给他的都城命名为"达累斯塞拉姆"（Dar-es-Selam），意为"平安之地"。在他的孙子"正义者"哈伦·赖世德统治下，这座城市迎来了真正辉煌的岁月。1258年，巴格达遭到旭烈兀[14]率领的蒙古大军的劫掠和焚烧。然而在1327年，伊本·拔图塔[15]仍然震惊于它的伟大和辉煌。但到了1401年，可怕的帖木儿兵临城下，他将全城劫掠一空，只留下清真寺，并用9万颗人头堆了一座金字塔。

很少有哈里发时代的遗迹在巴格达存留下来——只有一座商队旅店、一座城门、佐贝德墓和苏克埃尔加泽尔（Suk-el-Gazl）尖塔。尖塔威风凛凛地高耸在大海和居住了20万人口的房舍之上。街道狭窄、别致。我置身于一大群穿着华丽的人中间：阿拉伯人、贝都因人[16]、土耳其人、波斯人、印度人、犹太人和亚美尼亚人。在集市里，五颜六色的地毯、丝带、帷帐和织锦令人眼花缭乱。这些货物大部分是从印度进口的。

房子都是两层，带阳台，以及在炎炎夏日避暑用的地下室。作为提供舒适的通风设备，一把布风扇吊在天花板上，由一个男孩拉着根绳子使它不停地扇动。高高的棕榈树长过了平坦的屋顶，夏日的风在枝叶间呜咽。

注释

1. 十五子棋，一种双方各有 15 枚棋子、掷骰子决定行棋格数的游戏。又称西洋双陆棋。

2. 伊甸园（Garden of Eden），传说中人类始祖亚当和夏娃居住的乐园。

3. 亚拉腊山（Ararat），又译阿勒山。土耳其东部的死火山山地，有大亚拉腊山和小亚拉腊山二峰。亚拉腊山是传说中诺亚方舟在洪水渐退时停留过的那座山，亚美尼亚人视其为圣山。

4. 巴别塔（Tower of Babel），据《圣经》载，是大洪水后人类为扬名在巴比伦的示拿所建的高塔。耶和华闻之震怒，乃变乱人类的口音，使之互不相通，结果塔未建成而人类流散到世界各地。

5. 辛那赫里布（Sennacherib）、阿萨尔哈东（Asarhaddon）、萨丹纳帕路斯（Sardanapallus），均为古代亚述王国的国王。

6. 以斯拉（Ezra），古犹太人宗教领袖，活动时期大约在前 5 世纪至前 4 世纪。

7. 库特－阿马拉（Kut-el-Amara），即今伊拉克城市阿马拉。

8. 帕提亚（Parthia），指古代伊朗的帕提亚帝国（前 247—224），又称安息。

9. 萨珊（Sassanid），指波斯帝国萨珊王朝（224—651）。

10. 霍斯劳（Khosrau Nushirvan），即萨珊王朝最伟大的国王霍斯劳一世（531—578 在位）。

11. 伊嗣俟三世（Yazdegerd III, ? —651），波斯萨珊王朝末代国王。

12. 希罗多德（Herodotus，约前 484—前 430/ 前 420），古希腊历史学家，著有《历史》。

13. 曼苏尔（Abu Yafar Abdallah al-Mansur，709—714 间—775），阿拔斯王朝第二任哈里发。

14. 旭烈兀（Hulegu，约 1217—1265），成吉思汗之孙，蒙古在伊朗的统治者，曾建立伊尔汗国。

15. 伊本·拔图塔（Ibn Batuta，1304—1368/1369），又译伊本·白图泰，中世纪阿拉伯最伟大的旅行家，著有《游记》。

16. 贝都因人（Bedouin），中东沙漠上讲阿拉伯语的游牧民族。

第五章

骑马穿过波斯西部的
一次冒险

在巴格达，我去了英国商人希尔朋（Hilpern）先生家。他和他的妻子非常殷勤地款待我，我在他们家住了三天。我在城里和城外四处闲逛，划着条"贝壳船"泛舟河上，在希尔朋先生家的餐桌上吃得像帝王一样。

他似乎把我看成一个鲁莽轻率的青年。我只身一人来到了巴格达，现在又要不带仆人骑马向回走，穿过沙漠，穿过不安全的库尔德斯坦和波斯西部到德黑兰去。我实在不能告诉他我腰包里只剩下不到150克朗（相当于28美元）了。我打定主意，就算去荒郊野地给人家做骡夫，也强过在人前暴露自己的寒酸。

希尔朋先生陪我去了同集市相连的那家大商队旅店。在院子里，有人正在给一捆捆货物打包，准备载到驮鞍上。我们问他们要去哪里。他们答道："去克尔曼沙阿。"

"要走多长时间？"

"十一二天吧。"

"你们的商队有多大？"

"我们有 50 头骡子驮货物。我们这一拨里一共有十个商人，都要骑马，还有两个从麦加回来的朝圣者、六个从卡尔巴拉来的朝圣者和一个迦勒底商人。"

"我能加入你们的商队吗？"

"可以，要是你肯出钱的话。"

"雇一匹马到克尔曼沙阿去要多少钱？"

"50 克朗。"

希尔朋先生劝我接受这个价钱。他们将于 6 月 7 日晚上到他家来接我。到了约定的时间，来了两个阿拉伯人。我的波斯式马鞍已在那匹雇来的马身上安放好了。我与那好心的男女主人道了别，骑上马，由两个阿拉伯人带领着穿过巴格达，到城外的商队旅店去。

现在正值斋月[1]，在这个月份，先知的信徒们在天上有太阳的时候是不吃不喝不吸烟的。但是太阳落山之后，他们又找补回来。这时候，人们聚集在集市里的露天咖啡馆虔诚地进食。我们的路就从这一大群人中间穿过。烟从他们的水烟袋里飘出来，像雾一样充满了狭窄的过道，油灯发出的光芒与黑暗进行着搏斗。

直到凌晨两点我们的骡子才装载货物完毕，长长的商队开拔了。树丛和花园越来越稀少，只剩下寂静、黑暗的沙漠围绕着我们。铃铛丁零作响，领头的骡子脖子上拴着的铜质骡铃发出"当当"的声音。黎明将近，有潜行的影子不时地出现在道路两侧。那是豺狗和鬣狗，它们夜袭完毕，正走在回窝途中。

清晨 4 点半，太阳从沙漠上升起；四小时以后，我们到拜尼萨德的商队旅店歇脚。骡子背上的驮子卸了下来，大家都躺下睡觉，就这样度过了一天中最热的几小时。

在迪亚拉河畔的巴古拜小城，一小队驻守边界的士兵围住我说，因为我的瑞典护照上没有签证，所以不准我通过土耳其和波斯的国界。他们试图强行没收我的一点财物，这时我以狮子般的勇气进行了抵抗，于是发生了一场扭打，我的阿拉伯旅伴站在我一边。打斗的结果是我们都去见了地方长官，他给我办好了手续，收费六克朗。

第二天晚上骑马赶路时，我拼命同瞌睡做着斗争，但很长一段时间都是在马鞍上睡觉。有一次，我的马看见一峰死骆驼，吓得向后一退，猛地跳了起来；我还没搞清楚发生了什么事，就已经摔在了地上。那畜生在黑暗中飞奔而去，不过又被几个阿拉伯人抓了回来。到

· 鬣狗饱餐死骆驼

这时我才完全醒过来。

6月9日晚，和我们同行的一个阿拉伯老头赶上了我们，他骑的是一匹纯种阿拉伯马。这时我刚刚决定抛开商队自己走，因为一想到必须在夜里走完到克尔曼沙阿去的180英里全程，而风景一直笼罩在黑暗之中，我就觉得无趣。我靠自己是没法实行这个计划的，所以我就和那个迦勒底商人及新来的阿拉伯人进行了一次谨慎的谈话。前者激烈地表示反对，说我们会遭到库尔德²强盗袭击，会送命的。后者倒并不害怕，但他要求我每天为他那匹漂亮的马付25克朗，尽管我已经付过了全程的钱。不过，要是能和他一起骑马走，我用四天时间就能到克尔曼沙阿，而不用走九个晚上。至于我口袋里的钱全部花光后该怎么办，就只好到时候再说了。毕竟，我还不至于马上饿死。我可以找一份在商队里赶骡子的差事，或者像托钵僧一样沿途乞讨。

但是另一个阿拉伯人偷听了谈话，把我们的计划泄露给他的同伴。他们坚决拒绝让我们离队。一个异教徒怎么样倒也没什么大不了的，但是丢匹马就不是小事了。我假装让步，大家便照常走夜路。月亮升了起来，时间走得很慢。骡铃单调的叮当声催人入眠，疲倦的商人们都在马背上睡着了，有几个本来唱着歌抵挡睡意，但不久就没声了。似乎没有人注意到阿拉伯老头和我正骑马并行，他受到我闪闪发光的银币的诱惑，准备公然反抗他的同伴。我们慢慢地、不易觉察地前进到商队的队首，在那儿待到月亮落下，四下一片漆黑，然后我们就一点一点地拉开距离。骡铃的声响遮盖了我们的马蹄声。我们加快了速度，骡铃的叮当声越来越微弱，最后终于彻底消失了。于是我用靴刺猛刺胯下马的肚子，和我的同伙一起快马加鞭朝克尔曼沙阿方向奔去。

日出之后，我们在一个村子歇了一会儿。鹳鸟嘴里叼着青蛙回到自己的巢中。然后我们就重新跨上马鞍！一场瓢泼大雨向我们倾泻，向大地倾泻。最后的棕榈树也被我们抛在身后了。我们现在身处危机四伏的山区，属暴力和抢劫案高发地段。我备好了手枪，但我们遇见的不过是些平和的骑马者、步行者和商队。

一队朝圣者骑着骡子走在去往巴格达、大马士革和麦加的路上。当他们站在阿拉法特峰顶眺望圣地时，他们此生最大的愿望就将实现了。他们在克尔白³——那块神圣的玄石——前念诵过祷文后，就会得到"哈吉"（Hadji）的荣誉称号（意为"麦加朝圣者"）。

在一个公认特别不安全的地区，我们加入了一个和我们同方向的商队。有一阵子，一小队身穿蓝白两色披风、腰扎绣银花腰带的波斯士兵也和我们搭伴走。他们表演了各种各样的马戏，然后就着保护我不受强盗侵害的缘故朝我要报酬。他们说，要是没有他们，我准会落在强盗手里。我没钱给他们，只能坚持说我并没有请他们来保护我，以这种方式保全体面。

6月13日，我们进入克尔曼沙阿，骑马走过它嘈杂的集市；在那里，我们不得不从骡子、托钵僧、商队、骑马的人、买主和卖主中间硬挤出一条路来。

在商队旅店的院子里，我们那位阿拉伯老头下了马，我也跟着下马。付给他100克朗租马费以后，我还剩了几枚银币；但是老头顽固地（也是正当地）要求我为这趟愉快顺利的旅程付他一笔小费，就把这点钱也拿走了。我只留了一枚小银币，也就值大约50美分；我用它买了两三个鸡蛋、一片面包、几杯茶作为晚餐。然后我与老头告别，把我的行李往肩头一甩，进了城。

克尔曼沙阿一个欧洲人也没有，我又没有给穆斯林的介绍信。甚至在沙漠里我也没有觉得像在此地一样孤单无助。我在一堵破败的土墙上坐下来想着心事，望着过往的行人。人们看着我，就好像我是一头野兽，不久在我周围就聚集起了吵吵嚷嚷的一大群人。他们中间没有一个人像我这样穷。我到底该怎么办？还有几小时天就黑了，我该到哪儿去过夜，以免被豺狗吃掉？群众总是残忍的，再说谁会在乎一个异教徒，一条基督教的狗呢？

我思忖道："估计我只能把马鞍和毯子卖掉了。"

但我忽然想起，我在布什尔和巴格达听人说起过一个名叫阿加·穆罕默德·哈桑（Aga Mohammed Hassan）的阿拉伯富商，他的商队足迹遍及西亚，从赫拉特到耶路撒冷，从撒马尔罕到麦加。而且，他还是波斯西部的"大英帝国代办"。他就是我要找的人！假如他把我扔出门，我就只好去商队旅店，在一支商队里找份差事了。

我站起身，问一个面相和善的人他知不知道阿加·穆罕默德·哈桑住在哪里。"哦，知道，"他答道，"跟我来吧。"我们不久就停在一扇门前，拉起铁门环敲打门上的铁板。看门的打开门。我向他说明来意，他引我走过一座花园，来到一座宫殿式的房子前，自己跑上一段台阶，不久就回来通知说那富商要见我。

我被领着穿过一个个富丽堂皇的房间，房间里装饰着波斯地毯、帷帐、克什米尔毛织品、长沙发椅和铜器；我们最后来到阿加·穆罕默德·哈桑的书房。他坐在一块地毡上，周围是一堆一堆的文件和信札。几个秘书正在听他口述作笔录，还有几个访客靠墙站着。

阿加·穆罕默德·哈桑是一个老者，蓄着灰白的胡须，面容和善而高贵。他戴着眼镜，头戴缠头巾，身穿一袭织进了金线的白缎子大氅。他站起身，请我走近。我穿着我那双满是灰尘的马靴和破破烂烂的外衣（那是我唯有的衣物）走过柔软的地毯。他伸出手，请我坐下。他问了问我旅行的情况和以后的打算，对我所有的回答都点头表示理解。他遇到的唯一障碍是瑞典及其地理位置。我试图给他定向，就对他说瑞典处在英国和俄国之间。他沉思了一会儿，就问我是不是来自"铁头王"做国王的国家。"铁头王"（Temirbash）是查理十二世[4]的绰号，至今仍闻名于东方。

"是的，"我答道，"我正是来自'铁头王'做国王的国家。"

这时阿加·穆罕默德·哈桑的脸色亮了起来，他低下头，就好像在赞颂一个值得纪念的伟大人物。他说：

"你必须在这里待六个月，做我的客人。我的所有东西都随你

·阿拉伯富商阿加·穆罕默德·哈
桑非常热情地接待我

用，你只须吩咐一声。现在我得请你原谅，因为我冗务缠身；不过有
几位先生将做你的仆人，他们会带你去我花园里的一所房子住下，希
望你过得愉快。"

于是我随哈迪克·埃芬迪和米萨克先生去了附近的一所漂亮的波
斯式房子，里面有精致的房间、美丽的地毯、黑缎面的长沙发椅和闪
闪发光的枝形水晶吊灯。我如释重负地长吁了一口气，真想去拥抱那
两个分配来伺候我的仆人。仅仅半小时之前，我还破衣烂衫地站在尘
土飞扬的大街上，周围是另一些破衣烂衫的人；而现在，阿拉丁的神
灯就在我眼前点燃，发出明澈的光芒，命运的魔力已经把我变成了一
个《天方夜谭》中的王子。

我们闲聊的时候，一些像幽灵一样悄无声息的仆人进了房间，把一
块薄布铺在地毯上，摆上饭菜。我老实不客气地饱餐了一顿。这顿饭包

括烤羊肉串，盛到碗沿的几碗鸡肉、米饭、奶酪、面包、冻果子露（一种用枣椰和糖制成的饮料），饭后还上了土耳其咖啡和波斯水烟筒。

最后，我想睡觉了，仆人们就把一把长沙发椅摆在花园里一堵大理石墙旁，紧挨着一个大理石水池，水中有金鱼在嬉游，水池中央向上喷射出一道水晶般透明、细如发丝的喷泉，在月色中发出银样的光芒。空气炎热，充满了玫瑰花和丁香花的芳香。这和肮脏的商队旅店真有天壤之别！这一切就像一个童话，或是一个梦。

夜晚当然很宜人，可我还盼着早晨起来去试一试阿加·穆罕默德·哈桑的马呢。第二天我早早起来，向一个仆人招手示意，不久那些马匹就备好了鞍辔立在我们门外了。我和米萨克先生及一个马夫一起骑马去了萨珊国王们的石窟"塔克伊波斯坦"（Tak-i-Bostan）。我在那里见到了刻在坚实的山体上的高浮雕，表现的是从公元 380 年起策马出征的国王们的形象，以及"得胜王"霍斯劳二世[5]的形象，他身着铠甲，手握长矛，胯下骑着勇武的战马沙布德兹（Shabdez）；浮雕还以完美的技巧表现了皇家狩猎队骑着大象追捕野猪、骑着马追捕羚羊、乘船捕捉海鸟的情景。

日子在游玩和宴饮中一天天流逝，可我的腰包还是空空如也。我身上拿不出一个铜子给乞丐，然而我尽量保持着一个绅士的平和自信，至少表面上是这样。但是这种情形是不可能无限期拖延下去的，于是，我终于鼓起勇气向哈迪克·埃芬迪吐露真相，说我的旅行时间拖得太长，完全超出了自己的计算，我身上一文钱都不剩了。他很吃惊，但仍深表同情地微笑。（莫非他对此早有觉察？）然后他就说了一句令我终生难忘的话："你想要多少钱，都可以从阿加·哈桑那儿要来。"

我起程的日子定在 6 月 16 日午夜之后。我和邮差一道走，为了防备强盗，有三个全副武装的骑兵一路护卫他。他信不过地看着我，断言说我可能会被远远甩在后面，因为从克尔曼沙阿到德黑兰全程将近300英里，他只能在哈马丹城歇一个白天或是一个晚上。在其他驿站，他可以逗留的时间只够更换马匹，再加上吃一顿有鸡蛋、面包、水果和茶水的饭。但我已经20岁了，正是血气方刚，就打定主意，哪怕冒着在马鞍上被晃散架的危险，也要向邮差阿里·阿克巴尔（Ali Akbar）证明我能挺住。

午夜时分，我最后一次同阿加·穆罕默德·哈桑一起吃酒宴。我们谈起了欧洲和亚洲。他亲切、仁爱地微笑着，但无论他还是我，谁都绝口不提我财政上的破产。我站起身感谢他，然后向他辞别，他微笑着祝我旅途愉快。到今天，他已经在一座圣徒墓的旁边长眠好多年了，但我仍在记忆中充满热爱和感激地保存着他的音容。

我最后一次走进我的"宫殿"，米萨克先生递给我一个装满银克朗的皮袋子。这笔借款我后来及时偿还了。就这样我跃上马鞍，同阿里·阿克巴尔及三个卫兵一起骑马出门，驰入茫茫黑夜。

说真格的，这的确是一次艰难的骑行！在起初的16小时里，我们走了101英里。第二天早晨，白雪覆盖的阿勒万德峰（高10700英尺）显现在我们面前，就在它脚下的哈马丹，我们休息了一天。我睡了半天的觉，另外半天用来参观以斯帖[6]墓和埃克巴塔纳[7]遗址。

就这样，我们从一个村庄奔向另一个村庄，筋疲力尽地到达一个驿站，趁人们给新换的驿马备鞍及沏茶的工夫扑倒在炉边石地上休息，然后又飞奔而去，翻山越岭，穿过园林和山谷，跨越桥梁和溪涧。日间，我们经受烈日的炙烤；入夜，又要吓走围住商队倒毙在路旁的牲口尸骸大肆享用的鬣狗。我们看着太阳升起，沿着轨道运行完毕，然后落山；我们看着月亮在深蓝色的夜空升起，像一个银色贝壳一样浮现在繁星中间，然后落下。有一次我们遇见了一支送葬的旅行队，从死尸身上飘出的恶臭就可以让我们预先确知这一点。死尸都裹在毯子里，要用骡子驮着运到卡尔巴拉，安葬在侯赛因伊玛目[8]（Imam Hussain）墓旁。6月21日凌晨我们终于策马进入德黑兰，在此之前的55小时里没有一个人合过眼。我们每个人都累垮了九匹马。

在一通急需的休息过后，我于7月9日离开德黑兰，骑马翻越厄尔布尔士山脉到了里海岸边的巴尔福鲁什[9]，乘船沿着土库曼湾海岸到了克拉斯诺沃茨克[10]，然后到了巴库，接着乘火车经第比利斯到黑海岸边的巴统，再乘船到了君士坦丁堡。在阿德里安堡，我因为速写本遭到逮捕。我于8月24日抵达索非亚，因为走得离城堡太近，差点儿被卫兵开枪打死，把巴滕贝格家族的亚历山大[11]从国王宝座上赶下台的革命刚刚过去三天。我在德国的施特拉尔松德搭上一艘瑞典轮船，不久就在家乡欣喜地受到父母和兄弟姐妹们的迎接。就这样，我的首次亚细亚长途旅行结束了。

· 运往卡尔巴拉的尸体

注释

1. 斋月（Ramadan），又称赖买丹月，是伊斯兰教历9月，全月白天实行禁食斋戒。

2. 库尔德，西亚地区古老游牧民族，主要分布在今伊拉克、伊朗、叙利亚和土耳其的交界地区。

3. 克尔白（Kaaba），伊斯兰教圣地麦加禁寺内一座方形石殿的名称，也作为镶在石殿壁上的一块玄石的名称，是全球穆斯林朝觐的中心。

4. 查理十二世（Charles XII，1682—1718），瑞典国王，多次与丹麦和俄国等强国作战。

5. 霍斯劳二世（Khosrau II），波斯萨珊王朝国王，590—628年在位，人称"得胜王"（Pravez）。

6. 以斯帖（Esther），《圣经·旧约》中《以斯帖记》女主角，前5世纪中期的波斯帝国王后，犹太女英雄。

7. 埃克巴塔纳（Ecbatana），即埃克巴塔纳居鲁士大帝宫，位于伊朗城市哈马丹附近。原为古代米底王国都城，后相继为亚述帝国、波斯帝国所统治。

8. 伊玛目（Imam），伊斯兰教领袖的称号。

9. 巴尔福鲁什（Barfrush），即今伊朗北部城市巴博勒。

10. 克拉斯诺沃茨克（Krasnovodsk），即今土库曼斯坦城市土库曼巴希。

11. 亚历山大（Alexander，1857—1893），1879年至1886年任保加利亚摄政王。

第二次
亚洲腹地旅行

第六章

君士坦丁堡

此后，我在乌普萨拉大学和柏林大学，以及斯德哥尔摩高等学校（名义上叫"高等学校"，但实际上与美国的大学相当）研习地理学和地质学。我在柏林的老师是斐迪南·冯·李希霍芬男爵[1]，他以在中国的旅行闻名，是当时最了不起的亚洲地理方面的权威。

这个时期，我还开始了我的作家生涯。在一本由我自己的速写做插图的书中，我讲述了自己在波斯游历的故事。因为我此前从未发表过什么东西，所以当一位好心的老出版家来到我家，要出3000克朗（合600美元）买下我的旅行经历的出版权时，我几乎不敢相信自己的耳朵。我本来希望的不过是能够不用自己掏腰包出版这本书，而眼前就有一位和蔼可亲的老先生愿意买下我的手稿，所出的价钱对我的经济状况来说简直就是笔巨款。所幸，我把握住了当时形势的重要性，做出一副外交家的样子，很快地皱着眉头回答说，他所出的价钱同我在旅行中遇到的艰险困厄完全不相称。但最后我还是让步了，接受了他的提议。其实，我早就要高兴得跳起来了。

我受到这次成功的鼓励，又翻译了俄国将军普尔热瓦尔斯基[2]的亚洲腹地旅行报告，并加以删削，集为一册出版。因为这本书不是我的原创作品，我只拿到了800克朗（合200美元）。

1889年夏，东方学大会（Congress of Orientalists）在斯德哥尔摩召开，街上挤满了亚洲人和非洲人。亚洲人里有四个卓尔不群的波斯人，他们奉纳赛尔丁沙阿之命前来向奥斯卡二世国王[3]颁发一枚皇家勋章。我同这些波斯的子民说话，就好像感受到了从家乡吹来的一阵清风。我热切地盼望着再次访问他们的国家。阿拉丁神灯又一次点亮了，它就像在阿加·穆罕默德·哈桑的花园里那样燃起明澈的光焰。

秋天，我和我的母亲及一个姐姐在斯德哥尔摩南面的海岸上住了一个月，那是"维加号"英雄诺登舍尔德在达尔比约的田产所辖的一个农场。一天，我父亲来了一封信，信上说："你明天 11 点务必回到城里，谒见首相大人。国王明春要向波斯沙阿派遣使团，你将随团同行。真好哇！"

我们所住的村舍中响起了欢呼声。我们一起坐了几个钟头，讨论这件事。当夜我几乎没怎么睡觉，因为早上 4 点钟就得起床。达尔比约和斯德哥尔摩之间的交通非常不便。我必须步行穿过树林，划 7 英里的船过多岛海，然后才能搭上轮船。但是我跑过树林，像只野鸭一样飞速划过水面，准时到达了斯德哥尔摩！

当时瑞典和挪威结成了由一个君主统治的联合王国，国王就任命内侍、挪威人特雷肖夫（F. W. Treschow）做使团的团长。冯·耶伊尔（C. E. von Geijer）任秘书，克莱斯·莱文豪普特伯爵（Claes Lewenhaupt）任武官，我自己任译员。我们于 1890 年 4 月出发，穿越欧洲大陆，于斋月抵达君士坦丁堡。

君士坦丁堡是世界上最美丽的城市之一，坐落在连接两大海、分隔两大陆的狭窄的博斯普鲁斯海峡、马尔马拉海和达达尼尔海峡旁。像罗马和莫斯科一样，君士坦丁堡城内也有七座小山。它的主要部分是独具土耳其风格的斯坦布尔城，它位于一块三角形地岬上，靠陆地一面由一道带塔楼的城墙拱卫着，深深的金角湾把它同佩拉和加拉塔分隔开来。斯坦布尔是一片由白色房屋和颜色鲜艳的房屋构成的波涛荡漾的海洋，其上耸立着清真寺巨大的圆顶和又高又细的宣礼塔。一到斋月的夜晚，清真寺就被成千上万盏灯照亮，这些灯盏安置在宣礼塔之间，组成先知和圣伊玛目们的名字。

斯坦布尔所有寺院中最大、最美丽的是圣索菲亚大教堂（意为

"圣哲"），公元 548 年由拜占庭皇帝查士丁尼 [4] 建立。教堂的圆屋顶及它的长廊由 100 根柱子支撑着，有些柱子是墨绿色大理石造的，其余的是深红色斑岩造的。

在当时，圆顶上竖立着基督教的十字架。但九个世纪过去了，在1453 年 5 月 29 日这个温暖的夏夜，"征服者"穆罕默德 [5] 率领着他那强横的游牧部落高举先知的绿色旗帜兵临城下。在一阵英勇的抵抗之后，已脱去紫色大氅的末代皇帝君士坦丁（Constantine）倒在死尸堆中，成了一具无名尸。看着君士坦丁皇宫的壮丽辉煌，这位胜利的苏丹 [6] 深感人生的无常，心下不胜忧愁，便以波斯诗人的诗句高声吟道："蜘蛛在皇宫里结网，猫头鹰在阿夫拉西亚卜 [7] 塔上将暮歌高唱。" [8]

上万名惊恐万状的基督徒逃进圣索菲亚大教堂避难，关上了大门。但是被渴血的欲望激得发狂的土耳其人砸烂了大门，冲了进来。一场可怕的屠杀开始了。在高高的祭坛上站着一位身穿主教法衣的希腊主教，正在高声为死者念弥撒。终于，只剩下他一个人站着了。然后他在一句祷文的半截戛然而止，端着圣餐杯，登上通往楼上走廊的楼梯。土耳其人像饿狼一般冲过来跟在他身后。他径直朝一面墙走去，墙上开着一扇门。他进了门，门又关上了。士兵们用长矛和斧子徒劳无益地击打着这面墙。从那往后的四百五十多年里，希腊人一直盲目相信，圣索菲亚大教堂重归基督徒之手的那一天，这面墙会打开，那位主教将会端着圣餐杯从里面走出来，他将站在高高的祭坛上继续念他的弥撒，就从被土耳其人打断的地方重新念起。然而，就是在世界大战 [9] 末期君士坦丁堡被协约国 [10] 的军队占据时，那位主教也未能现身。

我们造访此地时，穆斯林新月安然竖立在圆顶和尖塔之上，宣礼员在圆形阳台上宣布祷告时间。他的声音洪亮而清晰，向四面八方喊

· 希腊主教

道："真主至大！万物非主，唯有真主！穆罕默德是真主的使者！快来礼拜吧。快来成功吧。真主至大！真主至大！"

在这座伟大的清真寺由无数盏油灯照亮的走廊里，我们见到了数以千计的信徒在虔诚地埋头祈祷。

"征服者"穆罕默德为苏丹宫奠了基，此后有25位苏丹在里面行使王权，直到阿卜杜勒·迈吉德[11]在博斯普鲁斯海峡东岸建起了多尔马巴赫切宫（Dolma Bagche Palace），时间恰好是征服该城整整四百年后。苏丹宫占据了本城的最高点，它的尖塔每日第一个被朝霞染成紫红，晚霞消散时又最后一个暗淡下来。从它的平台上可以看到马尔马拉海、金角湾和亚细亚海岸的壮丽图景。

苏丹宫包括几组建筑和院落，由几道门分隔开。近卫军官院的"中门"是两道对开门，两道门之间是一间带有穹顶的黑屋子。假如一个帕夏[12]奉苏丹宣召来到这里，听见第一道门在身后"砰"地关上，而对面那两扇门却没有打开，他就会明白自己的死期已到，因为这个地方正是失势的帕夏们遭处决的地方。

第三道门"福门"里面是国库，除了贵重物品以外，还收藏着赛利姆一世[13]苏丹从波斯的伊斯玛仪[14]沙阿那里掠夺来的黄金宝座、珍珠、红宝石和绿宝石。先知的旗帜、大氅、权杖、马刀和弓箭保存在苏丹宫里一个隐蔽的地方，外人禁止入内。苏丹一年只有一次到那个圣地去。

一天，我们应苏丹之邀前往参加开斋晚宴（iftar）。宴席摆在伊尔迪兹亭（Yildiz Kiosk），由奥斯曼·噶西（Osman Ghasi）帕夏做东，此人以勇毅闻名，1877年驻守普列文城[15]，抵挡了强大的俄国军队长达四个多月。餐厅很小，色调很暗，但是灯光非常明亮。窗外，天色渐渐暗了下来。等待日落炮响起的时候，每个人都面对着纯金盘子，如雕像一般沉默不语。炮声终于响了，侍从端上饭来。

饭后，我们受到阿卜杜勒·哈米德二世[16]的接见。他是个小个子男人，面容优雅、苍白，蓄着黑得发蓝的胡须，黑色的眼睛目光锐利，长着鼻梁很高的罗马式鼻子。他头戴红色土耳其毡帽，身穿一套深蓝色长制服。他把左手放在弯刀的刀把上，和蔼地点了点头，接受了我国国王派我们呈递给他的亲笔信。

我们也没忘了去参观"死者之城"。斯坦布尔城外、斯库塔里城内的墓地笼罩着一种静穆、安详的气氛。坟墓之间生长着高大、苍翠的柏树，无数墓碑标示着这个世界疲惫的朝圣者最后的安息之所。水平的碑石上时常会有一个碗形的坑，雨水积存在里面，小鸟们便飞来饮水。这些来访者的歌声给那安眠于石头下面的死者们以慰藉。

· 土耳其苏丹阿卜杜勒·哈米德二世

注释

1. 费迪南·冯·李希霍芬（Ferdinand von Richthoven，1833—1905），德国地理和地质学家。多次到中国考察，是近代中国地学研究先行者之一。"丝绸之路"的名称就是李希霍芬首先提出的。

2. 普尔热瓦尔斯基（Nikolay Mikhaylovich Przhevalsky，1839—1888），俄国旅行家，数次到中国西部探险。主要生活在新疆，新疆的"普氏野马"就是以他的名字命名的。

3. 奥斯卡二世（Oscar II，1829—1907），瑞典国王（1872—1907 在位）、挪威国王（1872—1905 在位），斯文·赫定探险与考察活动最主要的支持者之一。

4. 查士丁尼，即查士丁尼一世（Justinian I，483—565），拜占庭皇帝。

5. "征服者"穆罕默德，即穆罕默德二世（Mohammed II，1432—1481），奥斯曼帝国苏丹和真正的奠基人。

6. 苏丹（sultan），某些伊斯兰国家最高统治者的称号。

7. 阿夫拉西亚卜（Afrasiab），传说中中亚古国图兰的国王和英雄。

8. 诗句引自波斯诗人菲尔多西的史诗《列王纪》。

9. 世界大战，指第一次世界大战（1914—1918）。

10. 协约国（Allies），第一次世界大战中英、法、俄等国组成的军事同盟。

11. 阿卜杜勒·迈吉德（Abdul Mejid，1823—1861），奥斯曼帝国苏丹。

12. 帕夏（pasha），古代伊斯兰国家的高级文武官员称谓。

13. 赛利姆一世（Selim I，1470—1520），奥斯曼帝国苏丹。他南征北战，使奥斯曼人在伊斯兰世界居于领导地位。

14. 伊斯玛仪，即伊斯玛仪一世（Ismail I，1487—1524），波斯萨非王朝创立者。他在 1514 年的查尔迪兰战役中被赛利姆一世击败。

15. 普列文城（Plevna），保加利亚城市。在第十次俄土战争中遭俄军围攻（1877），史称"普列文之围"。

16. 阿卜杜勒·哈米德二世（Abdul Hamid II，1842—1918），奥斯曼帝国的苏丹和哈里发（1876—1909 在位），以残暴的独裁统治著称，1909 年遭青年土耳其党人废黜。

第七章

出使波斯

4 月 30 日，我们登上俄国轮船"罗斯托夫 - 敖德萨号"（Rostov-Odessa）。船驶过了博斯普鲁斯海峡，我们左边是欧洲海岸，右边是亚洲海岸，两岸的风景格外优美，令人心醉神迷。向晚时分，最后一座灯塔也看不见了，我们的船出了海峡，划入黑海。我对我们将要走过的路线很熟悉。我们在小亚细亚沿岸的一些城镇停靠休息，在巴统登岸，然后乘火车经第比利斯抵达巴库。我见到了同我上一次来访时一模一样的景色，一样的商队、骑马者、牧人，一样的由灰水牛拉着的大车，如在画中。

这一次，我们自然也去参观了巴拉哈尼的诺贝尔兄弟的油田。当时（1890 年）那里有 410 口油井，其中 160 口归诺贝尔兄弟所有，里面有 40 口正在往外抽原油，25 口正在向深处掘进。有一口油井出油达每 24 小时 15 万普特之多。油井一般深达 120 英寻[1]至 150 英寻，最大的输油管直径有 24 英寸。每天有 23 万普特原油通过两条输油管运送到"黑城"，日产 6 万普特经过精炼的提纯油。

5 月 11 日深夜，我们在诺贝尔兄弟油田的一些工程师陪同下登上了"米哈依尔号"（Mikhajl）轮船。我们正坐在船尾闲聊，忽听尖利的汽笛声从四周传来，"黑城"升起了白色的火焰，火焰上冒出滚滚褐色浓烟。瑞典工程师们急忙上了岸，奔向失火现场。"米哈依尔号"就在火光中解缆起航了，向南朝着波斯海岸驶去。

我们在恩泽利港上岸时，号声齐响，波斯人鸣放 40 响礼炮欢迎我们。岸上站立着这个国家的两位高官，身穿镶着金丝花边、缀有饰物的制服，羊皮帽子上戴着太阳和狮子图案的徽章。其中一位是礼宾官（Mahmandar）穆罕默德·阿迦将军（Mohammed Aga），他代表沙阿向我们表示欢迎。他将带领一大批随从、卫兵和大车队陪同我们去德黑兰。

我们乘上一条船，由身穿宽松衣裳的纤夫们牵拉着到拉什特去。他们穿梭飞奔于树林和苇丛中，让我想起了林中巨怪[2]，或是小林妖[3]。总督设"大盘宴"（dastarkhan，一餐共上 50 个大木盘的食物）款待我们。我们于 5 月 16 日离开拉什特，帐篷、地毯、床铺、器具和粮食共装了 44 头骡子，身穿黑色制服，带步枪、马刀和手枪的卫队有他们自己的补给运输队。

我们现在开始了一次只有在古代的故事中才会出现的旅行，波斯人所展示的豪奢繁华更适合用来欢迎大国的使节。春意正浓，树林中充满了香气，小溪潺潺流淌，所有的鸟儿都在用歌声向我们这支令人艳羡的队伍致意。每一天的行程都分成两段，一段在早上，一段在傍晚。一天里比较热的几小时，温度升到了 30 摄氏度以上，我们就在橄榄树和桑树下搭起帐篷，在通风良好的帐篷里打发这一段时光。我们每到一座村庄，都受到村中长者的欢迎，这些老人都蓄着白胡须，身穿长及脚踵的束腰长袍，头上高高地缠着包头巾。

我们进入加兹温场面之盛大超过了我们迄今为止的所有经历。远在城外，市长就带着一大队随从来迎接我们，然后总督率领 100 个骑兵也来了。我们的队伍逐渐膨胀为一支庞大的骑兵队，沿着道路疾行，有时就隐没在灰黄色的滚滚尘烟之中。两名传令官在前头开路，一个一身黑，一个一身红，二人都戴着白色羔皮帽子，身披金银丝带。他们后面跟着一队敲鼓的骑兵，两侧有穿蓝色制服的士兵在疾行。他们一路表演一种马术，惊险的花样一个接着一个。胯下马全速飞驰时，他们时而站在马鞍上，时而俯身从地面上拾取东西。有时候，他们把步枪抛到半空中，在接回手中的一刹那放上一枪，或是来

· 进入加兹温城

回耍弄薄薄的、明晃晃的马刀，凛凛刀光在阳光下频频闪动。就这样，我们的队伍一路喧闹着走过了葡萄园和果园，走在加兹温城门的瓷塔下，走过了集市和空地。

我们在途中遇到了一拨和我们迥然不同的人，那是一支什叶派穆斯林的送葬队伍。两面红旗和两面黑幡先行，然后是几个装满面包、米饭和甜食，四角点着蜡烛的大托盘。后面跟着一队人，哀声哭号着："侯赛因，哈桑。"在他们身后，死者生前所骑灰马由人牵着，配有华美的鞍子和绣花垫布，鞍头上搭一条绿头巾，象征着主人从先知那里继承的高贵血统。棺材高高拱起，上盖一条条棕色毛毯。任何一个旁观者都可以去换抬棺人的班，而每个人都想这样做，因为死者是一个享有崇高威望的大祭司。队伍的末尾是老大一群戴白头巾的教士。

我们在加兹温历尽了荣耀，继续乘车向德黑兰进发。有一次，我们遭遇了一场冰雹，大车上满是泥水。还有一次，道路被一个驮运地毯的骡队堵住了。骡子们听见后面的大车"嘎嘎"作响，就惊慌失措，慢慢悠悠地四散乱跑。捆绑货物的绳子松了，地毯一块接着一块地滑落下来。骡子身上的负担减轻了，便加快了速度，它们就在我们的大车前面欢蹦乱跳地跑掉了。我们看着眼前这出活剧，笑得简直透不过气来，但商队里那些可怜的骡夫就笑不出来了，他们得把那些沾上尘土的地毯一块一块从路旁捡回来。

我们进入德黑兰的那天，那东方式的豪华达到了极致。这同我上一次入城比起来何啻天壤！那时候我是以一个穷学生的身份来的，而现在，我却是作为国王的一名使节来的。骑兵队全部身着盛装出迎，步兵队沿街列队欢迎我们，马上乐队则演奏起瑞典国歌。我们在一座花园里受到该国高级官员的迎接。我们在这里整理队伍，对方送给我们一些阿拉伯马，都配有绣金刺银的马鞍垫布，马鞍下铺着豹皮。连战马听了音乐也激动起来，迈着优雅的舞步走进了城门。似乎全城的居民都准备来观看我们的入城式。队伍最后到达了一座花园，其豪华和美丽我前所未见。花园中央矗立着雄伟的元帅府（Emaret Sepa Salar），我们将住在那里。

大宴接着小酌，我们一连吃了 12 天。有骑兵和军官服侍我们，像影子一样跟着我们到处走。吃饭的时候，沙阿的姐夫、和蔼的老者叶海亚·汗（Yahiya Khan）坐主席位，到了晚上，就有一个乐队在元帅府前的大理石水池旁演奏音乐。

我们到达几天以后接到诏书，要在一些内侍和官员的陪同下乘御用马车入宫觐见，拉车的四匹白马尾巴都染成了紫色。身穿红色制服、手执银杖的先导队在前面开路。

我们在候见室等了一会儿，一位廷臣前来宣布，陛下已经准备好了接见我们。我们被引进一间装饰华美的波斯式大厅，里面铺着地毯，挂着帷幔，有 20 来个身穿老式绣花束腰长袍的朝臣和将军沿着墙边站成一列，像雕像一样一动不动。

纳赛尔丁沙阿站在外墙旁，在唯一一扇落地大窗子和那著名的孔雀宝座中间。这件奇异的宝贝好似一张大椅子，有靠背，有拉得很长的座席，还有从地面直通上来的台阶。它厚厚地镀了一层金子，呈开屏的孔雀尾巴形状，上面镶嵌着很多颗宝石。它是纳迪尔沙阿[4]二百年前出征印度时从德里的莫卧儿帝国皇帝（the Great Mogul）那里掠来的。

纳赛尔丁沙阿身穿黑衣。他的前胸缀着 48 颗大钻石，左右肩章

· 波斯沙阿纳赛尔丁

上又各镶了三大颗绿宝石。他的黑帽子上钉着一个钻石扣。他身挂马刀，刀鞘上点缀着宝石。他专注地看着我们，宝相庄严，像一个十足的亚洲专制君主一样站在那里，时刻意识到自己的优越与权威。

我们使团的团长呈上我国国王颁给他的波斯表亲的勋章。传译员接过勋章呈示给沙阿，沙阿同我们每个人都交谈了一会儿，问了几个有关瑞典和挪威的问题。他告诉我们他到欧洲去过三次，打算下一次出行时访问瑞典和美国。

整个仪式充满了一种古波斯的魔力，但十五年后我受到纳赛尔丁之子穆萨法尔丁沙阿（Shah Mussafar-ed-Din）接见时，这种魔力却大半消散，到今天则荡然无存了。

接下来的日子里，他们极尽所能来款待我们。为了欢迎我们，在皇宫里举行了一场盛大的宴会，朝中所有的高官要人都出席了，沙阿则没有露面，躲在一条走廊里看着我们。

我们去参观了沙阿的博物馆，它的门锁平常总是锁上的，只有尊贵的客人来了才开启。在博物馆所收藏的金银财宝中我们看到了钻石"光之海"（Daria-I-nur），以及一个直径两英尺的地球仪，上面的海洋是用密密麻麻地排在一起的绿宝石表示的，亚洲地区是用水晶般明亮的钻石表示的，德黑兰则是用另一样宝石标出。我们还看到了一些方玻璃杯，里面满满当当地盛着巴林群岛的珍珠、内沙布尔的绿松石和巴达赫尚的红宝石。

在沙阿马厩前的庭院里，他那 900 匹名贵种马列队出展，每匹马上都骑着一名马夫。

最为盛大的要数在城外一块空地上举行的军事演习了。14000 人排成一个方阵，我们骑马走在随行人员中，跟着沙阿检阅部队。然后沙阿进了一顶大红帐篷，我们也进了旁边一顶玫瑰色的帐篷；这时步兵方阵走过，向他们的君王欢呼致敬，骑兵队则凶猛地驰向前方。最好看的要算那些身披红色斗篷、头缠红色发带的骑兵了。

最后，我们骑马去了古城拉格斯遗址，该城在萨尔玛那萨尔[5]时代非常繁荣兴盛，《多比传》也曾提到过。亚历山大大帝从"里海之门"出发完成了一天的行程时曾在这里休息。一千多年之后，曼苏尔哈里发美化过这座城市。哈伦·赖世德就出生在它的城墙之内。阿拉伯人歌颂它的辉煌，称它为世界上的"万门之门"。13 世纪，拉格斯遭到了蒙古人的彻底摧毁，现在只有一座保存完好的塔楼耸立在废墟之上。

在德黑兰，我发现自己面临着一个两难处境。我难道就仅仅满足于这些比平常的烟火强不了多少的宴饮？我难道不该利用这个机会进一步深入亚细亚，也就是说，深入这块大陆的心脏地带？这样的旅行可以为更大的事业做些有价值的准备。我对于一步一步地走向那迄无人迹的沙漠地带、走向西藏高原⁶，产生了不可遏止的欲望。

我在使团里的旅伴们赞同我的计划。我给奥斯卡二世国王拍了电报，请求他恩准我继续东进。国王不仅同意了，还允诺为我预期的旅行承担费用。

就这样，当使团的其他成员于 6 月 3 日离开德黑兰沿着我们来的路线返回家乡时，我留下来住在我的朋友希博内特家。我的资金足以支持我到达中国边界。

注释

1. 1 英寻 ≈ 1.8288 米。

2. 林中巨怪（troll），北欧神话中爱恶作剧而态度友好的侏儒。

3. 小林妖（Robin Goodfellow），英国民间传说中专门跟人捣蛋的小精灵。

4. 纳迪尔沙阿（Nadir Shah，1688—1747），波斯统治者和征服者。勇猛善战，生性残暴。

5. 萨尔玛那萨尔（Salmanasar），古代亚述国王名。多位国王以此为名，其中最著名的是萨尔玛那萨尔三世（前 859—前 824 在位）。

6. 西藏高原，即青藏高原。

第八章

墓地

琐罗亚斯德教是世界上最古老的宗教之一。它的创始人是琐罗亚斯德[1]，经典叫作《阿维斯陀》[2]。它为世界上最强大的一个民族所信奉，兴盛了一千年之久，在接下来的一千年中生命力逐渐减弱，最终于公元 640 年遭到摧毁，当时欧马尔哈里发（Caliph Omar）高擎先知的旗帜前来攻打波斯人，在埃克巴塔纳附近击败了他们。在伊斯兰教徒节节胜利的时候，很多琐罗亚斯德教徒早已乘船从霍尔木兹海峡去了孟买。目前在印度还剩下大约 10 万名信徒，在波斯还剩下 8000 名。所以说，圣火至今仍未熄灭。

在前面的章节里，我曾描述过参观苏拉哈尼一个新近弃用的拜火教神庙的情形。在波斯的亚兹德还有 20 来个这样的神庙。但在古时，情况却不是这样。在波斯波利斯有好几个圣火坛，色诺芬[3]曾写道：

> 居鲁士从他的王宫里走出。将要祭献给太阳的马匹被牵到他面前，同来的还有一辆为太阳准备的饰以白色花环的马车。随后又来了一辆马车，拉车的马都装饰成紫色，跟在后面的人们抬着个大炉子，炉火熊熊。然后马被祭献给太阳。接着，根据拜火教祭司（Magi）定下的习俗，一个牺牲品被供奉给了大地。

在琐罗亚斯德时代之前，拜火教在波斯和印度就很盛行。天体和水、火两大元素受到膜拜，巫术和魔法盛极一时。

琐罗亚斯德的教义是二元论的。它承认一切光明和善的创造者阿胡拉·马兹达（Ahura Mazda）为唯一的神，他的死对头是阿里曼（Ahriman），代表着黑暗和邪恶的法则，手下领导着一群恶毒的魔鬼。阿胡拉·玛兹达和阿里曼之间的斗争永无止息，帮助阿胡拉·马兹达取得胜利是正人君子的职责。

最古老的圣火是在拉格斯点燃的。太阳和火是上帝万能的象征。就因为它的光芒、热度和洁净，在世上没有什么比火更接近至神至圣。死人的尸体会使土地不洁，因此必须把死者葬在塔中，建起高墙把他们同四周隔离开来。通往塔底的道路也会因过往尸体而不洁，但是假如牵一条眼睛周围带黑斑的白狗或者黄狗跟在出殡的队伍后头，这条路就算得了清洁。狗能驱魔除鬼。暴露的尸体四周聚集的苍蝇是些小妖精，是受阿里曼役使的女鬼。死去的敌人并不会使土地不洁，因为他们为善战胜恶做了见证。

拜火教徒在波斯叫作帕西人（Parsee），他们遭到伊斯兰教徒的鄙视和憎恶。于是他们住在自己的村庄里与世隔绝，这样他们就可以不受阻挠地专心于他们的宗教仪式了。他们中有许多人是商人和园丁。过了几千年，他们仍恪守着琐罗亚斯德的教规。每座房子里都点着一盏油灯。吸烟是一种对火不敬的罪愆；假如突发火灾，人们不得灭火，因为凡人是不许同火的伟力相争斗的。

一个帕西人死后，人们会给他穿上白色长袍，头上裹一块白布，点上油灯，把他安置在一口铁棺材里，脚边放一块面包。假如一条被允许进入停尸房的狗吃了那块面包，此人就算是死了。假如狗拒绝吃面包，人们就认为灵魂仍然滞留在死者的身体里，尸体可以保留到开始腐烂为止，然后再由洗尸人对死者进行清洗。洗尸人被认为是不洁的，谁都不敢踏入他家里一步。

四个身穿在流水中濯洗过的白衣服的搬运夫把棺材抬到名为"安宁之塔"的墓地去。那并不是真的塔，而是一圈 223 英尺长、几乎有 23 英尺高的围墙。在围墙里面，尸体被放置在一个浅浅的、敞开的长方形墓穴里。最后，人们把死者的衣服解开，把头上裹的白布拿掉，参加丧礼的来宾退回到墙边，回家去。丧礼举行的时候，秃鹫停在墙头，大乌鸦在墓地上空盘旋。当一切归于宁静的时候，就轮到它们动手了；没过多久，只剩下一副光秃秃的骨架，在炎炎烈日下晒干。

帕西人（或曰拜火教徒）据说是古代琐罗亚斯德信徒的直系后裔，因而是印欧人种血统最纯粹的代表。

我离开斯德哥尔摩之前，一位著名的医学和人类学教授要我想方设法搞到一些拜火教徒的头骨带回去。于是，6 月中旬的一天，正是夏天最热的时候，荫凉处的气温也高达 41 摄氏度，我和希博内特医生前往德黑兰东南方的"安宁之塔"，拜火教徒们的墓地。我们选择了下午开始的几小时去行窃，是因为这时候为了避暑，人人都待在家里。

我们随身带了一个马褡裢，在褡裢的两个袋子里装了草、纸和两个有人脑袋那么大的西瓜。

我们乘坐马车出了阿卜杜勒·阿齐姆沙阿门。大街像干涸的河床一样空空荡荡的。以蓟草为食的骆驼们在城外的干草原上四处游荡。不时有一股尘烟像幽灵一样卷过烤得干硬的大地。

我们穿过哈什马巴德村，在那里朝一个农夫借了一瓦罐水和一架梯子。我们到了"安宁之塔"后，把梯子架在墙上，结果梯子太短了，还差大约 3 英尺。不过我还是爬到了顶上，脚一蹬，尽力扒住墙头悠了上去，然后再伸手把希博内特医生拉上来。

一股令人作呕的恶臭扑面而来。希博内特留在墙头，密切注视着车夫，看他是否在监视我们；与此同时，我沿着水泥台阶下到呈圆碗形的墓地中。共有 61 个敞开的浅墓穴，其中十来个盛着骨架和不同程度地腐烂的尸体。风雨侵蚀的白骨沿着墙根堆积在一起。

我慎重考虑了一下，选中了三具成年男子的尸体。最新鲜的那具尸体才来了没几天，不过上面柔软的部分——肌肉和内脏——早已被猛禽撕掉吞食；两只眼睛被啄了出来，但脸上其他部分还在，已经风干，硬得像羊皮纸一样。我割下死者的头，里面流出脑浆来。我摇晃着头颅，把脑浆控干净。对第二颗人头我也如法炮制。第三颗人头在太阳底下放得太久，脑浆已经晒干了。

我们是带着褡裢和水罐翻墙进去的，假作要在那里吃午餐。我用水洗了手，接着把褡裢倒空，先往人头里面塞上草，再用纸把它们包上，然后装进褡裢里，取代了西瓜的位置。于是褡裢保持了原先的形状，没有什么会引起车夫的疑心，但那刺鼻的气味可能会让他觉得古怪。我们回到马车上的时候，发现车夫在围墙窄窄的阴影里睡着了。实际上他没有出卖我们。回去的路上，我们归还了瓦罐和梯子，然后继续沿着阒寂无声、死气沉沉的大街回到了希博内特家。

我们把人头埋在地下，就这样埋了一个月，后来又把它们放在牛奶里煮，直煮得它们如同象牙一般又白又干净。

这一切勾当显然要秘密进行。假如迷信的波斯人和帕西人得知我们这些异教徒驾车跑到他们的墓地里偷人头，他们会作何感想呢？更何况，希博内特是沙阿的侍医，而且是他的专任牙医。人们会想，我们是打算从这些头骨的牙床上拔下牙来，再安到沙阿陛下的金口里。然后会出现骚乱和暴动，我们会受到攻击，最终交付民众处置。但一切都平安无事。

不过，第二年我在回国途中到达巴库码头时，险些栽在海关官员手上。我的所有行李都遭到了最仔细的检查，最终，三个用纸和毛毡包裹着、好像足球的圆东西骨碌碌滚出来，落到了地上。

　　"这是什么？"海关检查员问。

　　"人头。"我眼睛一眨不眨地回答道。

　　"您说什么？人头？"

　　"是的，您请看吧！"

　　其中一个圆球开了包，一颗头骨在朝检查员们畅然而笑。他们大惑不解地面面相觑。最后，检查员对其他人说："把包裹包上，全都放回去！"又对我说："带着你的行李，赶紧离开这儿！"他大概以为，这些头骨是一桩连害三命的凶杀案的证据，而不搅和进这件丑事里去则是明智的选择。

　　这几颗帕西人的头骨至今还陈列在斯德哥尔摩的人类头盖骨博物馆里。

注释

1. 琐罗亚斯德（Zoroaster，约前 628—约前 551），伊朗宗教改革家、先知、琐罗亚斯德教的创始人。该教信奉光明神阿胡拉·马兹达，主张善恶二元论，又被称为拜火教、火教、祆教、火祆教、明教。也有观点认为，琐罗亚斯德只是该教的集大成者。

2.《阿维斯陀》（Zend-Avesta），琐罗亚斯德教（祆教）圣书，传说为先知琐罗亚斯德的生活及教训记录，通称《波斯古经》。

3. 色诺芬（前 431—前 350），希腊历史学家，哲学家苏格拉底的弟子，著有《长征记》。

第九章

登上达马万德山之巅

纳赛尔丁沙阿每年都要到厄尔布尔士山区做夏季旅行，以逃避德黑兰的酷热。今年的出发日期定在7月4日。我作为希博内特医生的客人，被沙阿邀请去参加这一次旅行。我们一共要去一个多月。另一个欧洲人自然也在受邀之列，他是弗弗里埃医生（Dr. Feuvrier），法国人，沙阿的首席侍医。其实，只有为数不多的几个欧洲人参加过这种王家旅行。

眼前的奇景真是又迷人又特别。动身前的那天，一位御前侍从来访，他向我们告知行程，并把沙阿御赐的一把波斯金币赠给我，这种风俗的意思是，祝福受馈者永远不缺钱花。

旅行伊始，我们向东北方向的山区走，到了贾哲鲁德河（Jaje-rud）和拉尔河（Lar）流域。前者向南流入沙漠，后者向北注入里海。我们一路上要过两个高高的隘口，第二个隘口的高度是海拔9500英尺。

我们已经到了山区，正沿着蜿蜒曲折的小路翻越山峰和隘口，穿过山谷和牧场，突然发现双方向的道路完全阻塞了，2000头驮着沙阿及其大臣、仆役的帐篷、食品和其他装备的牲口——骆驼、骡子和马——挤作一团。远征队由1200人组成，其中有200名士兵。入夜，我们安营扎寨，一座300顶帐篷构成的城池在人迹罕至的山谷里拔地而起。

除仆役外的所有人都有两顶帐篷。不论我们骑马走得有多快，第二天早晨拔营之后，我们总会在下一个驻地发现帐篷已经搭好了。

沙阿的帐篷由装饰着高高的红羽毛的骆驼驮着，上盖黑边红布的箱子则由骡子驮着。他的坐骑也装饰着红羽毛，白马的尾巴还被染成了紫色。

帐篷的排列次序总是固定的。每个人都知道自己的帐篷应该搭在何处、帐篷间的通道是什么走向。沙阿除了一顶红色起居大帐外，还各有一顶用膳和吸烟的帐篷，以及许多供后宫的妃嫔们居住的帐篷。

他从后宫带了多少女人随行，谁也说不准，不过有人说是 40 个。这个数字把后宫妃嫔的使女也包括在内。我们几乎每天都会路过这些宫妇，她们把面纱捂得严严实实的，叉开腿骑在马上。不过，假如有这些妃子在近旁，我们会出于礼节和乖巧把脸转开。她们前前后后总有太监和侏儒骑马跟随。

这些御用帐篷周围是一道由红色粗布搭在杆子上组成的高高的围屏。这道围屏圈出了一个王家内廷。外廷则由卫队、传令官们所住的帐篷，以及用作仓库和厨房的帐篷等围成。这样的营帐排列方式同色诺芬所描述的两千四百年前居鲁士大营内的情形完全相同。

艾敏尼·苏丹（Emin-i-Sultan）大维齐[1]负责管理这座游动城池。膳食总管和总司库是麦吉德·多夫莱赫（Mej-ed-dovleh），此人是沙阿的亲戚。其他重要的官职有：御马总管，鞍辔长官，卫队长，司衣长官，沙阿卧房总管（这是一个老头，总是睡在沙阿寝帐的门口），太监总管，司烟长官（kalian，清洗水烟筒之人），厨师长，理发师，洒扫总管（sakkas，在沙阿的大帐四周不断洒水以免尘土飞扬之人），以及总传令官。

希博内特和我的帐篷设在这庞大的营帐之城的中央。我们有一顶自己住的帐篷、一顶做厨房用的帐篷和一顶仆人住的帐篷。晚上营地里的那份混乱简直无法尽述。驮夫和宪兵的大呼小叫、铃铛的叮当作响、马嘶骡鸣声和骆驼的咆哮声随处可闻。10 点钟，响起一阵鼓点，意思是，只有那些知道当天口令的人才可以走近沙阿的大帐一定距离之内。时常传来守卫的示警声，那是有夜行人未经许可走到附近了。四处点着明艳的营火，灯光从帐篷里射出来，无论谁想外出访友，总有一个人提着内装油灯的纸灯笼在前面引路。

有一些特别值得信赖的人在营地里主持公道。假如沙阿驮运货物的牲口踩坏了一个农夫的庄稼，来告状的人会得到赔偿，但那些提出不合理要求的人则要挨一顿板子。

沙阿要同他的大臣们一道处理日常政务，有时还会让他的首席翻译官埃特马德·苏丹内特（Etemad-e-Sultanet）给他朗读法文报纸。他经常带着大队随从去打猎，假如猎物是可以食用的，就把它们分送给手下，也不忘了送我们一份。远征队每经过一个村庄，总有人跑出来一睹这"万王之王"（Shah in shah）的风采；这时候，他会向他们分发金币。骑马的时候，他通常穿一件棕色外套，戴一顶黑帽子，打一把黑遮阳伞。马鞍和鞍垫布是用金线绣织而成的。

我们在拉尔河畔钓得了最美味的鳟鱼。一些庞大的游牧部落在附近地区扎营，支起了黑色和彩色的帐篷。我有时顺便去拜访拜访他们，为他们画速写。有一次，我想为一个好看的游牧人姑娘画张肖像，她的父亲坚决不让她摆姿势。我问他怕什么，他答道："假如沙阿见到了她的画像，准会把她弄到宫里去。"

由于沙阿本人对于画画也很着迷，所以他对我的速写很感兴趣，有时会让我带着它们到他的大帐里给他看。

一个非常有趣的人也参加了这次旅行，我还没有提到。他名叫阿齐兹·苏丹（Asis-i-Sultan），意思是"国王的宠爱"。这个丑陋的、患肺痨的 12 岁男孩是沙阿的活护身符，或曰吉祥物。没有他，沙阿就不能出行或者实施任何计划，也就是说，简直不能活下去。他之所以如此迷信地宠爱这么一个不可爱的人，是缘于一个预言，预言说沙阿的寿命长短完全取决于这个男孩的性命。于是这个孩子得到了无微不至的照顾。他有自己的庭院，有自己的侏儒、小丑、黑奴、女按摩师，以及满足他最微小愿望的仆人。他还是军队里的一名元帅。因为他对沙阿的影响极大，人人都时刻准备巴结讨好他，但暗地里却盼他早死。

纳赛尔丁似乎总是需要找一些活物来施与宠爱。在阿齐兹·苏丹得势之前，沙阿的宠物是 50 只猫。这些猫也有自己的王室。沙阿无论何时出游，总要用天鹅绒衬里的篮子带着它们同行。领头的宠猫名叫巴布尔·汗（Babr Khan），意为"虎猫"。它每天在沙阿的餐桌上用早餐。有过几次，宠猫们因繁殖而数目增加，在王宫的地毯上跑得哪儿都是，这时，那些不留神绊倒的大臣们可真是够受的！

总的说来，我们这个夏天过得最舒服了。我平日里四处闲逛，画画、写作；我是营地里唯一懂英文的人，有时要被叫去给艾敏尼·苏丹翻译英文电报急件。我们来到拉尔河谷，离达马万德山（Demavend Mount）不远的时候，我突然产生一股不可遏止的欲望，想登上它那 18700 英尺的山顶，全波斯的最高峰。德黑兰的欧洲外交官们常常爬上它。

据说达马万德山是一座硫气孔火山，一座不再剧烈活动的火山，它是由粗面岩、斑岩和火山岩构成的，硫黄火山口周长半公里，山顶永远覆盖着皑皑白雪。在古代，波斯的诗人们曾经歌咏过它。据说它最初的名字叫迪夫邦德（Divband），意为"神灵的家园"；甚至在今天，人们还相信善神（jinn）和恶神（divs）就居住在它的峰顶。

沙阿听说了我的打算，表现出很大的兴趣，还怀疑我在不做充分准备、不靠大队人马护送的情况下能否登上山顶。遵照他的旨意，大维齐给登山的起点拉纳村的长老写了封信，命令他尽一切努力协助我顺利登顶。

沙阿的一个仆人贾法尔（Jafar）于 7 月 9 日早晨来接我；我骑一

匹马，他骑一头骡子，二人直奔拉纳村，在那里过夜。当然了，村里的长老表示，只要我吩咐下来，他一定照做不误。我向他要了尽量轻的行李、两个可靠的向导，以及够两天用的粮食。凯尔贝拉伊·塔吉（Kerbelai Tagi）和阿里（Ali）马上给叫了来为我当向导。他们说，他们为了采集硫黄，已经到达马万德山顶去过 30 次了。

我们于凌晨 4 点半出发的时候，达马万德山的峰顶被云雾遮蔽了。两个向导拿着长长的铁尖登山杖，背着我们的粮食和用具。

我们沿着陡峭的砾石山坡缓缓行进，走在岩石间，跨过小溪。黄昏时分，两个向导停在一个石洞旁，说我们就在里面过夜。可山顶还离得远着呢，所以我吩咐他们继续往前走。天黑之后，地势变得崎岖异常，我们只好在岩石中间步行。当我们第一次碰到积雪时，我下令停下过夜。我们在灌木丛里生了一堆营火。腾起的烟雾像一块面纱挂在山南麓。我们吃了面包、鸡蛋和奶酪，然后就在露天下入睡了。

夜里十分寒冷，风也很大。我们整夜燃着营火，像豪猪一样蜷起身子，并且尽量靠近营火取暖。

次日凌晨 4 点，我被阿里叫醒了，他站在我身边大叫道："先生，咱们上路吧！"我们喝了几口茶，吃了点面包，便沿着一道斑岩和凝灰岩构成的石岭出发了。达马万德山的形状就像一座非常典型的火山。在 11000 英尺海拔处，我们遇到了终年不化的积雪，它像一顶帽子似的扣在这座山的脑袋上，并且在顺山坡延伸的石岭间形成道道条纹。我们就在这样的两条雪舌中间择径而行。

太阳从澄澈的天空升起，将金辉洒向这荒莽、灿烂的美景。在普里普鲁尔（Pul-i-Pulur）石岭上，我们看见西南方的谷底有一些白点。这些其实就是沙阿行营里的 300 顶帐篷，昨天晚上已经移到那边了。

但天空不久便阴云密布，一阵冰雹像鞭子一样朝我们抽打过来。我们只好停住脚步，在两块岩石中间蜷缩起身子，让冰雹打在后背上。

后来，我们继续向陡峭的山上攀爬。我的两个向导像岩羚羊一般步履轻捷，但对我来说，这走路的活儿可就重得要命。我不是个登山家，没受过训练，以前也从未想过要爬上一座高峰。每走十步我都要停下来，上气不接下气地喘一喘，然后再走上几步。我太阳穴突突乱跳，头痛欲裂，精疲力竭，几欲死去。

乱石路结束了，我们进入了积雪地带。过了一会儿，我索性一头栽到雪地里。我还要爬到山顶吗？那又有什么用呢？回头难道不是更好吗？不，绝对不行！我无论如何也不能在沙阿面前承认自己失败。过了一分钟，我睡着了。但阿里拉扯着我，再次叫道："先生，咱们上路吧！"我爬起来继续向前走。时间在流逝。有时山峰对我来说显得无比遥远；有时它又云雾缭绕，或是被飞旋的雪烟遮没。最后，阿里解下腰带，紧紧攥住一头，凯尔贝拉伊·塔吉拉着另一头，我拉住中间跟着走。他们这样拖着我穿过积雪，路就好走多了。

天又放晴了，峰顶更近了。我们艰苦跋涉了 12 小时之后，于 4 点半钟抵达目的地。在 18700 英尺海拔处要想把水煮开可不是件容易的事。气温降到零下 1.7 摄氏度，刮着大风，奇寒刺骨。我画了张速写，搜集了几块硫黄标本，从云彩的缝隙间观赏了山峰两侧的美景，一侧是里海方向，一侧是南面德黑兰周围的平原风光。

休息了三刻钟之后，我下令出发。我的两个向导带我到了一个地点，一条冰隙从这里开始，积满了雪，沿着山坡往下越来越细。他们来到这里，蹲坐在薄薄的一层雪壳上，用手中的铁尖登山杖戳着雪面，然后以令人窒息的速度滑下山去。我也依样学样。我们得用自己

· 达马万德山之巅，可以看到火山口，海拔 18700 英尺

的鞋后跟做刹车，这样雪就在鞋前飞溅起来，仿佛船头溅出的水花一般。我们用这个办法"呲呲"地下滑了大约 7000 英尺。最后雪变得太薄了，我们只好步行穿过乱石丛。正当太阳落山时，云雾消散了。夜幕降临时分我们到了那个石洞，贾法尔和一些牧羊人正牵着我的马等在那里。没过多一会儿，我就睡得像块石头似的了。

　　几天以后，沙阿派人来接我回营。他坐在他的红色大帐里，身旁围着许多廷臣。他们中有的人怀疑我是否真的登上了山顶，但沙阿看了我的速写，转过头去对他们说："他去过了，他到过上面了。"廷臣们一躬到地，所有的怀疑都像达马万德山四周的云雾一样消散了。我们在凉爽的山中又待了些日子，然后就和沙阿君臣一道回到了他们的首都。

　　我关于德黑兰的最后记忆充满了血腥。城中正在庆祝古尔邦节[2]，

· 滑下达马万德山白雪覆盖的山坡

一峰戴银勒口、羽饰高耸、披昂贵的刺绣鞍垫布的骆驼被牵到了一块空地上，那里已经聚集了几千人。一支乐队在吹奏，骑兵骑着欢快的马儿四处驰奔，手持长棍的先导队尽力在人群中维持秩序。

那峰做牺牲用的骆驼被迫躺倒在人群中间，它面前放了一捆草，它一面吃，人们一面把它身上的饰物除去。十个穿着围裙、卷起袖子的屠夫出现了，其中一位是个大块头，他把刀用力刺入骆驼的胸口，那牲口猛地抽搐了一下，就侧身倒下了，头垂到地面上；与此同时，另一名屠夫上前，三刀两刀就把骆驼头从身体上割了下来。然后骆驼被剥了皮，割成块，许许多多人奔过来，像饿狼一样扑到这血淋淋的尸体上。一旦一个人成功地为自己撕下一小块肉，他就退下来，给别人腾地方。几分钟之内骆驼就不见了，它原来躺过的地方只剩下血红的一片。不过真正的祭品已经献给了那些铸就人类命运的至高神灵。

注释

1. 大维齐（Grand Vizier），伊斯兰诸国首席大臣的称号，即首相。

2. 古尔邦节（Kurban bairam），伊斯兰教节日，亦称宰牲节、忠孝节，定于伊斯兰教历 12 月 10 日。

第十章

穿过"太阳之地"
呼罗珊

1890 年 9 月 9 日，我再次起程，踏上了连接德黑兰和"太阳之地"呼罗珊¹省首府马什哈德、有 24 个驿站的长长商路。呼罗珊省又是波斯朝圣者主要的圣地。

早在薛西斯和大流士时代，邮政系统就已开始在这条路上实施；在帖木儿统治时期，他的信使也走这条路递送信函公文，那时候的驿站设置就和现在差不多一模一样。

这里的土地发散出有关往昔记忆的气息。亚历山大大帝在这里追上了逃跑的大流士三世²，哈伦·赖世德和他的游牧部落在这里起兵，野蛮的蒙古部族在这里劫掠屠戮，纳迪尔沙阿大军刀枪的铿锵声在这里的荒野回荡，成千上万的朝圣者在这里拖着疲惫的脚步去拜谒马什哈德的里扎伊玛目（Imam Riza）圣陵。

出发前两天，我去向年迈的纳赛尔丁沙阿道别。他当时正拄着一根金柄拐杖，在御花园里一条小路上散步。他祝我旅途愉快，便又继续他那孤独的散步。今天他的重孙坐在了波斯国王的宝座上。他本人在位四十八年，但他死后的二十九年里，宝座上却换了四代人！

我要骑马、坐雪橇、乘马车、搭火车开始一段长达 3600 英里的旅程。我尽量节省旅途上的开销，总共只花费 1011 美元。

我有三匹马：一匹自己骑乘，一匹驮行李，最后一匹给一个随行的马夫用。同上次去波斯湾的旅行一样，到每一个驿站都要更换马夫和驿马。

我们从呼罗珊门出了德黑兰，该门上立四座黄、蓝、白三色彩陶小塔。我给了守门的卫兵一枚硬币，他高声喊道："朝圣愉快！"

在右首，阿卜杜勒·阿齐姆沙阿圣陵的圆顶像个金球一般闪闪发光，"安宁之塔"就坐落在陵墓的圆丘脚下。在左首，于薄云间君临

· 蒙古部族在呼罗珊烧杀劫掠

的达马万德山即将罩上它那雪白的冬装。游牧人的黑帐篷散布在干草原上。黄昏时分，我们到了库比德贡比德村，就在狗和猫中间过夜。

骑马的邮差随时会到来；由于他有权优先选择精壮的驿马，我们只好午夜就动身，继续赶路。我们先是小跑，接着改为飞奔，然后又变成慢行，以免累坏马匹。此时天气和暖，猎户星座高悬，月亮升起。远方传来沉闷的驼铃声，不久，一群骆驼就像影子一样掠过。

第二天我们大部分时间都在骑马赶路，有时在路边的咖啡屋歇一歇，有时和休息的商队待一会儿，有时到游牧人的帐篷里坐坐，看古铜色的孩子们同狗和羊羔玩耍。有一次我睡着了，但日落时候被一声洪亮的"真主至大"惊醒了。下午5点钟，温度仍然高达34摄氏度。

第一个骑马的邮差在德伊纳玛克村赶上了我们。这是个相当好的小伙子，他建议我们与他同行。于是我们连夜出发，这时队伍已经壮大到五匹马了。路上有许多平行的沟坎，那是几千年来骆驼蹄、马蹄和人脚共同踩踏出来的。

就这样我们走村过庄，经塞姆南到了古谢赫。有一次，我们遇到了24个戴白绿两色头巾的托钵僧，他们正从马什哈德回家乡舒斯特尔去。另一次，我们碰到了几个白胡子朝圣者，他们身体很弱，只能坐在骆驼轿子（palekeh）里面赶路。

古谢赫只有两栋房子：一栋是商队旅店，一栋是驿站。从驿站的屋顶上向南和东南方向看，可以见到卡维尔盐漠，就像一片结冻的大海。我牺牲了一天时间骑马到了盐漠的边缘，在它那耀眼的白色表面上走出很远。骑行了31英里之后，我到了一个盐层厚度达9厘米的地方。白皑皑的盐层表面向南与地平线相接。十六年以后，我又走了两条不同的线路通过这可怕的盐漠。

我们重新走上商道，不久就从一个小山丘上看见了花园众多的达姆甘城。该城曾遭到蒙古人摧毁，现在在城里可以见到一座美丽的、高耸着尖塔的清真寺，还有一座古旧一些的清真寺，毁坏相当严重，但有着优美如画的拱门和回廊。

这时，我决定顺便到北面约60英里远的阿斯特拉巴德³做一次旅行。要想赶到那里，我必须翻越厄尔布尔士山脉，穿过山坡上的森林。我雇了一名马夫和两匹马，就出发了。

第二天的旅程把我带到了一个贫穷的小村恰尔德，村子周围是光秃秃的小山。我的马夫没有带我直接进村——本村向以有毒的害虫闻名，而是去了村外几百码远的一座花园。这座花园四周是一道5英尺高的土墙，没有门，所以我们只好翻墙进去。马夫把我的地毯铺在一棵苹果树下，用我的毯子、呢子外套和枕头准备好床铺，将两只皮箱子放在一旁，就牵着两匹马出去，到村里买鸡蛋、鸡、苹果和面包。过了一会儿，他带着另外两个人回来了，然后我们一起准备晚饭。吃剩下的东西就放在我的床铺旁边的箱子上，然后他们三个人都回到村里去了。

天黑之前，我一直坐在床铺上写作。不见一个活物。时而能听见远处的一声狗吠。夜幕降临时，我便躺下来睡觉。

夜里，箱子上发出一阵"咔嗒咔嗒"声，把我惊醒了。我坐起来细听。一切都非常安静，我就又睡着了。但没过多久，我又惊醒了，再一次听到了抓挠皮革的声音。我一下子站起来，就着星光模模糊糊分辨出六匹胡狼正惊慌地溜进土墙的阴影里。我现在完全清醒了，机警地四处瞭望。我看见它们像影子一样溜过，听见身后它们轻快的脚步声。从荒地和草原上又来了几匹，使它们的数目增加了。

我知道一般来说胡狼是一种无害的动物，但我现在是孤身一人，再说谁也难防万一。为了挨过这段时间，我想接着吃点剩饭。但箱子上已经被扫荡一空：除了苹果外，什么东西都让胡狼吃光了。它们胆子大了些，开始接近我的床铺，这时我拿起一个苹果，使出全身的力气朝胡狼堆里扔去。响起一声哀号，这说明一个夜行盗贼被打中了。但是它们又回来了，胆子更大了。我抓起马鞭，使劲抽打皮箱，想以此吓唬它们。时间过得很慢。我当然应该接着躺下睡觉，但有一大群胡狼在周围"啪嗒啪嗒"乱走，往你脸上踩，谁也睡不踏实。

黎明终于到来了，恰尔德村的公鸡打起鸣来。胡狼跳过土墙跑了，没再回来，所以我得以休息到马夫来把我叫醒。在我们的下一个宿营地，我听人说起了许多有关胡狼的逸闻趣事。不久以前，有个人骑着骡子从一个村子去另一个村子。他遭到了十匹胡狼的追赶，费了好大力气才没让它们追上。也有饥饿的胡狼咬死人的传闻。

我们继续骑马穿行杜松林，在露天的篝火旁睡觉。我们穿过稠密的橡树、法国梧桐和橄榄树林。道路沿着陡峭的悬崖延伸。通向北方的山谷布满了白雾。我们走过一度为强悍的约穆德部土库曼人（Yomud Turkomans）所居住的地区，最后抵达了阿斯特拉巴德，进入以马赞达兰省命名的城门。

我作为俄国领事的客人在这里盘桓了几日。沙阿生日那天，我们受总督邀请前往赴宴。我永远忘不了那个节日。庆祝活动于晚上开始，放起了壮观的焰火。骑兵们骑着纸马、扛着浸满焦油的木制长矛参加竞赛。一支乐队打着铜钹，吹着笛子，敲着定音鼓和大鼓，乐声喧天。男孩子们扮成妇女跳舞。尽管《古兰经》明令禁止，大家还是尽兴饮酒。

我们继续前进，穿行繁茂的树林，走在危崖边上，沿着道路向东，又走上通往巴斯塔姆和沙赫鲁德的主要商道。我们在巴斯塔姆见到了好几栋表面镶着海绿色瓷砖的古旧建筑，一座以巴耶塞特苏丹[4]命名的清真寺，以及两座以"战栗之塔"（Trembling Towers）闻名的尖塔。

然后我们继续东进，越过了略微起伏的荒地和草原，其左侧包围着的山岭构成了北面同土库曼人国家的边界。仅仅五十年以前，"土库曼"这个名称是会在这一地区的居民当中引起巨大恐慌的。当时，土库曼人组织劫掠队伍进入波斯人地区，然后满载而归，其战利品包括财物、牲畜和奴隶。当时奴隶贸易盛行。1820 年穆拉维耶夫（Muravieff）任俄国驻希瓦公使时，那里有 3 万奴隶，都是波斯人和俄国人。拒绝改宗伊斯兰教的基督徒遭到活埋，或者把耳朵钉在墙上饿死。斯科别列夫[5]1881 年攻克盖奥克泰佩[6]后，解放了 25000 名奴隶。

路旁立着一些 40 英尺到 50 英尺高的塔楼，当地人称为"碉堡"

（burj），越往前走，见得越多。这些塔楼曾经是波斯人的瞭望哨，哨兵们监视着东方和北方，向附近村子的村民示警，以便他们及时逃走隐藏起来。因为戈克兰部土库曼人（Goklan Turkomans）常来劫掠，这一地区被称为"恐怖之地"。

坐落于沙漠中心的米安达什特商队旅店无疑是整个伊斯兰世界最大的旅店之一。它是东来西往的商队的歇息之所，朝圣者也会在这里歇上一两天。妇女、哭闹的孩子、托钵僧、士兵和商人们聚集在一起，构成五光十色的一群。可以听见有人在为抢位置而争吵，另一些人去院子里从井中打水，还有人跑到小货摊上从小贩手里买水果。一支商队正准备出发，另一支商队的骆驼又在卸驮子了。我看见一位时髦女子坐着两头骡子驮着的轿子进了商队旅店，旁边跟着步行和骑马的随从。

这地方往东是一片沙漠。我们骑马走过一峰死骆驼，它被主人抛弃了；我们又遇到四个托钵僧，他们把鞋子搭在肩上，以免穿坏它们。一群大乌鸦在我们前头飞了好长时间，就像前卫队一样。在我过

· 一峰波斯骆驼的头

夜的旅店楼上，飞舞的尘烟总是打着旋儿冲进来。

我们抵达的下一个地方是"蔬菜之城"萨卜泽瓦尔，有15000名居民，两座大的、许多小的清真寺，以及一个房顶带椽子、各色货物充足的市场。我们还看见一座碉堡，但既然土库曼人的劫掠队伍已经绝迹，它现在不过是片废墟了。那里还有许多大烟馆，因为耻于见人，就藏在地底下。我由一个亚美尼亚人陪同，进了一间大烟馆。地面上铺着地毯，有两个男人正摊着手举着烟枪吸鸦片。烟枪由一根长管和一个带小孔的泥球组成。烟客把一块大个儿豌豆大小的烟土塞进那个小孔，把烟枪放在火上烤，然后吸入烟气。烟土一块接一块地放进去，烟客逐渐沉入一个美梦的世界。四个已经神志不清的烟客在墙根下的暗处躺着。我也抽了几口，觉得烟味跟烧焦了的角质似的。

在前往内沙布尔的路上，我们路过了一支有237峰骆驼的贸易商队，还路过了一群朝圣者，其中有十个坐在驮篮里的女人，男人们则在骡背上睡觉。一个教士正领着这群朝圣者去拜谒里扎伊玛目圣陵，

·萨卜泽瓦尔市场上的一个钱商

一路上讲着圣徒的传说。

我们走过的下一座城市是内沙布尔，该城以世界上最好的绿松石闻名东方。城市北部的比纳卢德山区出产金、银、铜、锡、铅和孔雀石。

内沙布尔在过去的千百年间数度毁建，亚历山大大帝就算是它的一个毁灭者。

几天以后，我们到了"致意山"（Tepe-i-salam），无数朝圣者长时间跪在这里，朝着"殉教之城"马什哈德祈祷，因为他们在这座山包上就能够看见那圣城。每一个朝圣者都要把一块石头放到一座圆锥形石冢上，这样的石冢有几千座，都高高耸立着。这就是他们简单而虔敬的供奉仪式。

· 从德黑兰到卡赫卡的路线

注释

1. 呼罗珊（Khorasan），今译"霍拉桑"，伊朗东北部省份，意为"太阳升起的地方"。

2. 大流士三世（Darius III，Codomanus，前380—前330），波斯阿契美尼德王朝末代国王。

3. 阿斯特拉巴德（Asterabad），即今伊朗北部城市戈尔甘。

4. 巴耶塞特苏丹（Sultan Bayasid），即巴耶塞特一世（1354—1403），奥斯曼帝国苏丹，著名军事家，被称为"雷神之锤"。

5. 斯科别列夫（Mikhail Dmitriyevich Skobeleff，1843—1882），俄国将军。

6. 盖奥克泰佩（Geok-Tepe），土库曼斯坦首都阿什哈巴德附近一座城镇。

第十一章

"殉教之城"马什哈德

有三个名人葬在马什哈德。809 年，因《天方夜谭》而扬名的哈伦·赖世德哈里发死在来这座城市的路上，他是来镇压一次起义的。

九年以后，第八任伊玛目——里扎伊玛目葬在马什哈德。波斯的穆斯林教徒属什叶派，他们以阿里[1]和他的 11 个继任者为伊玛目。阿里及他的两个儿子侯赛因和哈桑（Hassan）是前三任伊玛目，里扎伊玛目是第八任，而"神秘主义者"马赫迪（El-Mahdi）是第 12 任，他期待着于审判日在大地上重建天国。

第三座陵墓属于纳迪尔沙阿。他本是一个鞑靼强盗，蹂躏了呼罗珊后变得很强大。他向塔赫玛斯普二世沙阿（Shah Thamas II）提供支持，替其夺回了被土耳其人占领的所有省份，并把波斯的疆域向四面八方拓展。他废黜了沙阿，篡夺了王位，血洗了德里（1739），挖出了儿子的眼睛，在清真寺屋顶上堆出了一座座人头金字塔，并在发行的钱币上印下了如下文字："噢，钱币，去将征服世界的纳迪尔王的统治昭告全球吧。"1747 年春，他率大军驻扎于马什哈德城外。因为对麾下波斯士兵和军官感到愤怒，他下令，等信号一发，便将他们一齐刺死。这个计划最终流产了。人们发现了土耳其、乌兹别克、土库曼和鞑靼士兵在磨利刀剑，这样的话，要想得救，非去刺杀纳迪尔不可。一个名叫萨勒伯克（Sale Bek）的卫队长夜里偷偷潜入沙阿的大帐，割下了他的首级，尸体埋在一座陵墓里。但大权在握的阿迦·穆罕默德·汗（Aga Mohhammed Khan）——现在的波斯王朝（Kajars，恺加王朝）的创立者——于 1794 年掘开了这位征服者的陵墓，放狗大肆吞食他的尸体。据说纳迪尔沙阿的遗骸现在安息在一个院子里的小土包下面，上面有四棵桑树荫蔽着。

圣陵几乎在马什哈德城中心构成了一个独立的小城。但城中最美丽的建筑是陵墓上面 80 英尺高的金顶，陵墓那镶贴着彩釉瓷砖的正面和尖塔，以及它的那些院落——院子里面的壁龛可供 3000 名朝圣者使用，还建有水池，飞翔着鸽子。有一座蓝色圆顶、竖着两个尖塔的清真寺，是帖木儿的宠妃建立的。价值无以计数的财宝珍藏在这些神圣的广厦中。在我前往造访的时候，据说每年有 10 万名朝圣者麇聚在马什哈德，1 万具尸体运过来葬在伊玛目圣陵附近，以求复活日能够被伊玛目牵着手领入天国。胡狼在墓地周围逡巡觅食，晚上甚至跑到城里，进到花园里去。据说，此城大约 8 万人口中有五分之三是教士、托钵僧和朝圣者。在墓地旁，穷人得到食物，盲人重见光明，瘫子的肢体也重新活动起来。

通向圣地的每一条街道都用铁链拦了起来。在这个范围内，一切犯罪分子都是安全的，因而一些公认的杀人犯和强盗就利用这个在里面避难。

每天早晨，一支古怪的乐队都要在鼓楼上演奏乐曲，以迎接旭日初升；每天晚上，则以乐声欢送太阳在远离呼罗珊的地方西沉。

注释

1. 阿里（Ali，约600—661），即阿里·本·阿比·塔利卜，先知穆罕默德之女法蒂玛的丈夫，第四任哈里发。

第十二章

布哈拉和撒马尔罕

时间正是 10 月中旬，秋天临近了。我带着一个马夫和三匹马离开马什哈德，穿过哈扎尔马斯杰德山（Hesar-mestjid）狭窄的走廊、峡谷和许多山口，走过坚固的天然堡垒卡拉特·纳迪尔（Kelat-i-Nadir），向北朝着外里海铁路（Transcaspian Railway）方向走，最后到了卡赫卡驿站。

在外里海州首府阿什哈巴德，我结识了总督库罗帕特金[1]将军。他在俄土战争[2]期间在普列文打过仗，参加过占领外里海州的战争。在日俄战争[3]中，他出任俄军总司令。我后来又在撒马尔罕、塔什干和圣彼得堡见过他几次。我满心感激地记着他的名字，因为他是那些帮助我把旅行变得更顺利的人之一。

我在阿什哈巴德四周做短途旅行。我注意到，土库曼人的生活方式已经部分地从游牧发展到了在安居的村庄附近农耕。我参观了安纳乌的清真寺，该寺正面盘踞在彩釉瓷面上的中国黄龙很有名。我在这里第一次见到了卡拉库姆沙漠（意为"黑沙漠"），它位于里海和阿姆河之间，呼罗珊地区和咸海之间，时有野驴、野猪、老虎和胡狼出没。突厥斯坦的许多地方已被俄国占领，希瓦和整个里海东岸都处在沙皇的统治之下，中间地带卡拉库姆沙漠——沙漠上的绿洲是特克部土库曼人（Tekke-Turkomans）放牧的场所——仍然未被征服。

最初，俄国人战事失利，在一次战役中损失了 18000 峰骆驼中的17000 峰。土库曼人的自大情绪在滋长。总得给他们来一次打击，让他们永远忘不了。于是斯科别列夫组织了一场战役，该战役成了亚洲战争史上最惨烈的一章，结果土库曼人遭到彻底摧毁，直到列宁时代都没缓过劲儿来。

斯科别列夫于 1880 年 12 月带着 7000 人和 70 门大炮开进了沙

· 一个土库曼人

漠深处，同时，安年科夫（Annenkoff）将军以惊人的速度在游动的沙丘上铺设起铁路，作军需补给运输线之用。土库曼人称安年科夫为"茶壶帕夏"（Samovar Pasha），称火车为"鬼车"。一大批阿哈尔特克部土库曼人（Akhal-Tekke-Turkomans）——有45000人之众，其中有1万个武装骑兵——挈妇将雏躲进戈克特普（"青山"）堡垒高高的土墙里面，严阵以待。马赫杜姆·库利·汗（Makdum Kuli Khan）是他们的领袖，他们有长枪、随身武器和一门发射石弹的大炮。

1881年1月，俄国人把他们的堑壕向前挖，接近了堡垒，并且埋下炸药，准备把土墙炸出一个缺口。土库曼人听到地底下钻洞的声音，以为土墙会被打开一个洞，然后俄国人会一个接一个从洞里爬出来。于是他们手执出鞘的马刀时刻做好迎战的准备，直到最后那一天，一吨炸药轰的一声爆炸，造成严重的破坏。

俄军分成三个纵队从缺口冲了进来，其中两个纵队分别由库罗帕特金和斯科别列夫指挥。斯科别列夫骑着一匹白马，身穿白色军服，像个新郎官一样洒着香水、一头鬈发，同时军乐队在演奏进行曲。两万土库曼人被杀，5000 名妇女、儿童，以及波斯奴隶幸免。俄方损失了四名军官和 55 名士兵。那以后的好多年里，土库曼人一听见俄国军乐就要落泪，因为这片土地上没有一个土库曼人不是在戈克特普失去过亲人的。

俄国人仅用了几年时间，就又占领了距赫拉特一日行程的所有土地。印度所受到的威胁，再加上俄国人向中亚的迅速推进，自然引起了英国人的不安。

1888 年，直达撒马尔罕、全长 870 英里的铁路开通；大约在 10 月末，我顺着这条铁路线去了梅尔夫绿洲，它在《阿维斯陀》中被称为马鲁（Moru），曾在那里做过一任总督的大流士·希斯塔斯帕 [4] 称之为马尔伽（Marga）。

梅尔夫位于图兰低地和伊朗高原的交界处。几千年来它不断易主，从一个统治者手中转到另一个统治者手中。公元 5 世纪，一个聂斯托利教派 [5] 大主教住在梅尔夫。651 年，末代萨珊国王伊嗣俟三世带着 4000 人马、手举采自拉格斯的圣火逃亡至此。鞑靼人突袭该城。国王孤身一人徒步逃走，向一个磨坊主请求庇护，磨坊主答应把他藏起来，只要国王愿意出钱就行。伊嗣俟把佩剑和珍贵的剑鞘递给他。夜里，磨坊主贪图国王华丽的衣服，将其杀害。但是鞑靼人终于被赶走了，那个磨坊主也被撕成了碎片。

博学的阿拉伯人贾库特（Jakut）在梅尔夫的图书馆做过研究，写文章赞美清澈的泉水、多汁的甜瓜和绿洲上松软的棉花。1221 年，这个地区遭到了成吉思汗之子拖雷[6]的摧毁；1380年，绿洲被帖木儿占领。梅尔夫的土库曼人非常害怕，希瓦和布哈拉的人都这样编派他们："假如你遇到了一条毒蛇和一个梅尔夫人，先杀梅尔夫人，再杀毒蛇！"

我在梅尔夫的时候，每个礼拜天人们都来绿洲赶集。在集市上的帆布货棚或是露天摊位，都可以买到本地的特产，尤其是排列着一道道白色花纹的牛血色漂亮地毯。这里人潮涌动，熙熙攘攘，情景煞是好看：戴着高高的皮帽子的男人，大夏[7]双峰骆驼，马头粗蠢、马颈修长的著名的土库曼马[8]，骑马的人，商队，以及马车。同样值得一看的还有梅尔夫旧城拜拉姆阿里的废墟和圆顶。

铁路线从梅尔夫开始，在游动的沙丘间蜿蜒穿行。这些沙丘顶上种着梭梭树、柽柳和其他沙漠植物，以抵消流沙掩埋铁路的危险。列车行经一座两俄里长的木桥，跨过了宽阔的阿姆河；它发源于帕米尔高原，流入咸海，全长1450英里。

我们见识的下一个西亚文化和历史重镇是尊贵的布哈拉（Bokhara-i-Sherif），它是世界名城中的一块瑰宝——是亚细亚的罗马。

希腊、阿拉伯和蒙古军队像毁灭性的雪崩一般从这个地区横扫而过。这里是希腊人的粟特（Sogdiana），罗马人的"河间地带"（Transoxiana）。11世纪，布哈拉是伊斯兰世界的中心，这一点已为古籍研究所证实。一则谚语说："在世上其他一切地方，光是从天上降临到地面的；而在布哈拉，光是从地面向天上升起的。"哈菲兹把对这座城市及其姊妹城撒马尔罕的印象写在了自己的诗里，其中一首是这样写的：

·布哈拉的一个说书人

Agger on turchi shirafi bedast dared dill i ma ra

Be halu hinduiesh bakshem Samarkand ve Bokhara ra.

（设拉子的美人啊，把我的心握在手中——

为了她面颊上的胎痣，我愿献出撒马尔罕和布哈拉。）

　　那里有105所马德拉沙[9]，365座清真寺，可供信徒们在一年里每天去一座不同的清真寺朝拜。

　　这座城市还曾遭到过成吉思汗的劫掠和帖木儿的占领。1842年，斯托达特（Stoddart）上校和康诺利（Connolly）上尉访问了布哈拉[10]。当时的埃米尔[11]是残暴的纳斯鲁拉（Nasr-ullah）。他把这两个英国人拘禁起来，严刑拷打，把他们扔进著名的毒虫地牢，然后将他们斩首。1863年，凡贝里化装成托钵僧，设法混进城去，后来对这座城市非同寻常的特色做了描述。

此地居民由好几个不同的种族构成。最重要的是伊朗血统的塔吉克人，多属有教养阶层和教士阶层；属蒙古人种的是乌兹别克人和察合台突厥人（Jaggatai Turks）；世居该城的平民则属血统混杂的萨尔特人（Sarts）。城里还有其他东方民族，如波斯人、阿富汗人、吉尔吉斯人、土耳其人、鞑靼人、高加索人和犹太人。

市场的拱门里只有微弱的光线，东方人忙忙碌碌的生活自有其五彩缤纷。你在那里可以惊叹于布哈拉纺织艺术的精妙绝伦，可以在古董店里流连于希腊和萨珊的金币、银币和其他珍宝。棉花、羊毛、羔皮和生丝大量出口；在与市场相通的商队旅店的院子里，大

· 布哈拉的一个塔吉克老人

包大包的货物堆积如山。那里有上好的餐馆和咖啡馆；隔着老远你就能闻到放了洋葱和香料的油酥糕点、咖啡和茶的香味。吃一个小馅饼只需一普尔 [12]。

我不知疲倦地走在美丽、狭窄的街道上，两旁是古怪的二层楼房。骆驼商队得从大车、骑马的人和行人中间挤出路来。我不时停下脚步，为一座清真寺或是一幅迷人的街景画一张速写。然后就会有一大群人吵吵嚷嚷地围在我身边，俄国公使馆一个名叫萨义德·穆拉德（Saïd Murad）的仆役会挥舞着皮鞭，把那些大胆的顽童赶得远些。有一次我出去闲溜达没有带他去，那些小家伙就来报复，有步骤地攻击我，使我画不成画。他们从各个方向朝我冲来，向我扔烂苹果、土坷垃和各种垃圾。我徒劳地做了会儿抵抗，就慌忙退回到公使馆叫萨义德·穆拉德来。

1219 年，成吉思汗进入喀龙大清真寺（Mestjid-i-Kalan）的大门，下令屠城。大约二百年之后，帖木儿又重建了寺院。

不到三十五年以前，处决犯人的方法还是等法官在旁边朗声宣告其罪行后，把他从一座 165 英尺高的尖塔塔顶推下来。而现在，两只鹳鸟在塔顶做窝，谁也不准爬到上面去，因为从那里看得见附近的后宫宫院。

大清真寺的对面是米里－阿拉伯神学院（Mir-Arab），一所比中亚细亚其他神学院更著名的马德拉沙。它有着圆形的塔楼，两个辉煌的绿瓷圆顶，以及一座拥有四扇大门、114 个房间，可供 200 个毛拉 [13] 使用的大厦。

然而中亚细亚诸城中的明珠非撒马尔罕莫属，我于 11 月 1 日赶到那里住下。当亚历山大大帝征服这些国家时，这座粟特的都城被称

· 毛拉们

为马拉干达（Maracanda）。甚至在今天，伊斯坎德尔·伯克（Iskander Bek）的构词形态中仍残留着马其顿名字的痕迹。尽管成吉思汗前来攻打的时候撒马尔罕有 11 万全副武装的守军，但它终究还是投降了，并被夷为平地。

第三位征服者的名字同刚才提到的那两位比起来，同撒马尔罕有着更为密切的联系。帖木儿于 1335 年生于一个鞑靼部族。他从希瓦出亡，在卡拉库姆沙漠有过许多奇遇。他在锡斯坦受了伤，变成了瘸子。于是他被人称为"跛子帖木儿"（Timur Lenk，Timur Lane），后来讹传为帖木儿兰（Tamerlane）。1369 年，他安安稳稳地在撒马尔罕坐上宝座。然后大规模的征服开始了。波斯被吞并。他在设拉子见到了哈菲兹，此事我们前文提到过。战事的间歇期，帖木儿在撒马尔罕大兴土木，所建高楼大厦之壮美天下无双，使得这座城市独具魅力。就是在今天，仍可看见闪闪发光的绿色圆顶耸立在苍翠的花园中；在蔚蓝的天空映衬下，巍然耸立的尖塔和圆顶现出绿松石般纯粹的深蓝色。

1398 年，帖木儿挥师翻越兴都库什山脉，击败印度的马哈茂德王（King Mahmud），洗劫了德里城，用夺来的大象把不可胜数的战利品驮回了撒马尔罕。巴格达、阿勒颇和大马士革被占领了。1402 年，他在安戈拉[14] 击败了巴耶塞特苏丹。根据不太可靠的传说，这位跛子征服者把他的独眼囚犯——苏丹——关在铁笼子里，预备以后在亚洲各大城市进行展览。帖木儿沿着我所描绘的那条从德黑兰到马什哈德的大道回到撒马尔罕时，身后紧紧跟随着鲁伊·冈萨雷斯·德·克拉维霍（Ruy Gonzales de Clavijo），他是卡斯蒂利亚和里昂国王亨利三世（King Henry III）派来的公使，后来根据旅行所见写了部非常精彩的游记。

1405 年 1 月，帖木儿从撒马尔罕出发，开始他一生中最后一次征战。他想打败明朝的永乐大帝，但是死在了锡尔河对岸的奥特拉尔（Otrar，古称讹答剌），享年 69 岁。他的遗体运回了撒马尔罕。帖木儿生前亲自设计，在那里建起了世界上最美丽的一座陵墓。尸体用麝香和玫瑰水作了防腐处理，裹上亚麻布，安放在一口象牙棺材里。在圆顶下面的墓室里，有一块作为墓碑的玉石板，长 6 英尺，宽 1 英尺半，厚 1 英尺半，非常坚硬，这是已知最大的一块玉石。在一面雪花石膏墙上，浮刻着这样的阿拉伯文词句："假使我仍活着，世人将会战栗。"

在穆罕默德时代的开初，先知的一位后裔卡希姆·伊本·阿拔斯（Kasim Ibn Abbas）来到撒马尔罕传播伊斯兰教。他被不领情的人们抓住斩了首，便把自己的头颅夹在胳膊下面，消失在一个地洞里。帖木儿后来就是在这个地洞的上面建起了他那富丽堂皇的夏宫，夏宫七

·帖木儿之墓

个线条优雅的蓝绿色圆顶至今仍屹立在黄色的大地上。征服者在夏宫里举办饮酒比赛，最了不起的饮者被当场宣布为"武士"（bahadur）。地洞有一个开口，透过这个开口可以看见那个人把自己的头颅夹在胳膊底下四处乱走。他被称为"永生之王"（Shah-i-sindeh），这座宫殿本身就一直以此为名字。当俄国人一步步地深入亚洲腹地的时候，有人预言说，假如他们打到撒马尔罕，"永生之王"将会从地洞里出来，高举自己的头颅，解放帖木儿的都城。但考夫曼[15]1868 年占领撒马尔罕时，他并没有出现；他因此也在伊斯兰教徒中间失去了不少威信。

兀鲁伯（Mirza Ullug Bek）神学院、季里雅－卡利（Tillah Karch）神学院和希尔－多尔（Madrasah-i-Shirdar）神学院三所神学院是帖木儿时代之后建立的，就建在世上最美丽的广场——列吉斯坦广场（Rigistan）四周。三所神学院因为装饰着最辉煌的彩陶而光彩夺目，它们的圆顶和尖塔都被俄国画家韦列夏金（Verestchagin）非常精妙地表现在画中。

我参观了城外一座清真寺，帖木儿的宠妃、中国公主比比－哈努姆（Bib-Khanum）就葬在里面。它始建于 1385 年，哪怕是处于倾圮失修的状态下也依旧能看出当年的华美。

我还在一个法国人的陪同下去帕伊－卡巴克（Pai-Kabak）——一个不太体面的舞女活动的地区——做了一番夜游。我们被引进了散发着香气的房间，里面铺着地毯，墙边放着长沙发椅。美丽的女人们正在弹奏扁琴（sitara）和六弦琴（chetara），纤秀的手指熟练地拨弄着琴弦。其他美女以同样的熟练和优雅敲打着小手鼓。为了把鼓面绷紧，她们隔上一会儿就把乐器拿到火盆（mangal）上烤一烤。

乐声在夜空中升高，舞女们身穿轻盈飘逸的衣裙出场了，动作优雅十足。她们中有些是波斯人或阿富汗人，其余的血管里则流着鞑靼人的血。和着弦乐器奏出的有节奏的乐声，她们像梦中的仙女一样起伏舞蹈——她们是从天堂（Bihasht）来的信使，带来天堂的欢乐。

注释

1. 库罗帕特金（Kuropatkin, 1848—1925），俄国将军，曾任俄国陆军大臣。一般认为，俄国在日俄战争中的失利要归咎于他的优柔寡断。

2. 俄土战争，指 17—19 世纪俄国和奥斯曼帝国之间的一系列战争。1877—1878 年结束，总体来说，俄国获得了胜利。

3. 日俄战争，1904—1905 年在中国领土上进行的日本和俄国之间的战争，以日本获胜并攫取沙俄在中国的许多权益告终。

4. 大流士·希斯塔斯帕（Darius Hystaspes），波斯帕提亚总督，大流士一世之父。

5. 聂斯托利教派（Nestorian），由东正教君士坦丁堡主教聂斯托利创立的基督教异端派别。7 世纪传入中国，被称为景教。

6. 拖雷（Tolui,? —1233），蒙古监国。

7. 大夏（Bactria），即巴克特里亚王国，亚洲西部阿姆河与兴都库什山之间一古国。

8. 土库曼马，即"汗血宝马"。

9. 马德拉沙（madrasah），即学校，伊斯兰国家的一种高等教育机构。

10. 斯文·赫定此处记载似有误，实际情况是，1838 年斯托达特来到布哈拉遭因禁，1840 年康诺利前往营救，亦被投入地牢，1842 年二人一起被杀。

11. 埃米尔（Emir），伊斯兰国家的酋长、贵族或王公。

12. 64 普尔 = 20 戈比，100 戈比 = 1 卢布。

13. 毛拉（mollah），伊斯兰国家对老师、先生、学者的敬称。

14. 安戈拉（Angora），即今土耳其首都安卡拉。

15. 考夫曼（Konstantin Petrovich Kaufmann, 1818—1882），俄国将军，曾为俄罗斯帝国征服中亚细亚的大片领土。

第十三章

深入亚细亚腹地

我乘车离开撒马尔罕的时候，都迦拱门的钟敲响了，蓝色的圆顶消失在远方，初升的太阳给阿夫拉西亚卜[1]的群山带来生气和色彩。

我乘坐一辆三驾马车穿行许多花园，它们在染红披黄的秋天里闪着微光。我跨过了泽拉夫尚河——"金浪河"——这条河灌溉了撒马尔罕及附近的绿洲。我乘车穿过了狭窄、多石的山口"帖木儿之门"，穿过了"饥饿草原"（Golodnaya），它位于克孜勒库姆沙漠（"红沙漠"）的一角，该沙漠处在中亚地区的两条大河阿姆河与锡尔河之间。

我们搭乘一艘大渡船横渡锡尔河，船上除了我们，还搭载了十峰骆驼和 12 辆带马的马车。我们又换了好几匹马，终于到达了中亚细亚的首府塔什干。

从前，成吉思汗之子察合台汗[2]统治过这里；1865 年，切尔尼亚耶夫[3]将军将这座城市置于俄国法律管辖之下。当时该城计有居民 12 万人。切尔尼亚耶夫只带领 2000 人便夺取了该城。守军投降当晚，切尔尼亚耶夫便带着两个哥萨克骑马穿街过巷，去一间萨尔特人澡堂（hammam）洗澡，在集市上吃饭。这种豪迈之举给当地居民留下了很深的印象。

我来访的时候，总督夫列夫斯基男爵（Baron von Wrewski）正驻扎在塔什干；我逗留期间，他的府邸成了我的家。他向我提供地图、护照、介绍信，以他的殷勤好客使我五体投地。他是 1873 年前往斯德哥尔摩出席我国国王加冕礼的几名俄国公使之一。

我们换乘新马车继续我们的旅行，再次渡过锡尔河到了苦盏，接着深入丰饶的费尔干纳谷地到了浩罕，在那里参观了古德亚汗

（Khodier，浩罕汗国末代可汗）的宫殿和唱游托钵僧们的茅舍，然后去了马尔吉兰，这座城市的居民能够沉着地给陌生人指出亚历山大大帝墓（Gur-i-Iskander-Bek）在哪里。

借着皎洁的月光，我们的马车"叮叮当当"地朝奥什前进。多伊布纳（Deubner）上校当时是这一地区的首脑。我已经决定继续前行至中国最西部的城市喀什噶尔[4]，它位于连接天山和帕米尔高原的群山那一侧。一条商道连接奥什（属俄国）和喀什噶尔（属中国），穿过诸山岭中最高的一个山口，这个山口名叫铁列克达坂（Terek-davan），意为"白杨山口"，海拔 13000 英尺。

多伊布纳上校告诉我，最后一支商队已经离开，暴风雪的季节快到了，只有那些认识路又勇敢的吉尔吉斯人会冒险走过山口。这并不足以吓倒我，于是上校利用职权尽力帮助我。我买了粮食、一件皮衣和毡子，雇了四匹马，每匹每天付 60 戈比，还雇了三个仆人：赶车的克里木·江（Kerim Jan）、马夫阿塔·巴依（Ata Baï）和厨子阿舒尔（Ashur）。

我们穿得严严实实的，脚蹬毛毡软靴（valenki），于 12 月 1 日出发了。雪花密密麻麻地飘落下来；群山之间，风景白如白垩，上面显现出一些黑点，那是吉尔吉斯人的拱形大毡帐（kibitkas）。我们走得最长的一天是去苏非库尔干，共走了 42 英里。无论在此地还是在别的宿营地，我们都是寄住在吉尔吉斯人的毡帐里，吃饭，休息，围着那愉快的营火睡觉。在苏非库尔干有一座 50 顶毡帐的村子，叫作"奥尔"（aul）。老头人名叫霍特·比（Khoat Bi），他亲切地欢迎我们；在他的营火上，阿舒尔做了一道汤，叫作"五指汤"（besh barmak），因为汤浓得可以用手抓着吃。汤里面放了羊肉、圆白菜、胡萝卜、土豆、大米、洋葱、胡椒和盐，兑上水一起煮熟。

12月5日，我们冒着严寒（零下14.2摄氏度）向铁列克达坂出发。我的手下都穿上了皮裤子，裤子肥大得可以把衣服包括皮衣都兜住。实际上，皮裤子可以一直提到腋下。

道路通过不结实的小木桥跨过冰封的小溪。我们走过的山谷两侧坡地上生长着白桦和杜松。我们来到了一条处于峻峭的石壁中间、将将20英尺宽的通道，它被称为"石门"（Darvase）。崎岖不平的路在雪地曲里拐弯地穿过。我们到达山顶一道轮廓分明的石岭时，一天就快要过去了。作为致命的暴风雪无声的象征，人和马匹的枯骨在雪下埋藏着。

一幅壮美的图景向东方和南方铺展开来，宛如荒野的山峦构成的迷宫。在温暖的季节，一些溪水向东流，注入罗布泊；向西流的则注入咸海。

下山的路上，我们惊到了一群野山羊（kiyik），它们动作稳健优雅，顺着一道斜坡跑掉了。我们继续沿着山谷下山，从一顶帐篷到另一顶帐篷，途经俄国边界要塞伊尔克什坦，过克孜勒苏河到了纳加拉－恰尔迪（Nagara-chaldi）森林地带，有100个岳瓦什部吉尔吉斯人（Joosh-Kyrgyz）住在那儿的20顶帐篷里。他们的头人请我们吃晚饭，吃的是酸奶、肥羊肉、牛肉汤和茶。

在中国边境要塞乌鲁克恰提，有一支80名柯尔克孜族（吉尔吉斯人）士兵和25名汉族士兵组成的戍边部队，由一位康大人统领。晚上，他带着三名"伯克"[5]和12名士兵来看我，还带来一只大尾羊作为礼物。

地势一天天开阔起来。我们的目光向东俯瞰着无边的旷野，可

· 俄中边境上伊尔克什坦的一个
  吉尔吉斯人

以一直望到沙漠深处。12 月 14 日，我们骑马走过了喀什噶尔绿洲周
围环绕的第一批村庄，来到了位于城墙外的俄国领事馆。出来一个蓄
大胡子的高个子老人，他戴着金丝边眼镜和一顶圆锥形绿帽子，身披
长长的萨尔特式披风（khalat），在院子里和蔼地欢迎我们。他是尼古
拉·费奥多罗维奇·彼得洛夫斯基（Nicolai Feodorovitch Petrovsky），
枢密院议员和沙皇俄国驻新疆总领事。我在他家里待了十天，他成
了我的朋友，我日后再次把喀什噶尔当作大本营时他给了我许多
帮助。

喀什噶尔曾在一个个征服者的手中转来转去，雅利安或蒙古血统
的许多民族都来过；这片土地也会唤起有关成吉思汗和帖木儿时代的
回忆。中国人多次长期统治这一地区。从 1865 年到 1877 年，来自中

亚地区的一位征服者阿古柏 [6] 成为西藏和天山之间广大地区的专制君主。他死后，中国人重新抓紧了权力的缰绳。

喀什噶尔是一座很特别的城市，其特别之处在于它比世上任何一座城市距离大海都更远。中国政府派驻喀什噶尔的官员是道台，但此地最有权势的人是彼得洛夫斯基，当地的萨尔特居民给他取了一个绰号叫"新察合台汗"。领事馆引以为豪的是一支有 45 个哥萨克骑兵和两名军官的队伍。

我还充满感激和同情地记得另外四个住在那里的人，尽管死神已经让他们中的两个与我阴阳暌隔，世界大战又让另外两个与我分离。后面这两位是荣赫鹏 [7] 上尉（后来成了上校弗朗西斯爵士）和马继业 [8] 先生（后来成了乔治·马嘎尔尼爵士）。荣赫鹏最近刚刚完成他的首次亚洲长途旅行，他翻越了慕士塔格山口，现住在城墙外的中国花园（Chinne-bagh）里。他没有房子，只有一顶大毡帐，里面是木地板，上铺地毯，墙上挂着昂贵的克什米尔披肩和挂毯。马继业是他的中文传译。他的随从中还有廓尔喀人 [9]、阿富汗人及印度人。我同这两位亲切的英国人一起度过了许多值得铭记的夜晚。

一天，我正和领事在他的书房里聊天，一个身穿长长的褐色僧袍、戴着眼镜的大胡子教士走了进来，用几句瑞典语向我问好。亨德里克斯神父（Father Hendricks）是荷兰人。他是 1885 年从托木斯克经固勒札 [10] 到喀什噶尔来的，同行的是一位波兰人亚当·伊格纳季耶夫（Adam Ignatieff）。他来了以后没有收到过一封信，看来他的过去很神秘，没有人了解他过去的经历，他自己也对此保持缄默。至于伊格纳季耶夫——这是个高个子男人，脸刮得很干净，雪白的头发理成平头，一身白衣服，脖子上系一根项链，上面挂着十字架——据说他在上一次波兰起义[11]期间参与绞死了一名俄国神父，因此被流放到了西伯利亚。他住在领事馆附近一间破旧的小棚子里，所有的饭都在领事家吃。

亨德里克斯神父住在一家印度人开的商队旅店里，那是一间同样空荡荡的屋子，土地面，纸窗户，一桌一椅一床，还有几个酒桶——他是一位专业酿酒师。因为一面墙上装饰着十字架，房间也可以当教堂用。他从不忘做弥撒，唯一的会众就是亚当·伊格纳季耶夫。亨德里克斯神父给伊格纳季耶夫讲道讲了好几年，然后两人就闹翻了。神父禁止伊格纳季耶夫到教堂来，教会也就不存在了。但神父依然对着空荡荡的墙壁和盛得满满的酒桶念弥撒，可怜的亚当只好站在门外，把耳朵贴在钥匙孔上偷听。

一些中国士兵在城门下站岗，但卫戍部队的大部驻守在 7 英里外的英吉沙。在萨尔特人的喀什噶尔，最生动如画的当属那些露天巴扎（市场），在巴扎的摊位上，有除去面纱的妇女出售货物。不时地会出现一座清真寺，打破那全是灰黄色土房子的千篇一律。阿古柏安息在阿帕克长老（Hazret Apak）寝陵外的院子里，埋在桑树和法国梧桐下面。据说中国人收复这座城市的时候焚烧了他的尸体。

喀什噶尔城外有许多圣徒墓，因为数量太多，当地人就编出下面的故事来：

曾经有一位教长在喀什噶尔城外的一座圣墓前对他的门徒讲授《古兰经》。有一天，一个门徒来见教长，对他说："我父，给我金钱和食物吧，这样我就可以出去到世界上碰碰运气。"教长答道："我什么都不能给你，只有一头驴子。牵上它，愿真主保佑你一路顺风。"

· 喀什噶尔的印度商人

年轻人带着驴子日夜游荡，终于穿过了大沙漠。驴子日渐憔悴，死掉了。年轻人因自己的损失和孤单而悲痛万分，在沙地上挖了个坑埋葬了驴子，然后坐在坟头哭了起来。这时有几个富商带着商队走过。他们看见年轻人，就问："你为什么哭啊？"他答道："我失去了我唯一的朋友，我那忠诚的旅伴。"富商们完全被他的忠诚打动了，就决定在小山包上建一座宏伟的陵墓。庞大的商队把砖石、瓷瓦运到此地，于是一座神圣高大的建筑物矗立在沙漠上，圆顶闪闪发光，尖塔高耸入云。关于新的圣徒墓的故事流传得很快，远远近近的朝圣者聚集在这里举行拜谒仪式。许多年后，喀什噶尔那位老教长也去了那里。他惊讶地发现他从前的门徒已是如此著名的圣徒墓的一个教长了，便问道："老实告诉我，这个圆顶下埋着的圣徒是谁？"门徒低声说："不过是您送给我的那头驴子——现在您告诉我，在您曾经教导过我的那个地方安葬着的圣徒是谁？"老教长回答他说："就是你这头驴子的父亲。"

注释

1. 阿夫拉西亚卜（Afrasiab），此处系指阿夫拉西亚卜古城遗址，是撒马尔罕的前身。

2. 察合台汗（Jagatai Khan,？—1241），成吉思汗正妻所生第二子。其所建立的察合台汗国，为元朝西北宗藩国。

3. 切尔尼亚耶夫（M.G.Chernyayev，1828—1898），俄国将军，积极鼓吹和参与俄国扩张。

4. 喀什噶尔（Kashgar），即今新疆喀什。

5. 伯克（bek），突厥语音译，意为首领、长官、大人等。

6. 阿古柏（Yakub Bek，1820—1877），19世纪英、俄扶植的新疆割据政权头目，浩罕汗国人，曾占领新疆许多城市，并自立为汗。清政府派左宗棠率军讨伐，阿古柏兵败自杀。

7. 荣赫鹏（Sir Francis Edward Younghusband，1863—1942），即弗朗西斯·扬哈斯本，英国军官、外交官、探险家。1903年率英军入侵西藏，迫使达赖喇嘛签订《拉萨条约》。

8. 马继业（George Halliday Macartney，1867—1945），即乔治·马嘎尔尼，生于中国南京，其父为中国驻英使馆参赞马格里爵士，其母为中国人，善于利用对中国文化的谙熟为英国攫取利益。曾任英国驻喀什噶尔首任总领事（1911—1918）。

9. 廓尔喀人（Gurkha），尼泊尔的主要居民，亦指英国或印度军队中的尼泊尔族士兵。

10. 固勒札（Kulja），一名金顶寺，即今新疆伊宁县。

11. 波兰起义，指1863年1月在华沙爆发的规模巨大的反俄起义。

第十四章

觐见布哈拉的埃米尔

平安夜，我开始了一次愉快的旅行，一次狂放的、呼啸而过的探险，途中骑马、坐雪橇、乘马车，穿过了整个西亚细亚。领事馆的三个哥萨克结束了服役期，要回到"七河地区"（Semiryetchensk）俄国一侧的纳林斯克 [1] 去，我也与他们同行。

　　我们带着我们小小的驮货马队向北行进。我们在刺骨奇寒（零下 20 摄氏度）中穿过狭窄的山谷，走过只有部分结冻的河面。这几个哥萨克真是无价之宝，他们在靠近岸边的冰面上安然骑行，直到冰层破裂，马匹像海豚一样陷入冰块之中。我一直担心那些牲口会在尖利的冰缘把肚子划开。河水没到了马鞍的中部，我们不得不屈起腿保持平衡，以免打湿毡靴。

·我们渡过半结冻的河流时，马匹不得不跳到冰冷的河水中

我们往高处走，河道已经冻得结实了。马在水晶般的冰面上向前滑行，发了疯似的跳着。我们骑马过了中国边界，翻过吐尔尕特山口（Turugart，高12740英尺），跨过冰雪覆盖的结冻的恰特尔克尔湖（Chatyr-kul），又翻过塔什拉巴特山口（Tash-rabat，高12900英尺）。我们身处一条峡谷的迷宫里，被周围高峻、荒野的山峦纠缠着。这些山峦都属于中国人所称的天山山脉。

　　从上面提到的塔什拉巴特山口开始，下山的道路拐了数不清的急弯，两旁是尖锐的石尖和山嘴，在那个季节里有的地方还覆盖了冰雪。有一匹驮行李的马滑倒了，滚下悬崖摔断脖子，当场死掉了。

　　天不停地下着雪。1891年的元旦，雪片像白面纱一样在眼前纷纷扬扬地飘落。到了纳林斯克，旅行队解散，我独自乘雪橇走了1000英里路去撒马尔罕。雪橇路棒极了。我们平时用两匹马拉雪橇，但到了积雪又深又松软的地方就用三匹马。车夫坐在驾驶座的右侧，把腿垂在外面，用甜言蜜语哄马前进："喂，小鸽子，做得对，我的孩子，再来，开步走，我的小老爹！"铃铛欢快地叮当作响，雪下了又下，用它的白面纱裹住我们，道路两侧的积雪有好几英尺深。我们以危险至极的速度飞驰。雪橇在崎岖不平的路面上像条小船一样来回颠簸，不过倒也不至于马上翻车，因为上面设有两条水平的安全滑木，当雪橇处于倾覆的边缘时，会起到缓冲器一般的作用。只有一次，是在夜里，我们完全翻倒在一道覆满雪的沟里，但我们马上把雪橇在平缓些的坡地上摆正，继续在黑暗中摇摇晃晃、跌跌撞撞地前行。

　　我们到了浩大的伊塞克湖最西端的狭窄水域——该湖又称"温湖"，因为它的温泉水源和水深防止了结冻——这时我决定去俄国伟大的旅行家普尔热瓦尔斯基的墓地朝拜，墓地所在地附近的小城现在就以他的名字命名，距离在 126 英里之外[2]。他的坟丘上竖着一个黑色的木头十字架，上面刻着基督像和桂冠图案。仅仅两年以前，普尔热瓦尔斯基在这块荒地上离开人世，他当时正要进入亚洲腹地开始一次新的探险旅行。

我们沿着亚历山大山[3]北麓向西行进，到了小城奥利埃阿塔[4]。我们从一处浅滩渡过了阿萨河，旅客和易碎的行李装载在高轮马车里渡过 3 英尺半深的河水，空雪橇则由马拉着过河，像船一样漂起来。

天不停地下雪。气温降到零下 23 摄氏度，于是雪变得很松软。三匹马拉着雪橇跃过好几英尺高的雪堆，雪雾像泡沫一样绕着雪橇飞舞。不过，随着我们走近奇姆肯特和塔什干，雪堆变得越来越小了；到了都城以西，地面上已没了雪，我们弃了雪橇，乘坐大型四轮马车继续赶路。

我到了钦纳兹的锡尔河渡口。由于有浮冰，渡船不能开了，只好起用一种不结实的小船。我和一个从库尔兰[5]来的年轻中尉坐着船，由三个吉尔吉斯壮汉撑着包了铁皮的长篙，在喀啦作响的浮冰中撑过了河。

我们两人过了河，各自坐上一辆三匹马拉的四轮马车继续赶路。在去米尔扎拉巴特驿站的半路上，我乘坐的马车后车轴坏了，一个轮子松脱了，车厢刮擦着地面，马受了惊，朝着干草原狂奔。车厢乱蹦乱跳，在小山包间四处碰撞。我为了活命，只好坚持住。马跑得筋疲力尽，终于停了下来。车夫和我把颠得七零八落的东西抢救出来，全都驮在一匹马的背上。然后，我们骑上剩下两匹不带马鞍的马，弃了那辆坑人的四轮马车，继续朝米尔扎拉巴特赶路。那年轻的中尉正在那里等着我们呢。

我们下一次出事故是在吉扎克河上，为了赶去那里，我们在夜里走到很晚。天上乌云密布，刮着大风，又冷得可怕。午夜前不久，我们到了河岸上。水位很高，浮冰特别多。我们两辆四轮马车停在浅滩上，四下里不见一个活物。

库尔兰的中尉第一个进了布满冰块的河水。他的马车还没走多远，就陷在破碎的冰块里。冰块在车厢上堆积起来，马拉不动了。经过几次徒劳的尝试，他们给几匹马除去了马具。库尔兰人拿着自己的财物，同车夫一道骑着马安全回到岸上。马车只好扔掉不要了。它可能会在那里一直待到随后将至的春天，除非冰层破裂，把它挤成碎片。

车夫们知道另一处可以渡河的地方，河道在那里分成了两岔。于是，我们把库尔兰人的两匹马套在了我的三驾马车上，他的东西也装在我的车上。他本人坐在驾驶座上，背对着马，抓紧车篷的前缘稳住自己。

一切准备就绪，我们开始横渡第一条支流。冰层居然经住了我们的重量，让沉重的马车隆隆驶过。马蹄过处，冰屑飞溅。一匹马打了个滑，但随即又恢复了平衡。一切都很顺利，直到我们到达了另一条支流，那里的河岸很陡地向河面倾斜，又向右侧拐了一个急弯。

车夫发出粗野的喊声，嗖嗖地甩着鞭子打马前进。几匹马口吐白沫，扬起前蹄，浑身每一块肌肉都在抽搐，奋勇冲下坡岸，直到半个身子都没在水中。马车在他们身后隆隆作响。我们到了转弯处，右侧的两只车轮仍然在冰冻的岸上，左侧的车轮已经滑进了河水中。一切都发生在一瞬间。我预感到危险将至，就紧紧靠在车篷的右边。马匹

· 夜渡吉扎克河出事故

· 中亚的一个托钵僧

以全速转弯，马车翻倒在3英尺深的河水里，这么一摔，车篷便撕成了碎片。打头的两匹马摔倒了，身子跟缰绳纠缠在一起，差点儿被淹死。在这千钧一发的时刻，车夫跳到河水中帮助它们。水没到了他的腰。库尔兰人从座位上猛地被摔出去，碰到一块浮冰，撞出了血。我的两只箱子只在水里露出几个箱角；我的毯子、皮大衣和毛毡差点儿被急流冲走。我们的很多东西都摔坏了，而所有东西，包括我们自己，都湿透了。我们把东西一件一件捞起来，驮在马背上运过河，我们则跟在后面，从一块浮冰跳到另一块浮冰上。还好下一个驿站离着不远。我们在那里烤干了衣物，尽可能抢救出一些东西。但那可怜的库尔兰人差点儿没被摔死，我把他送到撒马尔罕的一家医院时，他还发着高烧。

我已接到邀请，要去觐见布哈拉的埃米尔赛义德·阿布德·阿哈德[6]，他每年的这个季节都住在沙赫里萨布兹自己的城堡里，离撒马尔罕不到 50 英里远。沙赫里萨布兹之声名远播，主要是因为帖木儿大帝于 1335 年出生在它的城墙之内，我现在就是要去向他的后代表示敬意。此人是影子的影子——实际上成了沙皇的附庸——他贵为一国之君，去莫斯科参加了亚历山大三世[7]的加冕礼，当被问到什么最能激起他的兴趣时，他竟答道："冰镇柠檬水。"

我在边境线受到一营骑兵的迎接，由他们及一个越来越庞大的护卫队陪同，骑马从一个村庄走到另一个村庄。我们夜里停下来休息

· 布哈拉埃米尔赛义德 · 阿布德 · 阿哈德

时，总能找到上好的暖和房间，房间里到处铺着小地毯；每到一地，我们都要吃一顿"大餐"（dastarkhan），除了普通的饭菜，还有成堆的油酥糕点、葡萄干、杏仁、水果和糖果。一位名叫沙迪伯克·卡拉奥尔·贝吉·希高尔（Shadibek Karaol Begi Shigaul）的宫廷官员率领一队身披红色或蓝色天鹅绒披风的先生，骑着铺有绣金鞍垫的高头大马前来迎接我，向我转达埃米尔的欢迎。每到一地，人们便成群结队地来观看我们这雄伟的骑兵队。

在基塔布城，地方长官设宴款待我，我被问及我祖国的情况，以及瑞典和俄国的关系。这一事实可以解释埃米尔后来为什么对瑞典所知甚多。

克拉维霍在旅行记中写下了自己去撒马尔罕的帖木儿宫廷时一路上所受到的款待，这种礼仪在过去近五百年间没有太多的改变。在回忆印度莫卧儿王朝第一位苏丹巴布尔 [8] 的段落，我们读到，沙赫里萨布兹和基塔布从前由一道城墙围在一起，一到春天便覆盖着繁茂葱翠的草木，因此得名"绿城"。

一座雄伟的宫殿归我任意使用。"大餐"用 31 个硕大无比的盘子端上来。我的床上铺着红缎子，地板上铺着上好的大块布哈拉地毯。我要是能拿两块回家该有多好啊！

接见定在第二天早晨 9 点钟。我穿上最好的衣服，骑马走进阿克宫（Ak Seraï）的宫门，这里曾经是帖木儿的王宫。身穿蓝色制服的军官陪同我左右，50 名士兵举枪致敬，一个 30 人的乐队演奏乐曲。整个队伍由两名身披绣金披风、手执金杖的传令官在前面引导。

我们骑马走过了三座城堡的庭院，才在新城堡里受到朝廷官员们的迎接。我被引进一间接见大厅。大厅中央摆着两把扶手椅，埃米尔就坐在其中一把上。他站起身，用波斯语向我表示欢迎。他是个身材高大的英俊男子，蓄着黑胡须，一副纯雅利安人长相。他头缠一条白缎子包头巾，身披蓝色天鹅绒披风，佩戴肩章，腰扎皮带，手执一把弯刀；他的衣服上镶嵌着许多钻石，闪闪发光。

我们用 20 分钟时间谈了谈我的旅行，谈了谈瑞典、俄国和布哈拉。然后，本城的长官设宴招待我们，这是一顿共有 40 道菜的大餐。借此机会，他代表埃米尔授予我一枚金质纪念章，并发表了一通演说，演说是以如下奇妙词句开始的：

"今天，斯德哥尔摩的斯文·赫定阁下驾临突厥斯坦观光。鉴于我们同俄国皇帝陛下（！）的友邦情谊，兹准予他进入神圣的布哈拉领地，并有幸立于我们眼前同我们相识……"

我没有东西可以回赠埃米尔和他的臣僚们，我的旅行资金不允许我铺张浪费。我所能做到的不过是在这位帖木儿王座好心而无能的末代传人面前，以适度得体的举止捍卫瑞典所享有的好名声。

我接着在俄国驻布哈拉公使雷萨尔（Lessar）[9] 那里住了一个星期，他是代表沙皇出使一个亚洲宫廷的人员中最博学、最高贵的一位。

最后，我穿过卡拉库姆沙漠，渡过里海，经高加索、新罗西斯克、莫斯科、圣彼得堡和芬兰，回到斯德哥尔摩家中。

注释

1. 纳林斯克（Narinsk），即今吉尔吉斯斯坦城市纳伦。

2. 该城即今吉尔吉斯斯坦伊塞克湖州首府普热瓦利斯克（卡拉科尔）。

3. 亚历山大山，即吉尔吉斯山脉。

4. 奥利埃阿塔（Aulie Ata），即今哈萨克斯坦江布尔州首府塔拉兹。

5. 库尔兰（Courland），波罗的海沿岸一地区，现属拉脱维亚。

6. 赛义德·阿布德·阿哈德（Saïd Abdul Ahad），布哈拉汗国曼吉特王朝埃米尔（1885—1911 在位）。

7. 亚历山大三世（Alexander III，1845—1894），俄国沙皇（1881—1894 在位）。

8. 巴布尔，即巴布尔苏丹（Sultan Babur，1483—1530），印度皇帝，莫卧儿王朝（16 世纪早期—18 世纪中期）创始人，帖木儿的第五代直系后裔。

9. 此人后出任驻华公使，最出名的事迹是"气死"李鸿章。1901 年 11 月，雷萨尔在会见中逼迫李鸿章在《交收东三省条约》上签字盖章，李鸿章拒绝，二人发生激烈争吵。两日后李鸿章吐血而死。

第三次
亚洲腹地旅行

第十五章

驱车两千英里——
冬日驰行"世界屋脊"

我于 1891 年春天回到家乡斯德哥尔摩的时候，觉得自己好像是一片广大地域的征服者，因为我已走过了高加索、美索不达米亚、波斯、中亚地区和布哈拉，还进入了中国的新疆地区。我因此充满了信心，觉得自己能够奋力一击，从西至东征服整个亚细亚。我的亚洲探险的学徒岁月已经真正过去了；然而我面前还摆着许多巨大而严峻的地理问题。我内心再次燃起了登上狂野的冒险之路的欲望。我一步一步地努力着，已经越来越深入这世界上最大大陆的心脏地带。现在我只满足于踏上那些不曾有欧洲人涉足的小路。

这次旅行最终持续了三年六个月二十五天，走过的路程比从南极到北极还远。在地图上标出的距离大约有 10500 公里——相当于地球周长的四分之一，或者开罗到开普敦之间距离的一倍半。我绘制的 552 张地图连起来有 364 英尺长。在这部分地图上，有三分之一或 3250 公里的道路通过的是迄今绝对不为人知的地域。旅行开销不超过 1 万美元。

我并不急于动身，而是在冯·李希霍芬男爵的指导下全面研习了一遍亚洲地理。就这样，在 1893 年 10 月 16 日，我同家人依依惜别，从自己的停泊地解缆起航，向着东面的圣彼得堡驶去。

在从沙皇的都城到奥伦堡 2250 公里的路途中，我们呼啸着驰过了莫斯科和坦波夫[1]森林，跨过了 4867 英尺长的伏尔加河大桥。奥伦堡是"奥伦堡哥萨克人"的首府，奥伦堡州州长是他们的头人（ataman）。巴什基尔人[2]、吉尔吉斯人和鞑靼人的存在说明这里正是亚细亚的门口。

我的第一个目的地是塔什干。我对从里海方向过去的南线早已了如指掌。这一次我想试一试北线，北线纵贯吉尔吉斯草原，全长 2080

公里，分成 96 段。整个旅途——长度相当于从洛杉矶到奥马哈 ³ 的距离——要乘四轮马车完成；而且，为了避免中途转运行李 96 次，旅行者通常是自己买上一辆马车和一些零件，另外再带上润滑剂和粮食。驿站站长往往是俄国人，车夫则是鞑靼人或吉尔吉斯人，他们每年的薪水是 65 卢布，另外每月领取一普特半面包和半普特羊肉。驿站的房屋里设有桌椅床铺，可供旅客过夜。屋子的一角立着圣像，桌上放着《圣经》，这是普尔热瓦尔斯基赠送的。

安年科夫修建的通往撒马尔罕的铁路对于纵贯吉尔吉斯草原的马车道是一大打击，它此后不久就延伸到了塔什干。然而，这条马车道由于战略目的仍在维持，直到最后终于被一条铁路取而代之。

事实上，我在奥伦堡花 75 卢布买了一辆四轮马车，后来在马尔吉兰又以 50 卢布把它卖掉了。我的行李重 300 公斤，箱子都用灯芯草垫子裹上，捆在马车后面和驾驶座上。这些行李中间有两个很重的弹药箱。要是没有守护天使在一旁保护，我肯定早就被炸飞了，因为剧烈的颠簸已经把弹药筒变成了火药末；雷管居然没有引起火药大爆炸，可真是个奇迹。

我 11 月 14 日离开奥伦堡的时候，气温是零下 10 摄氏度，冬天的第一场暴风雪已经开始了。我坐在一捆铺着块毯的干草上，身上裹着皮衣和毛毯，脑袋上围着头巾，同时，雪花卷成令人窒息的浓云从敞开的车篷下面吹进来。夜里，我被一个邮差赶上了。这是个胡须灰白的老头，他二十年来一直来回奔波，每年要在奥伦堡和奥尔斯克之间往返 35 次，走过的路程加起来等于地球和月球之间的距离再加上 6000 英里。他浑身洒满雪花，哈气在胡子上结满了白霜。他在俄式茶壶旁坐下，在短短的休息时间里一气喝了 11 杯滚烫的热茶。

奥尔斯克是乌拉尔河亚洲一侧河岸上的一座小城。"再见，欧罗巴！"我心中暗道。四轮马车把最后一条街道抛在身后，开始了贯穿广阔的吉尔吉斯草原的漫漫旅程。草原位于里海、咸海、乌拉尔河及额尔齐斯河之间，狼、狐狸、羚羊和野兔众多，吉尔吉斯游牧民驱赶着自己的畜群在上面游牧，沿着流入咸水湖的小溪搭起他们那蜂房形状的黑色毡帐和芦苇帐篷。一个富裕的吉尔吉斯人通常拥有 3000 只羊和 500 匹马。1845 年，俄国人占领了草原的这个部分，建起了一些要塞，要塞里至今仍驻守着小股的卫戍部队。

车轮轧在冰冻的雪面上吱嘎作响。马儿们拉着三套车匆匆赶路，先是小跑，然后就飞奔起来。车没完没了地摇晃，差点儿把我颠散架。我们一个钟头接着一个钟头地前行，但这四轮马车仍然处在一成不变的平原地带的中央。车夫不时地把马车停住一会儿，好让汗流浃背的马儿喘口气。有时他会用马鞭指着前进的方向，说道："过一会儿我们会遇上一辆从南边来的大车。"

我举起野外望远镜在地平线上搜寻，看了半天才发现一个小小的黑点，但车夫甚至能辨认出跑过来的马匹的颜色，吉尔吉斯人草原上的户外生活已经使他们的感觉变得不可思议地敏锐。深更半夜，天上阴云密布，四周一片漆黑，他们却能认清道路。除了暴风雪，什么都不能破坏他们的方位感。当然，电线杆给道路标明了固定的范围，但狂风暴雪大作的时候，人可以在两根电线杆之间迷失道路，除了等待天亮别无选择。在这样的夜晚人们尤其要提防狼群。

到了塔姆德，我休息了几个小时，驿站长往炉子里添了些从草原上弄来的干柴。野狼来叼走了三只雁。

11 月 21 日那天，气温降到零下 20 摄氏度，那是我去塔什干的路上所经历的最冷一夜。下一个驿站康斯坦丁诺夫斯卡亚更为简陋寒酸，只有两顶帐篷。道路到这里是在沿着咸海走。咸海是一个鱼儿众多的咸水湖，大小同维多利亚湖相当，比苏必利尔湖略小，但比休伦湖大些。我们的路有 72 英里要穿过沙丘，于是弄了三峰双峰驼来拉车，车夫骑在中间一峰骆驼身上。看着它们在小路上奔跑，驼峰左右摇摆，煞是有趣。

不久我们就到了更暖和些的地带，天下起雨来，骆驼足底的软垫啪嗒啪嗒走在湿漉漉的沙地上。就这样我们到了锡尔河畔的小城卡扎林斯克，乌拉尔的哥萨克们在河里打鲟鱼，鱼子酱的生意很好做。道路沿着大河河岸延伸，无数老虎、野猪和野鸡生活在密不透风的灌木丛中。一个猎人向我展示自己的狩猎技术，他送给我的野鸡足够我一路吃到塔什干。

我们距离突厥斯坦城还有 108 英里时，车前轴折断了。经过一番临时修理，我们小心翼翼地驾着车，缓缓驶进了这座古城。城里有一座美丽的带有圆顶和尖塔的清真寺，是帖木儿为纪念吉尔吉斯人的守护神苏丹·霍加长老（Hazret Sultan Khoja）而建的。

我们的车轮在这穿越草原的漫漫旅途上隆隆滚过，越走越远。有一次，四轮马车陷在泥潭里，动弹不得，三匹马也不能拉动它一分一毫。这是一个漆黑的夜晚。马儿们踢蹬着，扬起前蹄，把缰绳都拉断了。最后，车夫只好骑着其中一匹马返回驿站求救。几小时过去了，夜晚的冷风在嘶吼。我等了又等，心里纳闷狼群会不会趁这个机会下手。车夫终于带着一个人和两匹马回来了。过了一会儿，我们又得以继续前进。

我们乘坐渡船过了阿里斯河。地势微微起伏，我们的马车便由一支普通的五匹马组成的马队拉着，一个人骑在左边领头那匹马的背上。当沉重的马车以令人眩晕的速度滚下山坡，马匹全速飞驰时，我害怕得要死，生恐骑手胯下那匹马跌倒，而他自己被碾到轮下。但是并没有什么不幸事故发生。在奇姆肯特，我们去了我上一次旅行时所知道的几个地方中的第一个。12 月 4 日，我们在"叮叮当当"的车铃声中隆隆驶入塔什干。

就这样，我在 19 天里走过了 11 个半纬度，经过了 3 万根电线杆，雇用了 111 个车夫，用了 317 匹马和 21 峰骆驼，从西伯利亚的严冬到了白天气温高达 12 摄氏度的地方。

在塔什干，我再次住在总督夫列夫斯基男爵家里；在马尔吉兰，我则住在费尔干纳省总督巴瓦罗－什维科夫斯基（Pavalo-Shweikowsky）将军家里。我在这两个地方购买了辎重——帐篷、毛毯、毛皮大衣、毡靴、马鞍、粮食、炊具、新鲜弹药和俄国亚洲部分的地图——还买了准备送给当地人的礼物，比如布匹、衣服、手枪、工具、小刀、匕首、银杯、怀表、放大镜以及其他一些稀罕物事。为了盛下这么多行李辎重，我又买了些包了皮子的萨尔特式木箱，它们很适合搭在马背的驮鞍上。

我已经决定取道帕米尔高原前往喀什噶尔。帕米尔是全中亚最著名的山区之一，它就像一个由无数白雪覆盖的山岭纠聚而成的山结，将地球上最高、最大的山脉向四处辐射：向东北是天山山脉，向东南是昆仑山脉、慕士塔格山（属喀喇昆仑山脉）和喜马拉雅山脉，向西南是兴都库什山脉。因此它被恰切地称为"世界屋脊"（The Roof of the World）。

俄属中亚、布哈拉、阿富汗、英属克什米尔和中国新疆的政治利益都在帕米尔会聚。在我所写到的那个年代，这一地区相当频繁地引发俄国和英国之间政治关系紧张。英国人和阿富汗人在这个地区的西部和南部建有许多要塞。东部还有中国人在拥兵自立。1891 年，俄国人凭借武力威胁宣布将高原北部划入自己的版图，两年之后又在阿姆河的一个源头穆尔加布河畔建立了一座要塞——帕米尔斯基哨所。哪怕最轻微的轻率举动都会被视为挑衅，从而引发战争。

从马尔吉兰到帕米尔斯基哨所的路程有 294 英里。这个距离并不长，但冬天的道路因为寒冷和下雪而令人生畏。温度计的水银柱在夜里还会冻上。人人都警告我，我要是陷在阿赖山谷的深雪里，是绝难生还的，只有在马尔吉兰和要塞之间递送信件的吉尔吉斯邮差才能做到安然无恙；就是他们，也要经常遭遇可怕的不幸和痛苦。

不管怎么说，我仍坚执己见。同"世界屋脊"上的冬雪一决胜负的壮举诱惑着我。巴瓦罗－什维科夫斯基将军派了一名信使骑马去道路沿线的吉尔吉斯人帐篷寨打前站，命令他们接待我，尽一切可能帮助我；要塞司令萨依采夫（Saitseff）上尉也被告知我将到来的消息。

我没有作详尽的准备，也没有沉重的负担。只有三个人同我一起走：热依木·巴依（Rehim Baï）做我的贴身仆人，还有两个马夫，其中一个叫依斯拉木·巴依（Islam Baï）的日后成了我的忠实仆人，伴我度过许多艰难岁月。我租了一匹骑用的马和七匹驮货物的马，每匹马租金是一天一卢布，这样一来，照料和喂牲口的事就不用我负责了。马夫们又自己出钱，另外带了三匹马来驮谷子和干草。

我们于 1894 年 2 月 23 日出发。我们从横切阿赖山北坡的伊斯法拉河河谷走过。我们越走越高，路况也越来越差。我们走过了最后一个居民点，又走过了最后几座摇摇晃晃的木桥。河谷变得像条走廊般狭窄，小路沿着陡峭的山坡攀缘而上，时而在左坡，时而在右坡。一条条冰河标示了沿途流过的泉水的位置。一匹驮行李的马就在这样一个地方滑倒了，翻了两个跟头，撞在一个突出的岩角上，摔断了脊梁骨，立时死在了河岸上。

从最后一个村庄来了一大群当地人陪着我们走——他们可真是及时雨啊！接下去的路太可怕了。小径好像沿着悬崖峭壁建造的飞檐一般延伸着，有时埋在雪里，有时结了冰。总是要用镐头和斧子开路，最滑的路段必须撒上沙子才能走。暮色悄悄在这个地区弥漫开来，夜幕降临了。我们还要走三小时才能到达宿营地。我们在万丈深渊的边缘攀登着，爬动着，滑行着，在黑暗中我们连谷底都看不见。每一匹马都由一个人牵着，而另一个人拉住马尾巴，时刻准备提供帮助，以防牲口打滑，大呼小叫的声音在山谷中回荡。我们的行进一再遭到中断，假如一匹马在悬崖边打了滑，必须有人拽住它，等待援手到来，把它身上驮着的东西卸下来。正值雪崩频发的季节，我们每一刻都处在被松脱的雪块埋没的危险之中。四周处处躺着死马的骸骨，整个旅行队连人带马被这样的雪崩埋住的事并不罕见。

我们最终到了一个山谷开阔的地方，看见远方的熊熊营火，一种难以形容的如释重负的感觉油然而生。经过 12 小时的艰苦跋涉，我们疲惫不堪地抵达了兰加尔，吉尔吉斯人已经在那里为我支起了一顶上好的蒙古包。

我从这里派了八个吉尔吉斯人拿着铁铲、镐头和斧子到阿赖山上的腾吉斯巴依山口（Tengis-Bai）去为我们的马匹挖一条小路；第二天，我们骑马去了拉巴特。那是一个海拔 9550 英尺的小驻地，在那里，我和我的几个手下对头痛、心悸、耳鸣、恶心等高山病症状有了

· 我们的一匹马跌落谷底，登时毙命

十足的切身感受。我对晚餐连看上一眼都难受，觉也睡不安稳。后来在西藏，我对稀薄的空气已经习以为常了，甚至在海拔 16000 英尺的高度也没觉得有一丁点儿难受。

第二天一大早我们就出发了，顺着吉尔吉斯人挖出的小路走。阿赖山的群峰在我们面前巍然耸立。我们走在了一个陡急上升的、白垩般雪白的凹槽里。吉尔吉斯人已经在 6 英尺深的积雪中踏出了一条窄路，但这路就像在沼泽地上放上板条一般难走，一旦走错一步，就会沉陷在雪中。曲里拐弯地拐了几百回以后，我们到了腾吉斯巴依山口（12500 英尺），欣赏到一幅壮丽的图景，白雪覆盖的山岭构成了这片辽阔的区域。向南看去，阿赖山谷自西向东伸展在阿赖山和外阿赖山之间。

一条峡谷向下直通阿赖山谷。我们顺谷而下，差不多每隔 10 分钟就要从桥上或者冰雪拱门里跨过一条小溪。马匹时常被冲入溪水，我们还得协力把它们拉上来，重新装好行李。前一天发生了一次大雪崩，雪块填满了峡谷，把道路都淹没了。吉尔吉斯人为我们逃过了一难而额手称庆。我们这时候是在雪的上面行走，脚下的雪也许有 20 码或 30 码深。

我们进入阿赖山谷，到了达拉乌特库尔干，那里有一座 20 顶蒙古包的帐篷寨（"奥尔"）。我们可以看见一阵暴风雪席卷了腾吉斯巴依山口，吉尔吉斯人再一次大呼万幸。要是早一天，我们肯定就被雪崩埋在下面了；要是迟一天，我们也会被暴风雪封住、冻死。

暴风雪在 3 月 1 日之前的晚上抵达了达拉乌特库尔干，几乎要把蒙古包吹翻，我们只好用绳索和石头把它们固定住。我醒来的时候，发现枕头上横着一堵小雪墙。所有的蒙古包都深陷在 1 码深的雪中。

我们休息了一天，由吉尔吉斯向导带领着继续我们的旅行。他们拿着长竿子探测雪深。我向广袤无边的白色雪野望去，看见前面远远地有一个小黑点，不禁心下快慰，那是一座蒙古包，我们即将在里面过夜。蒙古包里点起了一堆篝火，浓烟从排烟口打着旋儿冒出来。当晚，一个吉尔吉斯人弹起一种弦乐器来娱乐大家。夜里，暴风雪又肆虐起来。

我们沿着阿赖山谷继续向东走，阿姆河的一条源流克孜勒苏河（"红水河"）在谷底向西流去。我们现在不得不用四峰骆驼为我们的马匹踩出一条小路来，有时候它们会完全陷入雪中，我们还得把它们拉到雪浅一点的地方。

我们离当晚宿营的蒙古包只有不到 150 步远了，但是这短短的一段路却非常难走。在我们和帐篷之间有一道沟壑，沟里积着 9 英尺深的雪。第一匹驮行李的马完全没在雪中不见了，不过我们卸下它背上驮着的箱子，用绳子把它拉了上来。要想用铁铲把雪从沟里挖出来是无济于事的。吉尔吉斯人突然想到一个办法，从蒙古包上拆下一些毡块，铺在雪面上，然后一匹接一匹地牵着马，一步一步从毡块上走过去。等我们把它们全部拉过雪沟，时间好像已经过了好久好久。

毡帐周围筑起了整整一道雪墙。夜里气温降到了零下 20.5 摄氏度。次日清晨，外阿赖山的最高峰考夫曼峰 [4]（23000 英尺）现出了它那壮美的身姿。

我从我们的营地吉普蒂克派了一个吉尔吉斯人出去求救。他的马陷在雪中，雪没到了他的膝盖。这副样子简直太滑稽了。他不久就放弃了去求救的企图。我们现在是字面意义地困在雪中了，除了等待没有别的选择。

终于，一些吉尔吉斯人带着骆驼和马匹赶到，帮助我们向前走了一阵子。他们告诉我们，就是遇到更深的积雪也不是什么稀罕事，那时候就让牦牛用角开路，在雪中顶出一条隧道，然后马匹和人跟着从这条隧道中走过。

他们还讲到，他们的一个朋友有 40 只羊在上一场暴风雪中给一匹狼咬死了。还有一个人损失了 180 只羊。狼是吉尔吉斯人最凶恶的敌人，暴风雪来临的时候，一匹在夜里潜入羊群的狼会将羊全部咬死。狼噬血的欲望是不能遏止的。但是，要是吉尔吉斯人活捉了这匹狼，那就算它倒霉！他们会把一根重重的棒子绑在它的脖子上，在它的上下颚之间支上一块木头，再用绳子缠紧。接着他们会给狼松绑，用鞭子抽它，拿烧得通红的炭火把它眼睛熏瞎，在它的嘴里塞满干鼻烟灰。我有一次恰巧碰上了，于是得以减轻那匹受刑的狼的痛苦。

有许多野羊（因马可·波罗[5]而被命名为"马可·波罗盘羊"）被群狼撕成了碎片。它们有条不紊地进行捕猎，组织好先头部队，把野羊赶到陡急的山坡。野羊眼见着身后气喘吁吁、红着眼睛的追捕者赶上来，宁愿选择纵身跳下悬崖，据吉尔吉斯人说，是用它们那坚硬有力、形状优美的羊角根部的软垫着地。但即便如此，野羊们也难逃一死，因为别的狼正在悬崖底下等着它们呢。

头年冬天，我的一个吉尔吉斯仆人和一个同伴一起走过阿赖山谷，遭到 12 匹狼的攻击，幸好他们带着武器。他们开枪打死了两匹狼，它们立即被其余的狼吞吃了。

不久前，一个吉尔吉斯人从一顶帐篷到另一顶帐篷去，却没有回来。人们去找他，在雪地里发现了他的头骨和尸骸的其他部分，旁边是他的皮衣，在雪地上还可以见到他进行无望的争斗而留下的斑斑血迹。那个孤独绝望的人的形象在我眼前挥之不去；我夜不能寐，一直躺在那里想象着他发现自己被狼群包围时的危急场面。他肯定试过走到帐篷寨去，但群狼必定是从四面八方向他发动了攻击。他可能拔出匕首左截右刺，但那只是加剧了攻击者们的愤怒和残忍。最后，他的力气用尽了，疲惫不堪，踉踉跄跄，眼前一片漆黑；当离他最近的那匹狼把尖利的牙齿咬进他的喉咙，他终于进入了永无尽头的漫漫长夜。

我们在沿河岸结着一大条冰带的一个地点渡过了克孜勒苏河，河心的水流又急又深。马匹只能从光滑的冰面上跳进汹涌的河水，然后打起精神奋力一跃，跳上对岸冰带的边缘。

我们在离这里不远的深雪中扎营，清理出一小块空地来搭帐篷。夜晚莹洁而安静，星光和白雪交相辉映，十分美丽。气温是零下 34.5 摄氏度。我真为马儿们感到难过，它们只能站在外面受冻了。

我们向东骑行时，我发现我身体的右侧被太阳晒得相当暖和，而处在阴影里的左侧却生了冻疮。我脸上的皮肤皲裂、剥落，但终于变得坚硬，像羊皮纸一样粗糙。

博尔德伯（Bordoba）是一座供邮差们食宿的泥棚屋。我和一个吉尔吉斯人先往那里走。我们在 3 英尺深的雪中艰难行进，直到深夜才赶到。我们在附近发现了七匹狼的足迹。

从这个地方开始，地势向着外阿赖山中的克孜勒阿尔特山口（Kizil-art，14000 英尺）升起。山头立着一座石冢和几根飘扬着经幡的木杆。吉尔吉斯人跪倒在地，感谢真主准许他们平安越过这个神圣却可怕的山口。后来在西藏，我不断见到同样的风俗：同样的石冢，同样的木杆和经幡，同样的山神崇拜。

在山口南面，积雪要少得多了。我们在整个探险过程中所经历的最低温度是零下38.2摄氏度——那是在科克塞的泥棚屋测得的。

第二天，我们翻过一道状似门槛的小山岭，从山顶可以将喀拉库勒湖（"黑湖"）的全景尽收眼底。太阳正在落山，西边群山的影子迅速移过来遮住了这荒无人烟的冰冷土地。

3月11日，我带着四个仆人、五匹骑用的马、两匹驮东西的马和够吃两天的粮食走上了喀拉库勒湖广阔无边的冰面。探险队的其他人马将在东南岸同我们会合。这个湖的面积是130平方英里，长13英里，宽9英里半。我想测量湖的深度。我们在最东端的湖面上钻了个孔测了水深，然后在湖心一个多石的小岛上过夜。冰层发出奇怪的声音，好像鼓和低音提琴在挪动，或者熄了火的汽车车门猛地关上，我的手下则认为是水里的大鱼在用头撞击冰层。

我和一个吉尔吉斯人测量完大湖西部湖盆的水深，得出最高值为756英尺，便沿着足迹去追赶先行出发的其他人。暮色已经融入黑暗。我们到了没有雪的土地上，就找不到他们的足迹了；再走到白雪覆盖的土地上，也没有找到。我们骑马走了四小时，一路大喊，却没有听到回答。最后，我们在长着干草的地方停下来生了一堆火，一来是为了取暖，二来是给我们的同伴发个信号。我们没有一片面包、一滴茶水，就坐在那里聊天聊到凌晨1点，用恶狼的故事互相吓唬。然后我们用皮毛大衣裹紧自己，在火堆旁睡着了。

第二天早晨我们找到了旅行队。我们继续前行，进了穆兹科尔山谷，山谷通往阿克拜塔尔山口（Ak-baital，15300 英尺）。山谷里有一些"冰火山"，它们是这样形成的：涌出地表的泉水结了冰，一层叠着一层，最终形成圆锥状。其中最大的一座有 26 英尺高，底边周长达 650 英尺。

雪花飞旋着，好像把一块洁白的婚纱披到了山口上。我们不得不把一匹马抛弃在这里。帕米尔斯基哨所的传译库尔·马梅季耶夫（Kul Mametieff）在山口的另一侧迎接我们。他是个快乐、和气的吉尔吉斯人，在俄国受过教育。我们一起骑行了一段距离后，他指着宽阔的穆尔加布河谷南面对我说："看见那边飘扬的旗子没有？那就是帕米尔斯基哨所，全俄国最高的要塞！"

注释

1. 坦波夫（Tambov），指俄国欧洲部分中央黑土区的坦波夫州。首府是坦波夫市，别号"狼城"，卓娅和舒拉的故乡。

2. 巴什基尔人（Bashkirs），突厥民族，主要居住地是俄罗斯的巴什基尔自治共和国。

3. 奥马哈（Omaha），美国内布拉斯加州城市。

4. 考夫曼峰（Kauffmann Peak），即今列宁峰，实际高度7134米。

5. 马可·波罗（Marco Polo，1254—1324），意大利旅行家，著有《马可·波罗游记》。

第十六章

同吉尔吉斯人在一起

要塞是用土块和沙袋堆建而成的。堡垒四角的炮台上架着大炮。当我们朝着它北面的前线走去时，在胸墙上列队出迎的全部 160 名守军士兵和哥萨克开始欢呼。在堡垒的大门口，我们受到要塞司令萨依采夫上尉和他手下六名军官的欢迎。上尉曾经做过斯科别列夫的副官。

我的到来给他们单调的生活带来了令人愉快的变化。他们整个冬天没见过一个白种人，我的出现就好像从外面世界来了个天赐之物，因此，我被他们的殷勤和友善征服了，自愿做了 20 天的俘虏。

多么美妙的休憩！我和他们交谈，画画，照相，我们还骑马去拜访了那个地区的吉尔吉斯头人们。星期天要举行各种比赛，士兵们还会随着六角手风琴的音乐翩然起舞。星期二，我们举着双筒望远镜搜索北方的地平线，希望看到所盼望的邮差带着信件和报纸出现。

不知不觉中，这愉快的闲适时光已近尾声。4 月 7 日，我同他们告别，再次上马，带着我那一小队人马向东北方向的郎库里湖骑行，到了之后我就在一种没有烟道的圆锥形帐篷里过夜。湖水尽管只有 6 英尺深，却覆盖着 3 英尺厚的冰层。泉水流入的地方则没有结冰。这片湖上常有大群大群的大雁和野鸭出没。

我们继续东进，从楚加塔依山口（Chugatai，15520 英尺）翻越萨雷阔勒岭，在山的另一侧中国土地上的第一座吉尔吉斯人[1] 帐篷寨宿营。三名从附近的中国要塞布伦库勒[2] 来的伯克前来迎接我们；他们清点了我们的数目，又仔细地察看了我们一通，就回要塞去了。当地有传言说，一支俄国军队马上要来占领帕米尔的中国部分，人们甚至相信，我们的箱子里就藏着士兵和武器。不过，他们一看我是一个只身旅行的欧洲人，只带着几个当地人，就放心了。

在离布伦库勒不远的地方，要塞指挥晃大人带着十个随从，亲自来看我们。他对我接着去慕士塔格山³西麓的打算没有提出异议，但是要我留下一个随从和一半行李给他作抵押。唯一向我开放的去喀什噶尔的路要顺着盖孜河谷走，河谷的起点就是布伦库勒。

中国人相当多疑，整夜在我们的帐篷周围布设卫兵和密探，但他们并没有太搅扰我们。4月14日，我带着四个随从和四匹驮东西的马，顺着宽阔的萨雷阔勒山谷向南进发，过了美丽的山间小湖卡拉库里湖，到了一位和气的吉尔吉斯头人托格达辛伯克（Togdasin Bek）的帐篷寨。吉尔吉斯人听说有一个欧洲人在附近扎营，就带着病人到我的蒙古包来；我尽我所能为他们治病，给他们服用奎宁和其他无害的苦药，结果证明非常灵验！

"冰山之父"慕士塔格山在我们头顶巍然屹立，它的最高峰达25500英尺，峰顶是一片微微闪光的永久积雪地带。从东面的大漠深处望去，它就像一座灯塔，在子午线上的群山之间高高耸起它的拱顶。群山被称为喀什噶尔山脉，是帕米尔高原和塔里木盆地的分界线。

吉尔吉斯人有很多关于慕士塔格山的传说。他们相信它是一座巨大的圣人墓（masar，麻扎），摩西⁴和阿里都在里面安息。几百年前，一个智慧的老人登上了这座山。他在山顶找到一片湖和一条河，河边有一峰白骆驼在吃草。有许多宝相庄严的白衣老者在一个长满李子树的果园里漫步。智者吃了果子。于是一个老者走过来，祝贺他没有拒绝吃果子，不然的话，他就要像其他人一样永远留在那儿了。然后一个骑着白马的驭手把他提到马鞍上，带着他冲下了悬崖。

人们还认为，"冰山之父"的峰顶有一座城市叫作贾奈达尔

（Janaidar），城里的居民过着极度幸福的生活，不知何为寒冷、何为痛苦、何为死亡。

不论我去什么地方，不论我到哪一个吉尔吉斯人的"奥尔"做客，我都会听到关于这座圣山的新故事。所以，再自然不过地，我最终产生了一种不可遏止的欲望，渴望着进一步了解它，登上它那陡峻的山坡——不一定爬到峰顶，但至少要爬一段山路。

因此，我把我的马匹和两个手下留在山谷里，雇了六个吉尔吉斯壮汉，租了九头上好的牦牛，把我的营地向上迁了2000英尺，扎在一个没有积雪，到处是石台、砾石堆，冰河低声流过的地方。我们在露天下用干草点起篝火，围着火堆度过了第一个夜晚。

然而我接近这座大山的企图却以悲惨的结局告终。在牦牛的帮助下，我们艰难地踏着积雪登上了陡峭的山壁边缘，峭壁北面紧挨着羊布拉克大冰川的深沟。从这里，我们可以望见萨雷阔勒山谷和大冰川的壮阔图景。冰川由峰顶下的冰盆流出的冰流汇聚而成，一片洁白，然后闪着蓝光顺着我们脚下的深沟滑落，像一个国王一样骄傲地从它的岩石寓所中拥出。

但我们没有多少时间考虑。风刮了起来，一场狂野的暴雪已经在高处的山坡上开始了。雪云在我们头顶翻卷，天也黑了，我们只好匆匆回到营地。

我们不在的时候，托格达辛伯克带着一顶大毡帐上山到了我们的营地。他来得正是时候！没过多久，暴风雪就遮蔽了整座大山，什么都看不见了。确知我们自己得到了充分的保护、免受风吹，可真是惬意啊。

我意识到可能要等很久天气状况才会允许我们重新登山，就派了几个吉尔吉斯人下山到山谷里取粮食。

但是现在厄运把我的全部计划都搅乱了。我的眼睛患上了严重的风湿性疾病，这种病逼迫着我马上去找一个更暖和的地方。探险中断了，我戴上眼罩，率领我那支小旅行队返回。我们走过卡拉库里湖和布伦库勒，然后走进盖孜河（Gez-daria）荒蛮、狭窄的河谷，该河谷因盗贼和逃犯麋聚而声名狼藉。

我们需要反复地渡过这条河，它咆哮着奔涌在巨石之间，泡沫翻腾飞溅。为了帮助马匹，随从们都蹚水过河，要是没人帮忙，它们就可能会被淹死。我们只在几个地方找到了桥。有一座桥是用一块巨石当桥墩，当我们的马走过它那弯下去的桥板时，构成了一幅有趣的画面。

温度迅速上升。我们下山进入了夏天的空气，温度计显示是 19 摄氏度。当我们于 5 月 1 日骑马进入喀什噶尔时，我的眼睛差不多完全好了。

关于我在喀什噶尔逗留期间发生的故事，我只讲其中几个片段。我在那里的时间主要是同老朋友彼得洛夫斯基总领事、好客的马继业先生及风趣的亨德里克斯神父一起度过的。

我的第一项任务是去拜访本城及本省的长官张道台，他是个特别好的人，我第一次来访时就认识他了。他慷慨和善地接待我，对我提出的办理护照和获准自由旅行的种种要求一概应允。

第二天道台来我这里回访。他那五彩斑斓的队伍开进领事馆大院时，真是一派神仙下凡的景象。首先进来一个骑马的传令兵，每走五步就使劲敲一下铜锣，锣声洪亮。他后面跟着一队步兵，手擎木棍和短剑为道台大人清道。道台本人乘坐一辆带篷小马车，由一头健骡拉

· 我两次试图登上“冰山之父”慕士塔格山

车。众随从走在车的两侧，打着遮阳伞，高举写着黑字的黄旗。走在队伍末尾的是一队衣着华丽、骑着白马的骑兵。

有一天，总领事、亚当·伊格纳季耶夫和我受到邀请，前往张道台官邸参加正式晚宴。我们这支俄国队伍比起中国人的行列要简单一些。俄属中亚商会的长老（aksakal，字面意思是"白胡子"）骑马走在队伍前面，然后是一个扛着俄罗斯帝国国旗的骑兵，再往后是我们乘坐的马车，两名卫队军官和 12 个穿白色制服的哥萨克骑兵跟在我们后面。我们就这样走过了整个城市，走过了巴扎，先穿过雷吉斯坦（聚众集会的广场），再穿过"跳蚤市场"——在市场里人们可以买到还带着那种寄生虫的旧衣服。

当我们行进到道台办公和居住的衙门时，响了两声礼炮。主人带着随从在衙门内院迎接我们。餐厅中央摆着一张大圆桌。主人摇了摇椅子，表明它们禁得住我们的重量。他用一只手拂过桌椅，表明每一件物品都擦拭过，很干净。他将象牙筷子举到额头前，再放回到原处。

我们落了座，聚精会神地对待一道一道端上来的 46 道菜。每隔一段时间就往杯中斟上很辛辣的烈酒。亚当·伊格纳季耶夫连干 17 杯都没有醉，因为好酒量和视死如归的气魄博得大家的敬佩。接下来的酒令红底黑字地写在墙上的条幅上："把酒言事。"我们都照做不误，但我恐怕我们在不断地触犯中国礼节的各种规矩，要不是从小生就杏干一般的黄皮肤，主人们的脸色恐怕早就变得煞白了。席间，一支萨尔特人乐队一直在演奏乐曲。最后一道菜吃完，我们就告辞了。

现在恰逢盛夏，气温高达 35 摄氏度。我始终不能忘怀"冰山之父"，那永久的积雪地带，还有那闪射着蓝光的冰川。6 月，我带着

· 喀什噶尔的一支乐队

一支由依斯拉木·巴依率领的轻装小队离开喀什噶尔，骑马到了小城英吉沙，该城的办事大臣警告我小心峡谷里泛滥的河水。为了给我的旅行提供便利，他派出几个吉尔吉斯人陪我一道走，领头的是尼亚斯伯克（Nias Bek）。

就这样我们走进大山深处，在克普恰克部（钦察部）吉尔吉斯人（Kipchak Kirghiz）的村庄里受到款待。这些人有时候住在蒙古包里，其他时间住在土石小屋里。慕士塔格山白得炫目的峰顶一再地从周围的群山中脱颖而出。山谷野寂荒蛮，独特的景致如在画中，深深的河水溅起飞沫。但我们一路前行，没遇到什么危险。不时可见位于谷底开阔地的村庄，那里青草茂盛，还长着野蔷薇、山楂树和白桦树。我们在帕斯拉巴特村遭遇了一场瓢泼大雨；大雨过后，河水暴涨，变成了灰褐色，在山谷中发出含混、低沉的咆哮声。

穿过腾吉塔尔峡谷（"狭廊"）的路是最难走的一段，几码开外就是陡峭的山崖。河水充溢了整个谷底，到帕米尔去的旅行者实际上是被迫在溪流中骑行。河水在滚动的巨石中间汹涌澎湃，峡谷中充满了震耳欲聋的回声。马儿们不知往哪里下脚，只好在圆圆的大石头中间小心翼翼地探路前进。它们不时跃上一块石头，然后绷紧肌肉跳到下一块石头上，总是能保持背上驮着的行李箱的平衡。到了最艰险的地方，会有两个人跳下马来，站在附近的巨石上，从两旁引导和帮助马匹前行。

窄窄的一线蓝天一向只在两侧的灰色花岗岩壁间闪现，这时在更为开阔的圆形山峰之上延展开来，真让人感到轻松愉快。我们离开阔克－莫依纳克山口（Kòk-moinak，15540 英尺）后，又站在了"世界屋脊"上。伯克们来到开阔的塔合曼大峡谷[5]亲切地迎接我们。

在纯净的空气中，最美丽的高山景色和高山生活的画卷在我们眼前展开。慕士塔格山把那些舌头状的冰川沿着深而窄的裂缝喷射下来；冰川融水汇成水晶般清澈的小溪，顺着山坡潺潺流下，流过青翠的牧场；牧场上有大群的牦牛和羊在吃草，还支着80顶蒙古包。

我们继续向北行进，在苏巴什附近的旷野上碰到了老朋友托格达辛伯克，他支起自己最好的一顶蒙古包供我们使用。接下来的将近三个月时间，我是同这些吉尔吉斯人一起度过的。我像他们那样生活，骑他们的马和牦牛，吃他们的食物——羊肉和酸牛奶，成了他们的朋友。后来他们常说："现在你已经成了一个真正的吉尔吉斯人了。"

7月11日，为了向我表示敬意，托格达辛伯克在苏巴什旷野上组织了一场叼羊比赛（Baiga）。本地区的所有伯克都穿着他们那色彩鲜艳的绣金华服汇聚在我们的帐篷周围；然后，一支由42个骑手组成的华丽的扈从队陪同我策马入场，只见狂热的人群骚动不安，比赛就要开始了。人们在那里等着我们到来，其中有一位110岁高龄的老霍特（Khoat）和他的五个儿子，全都是白胡子老者。

整个旷野上满是迫不及待地等着比赛开始信号的骑手。信号发出了，一个骑手催动胯下马飞奔而出。他在我们面前用膝盖控制着坐骑兜圈子，因为他左手拎着一只活羊，右手举着一口锋利的马刀。他干净利落地一刀斩下羊头，羊身就垂挂在他身边，还在扭动挣扎，滴下血来。

这时，他结束了在场地中的马戏，跑出圈子，然后率领着80个骑手再一次朝我们狂奔而来。地面在马蹄嘎嗒嘎嗒的敲击下颤抖着。他们越跑越近，不时隐没在扬起的尘土中，最后离我们相当近了，似乎马上就会像毁灭性的雪崩一样将我们碾碎。但是，他们跑到离我们几步远的地方，扬沙和飞土已经溅了到我们身上时，却突然掉转了方向；领头的骑手把羊尸掷到我脚下，便跑进旷野，隐没在滚滚尘烟之中。

可是，几秒钟之后，他们又回来了；然后争夺羊尸的比赛开始。我们匆匆退后。比赛的目的是从马鞍上抢得羊尸，带着它骑马跑掉。这是一场最奇异的打闹。全部 80 个骑手挤作一团。有的马人立起来，有的马摔倒了，骑手被甩了出去，只好在混战中夺路而逃，以免被乱蹄踩死。还有一些吉尔吉斯人从圈子外面往前拥，想骑着马挤进早已挤得水泄不通的马群中间。这情形简直让人想起劫掠中的匈奴人。

最后，一个强壮的吉尔吉斯人抢到了羊，拿着它在旷野上发疯般绕着圈子狂奔，其他人则像一群饿狼似的在后面追他。这场奇观就这样重复了一遍又一遍。

托格达辛伯克见此情景相当激动，也一头扎了进去，跟着追赶。可是追着追着，他连人带马摔个跟头，额头上磕出了中国字一样的红色血迹，这才罢了手。

接着，他们摆了一桌精美的"大餐"招待我们，有羊肉、米饭、酸牛奶和茶；我向所有优胜者颁奖，奖品是银币。胜利者中有两个健壮的吉尔吉斯人，分别叫耶西姆·巴依（Yehim Baï）和毛拉·依斯拉木（Mollah Islam），我雇用他们做了随从。

天色向晚，大群大群的骑手回家进了自己的帐篷；夜幕又降临在慕士塔格山脚下的旷野上。

注释

1. 中国境内的吉尔吉斯人称为柯尔克孜族。

2. 布伦库勒（Bulun-kul），即今新疆克孜勒苏柯尔克孜自治州阿克陶县布伦口乡。

3. 慕士塔格山（Mustagh-ata），意为"冰山"，帕米尔高原东侧高山，由几座山峰组成。其主峰亦称慕士塔格峰。

4. 摩西（Moses），公元前 13 世纪希伯来人的领袖。犹太教认为他是最伟大的先知和导师。

5. 塔合曼大峡谷（Tagarma），在新疆塔什库尔干塔吉克自治县的塔合曼乡。

第十七章

同 "冰山之父" 搏斗

我给自己定下的任务是绘制"冰山之父"慕士塔格山周边地区的地形图。我在随从和一些吉尔吉斯朋友的陪同下来到了卡拉库里湖（"小黑湖"）岸边。我住在一顶上好的毡帐里，我们的邻居送来了酸牛奶、鲜牛奶、马奶酒和羊肉。白天时间我们都用来做实地考察。到了晚上，吉尔吉斯人会来拜访我们，我就把他们所知道的这一地区的情形画下来。一旦外面狂风大作或是暴雨倾盆，我就待在帐篷里做笔记，或者为吉尔吉斯人画像。

　　一天，我们从费尔干纳起一直带着的那条看门狗失踪了。后来，我们在卡拉库里湖附近做短途旅行时，一条瘦弱的、白里带黄的吉尔吉斯犬加入了我们的行列。依斯拉木·巴依和其他人朝它扔石块，想把它赶走，但是它一次次地跑回来，我也就随它的便。它吃了大量的肉和骨头，不久情况便有所改善，也成了大家宠爱的对象。我们叫它约尔达什（Yoldash），意为"旅伴"。它一直忠诚地守望着我的帐篷。它做了我十个月的最好的朋友，我和它寸步不离。它在悲惨的情形下离开了我们，但那是另一个故事了，我以后再讲。

　　吉尔吉斯人在慕士塔格山周围放牧他们的绵羊、牦牛和马匹。每个家庭都有固定的夏季和冬季牧场。尽管他们是伊斯兰教徒，女人们却不戴面纱，而是随便露出面庞，高高的帽子上蒙着白头巾。她们的生活同畜群的安康息息相关。日落时分，羊群被赶回到羊栏里去，半驯化的野狗保护它们不受狼群侵扰。女人们承担着与羊群——母羊与羊羔——相关的繁重劳动，还要负责预备草料。男人们主要生活在马鞍上，他们骑马互相拜访，去喀什噶尔赶集，还负责照料马匹和牦牛。孩子们在帐篷周围玩耍。他们总是很甜蜜、很可爱。我们见过一个 8 岁的小家伙完全光着身子，穿着他爸爸的靴子、戴着羔皮帽子四

· 两个吉尔吉斯男孩

处乱走。

我们穿过大雾，向慕士塔格山北坡进发，山坡上的冰川舌就好像许许多多的手指头一样，一齐指向山下的萨雷阔勒山谷。我们只有牦牛作为骑行和驮东西用的牲口。骑牦牛要相当大的耐心。尽管牦牛鼻子中间的软骨上套着一个铁环，铁环上拴一根导绳，但这畜生脾气很倔，哼哼唧唧的，高兴了才走路呢。

我们考察了北坡的冰川以后，把营地迁到了山的西坡，并且沿着名为羊布拉克和康波基什拉克的大冰川做徒步旅行。冰雪融化汇成的溪流潺潺流过如水晶般明澈的蓝绿色冰面。冰川上不时会有深深的裂缝张开大口，有些地方的巨石形成了美丽的冰川台。

8月6日日出时分，我带着五个吉尔吉斯人和七头牦牛，开始攀登羊布拉克冰川北侧一道陡峭的悬崖。天气非常好。8点钟，我们已经爬得比勃朗峰[1]都高了；我们在 16000 英尺海拔处遇到了雪线。积雪迅速地增加着深度，表面已经冻上了。我们前进得很慢，牦牛一再停下来喘息，其中两头几乎要累垮了，我们只好抛下它们，请它们自寻生路。

我们又来到一道悬崖边上，12000 英尺高的羊布拉克冰川就在我们正下方。我们接着爬了约 1000 英尺，毛拉·依斯拉木和另外两个吉尔吉斯人倒在雪地上睡着了。我们只好把他们撇下，我和两个吉尔吉斯人加上两头牦牛继续登山。雪地似乎永无尽头，牦牛们显然对这看起来无用而愚蠢的攀登大为不满。

到了 20160 英尺的海拔高度，我们不得不停下来，进行一次长时间的休息。牦牛站在那里，舌头耷拉出来，喘息声听上去就好像锯木头。我和两个吉尔吉斯人坐下来吃雪时头痛欲裂。我现在意识到，假如我们想再往上爬一两千英尺，就有必要带着粮食和帐篷来，并且准备在海拔两万英尺的地方过夜。决定了从头来过后，我回到了营地。

我们在冰川中做了进一步的长途步行后，终于在 8 月 11 日开始尝试第二次登山，这一次是沿着恰勒图马克冰川南侧陡然耸起的陡坡爬。我们带了一顶小毡帐和食品、燃料，牦牛和吉尔吉斯人挣扎着爬到了 17000 英尺高处，我们在那里休息了好长一段时间。

突然间，一声震耳欲聋的轰鸣从冰川狭廊北侧边界壁立的悬崖上传来，深深的峡谷里充满了回声，经久不散。看来情形是这样的：高处的山体覆盖着一个冰罩，冰罩突出于岩壁顶端之外，由于不堪自身重量而折断，急速坠落到了冰川表面。这些大块的冰盔落下来，撞在凸出的岩石上成了碎末，像泛着泡沫的水一样雪白，一样翻腾。

我们爬得更高些，看见了四只野山羊，它们惊慌失措，跑过雪面的硬壳逃开了。此前不久，我们看见两匹浅灰色的大狼，它们显然是在把野羊赶进永久积雪地带，但因为力气不足，没有继续追赶它们。

冰盔上积了两英尺厚的雪，使得我们的登山比从前更艰难了。毛拉·依斯拉木牵着一头牦牛在前面带路，牛背上驮了两大捆硬得像木头一样的草原植物，吉尔吉斯人称之为驼绒藜（tereseken）。突然，牦牛消失不见了，就好像它脚下张开了一道活门似的。我们急忙赶到那个地方，发现牦牛是一脚踏空了，但是被自己的右后腿、双角和柴捆挂住。它刚刚踏穿了一座危险的雪桥——桥跨在一道一码来宽的裂缝上——身下敞开着一道黑黑的深渊。幸运的是，那牲口吓得一动不敢动，否则早就送命了。吉尔吉斯人用绳索拴住它的肚子，其他牦牛合力把这可怜的牲口拉上来。

我们缓慢而小心地做第二次尝试。另一头牦牛又差点儿被深渊吞没，一个吉尔吉斯人将将用手搭在悬崖边上，也逃过了类似的厄运。我们来到湛蓝的冰壁间一道三四码宽、7码深的裂缝前。在这里我们认真地商量了一下。裂缝向两个方向目力可及之处延伸，这对我们所有进一步行动构成了不可逾越的障碍。我们所处高度是海拔19100英尺。

回营地的路上，我决定再次尝试登山，这一次取道以前爬过两次的羊布拉克冰川北侧山坡。

我们花了一天时间爬到20160英尺的海拔高度，来到我们先前到过的深渊边上。我们必须拿定主意是否要继续前进；但我们带来的十头牦牛累得要死，所以我们决定就地过夜，第二天早晨再接着登山。

我们把牦牛拴在几块突出于雪地的板岩上，在悬崖上搭起一顶小蒙古包，将绳索拴在几块石头上固定住。蒙古包里的营火直辣眼睛，

·抢救一头掉进深沟里的牦牛

由于没有通风口，空气令人窒息。融化的雪水在火周围积成了一个水池，但夜里火熄灭之后，池水又冻成了一块冰坨。我让两个生病的吉尔吉斯人下山到空气不那么稀薄的地方去。我们全都出现了高原反应症状——耳鸣，耳聋，脉搏加快，体温低于正常值，失眠。

太阳落山了，它那紫色的霞光在慕士塔格山西坡缓缓褪去。满月在冰川南侧岩壁顶部升起的时候，我走进黑暗中，欣赏我在亚细亚所见到的最为恢宏壮丽的景致。

山脉最高峰的永久积雪地带、为冰川提供冰流的冰盆及冰川的最高部分都沐浴着银色的月光；但是在冰流所经过的沥青般漆黑而深邃的裂隙处，深不可测的黑影成为主宰。薄薄的白云飘过崎岖起伏的积雪带，仿佛如此之多的山神在一起跳舞。也许那是死去的吉尔吉斯人的亡魂和他们的守护天使，正在脱离尘世的辛劳痛苦，前往快乐的天堂；要么就是魔法之城贾奈达尔中的幸运儿，正在满月的光芒中绕着"冰山之父"翩翩起舞。

我们到达的地方几乎与钦博拉索山²或麦金利山³主峰等高，高过乞力马扎罗山⁴、勃朗峰以及至少四块大陆上的所有山峰。只有亚洲一些最高的山峰和安第斯山脉主峰比我们现在所在的海拔高。世界最高峰珠穆朗玛峰比我们现在所在还要高上8880英尺。不过我相信，说到蛮荒、奇异的美，在我面前展开的这幅图景绝对胜过世上任何一个人所能见到的其他一切景象。我感觉自己正站在无限空间的边缘，神秘的世界在其中永远循环往复。我和群星只有一步之遥，我甚至可以用手摸到月亮。我感觉到我脚下的这个地球——万有引力铁律的一个奴隶——在自己的轨道上不停旋转着，穿过宇宙空间的茫茫黑夜。

帐篷和牦牛轮廓分明的影子投射在雪地上。拴在石头上的牲口们静静地站着，只是偶尔发出"吱吱咯咯"的声响，那是它们在用下颚的牙齿磨上颚的软骨；有时它们变换位置，积雪会在它们的蹄下"嘎吱嘎吱"作响。它们的呼吸声我听不见，但可以从它们鼻孔中喷出的白雾的形状上看出来。

吉尔吉斯人生在两块大岩石间的营火已经熄灭了；这些吃苦耐劳、饱经风霜的山地人脸朝下蜷缩在地上，前额埋在雪里，睡梦中不时发出一两下咕哝声。

我在小帐篷里徒劳地努力入睡。天并不特别寒冷（不过零下12

摄氏度），我却觉得身上的皮衣铅锭一般沉重。因为呼吸不畅很难受，我一再起身吸进一点空气。

日出之前，我们听见了一种咆哮声，音量逐渐增大；到了早晨，一场风暴将打着旋儿的、密得不可穿透的雪云笼罩在我们的营地上。我们等了一小时又一小时。谁也不想吃东西，每个人都害着头痛病。我盼着大风自动停息，好让我们登上峰顶。然而，风刮得更凶了，到了正午时分，我终于清楚了我们所面临的无望处境。我想试一试吉尔吉斯人的勇气，就命令他们给牦牛驮驮子，冒着风暴继续登山。每个人都服从我的命令，但我说我们只好下山回营地的时候，他们都很高兴地感激我。

我带着两个随从开始下山。我骑着一头壮得像大象的大黑牦牛，想赶它走路根本没用，我就随它乱走。打着旋儿抽打过来的飞雪搞得我伸手不见五指。牦牛在雪中跋涉着，陷进去，跳起来，滑下去，像海豚一样扎进雪堆里。我只好夹紧双膝，不然的话，牦牛突然的阵发性乱颠肯定会把我从鞍上甩出去。有时我是背靠背躺在牦牛身上，结果下一刻牛角就顶到我的肚子了。不过我们最终将雪云甩在身后，到达了营地。营地的高度相当于内华达山脉主峰惠特尼山 [5] 的高度。

我们同"冰山之父"的搏斗就这样结束了。我跟这座大山纠缠得够了，就决定去帕米尔斯基哨所做一次短期访问。但我经过俄国边界必须神不知鬼不觉，不能引起中国人的疑心，因为他们可能会警觉起来，拒绝让我再回到他们的防区。我把所有行李都存在偏远地区一顶吉尔吉斯人的蒙古包里，然后带着两个旅伴在半夜出发，沿着外人难以到达的秘密小径向俄国边界行进。远处的吉尔吉斯人帐篷寨在月光下清晰可见，但他们的狗没有出声，于是我们冒着飞旋的雪花越过慕

· 在雪暴中驰下慕士塔格山

士库劳山口（Mus-kurau）安全进入了俄国领地。

　　这是一次漫长的、折磨人的马上旅行。我们的狗约尔达什走得后爪疼痛，我们只好给它做了双袜子。它穿着袜子感到非常不自在，试图用一种蹲姿走路，把后腿跷到空中。它发现自己落在了后面，就决定三条腿着地跑，把左右后腿轮番缩起来。

我同萨依采夫上尉及另外两名军官一道走过了帕米尔高原的大部分地方，最后把帐篷搭在一片迷人的高山湖——雅什库勒湖⁶畔。从那里我又悄悄地、不为人知地回到了中国人的领地。我离开期间，中国人发现我不见了，还进行了一次搜寻。假如那个替我藏行李的吉尔吉斯人被发现，那他就有麻烦了。为免遭怀疑，他把我的箱子搬到了一个石堆上，藏在两块大石头之间。就这样，当我的蒙古包于9月30日重新在卡拉库里湖东岸搭起来时，人们做梦也想不到我已经在俄国境内待了12天。

我返回喀什噶尔大本营之前，还有一项任务要在这迷人的小湖边完成，我想测量湖的深度，但那里连船的影子都见不到。当地吉尔吉斯人都没见过船，也不知道这种玩意是什么样子的。于是我用木头和纸做了一个小模型，然后造船工作就在"码头"上开始了，指挥人是依斯拉木·巴依。

我们把一张马皮和一张羊皮缝到一起，押紧了蒙在帐篷杆做成的支架上。船桨和桅杆是用另一些帐篷杆做成的，还有一把铲子当舵用。这真是条妙不可言的船，船身凹瘪，船边像锯齿，活脱脱一个被丢弃的沙丁鱼罐头！人们把充气的羊皮囊绑在左舷、右舷和船尾，以稳定小船。这古怪的设备就像某种史前动物正在孵蛋。一个吉尔吉斯人说他从未想象过船会是这副模样。托格达辛伯克说："你要是驾着这玩意儿到水面上去，肯定会淹死。最好等湖水结冰。"

但我在小船上安然无恙，吉尔吉斯人图尔都（Turdu）很快就学会了如何划船。在它的入水仪式上，游牧民们带着妻子儿女聚集到岸边，静静地观看整个过程。他们可能认为我疯了，都在等着看我如何消失在清澈、晶莹的湖水深处。

· 我们的"船"航行在东帕米尔的卡拉库里湖上

    我在几个方位都测过了水深。一天,我们按原计划去走最长的一条路线,就是从南端到北端。我们划船从南岸起航,但没走多远,便刮起了一阵强似飓风的南风,我们卷起了船帆。大浪越卷越高,泡沫在浪尖上咝咝作响,小船像一头难以驾驭的牦牛似的上蹿下跳。

    我坐着用铲子掌舵。船尾突然下沉,一个浪头打在我身上,灌了半船水。一个羊皮气囊松脱了,像只野鸭似的随波漂走了。每有一个新的浪头打来,都给我们洗个冷水澡。图尔都拼命往外淘水,我则试图用铲子抵挡袭来的大浪。小船越来越向下沉,右舷的羊皮气囊发出"吱吱"的哨音,开始漏气。小船危险地侧倾,未查明深度的湖水在身下张开大口。我们能不能这样一直漂到岸边？还是说，托格达辛伯克的预言要应验了？吉尔吉斯人有的骑马有的步行，聚集到最近的岸边看我们沉没；但我们终于划到浅水处靠了岸，浑身都湿透了。

还有一次——那是一个黄昏，我们离北岸不过几百英尺远——一阵强劲的北风刮了起来，把我们送到了湖上。夜幕降临了，幸运的是天上还有月亮。过了一会儿，风也逐渐停歇了。依斯拉木·巴依在岸上点了一堆火，像灯塔一样给我们指路。湖水最深的地方测出来只有 79 英尺。

暴风雪和冰雹一次次逼着我待在帐篷里。这种时候，吉尔吉斯人会来看我，而我从未觉得厌烦。他们给我讲他们的奇遇和经历，有时也把他们的烦恼向我倾诉。一个吉尔吉斯小伙子爱上了美丽的奈弗拉·罕（Nevra Khan），但付不出必需的彩礼（kalim）给姑娘的父亲，就到我的帐篷来借钱。可是我的钱包太瘪了，应付不了这样一件大事。

一个传闻在整个帕米尔高原散播，说是有个欧洲人来了，像只小羚羊一样跃上了慕士塔格山，还像只大雁一般飞过湖面。这个经过了适当加工和演绎的传说，可能至今还能听到。

我在吉尔吉斯人中间生活得如鱼得水；当我离开的时候，他们同我告别，声音里充满了感情。要是我没有和他们一起生活、成为他们的朋友呢？他们的生活无忧无虑，但并不快乐，他们同冷酷、吝啬的大自然进行着一场痛苦的战争。当他们过完了自己的一生，他们会被抬往山谷中自己的坟墓，那里有一个圣人安眠在一座简单的白色圆顶下。

我于 10 月 19 日从一条新路线回到了喀什噶尔，在那里总结我的考察成果，重新做笔记。

11 月 6 日，我们围坐在彼得洛夫斯基领事家的餐厅里，桌上的茶壶"咕嘟咕嘟"冒着泡。一个哥萨克邮差满身尘土、气喘吁吁地走进来，把一份电报交给领事。电报只是简短地陈述了亚历山大三世驾崩的消息，在场的每个人闻讯起立，俄国人在胸前画着十字，显然深受震动。

圣诞节又来临了。我是和马继业先生、亨德里克斯神父以及我的同胞传教士霍格伦德（Höglund）一起过的节，霍格伦德不久前刚刚带着全家抵达喀什噶尔。亨德里克斯神父在午夜时分离开了，他要去自己那间有酒桶和十字架的小屋做弥撒，庆祝基督降生。想到他正独自——孤独，恒久不变的孤独——穿过这黑暗、沉睡的城市，我真同情他。

注释

1. 勃朗峰，阿尔卑斯山主峰，海拔 4810 米，即 15780 英尺。

2. 钦博拉索山（Chimborazo），厄瓜多尔中部火山，最高峰 6300 米（20669 英尺），是距离地心最远的地方，也曾一度被误认为南美洲最高峰。

3. 麦金利山（Mt. McKinley），位于美国阿拉斯加州中南部，海拔 6193 米（20318 英尺），是北美洲最高峰。

4. 乞力马扎罗山（Kilimanjaro），位于坦桑尼亚东北部，海拔 5895 米（19340 英尺），是非洲最高峰。

5. 惠特尼山（Mt. Whitney），海拔 4418 米，是美国本土最高峰。

6. 雅什库勒湖（Yeshil-kul），在塔吉克斯坦，古称叶什勒池。乾隆皇帝曾命人在此处立有"平定回部勒铭伊希洱库尔淖尔"碑。

第十八章

走近沙漠

1895年2月17日，我离开喀什噶尔，开始我在亚洲进行过的最艰难的一次旅行。

我们有两辆带两个高轮子的马车，每一辆由四匹马拉车，一匹马驾辕，另外三匹套着绳索走在前面。四匹马一组，由一个车夫驾驭着。马车上有灯芯草垫子做成的拱形车篷。我带着一部分行李坐头一辆马车，依斯拉木·巴依带着沉重的箱子坐另一辆。我们有两条狗，一条是来自帕米尔的约尔达什，一条是来自喀什噶尔的哈姆拉（Hamra），它们都拴在依斯拉木·巴依乘坐的马车上。

我们的两轮马车发出沉重的轧轧声，一路搅起大团大团的黄尘，就这样驶出了喀什噶尔的"沙门"（Kum-darvaseh）。在中国军队驻扎的英吉沙，我们遇到一次小小的危险，一名中国兵拦住我们，说哈姆拉是他的狗。他发现我们无意把狗放开，就躺倒在车轮前的地面上，像个疯子一样尖声叫喊，引得我们身边围了一大群人。最后我这样说："我们把狗放开。假如它跟你走，它就属于你了。假如它跟我们走，它就是我们的。"

车轮刚刚转了几圈，哈姆拉就像离弦的箭一般朝我们这边飞奔而来；我还能听见身后的围观群众在讥笑那名士兵。

我们一直向东走，离喀什噶尔河（Kashgar-daria）很近了。我们不时驶过结冻的沼泽地，一次，我那辆马车的车轮轧破冰层陷进去，冰水一直没到车轴，驾辕的马也摔倒了。事故发生在夜里。于是我们生了一大堆火，卸下行李，把马拴在车尾，将车拉了出来；过后，我们又赶到了另一个地方。

在我们过夜的村庄里，车夫们就睡在马车上，以防备盗贼来偷行李。

我们穿过胡杨林和长着柽柳的干草原，抵达马热勒巴什[1]小城。

我们在每一个大车店都会听到有关我们此行的目的地塔克拉玛干沙漠的故事。传说有一座古城塔克拉玛干埋在沙漠中心的沙丘下面，废墟中间还立着宝塔、墙垣和房屋，金锭和银块就暴露在光天化日之下。但是假如有旅行队到那里去，用骆驼车载满金子，车夫便会身中魔咒，一遍又一遍地兜圈子，直到力竭身亡。他们会以为自己在沿着一条直线走，实际上从头至尾都在一个圈子里打转，只有扔掉金子才能破除魔法获救。

据说有一个人孤身去了那座古城，他尽其所能，拼命往囊中多装金子，无数野猫一齐袭击他。当他把金子扔掉，瞧，所有野猫突然消失了，不留一丝痕迹。

一个老头对我讲，假如一个旅行者在沙漠中迷了路，他会听到有人叫他的名字。结果他中了魔法，去追那个声音，被诱惑着向大漠深处越走越远，最终渴死在里面。

这个故事同马可·波罗在六百五十年前讲述的故事完全一样，当时他正沿着东方更远处的罗布沙漠的边缘旅行。他在那部著名的游记中写道：

"关于这片沙漠，有件不可思议的事情：假如有一群旅行者在夜间赶路，而中间有一个人碰巧落在后面，比如说睡着了之类的，假如他想重新追上同伴，他会听到幽灵说话，还以为它们是自己的同伴呢。有时幽灵们会叫他的名字，结果经常会有这么一个旅行者被引得误入歧途，再也找不到同伴们。很多人就这样死掉了。甚至在白天人们也会听见那些幽灵说话，有时还会听见各种各样的乐器奏出的乐声，听见敲鼓声更是常有的事。"

在前往塔克拉玛干沙漠的路上，深入大漠腹地的诱惑在我心中与日俱增，我简直不能抵御它那神秘的魔力。在我们停歇的每一座村庄，我都要从当地人那里把他们所知的关于大沙漠的一切挤出来。一个小孩听大人讲童话也不会有我听这些简单、迷信的农民讲故事那样专注。透过树林，已经可以不时看见沙丘海浪般的黄色背脊了。无论付出多大代价，我都决心突破进去。

我们离开了喀什噶尔河，沿着主流大河叶尔羌河岸转向西南方向。我们的路交替穿过稠密的芦苇地和树林，芦苇地上活动着大量野猪。3 月 19 日，我们在距大河右岸不远的麦盖提村宿营。这里做了我们一段时间的大本营。

当我出去在这一地区做短途旅行时，依斯拉木·巴依为我们的穿越沙漠之旅购置了所有必需品。最难办的事是去找一些合适的骆驼。我不耐烦地等着我的旅行队队长回来。一个星期过去了，又一个星期过去了，第三个星期也过去了。春天在沙漠边缘登场了。天越热，沙漠旅行就变得越危险。

我对其他情况没什么可抱怨的。我住在村长托格达·霍加伯克（Togda Khoja Bek）舒适的家里。他被村民赋予审判权，我就亲眼看见他每日在自家院子里秉公断案。一天，一个与人通奸的妇人被带到他面前，她被裁定有罪，判处的刑罚是涂黑面孔，双手反剪，倒骑在公驴背上穿过巴扎游街。

另一回，他审问一个遭到毒打的女人，她指控自己的丈夫用一把剃刀伤害她。那个男人矢口否认，村长就让人把他的双手反绑在背后，用一根绳子捆住他的手腕，把他吊在树上。他立即认了罪，挨了一顿鞭子。后来，他声称他妻子也打了他，但被判定说谎，便又挨了

· 拷问真相

一通鞭笞。

先知的宗教显然在此地得到恭恭敬敬的奉行，证据是，那些在斋月里太阳还挂在天上时吃东西的人都被涂黑面孔，用一根绳子像牵野兽似的牵到巴扎，任凭人们戏弄和嘲笑。

我嗓子疼了几天，托格达·霍加来看我，要我同意让他来给我治病，同时请村里的祓魔师（peri-bakshi）来帮忙。"乐于从命！"我答道。我想，看他们如何将我身上附体的恶鬼驱除，会是件很有趣的事。三个留着胡子的高个子男人进了我的房间，坐在地面上，开始用手指、拳头和手掌敲打他们面前的鼓，鼓上蒙的小牛皮绷得很紧，听上去好像金属板一样。他们令人惊异地用力敲鼓，而且步调一致，所以听起来好像是一面鼓在敲；随着那震耳欲聋的鼓噪声、节奏和音量的持续加强，他们也变得越来越激动。他们站起身跳起了舞蹈，同时将三面鼓朝空中扔去，再一齐接住，与此同时手指一齐敲在鼓面上。他们就这样折腾了一小时。祓魔仪式结束后，我真的感觉好多了，但接下来一整天我的耳朵都是半聋的。

依斯拉木·巴依于 4 月 8 日回来了。他买了准备用来盛水的四只铁桶和六个羊皮口袋，在沙漠中给骆驼增加营养的芝麻油，各类食物如面粉、蜂蜜、干菜和通心粉等，铁铲和厨房用具，以及许多其他的旅行必需品。最重要的是，他买来八峰强健的骆驼，每峰 35 美元。它们都是公骆驼，除了其中一峰以外都是大夏骆驼，或称双峰驼。我们用当地人使用的察合台语为它们取名如下："老白""种马""单峰""老头""大黑""小黑""大黄"和"小黄"。

骆驼们被领进托格达·霍加家的院子时，其中三峰脖子上拴的大铜铃铛叮当直响；以前从未见过骆驼的约尔达什对它们的侵入极为愤怒，吠叫得嗓子都哑了。

除了依斯拉木·巴依，我还新雇了三个人随我一起深入沙漠腹地。他们是：驼夫买买提·沙阿（Mohammed Shah），一个白胡子老头，他的妻子儿女住在叶尔羌[2]；黑胡须的卡斯木（Kasim），强壮有力而恭顺尽责，习惯于摆弄骆驼；最后一位家住麦盖提，也叫卡斯木，不过我们称他为约尔齐（Yolchi，"向导"），因为他吹嘘说自己对沙漠非常熟悉，能在任何一个地方找到路。在最后一刻，我们的粮食里又加进了两袋新出炉的面包、三只羊、十只母鸡，另外还有一只为我们沙漠中沉寂的营地增添生气的公鸡。铁桶和羊皮口袋里装了455 升水，足够支撑我们 25 天。

我准备横穿的这一部分大沙漠构成一个三角形。它西临叶尔羌河，东濒和阗河[3]（叶尔羌河的一条支流），南以昆仑山为界。我们的路线大略是由西至东；由于和阗河是从南向北流，所以我们迟早会抵达这条河，倘若我们还没有渴死的话。十年前的1885年，两个英国人凯里（Carey）和达格利什[4]及俄国人普尔热瓦尔斯基曾经顺着和阗河谷旅行，也因此让世人知道了它的位置。他们在河西岸见到了一座相当小的山峰，名为麻扎塔格，意为"圣墓山"。还有一座小山位于喀什噶尔河和叶尔羌河的夹角处，我在去麦盖提的路上造访过，它也叫麻扎塔格；我由此猜测，这两座山构成了一条从西北向东南贯穿整个沙漠的山脉最远端的两翼。果真如此的话，我们就应该在山脚下发现不含沙子的土壤，也许还会找到过去几千年文明的痕迹呢。从麦盖提到和阗河的距离是175英里，但我们的路要在沙丘之间拐上无数个弯，所以我们实际走的距离要长得多。我希望在一个月之内穿越沙漠，然后在夏天温暖的几个月里向西藏北部寒冷的高地进发。我们因此带了皮衣、毯子和别的冬衣。我们的武器库里有三支步枪、六把手枪和两个沉重的弹药箱。我带了三架相机，附带1000张玻璃和赛璐珞的感光片，还有常用的天文和气象仪器，最后是一些科学著作和一本《圣经》。

4月10日早晨，我们的八峰威武的骆驼和它们的领路人离开麦盖提上路了。骆驼们都驮着很重的东西，铜驼铃很肃穆地响着，好像是去送葬。村民们已经聚集在屋顶上和大街小巷里。他们都非常严肃。我们听见一个老头说："他们再也不会回来了。"另一个人附和道："他们的骆驼驮的驮子太重了。"两个印度钱商把几枚铜子儿扔到我头上，喊道："一路平安！"大约100个骑马的人陪我们走了一小段。

骆驼分成两队前进，第一队由卡斯木率领，第二队由买买提·沙阿率领。我骑着"种马"走在第二支驼队的头一个,从高高在上的位置得以观赏壮丽的平野风光。

骆驼开始长途跋涉的时候身体很肥胖,因为休息足了,兴致非常高。先是两峰年轻些的骆驼,然后是另外两峰骆驼脱了队,开始在周围的草原上笨拙地奔跑,结果身上驮的驮子都掉到了地上,一只弹药箱吊在一峰骆驼的侧腹部。我们把这些难以驾驭的家伙围拢起来,每一峰骆驼都由一个麦盖提人牵着。

我们在沙丘和草原中间的一道山谷中第一次安营扎寨,所有的牲口都卸了驮子。我们生火做晚饭,吃的是羊肉和大米布丁。我和随从们吃同样的东西。我的帐篷里面布置着一块地毯、一张行军床和两只箱子,箱子里装着仪器和一些常用的物件。从麦盖提来的人都回家去了。

第二天,我们遇到了特别高的沙丘,结果两峰骆驼滑了下来,还得从头装驮子。不过它们很快习惯了柔软、起伏的沙地,走得平稳而安全。我们几天以来尽量避开沙子较深的地方,看来是个明智的做法,于是我们沿着沙丘边缘向东北方向前进。我们在每一个营地都要掘一口井,在3英尺到5英尺深处会发现水。水是咸的,但对于骆驼来说还不算太咸。我们因此喝光了铁桶中的大部分水。我们打算在彻底进入沙漠之前重新把铁桶灌满水。4月14日,我们的两条狗不见了好一阵子,等回来的时候,它们的肚子以下都湿了,我们因而找到了它们曾经饮水的淡水水塘,当晚就在水塘边宿营。

四处生长着胡杨,广阔无边的芦苇地在荒芜的沙漠带之间延伸。我们一般每天走十五六英里。骆驼在稠密的芦苇丛中挤出路来前行的时候,可以听见芦苇丛发出哨音,有时还飒飒作响。4月17日,我们偶然瞥见东北方向有山丘出现,那是北麻扎塔格。我们以前不知道该山脉向着沙漠伸出了这么远，因为从没有人到过那里。

次日，我们相当意外地来到一片淡水湖边，顺着湖岸向东走。我们穿过一片真正的原始森林，树木密集，使得我们常常被迫退回来绕道而行。有时我们不用斧子开路就不能前进。我下来步行，以免被悬垂的树枝从"种马"背上扫下来。

19日，我们在另一侧湖岸上枝叶茂盛的胡杨树下宿营，在那里待了一天多。几天以后，我们置身于不毛的沙漠之上时，回想起这个营地就仿佛想起了一个世上天堂。山峦闪耀着紫罗兰色的微光，湖水呈深蓝色，胡杨树是春天的绿色，芦苇和沙子是黄色的。我们已经宰了一只羊，现在第二只羊又成了牺牲品。第三只我们要好好留着。

4月21日，我们走在两座孤立的山峰之间，又沿着一片狭长的湖⁵的西岸南行。我们绕过了湖南端，在湖东岸宿营。东南方向再也辨认不出什么山了。我们的营地坐落在一道山岭的最南端，山岭就像海岸上伸出最远的岬角。4月22日是我们休息的日子，我去登上了这座山。我在东、南和西南方向什么也看不见，只有贫瘠的黄色沙丘。沙海在我们面前张开了大嘴。

一直到这天晚上，我们的帐篷外面始终有整整一湖的水。随从、骆驼以及其他牲口可以喝个饱。湖岸上生长着大量的芦苇，所以骆驼们和那只幸存下来的羊可以敞开肚皮尽情享受了。说不定，在这些牲口第二天夜里的美梦中，营地也是一个幸福快乐的地方。向导约尔齐同其他人关系不睦，大部分时间是独自一人待着，只是等其他人都熟睡之后才爬到火堆旁把余烬重新燃着；他这时说，向东走到和阗河只需四天的路程了，而且我们甚至在抵达这条河之前就能找到水。但我还是让手下预备了够饮用十天的水，因为实际距离可能比向导说的还要长些。假如把水桶装得半满，我们就能在沙漠深处给骆驼喂两次水了。水桶放在木框里，又用芦苇草捆围上，以免直接暴露在太阳底下。随从们把湖水倒进铁桶的时候，听着泼溅的水声，我在这最后一片湖的岸上睡着了。

注释

1. 马热勒巴什（Maral-bashi），即今新疆喀什地区巴楚县。

2. 叶尔羌，又名鸭儿看，即今新疆喀什地区莎车县。

3. 和阗河，今称和田河。

4. 达格利什（Andrew Dalgleish，1853—1888），英国商人、旅行家、政府密探。

5. 该湖即卓尔湖。

第十九章

沙海

4月23日清晨，我们给骆驼重新上了驮子，开始向东南方向行进。我想彻底搞清楚，我最后遇到的那座山脉是否伸进了沙漠。

开始的两个小时里，我们走过了一丛丛芦苇及越来越高的不毛的沙丘。再走一小时，沙丘高达60英尺；到如今，它们已经升到八九十英尺高了。沙丘之间到处裸露着平坦、干硬的泥土平地。从这硬地上望去，骆驼们走过最近的沙丘边缘时显得相当小。我们曲折前行，向着一切方向转弯，为的是避开难走的沙丘顶端，尽可能保持在一个高度上。

过了一会儿，我们告别了最后的柽柳林，并且走过了最后几块平坦的泥土地面。现在四周除了细细的黄沙别无一物，在目力可及的范围内只能见到高高的沙丘，没有什么植被。奇怪，这样的景致并不让我觉得害怕，它并不能使我有些许踌躇！我本应该想到，这个季节已经过去太多，危险太大了！如果运气坏，我可能会失去一切。但我没有一刻的犹豫。我已经下定决心要征服沙漠。无论我要疲惫不堪地走上多少步才能到达和阗河，我都不会踏着自己的脚印后退一步。我满心充溢着那不可抗拒的"渴望未知"的情感，它能够克服一切障碍，拒绝承认世上有什么事是不可能的。

然而这时我已经注意到我的随从们是怎样用铁铲在难走的地段开路，好让骆驼前行得轻松一点。

跋涉了16英里后，天黑了，我们在一小块完全被高高的沙丘包围的平整土地上宿营。这里生长着最后两棵柽柳，骆驼们三口两口便将树皮剥去了。后来，我们不得不把骆驼拴起来，以防备它们在夜里逃回湖边去。我们挖坑找水，但是沙地干燥得像火绒一般，我们只好放弃了这个企图。

哈姆拉失踪了。我们爬上沙丘吹起口哨，但那条狗一直没有回来。明摆着，它比我们聪明，已经顺着旅行队的足迹跑回去了。然而约尔达什还要为它的忠诚付出生命的代价。

午夜过后，一阵强劲的西风从沙漠上刮起；当我们天亮时往骆驼背上装驮子的时候，沙之羽正在每一座沙丘顶部扇动，黄红色的烟云在地平线上飘浮。此后，我们还会遇到暴虐的东风，卷起颗粒微细的尘烟，将白天变为夜晚。

我们一直向东南行进，但确知麻扎塔格并没有往那个方向延伸之后，我决定改变路线，向正东方向走。从这个方向到和阗河的距离是最短的。依斯拉木·巴依手执罗盘，率领队伍前进。我们看见他登上金字塔状的高高的沙丘，就知道他是在为骆驼们找一条切实可行的道路。一峰骆驼在一座沙丘顶上摔倒了，姿势笨拙，怎么也不能重新用四条腿站起来，直到我们推它滚到 60 英尺以下的更结实些的沙地上为止。正午时分，我们停下来休息一会儿，大家都喝了点水，约尔达什和最后那只羊也不例外。水温超过了 30 摄氏度。

骆驼们已经吃掉了包在铁桶外面的芦苇。晚上宿营的时候，不见一丝植物或动物的踪影，既没有一片风吹过来的树叶，也没有一只飞蛾。我们每天早晨和晚上给每峰骆驼喂食几口菜油。

4 月 25 日，我们被一阵东北风和扬起的沙尘惊醒了。万物褪去了颜色，距离和尺寸都失了真，附近的一座沙丘看起来好像遥远的高山。

当水桶重新驮在三峰骆驼背上时，水声很特别，我只好去检查一下桶里的水量。我发现里面的水只够两天用的，大吃了一惊。我去问随从们，提醒他们我当初可是命令他们带足十天的用水量，向导约尔齐回答说，我们离和阗河只有不到两天的路程了。我不敢责骂他们，因为我本来应当自己看清他们从湖里打了多少水上来。我们才走了两天，明智的做法是及早按原路折回，那样旅行队就会得救，也不至于丢掉一条狗。但我不能允许自己走回头路，而且过于信任向导了。当着所有人的面，我命令依斯拉木·巴依负责饮水供应，人的饮水定量减少，骆驼连一滴水也喝不到了。

从那一刻起，我和我的随从们一样，都是步行赶路。于是，整座的山脉、高原和大片沙地向着所有方向无尽展开。

"老头"累了，只好给它卸去驮子牵着往前走。有一次休息，它喝了一口水，吃了从自己驮鞍上抽下来的一抱干草。沙丘仍有60英尺高。一种阴沉、不祥的情绪在旅行队里散播。大家都不说话，队伍里静悄悄的，只听得见飒飒风声、骆驼疲惫的喘息声和铜铃送葬般的叮当声。

"乌鸦！"依斯拉木叫道。那只黑色的死亡之鸟在旅行队上空打了几个转，几次落在一座沙岭上，然后便消失在薄雾中。我们想到它肯定来自东面的树林和水源，便重新鼓起了勇气。

现在"大黑"也累了，我们只好安营扎寨。"老头"驮鞍里的全部干草都分给骆驼们吃了。我只喝了点茶，吃了点面包和罐头食品；随从们用的是茶、面包和烤大麦饼（talkan）。由于没有燃料了，我们只好牺牲了一只木箱烧火煮茶。两只蚊虫是仅有的生命的标志，但它们也可能是跟旅行队一起来的。

4月26日黎明，我独自出发了。我手拿罗盘，计数着自己的脚步。每100步都代表着一点小小的收获，每1000步都使我获救的希望增大。天越来越热。四下里比墓园还要安静，唯独缺少墓碑。沙岭现在隆起到了150英尺高，疲惫不堪的骆驼还得全部跨过去。我们的处境极度危难。中午的太阳好像一座发着红光的火炉。我自己也累得要死，不得不歇上一会儿。但是不行！先走上1000步再休息！

我踏着柔软的沙地走得筋疲力尽，便在一座沙丘顶上仰面躺下，把我的白帽子拉下来遮在脸上。休息可真美好。我打起了瞌睡，梦见自己在一片湖边宿营，听见清风在树林间低语，波浪歌唱着拍打湖岸。但是突然间，我被铜铃残忍的叮当声惊醒了，重新面对可怕的现实。我坐了起来。那支送葬的队伍来了！骆驼的眼睛里射出垂死的目光，它们的凝视是懒惰消极、听天由命的，它们的呼吸粗重而有规则，散发出一股恶心的臭味。

现在只来了六峰骆驼，由依斯拉木和卡斯木牵着。"老头"和"大黑"被扔在后面，买买提·沙阿和向导同它们在一起。

我们在一小块比双桅船的甲板大不了多少的硬土地面宿营。我没有支起自己的帐篷，所有的人就都在露天下睡觉。夜晚仍然很冷。夜里安顿下来之后，我们的精神头总要比白天时好些，因为熬过白天的酷热，就可以休息、分发饮用水、享受夜晚的丝丝凉意。

当晚，那两峰筋疲力尽的骆驼也被领到了宿营地。6点钟，我对他们说："咱们挖坑找水吧。"这句话使每个人都振作起来。卡斯木拿了把铁铲立即开始挖坑。只有向导约尔齐取笑别人，说在此地找水，可能得挖30英寻。他们反问他，他说的我们四天就能走到的河在哪里。当大家挖到3英尺深处、沙地开始变湿时，他的丑丢得就更大了。

紧张情绪在莫可名状地增长。我们五个人一齐挖地，好像使出了浑身的力气。沙子淘出来扔在井边堆成的沙堤越来越高。得用桶把沙子提上来。在4英尺半深的地下，沙子的温度是12.7摄氏度，而气温是28.9摄氏度。铁桶里的水经太阳曝晒温度到了29.4摄氏度。我们把一个盛满水的铁壶放在很冷的沙子中，然后不顾一切地狂饮一通，因为过不多久我们就能再次把铁桶灌满，水会直漫到桶沿。

我们越往下挖，沙子的湿度越高。我们现在能把沙子抟捏成球而不散开。一个掘进者累了，就换一个新人下去。我们裸露着上身，大汗淋漓，不时躺倒在冰凉、潮湿的沙子上，来冷却我们滚烫的热血。骆驼、约尔达什和那只羊在井周围不耐烦地等待着，它们知道自己的干渴最终会被井水平息。

天色变得漆黑，于是我们在井壁上挖了几个壁龛，在里面放上点燃的蜡烛头。

还要挖多深才会有水？如果我们挖上一整夜，第二天再挖一白天，那我们肯定能找到水！我们绝望地下了决心，继续工作。我坐下来注视着卡斯木，他立在 10 英尺深的井底，被蜡烛从上面一照，样子古怪极了。我在等着看到最初几滴水反射的烛光！

突然，卡斯木停下了工作，铁铲从他手中滑落。他发出一声半是哽咽的哀叫，瘫倒在井底。我怕他是中了风，就向着井下对他喊道："出什么事啦？"

"沙子是干的。"他答道。这声音听起来好像从坟墓里发出，仿佛是为我们这不幸的旅行队敲响的丧钟。

沙子像火绒一样干。我们徒劳无益地耗尽了我们的力气，几乎喝光了少得可怜的全部储备水，累得暴出一身臭汗，结果却一无所获。随从们一语不发，扑倒在地面上，希望在睡梦中忘掉白天的忧愁。我和依斯拉木谈了一会儿天，没有向他隐瞒我们当下的危险处境。不过和阗河也许不会太远了。我们必须完成我们的事业。我们还有够用一天的饮用水，现在得分成三天喝了。那就意味着每人每天两杯水，约尔达什一碗，羊一碗。骆驼们已经有三天没喝水了，今后也喝不到一滴。我们的储备水总量还不够一峰骆驼喝到饱所需水量的十分之一呢。

我把自己裹在一张毯子里躺在我的块毯上。骆驼们仍然卧在井边无望地等着打出水来，一如既往地耐心和听天由命。

我们丢弃了诸如帐篷地毯、行军床、火炉等多余的东西，于 4 月 27 日一大早出发了。我步行走在前面。沙丘现在只有 30 英尺高了，我的希望大增。但沙丘的规模又加大到两三倍，我们似乎再次陷于无望的境地。

天空遮上了一层薄云，骄阳逼人的热浪因而稍微缓和了一些。我走了四小时后，等着旅行队赶上来。骆驼们依然雄赳赳地走着。我们看到两只大雁向西北方向飞去。它们激起了我们的希望。可是话说回来，一二百英里对一只大雁来说又算得了什么呢？

我由于疲劳和缺水而虚弱不堪，便骑上了"种马"。我感觉到骆驼的腿在软弱地颤抖，就跳了下来，步履蹒跚地继续赶路。

约尔达什总是离水桶很近，我们那一点点储备水还在桶中稀里哗啦乱响。在我们无数次的停歇中有一次，这忠诚的狗来到我面前摇着尾巴低声哀号，并且目不转睛地盯着我，似乎在问，是不是一切希望都破灭了。我指着东方大叫道："水！水！"狗朝着我指的方向跑了几步，但马上又失望地折了回来。

沙丘的高度现在达到 180 英尺。我登上最高的沙丘顶端，用野外望远镜在地平线上搜寻。什么都看不到，只有高高的、游移着的沙丘，一片黄沙的海洋，看不见海岸的些微痕迹。无数沙丘形成的波浪涌起，一直延伸到东方的地平线，消失在远方的迷雾中。我们必须跨过这所有沙丘，还有那远在地平线之外的沙丘！不可能！我们没有力

· 我们的骆驼在日落时分走下沙丘

气了！每过去一天，我们的人和牲口都更虚弱一些。

"老头"和"大黑"不能跟我们走到当晚的宿营地了，一直领着它们赶路的买买提·沙阿和向导独自来到了营地。沙阿告诉我们，"老头"已经挺直了四肢和脑袋，在沙地上倒下了；"大黑"倒还站着，但四条腿发抖，一步也迈不动了。当其他六个同伴消失在沙丘之间，它向它们的背影投去了大惑不解的长长一瞥。两个随从于是抛弃了这两峰垂死的骆驼，两只空水桶也同时扔掉了。

我夜不能寐，满心恐惧地想着那两峰骆驼。首先，它们只是享受这种休憩。然后，夜晚带着它的寒意来临，它们会盼望人们回来接它们。它们血管里流淌的血变得越来越浓稠。可能是"老头"先死，这时"大黑"形单影只。最后，它也会死去，死在沙漠庄严的静穆之中；而游动的沙丘将适时地掩埋这两个殉难者的遗体。

日落之前，西边的天空飘浮着钢青色的雨云，我们的希望又一次复苏了。乌云扩张着飘近了。我们拿着最后两只空桶，把所有的碗和壶都摆放在沙地上，还将帐篷布平摊在沙丘表面。天变暗了！我们拉住帐篷布四角，站在那里准备收集"生命"——那从天而降的救命甘露。但是乌云飘近我们时又逐渐稀薄起来，我们一个接一个地扔下帐篷布，伤心地走开了。云彩消失得无影无踪，好像水蒸气已经在沙漠的暖空气中被摧毁了。我们没接到一滴雨。

· 扯着帐篷布接几滴雨水

晚上，我听着随从们谈话。依斯拉木说："骆驼会先完蛋，然后就轮到我们了。"向导约尔齐认为，我们是遭了魔咒（trlesmat）。

"我们只是想象自己在一直往前走，但实际上我们自始至终在兜圈子。我们把自己累垮了，可这一点用也不管。我们也可以随便找个地方一躺，死了拉倒。"

"你没注意太阳走过的路线是有规则的吗？"我问道，"你觉得，太阳每天中午都出现在一个人右边，他还是在兜圈子吗？"

"那是我们自己这样以为；这就是魔咒。"他坚持道，"要么就是太阳自己发疯了。"

喝了少得可怜的两杯水后——我们一整天就领这么一点救济——还是口渴，然后我们又去休息了。

第二十章

旅行队遇难

4 月 28 日凌晨，我们前所未见的一场沙暴突然从我们的营地扫过。狂风将成堆的沙子向我们的头顶、我们的物品和我们的骆驼身上倾泻；当黎明来临，我们起身去迎接可怕的另一天时，我们发现自己几乎被沙子完全埋住了。每一样东西里都盛满了沙子。我的靴子、帽子、装工具的皮口袋，以及其他物品都不见了；我们只好用手把这些东西从沙子里再刨出来。

实际上很难说天亮了。甚至到了中午，天色也比黄昏的时候暗淡。我们就像是在夜里行军。空中布满了飞沙形成的浓云，只有离得最近的那峰骆驼朦朦胧胧地隐约可见，好像这难以透过的沙雾中的一个幻影。哪怕离得很近，也听不到铜铃的声音。喊叫声都听不见了，只有风暴震耳欲聋的咆哮充溢着我们的耳朵。

在这样的天气里，明智的做法是大家都摽在一起。落在旅行队后面，或是让它走出视野，都意味着永远失去它，骆驼和人的足迹几乎在一瞬间就被沙子埋掉了。

大风逐渐增强为飓风，风速高达每小时 55 英里。最暴烈的一阵疾风吹来，我们几乎要窒息了。有时候，骆驼们拒绝再走了，干脆躺倒，在沙地上伸长脖子。这时我们也跟着扑倒，脸贴着它们的肋部。

那天的行军途中，最年轻的一峰骆驼开始摇摇晃晃，它由约尔齐牵着走在队伍的末尾。我走路的时候把一只手放在我们的一只箱子上，以免迷路。约尔齐赶上来，对着我的耳朵大声说，那峰骆驼倒在了一道很陡的沙岭上，怎么拉也起不来了。我立即下令停下，派买买提·沙阿和卡斯木去救那峰骆驼。几分钟后，他们回来报告说，足迹全消失了，他们在飞沙的浓云中没有找到骆驼。由于这对我们全体来说是个生死攸关的时刻，我们只好抛下它，抛下它身上驮着的两箱子

· 冒着沙暴赶路

粮食、弹药和毛皮。它注定要在这令人窒息的凶残的沙漠上干渴而死了。

我们晚上宿营的时候又扔掉了其他的箱子，里面装的是粮食、毛皮、毯子、地毯、枕头、书籍、厨具、煤油、锅盆、一套玛瑙花纹的搪瓷器皿、瓷器，等等。每一样可以省却的东西都装在箱子里，存放在两座沙丘之间。我们往高一些的那座沙丘顶上插了一根顶端绑了一张报纸的长杆，作为信标。我们留下只够吃几天的食物，所有带液体的罐头食品都在随从中间分掉了。他们首先搞清楚里面没有猪肉，这才吃了起来，贪婪地喝掉了沙丁鱼罐头里的油。另一个驮鞍也掏空了，里面的干草拿出来给骆驼们吃；但它们吃得没滋没味的，它们的喉咙太干了。晚上，我喝掉了我的最后一杯茶。现在只剩下两小铁壶的水了。

狂风在夜里平息了。4月29日早晨，依斯拉木报告说夜里有一只水壶被偷走了。人人都怀疑是约尔齐干的，特别是，他直到第二天早晨才露面。

我们带着幸存的五峰骆驼出发了。我们再一次从高高的沙丘上向远方观察，目力所及之处都只能看见无尽的沙海，没有哪怕针头般大小的一丝生物的痕迹。可是，出乎我们意料，我们找到了一棵胡杨树布满孔洞的树干，它已枯萎了几百年，也许有几千年了。不知有多少沙丘曾流过这棵树，它死在甚至它的根须也够不到潮湿的下层土的时刻。

风暴过后，空气中飘满了飞沙的微粒，遮住太阳，略微减弱了它的热度。可是骆驼们迈着疲乏的脚步故意走得很慢。最后两只铜铃铛以缓慢、严肃的节奏叮当响着。我们继续前进，走了12个半小时，中间无数次停下来休息。从我们夜间的宿营地看去，没有任何表示这沙海有边际的迹象。

第二天——4月30日——早晨，骆驼们吃掉了所有剩下的牛油。最后一只水壶里还有几杯水。我们给骆驼驮东西的时候，突然见到约尔齐正把水壶往嘴边送。依斯拉木和卡斯木怒不可遏地扑向他，打他的脸，把他摔倒在地，踢他；要不是我插手，他们准会把他当场打死。

还剩不到一杯水了。我告诉随从们，中午的时候我要用手绢一角蘸点儿水，润湿一下我的嘴唇，还有他们的嘴唇，剩下的最后一点水还够每个人喝上一小口。中午，我润湿了大家的嘴唇，但到了晚上水壶却空了。我不知道这个罪人是谁，来一场审讯也没有什么意义。沙漠无边无际，我们都在黄泉路上走，难逃一死。

我们又走了一会儿，沙丘变得低了些，平均25英尺左右。一只鹡鸰在一道沙脊上蹦跳。依斯拉木·巴依因此鼓起了勇气，请求我允许他拿着两个空水壶赶快向东走，在最近的水源装满了水就回来。但我是不会同意的，他现在比以往对我们大家更重要。

约尔齐又失踪了，其他人都很愤怒。他们认为他故意把到和阗河的距离打了折扣，那天晚上从我们这里偷走了水以后，希望我们全都渴死，然后他好下手偷走我们的中国银圆，再去和阗河岸边的树林里藏身。但我认为他们的怀疑站不住脚。

当晚，我在日记上写下了我自认为的最后几行绝笔："停在一座高高的沙丘上，骆驼们在那里倒下了。我们通过望远镜察看了东方；四面八方全是沙岭，没有一根草，没有一个活物。人和骆驼全都疲惫不堪。上帝救救我们！"

5 月 1 日，在我瑞典的故乡本该是欢乐轻松的春日佳节，对于我们却是穿越沙漠的"悲伤之旅"（via dolorosa）中最沉重的一天。

夜晚静寂、明澈而寒冷（2.2 摄氏度），但太阳刚刚从地平线上升起，天就又热了起来。随从们从一张羊皮上挤出最后几滴哈喇味的臭油给骆驼们喝。昨天我滴水未进，前天也只喝了两杯水。我渴得难受，所以当我偶然发现装着给普利姆斯炉[1]用的中国白酒的瓶子时，我忍不住喝上几口。这是个愚蠢的举动，不过我还是喝了半瓶子。约尔达什听见"咕咚咕咚"的声音，急忙向我跑来，摇着尾巴。我让它闻了闻。它打了一个响鼻，悲伤地走开了。我把酒瓶扔到一旁，剩下的白酒流出来，渗入沙地。

那危险的饮品把我给毁了。我试图站起身，可两腿却不听使唤。旅行队拔营出发了，我却落在后面。依斯拉木·巴依手执罗盘打头，向正东方向前进。太阳早就烧得滚烫了。我的随从们可能以为我会躺在那里死掉。他们走得很慢，像蜗牛一样。驼铃声越来越微弱，最终便归于寂灭。旅行队出现在每一座沙丘的顶部时，就像一个小黑点，越来越小；每走进沙丘之间的谷地，它都会被遮住一会儿。最后我再也看不见它了，但那一行深深的足迹——带着尚未升高的太阳照出的暗影——让我想起自己处境的艰危。我已经没有足够的力气跟着他们走了，他们抛弃了我。恐怖的沙漠在四面八方铺展，太阳在燃烧，非常刺眼，空气中没有一丝风。

这时一个可怕的想法击中了我。假如这是风暴来临之前的平静呢？真是那样的话，我随时都可能看见一道黑云滚过东方的地平线，预示着一场沙暴的来临。于是旅行队走过的痕迹会在几分钟之内抹平，而我就再也找不到我的随从和骆驼，那些沙漠之舟的残骸！

我拿出全部的意志力站了起来，又摇摇晃晃地摔倒了，沿着那踪迹爬了一会儿，再次站起来，拖着脚步慢吞吞前行，然后又倒下爬了起来。我在一座沙脊上看见了旅行队，他们站着不动，驼铃的叮当声停止了。凭着超人的努力，我终于赶上了大部队。

依斯拉木站在一座沙脊上手搭凉棚，搜寻着东方的地平线。他再一次请求我准许他带着水壶赶紧向东走。但是看到我的状况，他很快打消了这个念头。

买买提·沙阿脸朝下趴着，抽抽噎噎地祈求真主保佑。卡斯木坐在一峰骆驼的影子里，用双手捂住脸，他告诉我，买买提·沙阿一路上都在叫嚷着要水喝。约尔齐躺在沙子上，好像死了一般。

依斯拉木建议我们继续前进，寻找一块硬土地，以便我们在那里掘地找水。所有骆驼都卧倒了。我爬到骆驼"老白"身上，跟其他骆驼一样，它拒绝起身。我们处于绝望的境地，即将死在这里了。买买

· 人和骆驼全都干渴得奄奄一息

提·沙阿躺在地上说胡话、玩沙子，并且叫嚷着要水喝。我意识到我们的大漠戏剧就快要演到最后一幕了，但我还不准备彻底屈服。

现在太阳热得像一座火炉。"太阳落山以后，"我对依斯拉木说，"我们就要拔营起程，赶一整夜的路。起来支帐篷吧！"骆驼们卸下了身上的驮子，在炽热的太阳底下躺了一整天。依斯拉木和卡斯木支起帐篷，我爬了进去，脱得一丝不挂，躺在一张毯子上，头枕一个袋子。依斯拉木、卡斯木、约尔达什和羊走进阴影，而买买提·沙阿和约尔齐则待在他们倒下去的地方。唯有几只母鸡还保持着生气。

这死亡营地是我在整个亚洲历险过程中所待过的最不幸的地方。

时间仅仅是早晨9点半钟，我们才走了不到3英里。我精疲力竭，连一个手指头都动弹不了了。我想我要死了。我想象自己已经躺在埋葬死人的小教堂里，教堂的丧钟已经停息。我的整个一生好像一场幻梦在我眼前闪过，我在"永世"的门槛上耽搁不了多长时间了。但最要紧的是，我会使父母和兄弟姐妹焦急不安，这才令我痛苦难当。假如接到我失踪消息的报告，彼得洛夫斯基领事会派人来进行调查，得知我是于 4 月 10 日离开的麦盖提。然而，此后的一切踪迹到那时已经彻底抹去，因为还会有好几场风暴掠过沙漠。我的家人在家中等了又等，时间一年年过去，但不会有消息传来，他们最终会放弃希望。

将近中午的时候，帐篷松垂的幕布开始鼓胀，一阵微弱的南风吹过沙漠。风越刮越大，几小时以后已经非常强劲，我不得不用毯子把自己裹起来。

这时奇迹发生了！我的衰弱消失无踪，力量又回到了身体里！我从未像现在这样渴望落日。我不想死：我绝不会死在这糟糕的沙漠里！我能跑，能走，能手脚并用爬行。我的随从们也许不会生还，但我必须找到水源！

太阳像一颗通红滚烫的炮弹躺在西边的一座沙丘上。我状况正佳。我穿上衣服，命令依斯拉木和卡斯木准备出发。晚霞将紫红色的光芒洒在沙丘上。买买提·沙阿和约尔齐还在早上待的位置趴着。前者早已开始了垂死挣扎，再也没有恢复知觉。但后者在夜晚的寒气中活了过来，他紧握着拳头爬向我，令人怜悯地叫道："水！给我们水喝，先生！就一滴水！"然后他就爬开了。

"可是，就没有一点液体了吗？"我说。

"有了，公鸡！"于是他们割掉公鸡的头，喝它的血。但那只是杯水车薪，不足以解渴。他们的目光落到了那只像狗一样忠诚地跟随我们、从不抱怨的羊身上。每一个人都迟疑了。仅仅为了延长一天我们的生命，便杀掉这只羊，这无异于谋杀。但依斯拉木把它牵到一旁，将它的头扭向麦加方向，然后砍断了它的颈动脉。气味难闻的棕红色血液缓慢、黏稠地流出来，立即凝结成一个血块，被随从们吞下。我也试着喝了一口，但那味道太令人作呕了，而且我喉咙里的黏膜太干了，血块卡在了那里，我只好立即把它吐掉。

依斯拉木和约尔齐渴得发疯，就用一个容器接了骆驼尿，掺上糖和醋，捏着鼻子喝了进去。卡斯木和我拒绝参加这种纵饮。那两个喝了毒水的人完全垮了。他们腹部绞痛，呕吐得非常厉害，躺在沙地上翻滚、呻吟。

依斯拉木稍微好些了。夜幕降临之前，我们将行装检查了一遍。我把所有不可或缺的必需品都堆成一堆：笔记本，旅行日记，地图，用具，铅笔和纸，枪支弹药，中国银圆（约合1300美元），提灯，蜡烛，一只水桶，一把铁铲，够吃三天的粮食，一点烟草，以及其他几样东西。一部袖珍本《圣经》是其中唯一的书籍。准备丢弃的东西有：照相机和大约1000张照片（其中大约100张是曝光过的），药箱，鞍子，衣服，准备送给当地人的礼物，以及其他很多东西。我从废弃物品堆里拿出一套干净衣服，从头到脚换上；这样一来，如果我死了，被沙暴埋葬在永恒的沙漠中，我至少还穿着一身干净的新尸衣。

我们把决定带走的东西装在柔软的马褡裢里，再把褡裢绑在骆驼身上。所有驮鞍都被扔掉了，因为它们只会增加不必要的重量。

约尔齐已经爬进帐篷，在我的毯子上躺下。他被羊肺里流出的血弄得脏污不堪，样子令人厌恶。我努力使他振作起来，劝他夜里跟着我们的足迹走，他没有回答。买买提·沙阿早已神志失常，他在谵妄状态里喃喃叨念着真主的名字。我试着把他的头放得舒服些，用手拂过他的前额，恳求他沿着我们的足迹爬，能爬多远就爬多远，并且告诉他，我们一找到水源就会回来救他。

两个人终于死在了死亡营地或是营地附近。后来再也听不到他们的消息；一年之后，他们仍然失踪着，我就给了他们各自的遗孀和孩子一笔钱。

全部五峰骆驼都在劝导下站了起来，我们把它们一个一个地拴上，排成一列纵队。依斯拉木打头，卡斯木殿后。我们没有带上那两个奄奄一息的人，因为骆驼已经虚弱得驮不动他们了；再说，照他们目前糟糕的情形看，他们在驼峰间也坐不稳。我们还抱着找到水源的希望，准备把我们随身携带的两个羊皮口袋盛满水，赶快回去救那两个不幸的人。

母鸡们啄吃了死羊的血，解除了饥饿，去休息了。帐篷周围笼罩着一种比坟墓中的安静还要深邃的死寂。当黄昏的微芒即将融入黑暗时，铜驼铃最后一次响了起来。我们照常向东方进发，避开最高的沙脊。走了几分钟后，我回转身，向死亡营地投去永诀的一瞥。消逝的天光仍在西天滞留，那顶帐篷就在这天光中赫然挺立。逃离了这个恐怖的地方让人大为解脱，它不久就被夜色吞没了。

天色一片漆黑，我点着了提灯里的蜡烛走在前面，寻找最容易走的路。行军途中一峰骆驼不支倒地，立即躺下，伸长脖子和四肢等死。我们把它身上的褡裢放在四个幸存者中最强壮的"老白"背上。那峰垂死的骆驼仍然戴着它的铜铃，现在它那悦耳的叮当声已成绝响。

我们的行进慢得令人绝望，迈出的每一步都是骆驼们的一大成就。现在一峰骆驼停下，又是一峰停下，他们得休息一会儿了。依斯拉木为新的一轮呕吐所苦，躺在沙地上像条虫子一样翻腾着。在提灯微弱的灯光中，我迈开大步走在前面，就这样走了两小时。驼铃声在我身后渐渐消失了，除了我脚下沙子的沙沙声，什么声音也听不见。

夜里 11 点钟，我奋力登上一道平坦的沙脊，听声探路。和阗河不会太远了。我向东方搜索着，希望看见牧羊人营地的火光；但到处都是一片漆黑。只有星星在闪烁，没有声音来打破这宁静。我把提灯放在一个地方，给依斯拉木和卡斯木指路，自己则仰面躺下沉思和聆听。无论如何，我的镇静是不可动摇的。

最后一只驼铃的叮当声又在远处响起了。不时会有安静的间歇，但声音越来越近了。经过一阵恍如隔世的等待，四峰骆驼像幽灵一样出现了。它们走上沙丘，来到我身边立刻躺下。它们大概是误把提灯认作一堆营火了。依斯拉木一路踉踉跄跄地走来，扑倒在沙地上，吃力地咕哝说，他一步也走不动了，情愿躺在那里死去。我试图鼓励他坚持下去，但他没有回答。

我一看自己满盘皆输，便决定放弃一切，只求活命。我甚至牺牲掉了日记和考察记录，只带着平时总放在衣袋里的一些东西，也就是一个罗盘、一块怀表、两支温度计、一盒火柴、一条手帕、一把小刀、一支铅笔、一张折起来的纸，还有完全偶然抓来的十支香烟。

我让仍然很有精神的卡斯木跟我一起走。他听到这话非常高兴，连忙拿起了铁铲和水桶，但是忘了戴帽子。后来，他用我的手帕保护自己免受日射病侵害。我同依斯拉木告别，告诉他牺牲掉一切，但要跟着我们的足迹走，尽量救自己一命。他看上去快要死了，没有答话。

我最后看了一眼那些耐心的骆驼，便匆匆逃离了这痛苦的景象：一个人正在同死神搏斗；我们一度威武雄壮的旅行队中的老兵们也要一劳永逸地结束它们的沙漠之旅了。我亲吻了约尔达什，由它自己决定是留下来还是跟我们走。它留了下来，我从此再也没有见到这条忠诚的狗。时间正是午夜。我们在沙海中央遭遇了海难，现在就要离开那正在下沉的船只了。

提灯仍然在依斯拉木身旁燃烧，但它的光芒不久便在我们身后归于寂灭。

注释

1. 普利姆斯炉（Primus），一种燃烧汽化油的轻便炉子。

第二十一章

最后的日子

我们就这样穿过黑夜和黄沙继续前进。走了两小时后，我们因为疲乏和缺觉而困惫不堪，便一头扎到沙子里睡了起来。我只穿了一件薄薄的白棉布衣服，睡了没一会儿就被夜晚的寒气冻醒了。于是我们再次上路，直到我们的忍耐到了极限。我们在一座沙丘上又睡了一觉。我的硬筒皮靴长及膝盖，这使得我走路很困难。我有好几次差点儿把它们扔掉，但是幸好我没有这样做。

又歇了一次之后，我们一口气走了五个多小时，也就是说，从凌晨4点走到了早上9点。这是5月2日。然后我们休息一小时，再慢慢走了一个半小时。太阳燃烧着。我们在沙地上坐下时，眼前一片漆黑。卡斯木在一座沙丘的北坡上翻挖出夜里冻凉的沙子。我脱掉衣服躺在沙子上，同时卡斯木用铁铲往我身上铲沙子，一直埋到脖子。他对自己也如法炮制。我们两人头靠得相当近，又把衣服搭在插在地面上的铁铲上遮挡阳光。

我们就这样躺了一整天，没说过一句话，也没合过一回眼。绿松石色的蓝天在我们头顶拱起，黄色的沙海在我们四周铺展，一直伸向天边。

当太阳再一次安歇在西边的一座沙丘上，我们站起身，抖掉沙子，穿上衣服，拖着脚步缓慢地向东走，中间歇了无数次，就这样一直走到凌晨1点。

洗沙浴固然令我们在白天的酷热中感觉凉快、舒服，但也让我们变得更虚弱。我们的力气在衰退。我们不像前一夜走得那样远了。干渴不再像最初几天那样折磨我们了，因为口腔已经变得同外面的皮肤一样干燥，感觉很迟钝。相反，一种不断增长的虚弱感来临了。所有腺体的活动都减少了。我们的血液变得越来越黏稠，流过毛细血管的速度越来越慢，这干涸的进程迟早会在死亡那里达到最高潮。

5月3日，我们从凌晨1点到4点半一直死气沉沉地躺着，甚至夜晚的寒气也不能激发我们继续前进。但是黎明时分我们又开始磨磨蹭蹭地往前走了，反正总会断断续续地走上两步。我们走下沙丘坡时还算顺利，但要爬上那波浪般起伏的沙丘就是件繁重的工作了。

日出时，卡斯木抓住我的肩头，凝视着，然后一语不发地手指着东方。

"什么？"我低声问道。

"一棵柽柳。"他气喘吁吁地说。

终于有了植物的迹象！感谢上帝！我们那近乎破灭的希望再次燃烧起来。我们艰难地拖着脚步，摇摇晃晃走了三小时，才到了那第一棵树前——这是一根宣示这沙海终究有边际的橄榄枝啊。我们一面咀嚼着柽柳青翠、苦涩的针叶，一面为这天赐的礼物而感谢上苍。这棵树就像一株荷花似的亭亭玉立在沙涛之上，承受着阳光的恩泽。但是那滋养它的根须的水源在地下多深的地方呢？

10点钟左右，我们找到了另一棵柽柳，而且看见东方还有好几棵。但我们的力气已经用尽。我们脱掉衣服，把自己埋在沙子里，再把我们的衣服挂在柽柳枝上遮出阴凉。

我们静静地躺了九小时，沙漠灼热的空气把我们的脸烤成干燥的羊皮纸。晚上7点钟，我们穿上衣服，继续前行。我们走得比以前还慢。在黑暗中走了三小时以后，卡斯木突然停住，低声说："胡杨！"

两座沙丘之间生长着三棵胡杨，彼此靠得很近。我们疲惫不堪地瘫坐在它们脚下，它们的根肯定也是从地下获得水分的。我们拿起铁铲，打算挖一眼井，但铁铲却从我们的手中滑落了。我们一点力气都不剩了。我们躺倒在地，用指甲抠抓地面，但终于放弃了这徒劳无益的企图。

没办法，我们只好扯下新鲜的树叶往皮肤上揉擦。然后我们拣了一些从树上落下来的枯枝，在最近的沙丘顶部点起一堆火，作为给依斯拉木发出的信号；他现在是否还活着，我深表怀疑。说不准，这火堆还会引起和阗河畔树林里某个牧羊人的注意呢。但是，即便一个牧羊人看见这堆在死寂之地升起的火，他更有可能吓上一大跳，从而相信这是沙漠之灵在此地作怪、施展魔法。我们让这堆火烧了整整两小时，把它当作一个伙伴，一个朋友，一个获救的机会。如今，那些沙漠中的遇难者在极度危急的时刻有了另外一些发出求救信号的办法。我们却只有这堆火，眼睛死死盯着它的火焰。

夜晚将尽，我们最凶恶的敌人——太阳——不久就会从东方地平线的沙丘之上升起，重新折磨我们。5 月 4 日凌晨 4 点，我们出发了，步履蹒跚地走了五小时，然后就精疲力竭了。我们的希望再一次沉落下去。东面再也没有胡杨、再也没有柽柳用它们的青葱激发我们垂亡的生命力了。我们目力所及之处，只有无尽的沙丘。

我们倒在一座沙丘的坡上。卡斯木再也没有力气为我挖出沁凉的沙子了，我只好尽我所能自己帮助自己。

我们在沙子中默默地躺了整整十小时。我们还能活着，这可真是个奇迹。我们还有足够的力气再勉强挨过一个夜晚——我们的最后一夜吗？

我在暮色中站起身来，催促卡斯木同行。他用几乎听不见的声音气喘吁吁地说："我不能再走了。"

于是我把旅行队的最后一个幸存者留在身后，只身继续赶路。我艰难前行，摔倒了。我爬上坡地，摇摇晃晃地从另一侧走下去。我静静地躺了很长时间，侧耳倾听。没有一点声音！群星像手电筒一样照耀着。我纳闷自己到底是仍然活在地球上，还是身处充满死亡预兆的山谷里。我点燃了最后一支香烟。我以前总是把烟头留给卡斯木吸，但现在就剩我一个人了，我就把这一支一气吸完了。这使得我稍微放松了一些，转移了一点注意力。

从我开始独自赶路到现在六小时过去了，我完全虚弱不堪，靠着刚刚发现的一棵柽柳滑坐下去，打起瞌睡来。我很害怕，因为死神很有可能趁我睡着的时候来临。实际上，我根本就睡不着。在整个坟墓一般的死寂中，我一直能听见自己的心跳声和怀表的嘀嗒声。几小时之后，我听见沙地上传来沙沙的脚步声，只见一个幻影晃晃悠悠地挣扎着来到我身边。

"是你吗，卡斯木？"我低声问道。

"是我，先生。"

"快来！我们的路没多远了！"

我们由于重聚而欢欣鼓舞，挣扎着向前走。我们有时在沙丘上滑倒，又奋力向坡上爬。我们有时在摔倒的地方一动不动地躺着，抗拒着要昏昏睡去的危险的欲望。我们放慢了脚步，变得越来越懒惰。我们就像两个梦游者，但我们仍在为我们的生命奋争。

卡斯木突然抓住我的胳膊，指着脚下的沙地。在沙地上可以清晰地看到人的脚印！

一瞬间我们就完全醒了过来。毫无疑问，那条河肯定就在附近！很可能是几个牧羊人注意到我们生起的火，便过来侦察一番。要么也可能是一只羊在沙漠里迷了路，这些人来找他，最近曾经到过这片

·为了活命，卡斯木和我挣扎着爬行

沙地。

卡斯木俯下身子察看了一下脚印，喘息着说：

"这是我们自己的脚印！"

我们在没精打采、昏昏欲睡的情形下，不知不觉绕了个大圈。那可是要走上一好阵子的。我们实在受不了了，便倒在脚印上睡着了。时间是夜里两点半钟。

5月5日，新的一天破晓了，我们昏昏沉沉，艰难地站了起来。卡斯木的样子很糟糕。他舌头发白、肿大，嘴唇发青，两腮凹陷，眼中放出奄奄一息的呆滞目光。他被一种要命的打嗝折磨着，一打嗝就浑身颤动。他的身体已经完全枯干，关节嘎嘎作响，快要不好使了，这时做每一个动作都要费很大劲儿。

　　天亮了，太阳升起。我们登上一座沙丘上向东看去，眼前一览无余；我们注意到两个星期以来一直呈黄色锯齿状起伏的地平线，现在则变成了一道平直的墨绿色横线。我们突然站住，好像惊呆了一般，异口同声地叫道："树林！"我又接着喊道："和阗河！水！"

　　我们再次鼓起所剩无几的一点气力，挣扎着向东走。沙丘越来越低了。我们走过地面上的一个凹陷处，想在洼地底部挖井；但我们实在太虚弱了，只好继续前进。墨绿色的横线增高，沙丘缩小，最后完全消失，换成了平整、松软的土地。我们离树林只有几百码远了。5

· 远方一道墨绿色横线唤起了我们的新希望

点半，我们碰上第一排胡杨，筋疲力尽地跌坐在树荫里。我们愉快地呼吸着树林的香气，看见树木之间开着的花朵，听见鸟儿唱歌，苍蝇和牛虻嗡嗡飞舞。

7点，我们继续前行。树林越来越稀疏。我们来到了一条布满人、羊和马的足迹的小路，认为这条路可能通向河边。我们沿着小路走了两小时后，在一片胡杨林的阴影里倒下了。

我们累得根本走不动了。卡斯木仰面朝天地躺着，看上去好像就要死了。大河肯定相当近了，但我们就像是钉在地上一般。酷热包围着我们。难道这白昼就永远没个尽头？时间每过去一小时，便将我们带得离必然的死亡更近一步。我们必须挨到河边去，事不宜迟！但太阳还没有落下。我们呼吸沉重，十分吃力，求生的愿望即将离我们而去。

到了晚上7点，我才站起来。我把铁铲的铲片挂在一棵树的树杈上，把木头铲把当成拐棍用。铲片将成为路标，以便我们带着一些牧羊人回来营救那三个垂死的人、找回丢掉的行李时能找到路。但是我们离开这几个人已经整整四天了，他们肯定早就死了。再说，回去找他们又得花掉好几天的工夫。他们的处境显然是毫无希望的。

我再一次催促卡斯木跟我一起去河边喝水。他做了个手势，意思是他起不来了；他还低声说，他不久就要死在胡杨树下了。

我独自拖着脚步穿过树林。刺人的荆棘丛和掉落的枯枝挡住了我的去路。我那薄薄的衣服撕裂了，手也剐破了，但我总算逐渐打开了一条路。我歇了好多次，部分的路是四脚着地爬过来的；树林里的黑暗越来越浓重，我焦急万分。新的一夜终于降临了——最后一夜。我再也活不过另一天了。

· 我奄奄一息地爬过树林找水

　　树林戛然而止，仿佛被火烧成的一般。我来到一处 6 英尺高的台地边缘，它几乎是直上直下地下降成为一块不长植物的平地。地面被压得硬硬的，上面支出一条没有叶子的枯枝。我这才明白这是一块流木，而我就站在和阗河的河床里。然而河床是干涸的，干得就像我身后的沙漠一样！

　　难道我历尽艰辛，终于成功抵达大河河岸后，还要渴死在它的河床里吗？不！没有首先渡过和阗河，向自己证实整个河床都是干涸的，一切希望都已不可挽回地失去了，我是不会躺下死去的。

我知道河道就对着几乎正北方，那么到右岸去的最短路线就应该是一直向东。尽管月亮升上了天空，我又看着罗盘，但我一直是在不知不觉地被牵引着向东南方向走。这个力量根本无法抗拒，我好像是在被一只无形之手领着走。我终于不再坚持自己了，而是向着东南方向月亮所在的位置走。我不断地瘫倒在地，休息片刻。这时我被一阵可怕的睡意压倒了。我的头垂到地面上，我只好积聚起自己全部的意志力同这睡意相抗争。我敢肯定，假如我睡着了，照我现在这副筋疲力尽的样子，我就永远也醒不过来了。

　　同中亚细亚所有的沙漠河流一样，和阗河的河床非常宽阔、平坦，也很浅。一阵轻烟飘过这个荒凉的地方。我已经走了大约 1 英里，这时东岸上树林的轮廓出现在月亮下面。阶梯状的河岸上生长着浓密的灌木丛和芦苇丛。一棵倒下的胡杨树将它那漆黑的树干伸向下面的河床，就像是一条鳄鱼的身体。河床依然像先前一样干枯，将要成为我的葬身之地的河岸已经离得不远了。我命悬一线。

　　我突然间吃了一惊，停下脚步。一只水禽——野鸭或者大雁——扑啦啦拍动翅膀飞了起来，然后我便听见了水的泼溅声。紧接着，我站在了一个 70 英尺长、15 英尺宽的水潭边！潭水在月光下看上去像墨水一样黑，胡杨树干的倒影映在水面上。

　　我在这寂静的夜里为我奇迹般的获救感谢上帝。假如我继续向东走，我就没什么指望了。事实上，如果我在水潭以北或以南仅 100 码远处登岸，我就会相信整条河床都是干涸的。我知道，从藏北融化的雪原和冰川流出的河水只在 6 月初才流入和阗河的河床，在夏末和秋季逐渐干涸，整个冬季和春季河床都是干的。我还听说，在某几个地方——有时候彼此相隔一天或更多的路程，河水会形成涡流，将河床挖得更深一些，河水可以在这些靠近梯状河岸的凹槽里存留整整一年。而我现在就碰见了这样一个极为罕见的水潭！

我平静地坐在岸边，摸着自己的脉搏。脉动太微弱了，几乎觉察不到——每分钟只有 49 下。然后我开始喝水，喝了又喝。我不加节制地喝着。潭水沁凉，像水晶一样清澈，像最好的天然泉水一样甘洌。然后我又喝了一通。我干枯的身体像块海绵一样吸取着水分，我的所有关节都柔软了，所有活动都更自如了。我原来硬得像羊皮纸一样的皮肤现在变得柔软了，我的前额变得湿润了。脉搏跳动得更有力了，几分钟后升到了每分钟 56 下。血液在我的血管里流淌得更通畅了，我感觉很舒服。我又喝了几口，然后坐下来抚摸这神圣的水潭中的水。后来，我将这个水潭命名为"天赐之湖"（Khoda-verdi-kol）。

河岸上生长着茂密的芦苇，矮树纠结在一起构成了灌木丛。银白色的一弯新月挂在一棵胡杨的树梢。灌木丛中传出一阵沙沙的声音，又干又脆的芦苇倒在一边，像是遭到一具躯体的推挤。这是一只潜行到水潭边喝水的老虎吗？我面带着征服者的微笑等着看它的眼睛在黑暗中熠熠闪光。"来吧，你，"我想，"试试能不能取了我的命去，仅仅五分钟前它刚第二次来到我身上！"但那芦苇丛中的沙沙声逐渐消失了；无论它是一只老虎，还是别的什么到水潭边解渴的森林居民，当它发现这个孤独的迷路者闯入时，终于认为退回去才是上策。

·救我一命的水潭

第二十二章

鲁滨逊

我终于解了渴；奇怪的是，这通不明智的狂饮并没有伤害到我。

现在我的思绪飞到了卡斯木那里，他正躺在河西岸的树林边缘，被干渴折磨得虚弱无力。三个星期以前那支雄赳赳的旅行队里，居然只有我——一个欧洲人——坚持到了获救的一刻。如果我一点时间也不耽搁，也许卡斯木也会得救。可是我拿什么来盛水呢？对了，用我这双防水的靴子！实际上我也找不到别的容器。我往靴子里灌满水，把它们挂在铁铲把的两头，小心翼翼地挑着重新过了河床。尽管月亮已低垂，我先前走过的路仍清晰可见。我到了树林边。月亮落下了，浓重的黑暗降临在树木中间。我找不到路了，迷失在多刺的灌木丛中，我只穿着袜子的脚是很难走过去的。

我不时扯着嗓子喊上一声："卡斯木！"但这声音逐渐消散在树干之间，我得不到任何回答，只听见一只惊起的猫头鹰发出"咕咕"的叫声。

我若是迷了路，也许再也找不到自己的足迹了，那样的话卡斯木就没救了。我在一片枯枝和矮树构成的密不透风的灌木丛前停下，放火点着了整片灌木丛，观赏着火焰舔舐、烤焦离得最近的几棵胡杨。卡斯木离此地不会太远了；他肯定听见了着火的声音，也看见了火焰。但他没有来。我别无选择，只好等待黎明到来。

我在火焰烧不到的一棵胡杨树下躺下，睡了几小时。大火保护我不受任何觅食的野兽侵害。

黎明来临时，夜间点燃的大火还在烧，一道黑色的烟柱在树林上空升起。现在很容易找到我的足迹，找到卡斯木躺着的地方。他还躺在前一天晚上躺着的位置上。他看到我，低声说："我要死了！"

"你想喝点水吗？"我让他听见"哗啦哗啦"的水声，问道。他

· 我生了一大堆火，以吸引卡斯木的注意

坐起来，迷迷糊糊地瞪着眼睛。我把一只靴子递给他。他将靴子举到嘴唇边一饮而尽，滴水不剩。过了一小会儿，他又喝空了另一只靴子。

"现在跟我到水潭去吧。"我说。

"我去不了了。"卡斯木回答道。

"那么，你尽快跟着我的足迹走。我要先到水潭那里去，然后沿着河床向南走。再见！"

此时我不能再为卡斯木做什么了，我相信他已脱离了危险。

现在是 5 月 6 日清晨 5 点钟。我在水潭边又喝了水，休息了一会儿。然后我顺着河东岸或者说右岸林木丛生的坡地向南走。我走了三小时，这时天变暗了，一场喀拉布冷风[1]横扫过荒地。

"这是往沙漠中我那些死去随从身上埋的最初几铲土。"我想。

树林的轮廓消失了，整个地区都被遮蔽在烟雾中。走了三小时以后，我又渴得难受了；我突然想到，等我再找到一个水源地，可能又是好几天过去了。离开第一个水潭"天赐之湖"显然是不明智的。

我自言自语道："我要回到水潭去，找到卡斯木。"

向北走了半小时后，我恰好碰上一个非常小的水潭，里面的水质很差。我停下来喝了点水。我现在饿得很，已经一个星期没吃东西了。我吃了一些草、芦苇根和树叶，甚至试着吃了些水潭里的蝌蚪，但蝌蚪吃起来很苦，恶心死了。现在是下午两点。

"我先不管卡斯木，"我想，"要待在这里等风暴过去。"

于是我走进树林，设法找到了一片茂密的灌木丛藏身，以躲避强风，并且拿靴子和帽子当枕头，自 4 月 30 日以来第一次睡了个安稳觉。

我于晚上8点醒来，天已经黑了。狂风咆哮着从我头顶上刮过，枯枝被吹得"嘎吱嘎吱"直响。我为"营地"拾来干柴，生了一堆营火。接着我又去小水潭喝了水，吃了些草和树叶，然后坐下来看火焰飞舞。要是有我们那忠诚的约尔达什相伴左右该多好！我打起呼哨，但风暴淹没了一切声音，约尔达什永远不会回来了。

　　当我于5月7日拂晓醒来时，风暴已经停息了，但是空中还充斥着细密的尘土。我想到就是离得最近的牧羊人也可能在好几天路程开外，而我没有食物，可能活不了多久，不免心下一阵惊慌。到和阗去肯定还有150英里。凭我这点大打折扣的力气，我至少需要六天时间才能走完这么远的距离。

　　我于清晨4点半出发，就在河床的中央向南走。为了安全起见，我往靴子里灌满了水，将它们挂在铁铲把上，像扛扁担一样用肩膀挑着走。过了一会儿，我靠近左岸，发现了一座废弃的羊圈和一口水井。正午时分，酷热难当。我走进树林，吃了点草、树叶和芦苇根作为午餐。黄昏突然袭来，我生了一堆火，就在那里过夜。

　　5月8日，我赶在日出之前出发，几乎走了一整天的路。夜幕降临之前，我在一座小岛的岸上有了一个令人吃惊的发现。河床里板结得很硬的沙地上出现了刚刚留下不久的一行脚印，那是两个光脚的男人赶着四头骡子向北走！我怎么没有碰上他们？很可能他们是在夜里我睡着的时候路过的。现在他们已经在前头走远了，我掉头去追他们也无济于事了。

　　我好像听见一处突出的地岬上有一种异常的声音，便戛然停步，侧耳细听。但树林里一片死寂。于是，我断定那必定是小鸟的叫声，然后继续赶路。

可是不对！一分钟后，我听见了一种人声和牛的哞叫声！这不是幻觉。此地有牧人！

我把靴子里的水倒掉，顾不得湿，穿上它们急匆匆跑进树林，冲过灌木丛，跳过倒地的树。不久我就听见绵羊"咩咩"的叫声。一群牛羊正在一块洼地里吃草。当我从树林里突然跳出时，那牧人好像石化了一般呆立在那里。

我同他打招呼："祝你平安！"他却转身消失在树林中。

他不久就带着一个老一些的牧人回来了。他们隔着一段安全的距离停下。我用三言两语告诉他们发生了什么事。

"我是个欧洲人，"我说，"从叶尔羌河进了大沙漠。我的随从和骆驼全都干渴而死，我的所有东西也都没了。我已经十天没吃东西了。给我一块面包和一碗牛奶，让我在你们那里休息一会儿吧，我都快累死了。我会付钱给你们，感谢你们的帮助的。"

他们用怀疑的眼光看着我，显然认为我在说谎。不过，犹豫了一会儿之后，他们让我跟他们一道走，带我去了他们的小棚屋。棚屋立在一棵胡杨树下的阴凉地里，只有四根细柱子支撑着树枝搭就的屋顶。地面上铺着一块破旧的毛毡地毯，我扑倒在上面。年轻的牧人拿出一个木盘，端给我一块玉米面包。我谢了他，掰下一块吃了，马上就觉得饱了。然后他端给我一个木碗，里面是最可口的羊奶。

两个牧人一语不发，站起来走掉了。但他们的两条半野生的大狗留下来，不停地吠叫。

傍晚，他们带着第三个牧人回来了。他们刚刚把羊群赶到附近的羊圈里。现在他们在棚屋前生起了一堆火；等火完全烧尽时，我们四个都睡着了。

牧人们的名字分别是玉素甫·巴依（Yusup Baï）、托格达·巴依（Togda Baï）和帕西·阿洪（Pasi Ahun）。他们照管着170只绵羊、山羊，以及70头奶牛，这些牲畜都属于和阗的一个商人。

　　5月9日天刚亮，我醒来发现身边放着一碗奶和一块面包，不过牧人们都出去了。我胃口大开，吃了早餐，然后便出去查看周围的环境。棚屋坐落在一块沙质高地上，从沙地上可以观看到和阗河干涸的河床；它离河岸很近，牧人们挖的井就在这里。

　　他们的衣服破旧不堪，脚上裹着用绳子简单捆在一起的羊皮，腰带上挂着茶叶袋。他们的家居用具只是两个粗糙的木罐，放在屋顶上，旁边是玉米串和一把原始的三弦琴。他们还有几把在树林中砍树开路的斧头，和一把没什么用处的火镰——因为他们想生火时只需将灰烬下发红的炭火重新吹旺。

　　当天下午发生了一件非常不可思议的事情。牧人们在树林里放牧羊群。我坐着看河床，突然发现一支有100头骡子驮包裹的旅行队，他们是从南向北，从和阗到阿克苏去。我是否应该赶紧跑下去见见领队？不。那是不会有什么用处的，我口袋里连一个铜子儿也没有。我当然要待在我的牧人们这里做个食客，先彻底休息几天，再步行去和阗。我于是躺在灌木做的屋顶下睡着了。

　　突然，我被一阵嘈杂的人声和马蹄声惊醒，坐了起来，看到三个戴白头巾的商人骑马来到棚屋前；他们翻身下马，向我走来，谦恭地鞠着躬。是我的两个牧人朋友给他们带的路，现在正替他们牵着马呢。

　　他们坐在沙地上对我讲，他们要从阿克苏到和阗去，骑着马在河床里赶路，昨天经过左岸林木茂密的台地时，看见台地脚下躺着一个人，好像已经死了。树林里有一峰白骆驼在吃草。

他们像好心的撒马利亚人²那样停下脚步，问候他的病情。他低语道："水，水。"他们赶紧派仆人提着水罐去最近的一个水潭打水，也许正是那个救了我一命的水潭。后来他们又给了那个人面包和果仁吃。

我立即意识到那是依斯拉木·巴依。他给他们讲了我们的沙漠旅行的故事，还请他们帮忙找一找我，尽管他确信我已经死掉了。商人的头领玉素甫（Yusup）要给我一匹马，让我和他们一起到和阗去，好在那里安安静静地休息一阵子。

但我根本不想那样做！他们带来的消息立即改变了我的处境，而一分钟以前它还是黑暗一片呢。也许我们能够回到死亡营地去，看看留在那里的人是不是还活着。说不定我们还能够把行李抢救回来，重新装备一个旅行队。也许我的钱还能找到。前途似乎再一次变得一片光明。

三个商人借给我18枚小银币（价值两美元），送给我一袋白面包，然后同我道了别，继续他们的旅行。

牧人们知道我对他们说的是实话后非常惭愧。

5月10日，我一整天都在睡觉，感觉自己像个大病初愈的人。日落时分，我听见了骆驼的叫声，出门去看。一个牧人牵着那峰白骆驼走过来，后面是步履蹒跚的依斯拉木和卡斯木！

依斯拉木扑倒在我脚边，啜泣起来。他还以为我们再也不会相见了。

我们围坐在火堆旁享用羊奶和面包时，依斯拉木开始讲述他的冒险经历。5月1日晚上，他休息了几小时后，完全恢复了力气，便带着最后四峰骆驼跟着我们留在沙地上的足迹赶路。5月3日夜里，他看见我们生起的营火，因而极大地鼓起了勇气。到达三棵胡杨那里后，他划开其中一棵树的树干，吮吸树液。由于两峰骆驼已经奄奄一息，所以他把它们身上驮的东西卸在了胡杨树下。5月5日，我们的爱犬约尔达什干渴而死。两天之后，两峰垂死的骆驼倒毙了，它们中的一峰驮着我们所有的测高仪器和许多其他重要物品。剩下的两峰骆驼中的一峰挣脱了，跑到树林里吃草；依斯拉木只好带着"老白"继续向河边赶路，终于在5月8日早晨抵达目的地。他发现河床是干涸的，绝望之下便躺倒等死。几小时后玉素甫和另外两个商人骑马经过，给他拿来了水。后来他们又发现了卡斯木；现在这两个人都来到了我这里。

我在骆驼"老白"驮着的包裹里找到了我的日记和地图、一些中国银圆、两支步枪和为数不多的烟草。就这样，我一下子又阔了。可是所有的测高仪器及其他许多必不可少的物品都丢失了。

我们从帕西·阿洪那里买了一只羊，当天晚上在火堆旁美美地饱餐了一顿。我的脉搏现在到了每分钟60下，在随后的几天里又慢慢升回到正常值。

第二天，牧人们把他们的营地迁往一块更好的牧场。依斯拉木和卡斯木在这里的两棵胡杨树之间为我建了一座凉亭。我的床是用破旧的毛毡地毯铺成的，枕头则是那个装着中国银圆的口袋。白骆驼在树林中吃草，它是我们那华丽的骆驼队中唯一的幸存者。我们一日三餐都吃从牧人们那里得来的羊奶和面包。我们没什么可抱怨的，只是我有时会想到鲁滨逊·克鲁索[3]。

5月12日，我们看见一支从阿克苏南来的商队走在河床里，商队的主人——四个商人——随队同行。依斯拉木把他们带到凉亭来，我们随后同他们做了笔买卖，再次改进了我们的状况。我们花 750 坚戈⁴买了三匹马，还买了三个驮鞍、一个骑鞍、三个马嚼子、一袋面粉、茶叶、水壶、碗和一双靴子，靴子是给依斯拉木穿的，他原来的靴子丢在沙漠中了。我们又能够自由行动了，想到哪儿去就到哪儿去。

晚上，两个年轻的猎鹿人来拜访我们。他们猎鹿是为了取得鹿角，中国人一般将鹿角拿去入药。他们送给我一只刚刚杀死的鹿。第二天，他们的父亲阿合买·梅尔根（Ahmed Mergen）也来到我们的驻地；我们商定，依斯拉木、卡斯木和三个猎人将一起去搜寻那峰驮着仪器的骆驼，找回丢在三棵胡杨树下的东西，可能的话，再到死亡营地去。

他们带着骆驼"老白"和三匹马出发了；我又独自一人和牧人们

·猎人阿合买·梅尔根

待在一起。

接下去的一段时间简直是在考验我的耐心。我在找回的日记本上记下最近的冒险经历，其余时间则躺在凉亭里读书。旅行队遇险时只有一本书抢救出来，但这是一本百读不厌的书——《圣经》。牧人们现在成了我的朋友，他们特别关心我。这里暑热如在热带，但我待在很舒服的阴凉处，风在胡杨树之间轻柔地穿过。一天，几个过路的商人卖给我一大袋葡萄干。另一次，我正做着一个有关西藏的梦，却被一只爬过我的毡地毯的大黄蝎子打断了。一等依斯拉木和其他人带着丢失的仪器回来，我们就取道和阗到西藏去。我的力量又回来了。这是一段在树林中休息和独处的快乐时光。

5月21日救援队回来了。依斯拉木留在三棵胡杨树下的货物找到了。死骆驼的尸体散发出令人难以忍受的恶臭，但是驮着沸点温度计、三个无液气压计和一把瑞典军用左轮手枪等物的骆驼"单峰"永远消失了。

不带测量海拔高度的仪器到西藏去是不可思议的，只好从欧洲新弄一整套装备了。于是我只好回喀什噶尔去。我们为着牧人们的帮忙付给他们大笔酬金，然后离开了他们。我们于是骑马去距离喀什噶尔270英里远的阿克苏，于6月21日抵达喀什噶尔，然后派一个邮差骑马到俄国边境上最近的电报站去。新的一套仪器要等三四个月才能运到喀什噶尔，我该怎么打发这漫长的等待时间呢？当然是去帕米尔做另一次探险。彼得洛夫斯基领事和马继业先生将必需的器具借给我。

一天，道台邀请我去吃饭。我一进他的衙门，他就指着桌上的一把左轮手枪，问道："您认出这个了吗？"

那正是同我的测高仪放在一起的瑞典军用左轮手枪！

我惊奇地问他：

"这把枪是从哪里来的？"

"从和阗河边的和阗县下辖塔瓦库勒村一个农民身上发现的。"

"可是，由同一峰骆驼驮着的其他东西哪里去了？"

"没有找到。不过我正派人沿着和阗河进行一次仔细的搜寻。您不必着急。"

显然是盗贼和叛徒搞的鬼。这些简单的人能从科学仪器上得到什么满足呢？这些东西对他们来说什么都不是，对我则意味着全部！我宁愿用十峰骆驼换回它们。

手枪又扯出了另外一个故事，但我必须留待后面的章节再讲。

现在，命运又将我带回了帕米尔高原。

注释

1. 喀拉布冷风（kara-buran），即"黑色风暴"。喀拉（kara），意为"黑"。布冷风（buran），指中亚和西伯利亚地区冬带冰雪、夏带飞沙的风暴。

2. 撒马利亚人（Samaritan），犹太人的一支，居住在巴勒斯坦地区，现已基本不存在。"好心的撒马利亚人"出自《新约·路加福音》中耶稣基督讲的一个寓言：一个犹太人受了重伤，躺在路边，过路人都不闻不问，只有一个和他分属不同教派的撒马利亚人好心救助他。

3. 鲁滨逊·克鲁索（Robinson Crusoe），英国作家丹尼尔·笛福的小说《鲁滨逊漂流记》的主人公，曾长年在孤岛上生活。

4. 坚戈（tenge），中亚地区货币名，也是目前哈萨克斯坦的官方货币。1 坚戈 = 10 美分。

第二十三章

二游帕米尔

我忠诚的仆人卡斯木在俄国领事馆做了夜间警卫，于是，我带着依斯拉木·巴依和另外两个随从、六匹马于 1895 年 7 月 10 日离开了喀什噶尔。

第二天，我们抵达大村子乌帕尔，它所在的深谷是软土层磨蚀而成的。这天下午下了一场大雨，其规模是我前所未见的。太阳落山前一小时，我们听到一阵狂怒的咆哮声，这声音沉重而巨大，越来越近。几分钟之内，河床里就充满了狂泻的山洪，不久洪水又漫出河岸，淹没了村子的大部分。大水来势迅猛，滔滔滚过，形成了一道沸腾的泥流，将面前的一切都裹挟而去。地面在大水的重压下颤抖，飞溅而出的水花好似褐色巨浪上蒙着的一层烟雾。桥被冲走了，仿佛桥桩和桥板是草做的一般；连根拔起的树、马车、家具和干草堆在水面上颠簸狂舞。惊慌失措的村民们尖叫着四散奔逃，眼看着大水将他们那不结实的土房冲走。母亲们将孩子背在背后，蹚过齐腰深的水；其他人则竭力从浸了水的棚屋和茅草房中抢救家具。路旁的柳树和杨树被冲得弯下了身子；在一个开阔无遮拦的地方，15 间房子被冲走。在一块将被洪水危及的瓜地，人们赶紧把快要成熟的西瓜搬到安全的地方。至于说我自己，我的旅行队差点儿被大水毁掉。幸运的是，我们的驻地离河岸相当远。黄昏时分，大水迅速退去，到了次日早晨，河床又空了。

我们现在要再次登上旁边的山脉，便选择了乌鲁尔特山口（Ullug-art）。该山口高 16900 英尺，一年中有十个月被大雪封住。

大雪飞扬，我们在乌鲁尔特的帐篷寨（"奥尔"）休息；这里的吉尔吉斯人认为我们的旅行将非常艰难。但是他们的头人答应带领十个人帮我们把所有行李运过山口最难走的一道山脊，索要的报酬相当于八美元。

我们一大早就出发了，走在狭窄的山谷里；我们来来回回地拐了几百个弯，爬上非常陡峭的山坡。崇山峻岭在两旁耸起，舌状的冰川随处清晰可见。积雪有大约 1 英尺厚。吉尔吉斯人把行李捆在背上，我们开始缓慢而沉重地向着山口攀登。在山口的鞍部堆着一堆带有木杆和破烂经幡的石头，吉尔吉斯人匍匐在石堆前。

如果说上山已经很难了，那么下山简直会要人命。白雪覆盖的小径好像一个开塞钻，在有的地方，就从突出的岩石间那么垂直着掉下去。我们在冰面上凿出沟坎，用绳索把箱子一点一点地顺下去。每匹马都有两个人在一旁帮忙，但我从和阗河边牧人驻地买来的一匹马还是失足滚下峭壁，摔死了。我们自己都是手脚并用往下滑。

一对吉尔吉斯母子

我们穿过熟悉的地带向南进发，沿着红其拉甫河到了兴都库什山脉，在那里翻越了四个山口，从山口——至少用我的眼睛——得以俯临整个坎巨提[1]。我曾请求英国当局许可到那里去，却被告知："此路向旅游者关闭。"

我们继续前行，到了瓦根基山口[2]，那里的河水流向三个不同的方向：经喷赤河注入阿姆河和咸海；经塔格敦巴什河[3]注入叶尔羌河和罗布泊；经发源于山口南面的诸河流注入印度河和印度洋。

在查克马廷湖（意为"火石湖"），我得知英俄勘界委员会[4]目前就在东北方向的麦曼约里地区，到那里去须走一天的路程。委员会的成员们正在议定北面俄国领地和南面英国领地之间的边界，从维多利亚湖[5]一直划到中国帕米尔。

我决定去访问委员会驻地。于是我派一个吉尔吉斯人送信给英国将军杰拉德（Gerard）和俄国将军巴瓦罗－什维科夫斯基；一天后，我得到了英俄双方的热情邀请。

8月19日，我带着我的小型旅行队骑马去了那里，准备在双方营地的中间地带支起帐篷。作为两位将军的客人，我必须严守中立。但是我想我应当首先拜访巴瓦罗－什维科夫斯基，因为我在马尔吉兰就做过他的客人。不过，要到他那顶吉尔吉斯式大蒙古包去，还得从英国军官的帐篷间穿行而过。我的老朋友马继业先生从一顶帐篷中奔出，拿出一张杰拉德将军邀我当晚共进晚餐的请帖。于是我站在当地，进退维谷，不知怎样才能保持我的中立。我说自己和俄国将军是老相识，就此摆脱了困境，并请求对方允许我第二天来拜访杰拉德。我逗留营地期间，总是轮流去俄国人和英国人那里做客，今天去这家，明天就去那家。

这座营地当然是在帕米尔高原荒凉的群山之间所扎起的营地中最具特色的一座。野羊们从白雪覆盖的峰顶俯瞰着下面山谷中纷乱、单调的生活，对政治上的边界问题漠不关心。英国人有 60 顶印度式军官帐篷，俄国人则支起 12 顶吉尔吉斯式大蒙古包，因为上盖白色毛毡、装饰着五颜六色的飘带，当然更引人注目。营地里到处都是哥萨克人、廓尔喀人、阿夫里迪人[6]、印度人和坎巨提人；开饭的时候，乐队演奏着英国和俄国的乐曲。

英国人阵中有很多出众的人物。第一个就是营地头领杰拉德将军，印度最勇敢的猎虎英雄，他亲手射杀了 216 只老虎，从而打破了一切纪录。其次是了不起的上校托马斯·霍尔迪奇爵士[7]，我们时代在亚洲地理方面最权威的人士之一。最后是麦克斯威尼（McSwiney）上尉，他的友情令我终生难忘。好多年之后我又遇见了他，那时他是驻印度安巴拉的一名准将，此后不久就去世了。俄国人当中，不遑多让的是地形学家本德尔斯基（Bendersky），他作为使臣之一去喀布尔觐见了阿富汗的埃米尔希尔·阿里汗（Shir Ali Khan）。继任埃米尔阿卜杜勒拉赫曼汗（Abdurrahman Khan）在勘界委员会中也有一个代表，他叫古兰·穆赫丁汗（Gulam Moheddin Khan），是个沉默、威严、精细的阿富汗老者。

说到我自己，自从我穿越沙漠以后，来参加麦曼约里的所有欢宴和聚会就像是一次复活。在体贴的军官们的食堂里当然没有干渴而死的危险。我们在俄国人的娱乐大厅聚会时，哥萨克兵举着点燃的汽油火把守卫在蒙古包前；我们到英国人那里做客时，孤独的群山里回荡着乐队奏出的为宴席助兴的曲调。

为了娱乐士兵们，在营地前举行了许多田径活动。拔河比赛在八

· 穆赫丁汗，英国卫队中的一名阿富汗
  军官

个哥萨克和八个阿夫里迪人之间举行，哥萨克获胜。哥萨克还在另一个赛马项目中以两分钟优势击败印度人取胜。但是在砍树和马上刺枪比赛中，印度人报了一箭之仇。有一个项目让所有人——欧洲人和亚洲人——都笑岔了气儿，这是一场在不同民族之间进行的竞走比赛，参赛者要先套上一个袋子、在腰间扎上口才开始跑步，中途还要跳过一根带子。骆驼和牦牛同场赛跑也一样可笑。不过压轴项目是最激动人心的。两队吉尔吉斯骑兵——每队20人——面对面排好阵势，相距250码远。信号一发出，他们便策马全速飞奔，在半途相遇，乱冲乱撞，局面一片混乱。许多人一头栽到地下；另一些人受了伤，被马拖在地上跑；只有少数几个得以从这遭遇战中全身而退。

　　同时，双方就边界线的划定达成了协议。界碑就此立了起来，委员会的工作大功告成。最后一晚，英国人举行了一次盛大的告别宴会，印度士兵围着一个大火堆表演他们的民族舞蹈"剑舞"。然后来客们四下散去，这一地区重新归于惯常的安宁；在所有人上路以后，一场暴风雪席卷了河谷。

我带着我的旅行队回到喀什噶尔。我们翻过了四条山脉，但最危险的经历却是在同村 [8] 过叶尔羌河。这条河流在它那狭小、逼仄的河谷里显得十分壮观。浩大的河水在陡峭的山壁间沉重、有力地滚动。村长哈桑（Hassan）伯克准备驾船送我们过河。六个有伊朗血统的塔吉克人脱得精赤条条的，将吹鼓的羊皮口袋绑在胸口，用一个担架改制的木筏子分四趟运送我们的行李，筏子上绑了 12 只吹鼓的羊皮口袋。筏子上套着一匹马，同时有一个泅水者抱着马脖子，指挥它过河。但是在航行途中，水流将筏子向下游冲了足足有 1 英里。当务之急是要赶在木筏被漩涡碾成碎片之前让它到达对岸，主要的急流都是从漩涡开始的。

我坐在筏子中央的一口箱子上。这古怪的发明物发了疯一般顺流而下，但在我看来却好像是对岸的悬崖在逆流而上。筏子左右摆动、倾斜，我被这疯狂的舞蹈弄得头晕目眩的；急流沉闷、危险的咆哮声越来越大；木筏身不由己地被吸引着冲向泡沫飞溅的女巫的大锅 [9]，好像下一刻就会在山崖上碾碎成原子。但我们的泅水者训练有素，计算精确。筏子漂到一块凸出的岩壁脚下，在危险几乎不可避免的一刹那，他们将它推入反向的水流中，我们于是安然无恙地抵达了对面的河岸。

注释

1. 坎巨提（Kanjut），又译乾竺特，帕米尔高原西南部小邦国，原为清朝的外藩，后被英国吞并。

2. 瓦根基山口（Vakjir），即中国和阿富汗边界的南瓦根基达坂。

3. 塔格敦巴什河（Taghdumbash-daria），意为"世界屋脊河"，即红其拉甫河。

4. 英俄勘界委员会，19 世纪 80 年代英国和俄国为瓜分原属中国的帕米尔地区成立的委员会。斯文·赫定见证了双方勘界工作的最后完成。

5. 维多利亚湖（Victoria Lake），即今阿富汗和塔吉克斯坦的界湖萨雷库里湖，又称佐库里湖。唐代高僧玄奘赴天竺求法时途经此地，在《大唐西域记》中称之为"大龙池"。

6. 阿夫里迪人（Afridi），巴基斯坦境内一山地部落，骁勇善战。

7. 托马斯·霍尔迪奇爵士（Sir Thomas Holdich，1843—1929），英国地理学家，英国皇家地理学会主席。

8. 同村，今名克其克同村，属新疆塔什库尔干塔吉克自治县大同乡。

9. 女巫的大锅，指西方传说里女巫用来熬制魔法药水的大坩埚。

第二十四章

我在沙漠中发现了
有两千年历史的古城

高烧将我滞留在喀什噶尔好长一段时间，与此同时，新的仪器从欧洲运到了。1895年12月14日，一支小型旅行队又做好了出发的准备。旅行队成员包括依斯拉木、另外三个随从和九匹马。到和阗的距离是306英里。我们走过这条路，对路况很熟悉，这一次它不会用困难来阻止我们了。我们将路过叶尔羌，该城是这一带最大的城市，人口有15万，其中75%的人患有一种被称为"博哈克"（boghak）的肿瘤病，瘤子长在喉部，个头常常赶上脑袋大。

我在哈尔噶力克¹过了圣诞夜，从此地往东，土地越来越贫瘠；不过这条古老的商路总是有炮台（potai，平顶泥塔）作为标记。我们有些晚上是在大客栈度过的，客栈的饮用水是从深井中提出的。有一口井深达126英尺。

库姆－拉巴特－帕德沙西姆²（意为"吾王之沙漠行宫"）是路上的一站，那里有几千只神鸽，飞起来的时候满天空都是它们的"咕咕"叫声和振翅声。当地的古老风俗要求每个旅客都必须带来玉米献给鸽子；我们为此带了整整一袋子玉米。我站在那里喂着这些美丽的蓝灰色鸟儿，好像笼罩在一团鸽子的云彩中，它们大胆地落在我的肩膀、帽子和手臂上。高高的杆子上挂着破旧的经幡，代表奉献之物，同时还可作防范猛禽的稻草人之用。但那个地方的虔敬之士却言之凿凿地对我说，如果一只猎鹰要去抓鸽子，它自己也将必死无疑。

1896年1月5日，我们抵达和阗。该地古时以梵文称瞿萨旦那（Kustana），为中国人所知已经有好几千年，是马可·波罗把它介绍给了欧洲。中国著名的僧人法显³（公元400年）将和阗描述为一座佛教盛行的宏伟的城市。

根据一则从公元 632 年流传至今的传说 [4]，大漠的黄沙下面掩埋着一座古城。据说在和阗以西的媲摩 [5] 村，曾经有一尊 20 英尺高的檀木佛像，能闪射出佛光来，流传到那里之前，它属于北方很远的曷劳落迦城。有一次，一个圣人来到曷劳落迦敬拜这尊佛像。当地居民粗暴对待他，把他抓起来活埋，土一直堆到了脖子。一个佛门信徒偷偷拿东西给他吃，最终救下了他。在逃走之前，圣人对他的救命恩人说："七日之内，曷劳落迦必为天降神沙所没，惟汝一人得脱。"信徒向城里人发出警告，但是他们全都不屑一顾。然后他躲到一个地洞里。第七天，天上降下一场沙雨，将该城埋葬，城里的所有人都窒息而死。那个信徒从地洞中爬出来，去了媲摩。他刚一到该地，那尊神圣的佛像便凌空飞至，它已选定媲摩取代被埋葬的曷劳落迦作为自己的避难地。

　　一位同时代——唐代——的中国旅行家 [6] 在书中写到了和阗北部的沙漠地区 [7]："乏水草，多热风。风起则人畜昏迷，因以成病。时闻歌啸，或闻号哭，视听之间，恍然不知所至，由此屡有丧亡，盖鬼魅之所致也。行四百余里，至睹货逻故国 [8]。国久空旷，城皆荒芜。"

　　正因为如此，尽管去年春天的沙漠之旅结局很不幸，但我再次不可抗拒地被那永恒黄沙下面的神秘国度吸引着走进沙漠，就不足为奇了。和阗城周围绿洲上的居民们给我讲述了被埋没的城镇的情况，其中两个人还表示愿意带我去其中的一座古城，要价很公平。

　　在和阗及古村博拉善 [9]，我从当地人那里买了些文物古董：都是些赤陶的小物件，有陶土做成的双峰骆驼、弹琴的猴子、形如印度揭路荼 [10] 的鹫头飞狮、装饰着希腊 – 佛教风格或印度 – 希腊风格瓦罐的狮头（显示出亚历山大带来的希腊艺术的影响）、制作精美的赤陶罐、赤陶碗、佛像和其他物品。我的收集品共有 523 件，这还不算一些古代手稿和一堆古钱币。我还买了一些基督徒的金币、一个十字架和一块金牌，金牌正面刻的是"圣安德里亚·阿维林"（St. Andrea Avelin）在耶稣受难像前做礼拜，背面刻的是头上戴光轮的圣艾琳（St. Irene）。马可·波罗说起过，聂斯托利教派和雅各教派 [11] 在 1275 年的和阗都建有自己的教堂 [12]。

和阗城长官刘大人 [13] 是一位和蔼可亲的中国老者。他对我的实施计划和采买物品提供了不少帮助，而且并未阻止我去一条旧河床参观软玉矿。中国人从河床里采得美丽的玉石，无比珍视。玉石呈腰子形嵌在大石头里，大部分是绿色的。黄玉或带褐色斑点的白玉是最珍贵的。

1 月 14 日，我又准备离开了。这一次我比以往更加轻装简从，只带了四个人、三峰骆驼和两头驴。路程将会相当短，也就是说，我只是到我所听说的那座黄沙掩埋的城市去一趟。我因此只带了够吃几星期的粮食，把沉重的行李、大部分银钱、我的中国护照、帐篷等物留在和阗一个商人家里。我想同我的随从们一样在露天下睡觉，尽管气温可能下降到零下 21 摄氏度。

事实上，我们过了四个半月才回到和阗；这次探险的部分经历变成了地地道道的鲁滨逊传奇。我向刘大人告别的时候，他想送我两峰骆驼，因为他觉得我的旅行队太小了点，但我谢绝了他的美意。

我的四个随从是依斯拉木·巴依、克里木·江和两个猎人——阿合买·梅尔根和他的儿子卡斯木·阿洪（Kasim Ahun），他们参加了去年我们沙漠遭难后由依斯拉木·巴依领导的救援远征。与我们同行的还有两个人，他们答应带我们去寻找那座古城。

我们沿着和阗河东面那条源头河——玉龙喀什河前行，到了塔瓦库勒村，那把瑞典军用手枪就是在那里找到的。我们搜寻其余设备的努力没有结果。实际上，我们并没有全心全意地去找，因为除了照相机外，我已经重置了丢掉的一切设备。

1月19日，我们离开玉龙喀什河，再次慢慢走进这致命的沙漠。但这次是在冬天。我们盛在羊皮口袋里的饮水都冻成了冰坨。我们扎营的时候，掘地5英尺到7英尺深便找到了水；假如我们向东走，就离流向北方、与和阗河平行的克里雅河不远了。

这一片沙漠上的沙丘不像去年我们旅行队迷路那个地区的沙丘那样高。它们的丘脊高度为35英尺到40英尺。

第四天，我们在一块洼地里宿营，那里的一座干死的树林给我们提供了上好的木柴。次日，我们抵达了那座古城，我们的向导称它为塔克拉玛干（Takla-makan）或丹丹乌里克（dandan-uilik，"象牙房"）。古城大部分房屋都埋在沙子下面，但随处会有柱子和木墙从沙丘中伸出来；我们在其中一堵大约有3英尺高的木墙上发现了几个艺术性很强的石膏像。石膏像塑的是佛陀和其他诸佛，有的站立，有的坐在莲座上，衣服上褶皱很多，头上都饰有火焰状光轮。我们将所有这些发现，还有许多其他的遗物，都小心翼翼地包好，装在我的箱子里；关于这座古城——它的位置，它那黄沙掩埋的沟渠，它那路边胡杨树枯死的林荫道，它那干枯的杏树园——可能最完备的记录都在我的日记本上了。我没有进行一番彻底挖掘的装备，再说了，我又不是一名考古学家。我欣然将科学探索的工作留给专家们去做。不出几年，他们就会将铲子铲进这松软的沙地。至于我嘛，能够做出重要发现，在沙漠的心脏地带为考古学赢得一块领地，我已经心满意足了。此时此刻我觉得，在对已逝文明的踪迹做了几年徒劳的探寻之后，自己终于得到了报偿和激励。事实证明，中国古代的地理学家和今天生活在沙漠边缘的本地居民们所言不虚。我面对这第一个发现——以后的岁月里，我还有许多类似的发现——的喜悦之情，从当时所记的笔记上可窥一斑。

我写道："迄今为止，没有一个探险家知道这座古城的存在。我站在这里，就像王子站在魔法林中，使这沉睡千年的城市获得了新生。"

我在几场连续的沙暴中测量了沙丘移动的速度；以此为依据，再考虑到此地的主要风向，我计算出沙漠从古城所在地区扩展到目前的南部边缘用了大约两千年时间。日后的发现证实这座古城的历史为两千年。

两个向导拿到应得的报酬后，沿着我们来时的足迹回去了。第二天早晨，我们继续赶路，穿行这无尽的沙漠。

空气中布满最细密的沙尘，我们在浓雾当中甚至搞不清太阳挂在天上什么地方。沙丘的高度增加了。我们爬上 120 英尺高的沙浪浪尖，心下纳闷我们是不是像去年一样正在一头扎向另一座置人于死地的迷宫。由于尘雾，我们看不清东边的一切景物，就好像有一块帘子垂在我们面前，我们正在走向一道未知的深渊。然而我们继续前行，并未碰上什么麻烦事。沙丘越来越低，终于融入又平坦又柔软的沙地。1 月 25 日夜里，我们在克里雅河畔的树林里宿营。这条河在此地有 105 英尺宽，河面上结了厚厚的一层冰。骆驼们在长途沙漠旅行之后得以尽情吃草，饱饱地喝一通水。四下里看不见人，只有一座牧羊人的沙漠小棚屋。我们生起一大堆火，让它烧了一整夜。冬日的寒冷伤害不了我们，露天而眠带来的只有心旷神怡。

还没有哪个欧洲人沿着这条河到达它在沙漠深处的尽头；还没有人知道，在同沙丘进行了无望的搏斗之后，最后几滴河水是在哪里消失的。因此我决定沿着这条河向北走，直到它的尽头。有它本身做向导，我们就不需要人带路了。看不见一个牧羊人；我们已经杀了最后一只羊。但这里有很多野兔、狍子和马鹿，所以我们不怕饿着。我们在河岸上会偶尔惊散大群大群的野猪，它们号叫着消失在稠密的芦苇丛中。我们有时惊起一只狐狸，它会敏捷地钻入树林的幽谷。

有一次，老猎鹿人阿合买·梅尔根到树林里转了一圈，带着一个牧羊人回来了。牧羊人对我们说，他还以为我们是强盗，他的死期到了呢。我们在他的苇棚旁扎营。他和他妻子能够提供的所有信息都被我及时记到了日记本上。

"你叫什么名字？"我问。

"哈桑和侯赛因。"他答道。

"怎么回事？你有两个名字？"

"是的。不过哈桑本是我的孪生兄弟的名字，他住在克里雅[14]。"

我们穿过河岸树林向北走，一路上多次碰见牧羊人。为了得到关于各种森林地区的信息及它们的名字，我们总是带上一两个牧羊人同行。就这样我们一天一天地向着北方越走越远。冻结的河面向沙漠深处延伸得很远，超出了我们的想象。我走过冰面，测量了河流的宽度，发现它超过了300英尺。越往下走，克里雅河越宽，往往在长满树林的两岸之间现出雄伟壮丽的景象。每个早晨都会带来新的激动。在河水没入周围的沙地——在某些地方，沙地甚至一直延伸到河边——之前，我们还能走多远？最终，我酝酿了一个冒险的方案，要穿过沙漠直达塔里木河，如果克里雅河流得足够远，那么塔里木河一定是它最北端的归宿。

靠近通古孜巴斯特（意为"吊起野猪"）的时候，一个牧羊人告诉我，如果拐向西北方向进入沙地，我们不久就会找到一座名叫喀拉墩（Kara-dung，意为"黑山丘"）的古城遗址。

2月2日和3日两天我们去参观了这座古城。我们在此地也找到了埋在沙子下的房屋，最大的有280英尺长、250英尺宽，还有许多其他人类建筑，时间可追溯到佛陀的教义在亚细亚腹地盛行的遥远时期。我同样对这座城池的位置做了精心测定，以便后来的考古学家能够轻易找到它。

我们随即穿过树林和芦苇地继续我们的旅行。克里雅河似乎趋向于分成几条支流，因而形成内陆三角洲。2月5日，我们遇到四个牧人，他们照看着800只羊和六头牛。两天以后，一位名叫买买提·巴依（Mohammed Baï）的年老的林地居民告诉我们，到这条河消失在黄沙中的那一点只有一天半的路程了。他与世隔绝，都不知道是阿古柏（死于1878年）还是中国皇帝在统治新疆。他还告诉我，这里过去三年都没见过老虎了。最后的一只老虎吃了买买提·巴依的一头牛，然后跑到北边，但不久就回来了。最后这只老虎穿过沙漠往东边去了。

"从这条河终止的地方往北，沙漠还会延伸多远呢？"我问道。买买提·巴依回答道："一直到世界的尽头。要走上三个月才能到那里。"

注释

1. 哈尔噶力克，即今新疆叶城。

2. 库姆－拉巴特－帕德沙西姆，即鸽子塘，塔克拉玛干沙漠中一驿站，现已荒废。

3. 法显（约 337—422），东晋僧人、旅行家、翻译家，中国僧人赴印度留学的先行者。著有《佛国记》。

4. 该传说系斯文·赫定根据唐代高僧玄奘所著《大唐西域记》转述。实际上该传说的流传在唐代之前就已开始，如北朝杨衒之所著《洛阳伽蓝记》即记载了此事。另，敦煌莫高窟第 231 窟唐代壁画亦表现了这尊佛像，并题为"于阗媲摩城释迦瑞像"。

5. 媲摩（Pima），名称来自梵文 Bhīmā。《汉书·西域志》称此城为扜弥，系西域三十六国中扜弥国的王治所在地；《洛阳伽蓝记》称之为扜么。斯文·赫定此处记述有两处错误：其一，此地是城而非村；其二，此城位置不在和阗以西，而在和阗以东的克里雅河下游，即于阗（于田）东北。

6. 中国旅行家，即指唐代高僧玄奘（602—664）。

7. 按照玄奘《大唐西域记》的记述，这里写到的地方并非和阗北部，而是民丰县尼雅古城以东的沙漠地区"大流沙"。

8. 睹货逻（Tu-ho-lo），即吐火罗，唐代以前称大夏。原始印欧人种的一支，曾经在塔里木盆地广泛分布。吐火罗人大部主要生活在阿姆河到兴都库什山之间的地区（大约相当于今阿富汗北部），曾经建立吐火罗国。睹货逻故城，一般认为是新疆和田地区民丰县的安迪尔古城。

9. 博拉善（Borasan），即约特干古城遗址。

10. 揭路茶（Garuda），印度神话中鹰头人身的金翅鸟。印度尼西亚以其为国徽图案。

11. 雅各教派（Jacobite），即叙利亚正教会，由雅各·巴拉底乌创建的东正教派别。

12. 经查《马可·波罗游记》，并没有关于聂斯托利教派和雅各教派基督徒在和阗建有教堂的记载。聂斯托利教派拥有自己的教堂之事发生在喀什噶尔。

13. 刘大人，即和阗知州刘嘉德。

14. 克里雅（Keriya），即于阗（今新疆于田）。

第二十五章

野骆驼的天堂

2月8日，我们在河面只有50英尺宽的一个地点宿营；在我们的下一个宿营地，冰壳就窄到了15英尺。树林仍旧很茂盛，芦苇地密不透风，我们只好绕路而行，或是用斧子开辟道路。野猪穿行杂乱生长的芦苇丛的一部分小径形成了真正的隧道。

我永远也不会忘记看到薄薄的冰壳像箭镞一样停止在沙丘脚下时的那份激动！

但是我们穿过真正的丛林又走了一整天，河床仍清晰可见。在河床凹陷最深处，我们成功掘出了水。四面八方高耸起沙丘黄色的峰顶。

早在2月1日那天，我们就听牧羊人说起过野骆驼，它们的栖息地在克里雅河三角洲那边的沙地里。我愈加激动，渴望见到这奇妙的动物。迄今为止，还没有一个欧洲人对它们在沙漠这一部分的存在有所觉察。普尔热瓦尔斯基曾经于1877年将一张野骆驼皮带回圣彼得堡家中，他断言，这高贵的动物只会在我们所在的地方以东很远的罗布沙漠出现。在那个距罗布泊不远的地区，别夫佐夫[1]将军、他手下的军官，以及利特代尔[2]先生成功地射杀了几峰，也带了回去。据牧羊人说，野骆驼结成小群活动。它们避开树林和灌木丛，徜徉在开阔地带。它们冬季从不喝水，只在夏季才喝，那时候河水高涨，能抵达北面很远的地方。它们经常成为猎鹿人的牺牲品。有好多事情证实了这些说法的真实性，譬如说，有几个牧羊人就穿着从野骆驼脚上剥下的皮做成的鞋子——坚硬的趾甲和肉垫一应俱全。

一个牧羊人告诉我们，上帝派了一个神灵变作托钵僧到地上来，吩咐他去找易卜拉欣[3]长老（即亚伯拉罕），向他要一群家畜。易卜拉欣非常慷慨地满足了托钵僧的要求，结果自己却一贫如洗了。这时上帝命令托钵僧将所有牲畜都还给易卜拉欣，但易卜拉欣拒绝收回他给出去的东西。这激起了上帝的愤怒，他便让这些牲畜在地球上游荡，无家可归，任何人都可以随意杀死它们。绵羊变成了野绵羊，山羊变成了野山羊，牦牛变成了野牦牛，马变成了野马，就连骆驼也恢复了野性。

老买买提·巴依的枪在 150 英尺射程以外就不听使唤了，那一年他打死了三峰野骆驼。他告诉我们，它们最害怕营火冒起的黑烟，一闻到烧木头的味道，就会逃到沙漠里去。

一方面，我本人并不是一个猎人，也从未打过猎。这倒不是佛家的第一条戒律"不杀生"的缘故。但我总是不能允许自己去扑灭一团我不能重新点燃的火焰，尤其不能杀死一峰野骆驼这样高贵的动物。它是它的沙漠之国的主人，而我不过是一个侵入者。另一方面，我之所以总是带着猎人同行，并且认为这是必要的，不仅仅是为了得到食物，还想做一些采集标本的科学工作。依斯拉木·巴依能够熟练使用他那支伯当步枪（Berdan），阿合买·梅尔根和他的儿子卡斯木更是职业猎手。我们的四个仆人谁也没见过野骆驼。长久以来，我一直梦想着看到这高贵的动物威武地阔步走在沙地之上。

我们于 2 月 11 日向北行进，走在不断增高的沙丘之间，看着河床的轮廓越来越不清晰，我们的精神紧张也在加剧。我们只是偶尔才见到一棵孤独的胡杨树，更多的则是枯死的、像玻璃一样脆的树干。到塔里木河去还要经过直线距离达 150 英里的沙漠，这个距离比去年那支覆灭的旅行队在 4 月 23 日到 5 月 5 日之间所走过的路还要长。而我们现在只有四个羊皮口袋，不能带更多的水了！这真是一次大胆的冒险，但是冬日的严寒对我们是有利的。我们会成功吗？还是说，前面又有一场新的灭顶之灾在等着我们？我们屏住呼吸，紧张地看着沙丘增高、植被消失，这难道还值得大惊小怪？

2月9日，我们发现了野骆驼的最初一点迹象——挂在柽柳树丛上的一簇浅红棕色驼毛。但是第二天，我们碰到了许多新踩出的脚印，它们杂乱无章地穿过沙地。11日，我们机敏地保持警戒。猎人卡斯木扛着他那支原始的燧发枪走在前头。

他突然停住了，好像遭了雷击一般。他打了个手势示意我们停下，然后蹲下身，像头豹子一样爬进了树丛。我连忙走上前去。枪声响起。是一小群野骆驼。那些牲口受了惊，盯着我们这边张望了一会儿，然后回转身跑掉了。但是它们的头领，一峰12岁的公骆驼，只跑了几步就倒下了。

我们就地扎营。那头倒毙的沙漠之王是一件非常漂亮的标本。它身长10英尺10英寸，腹围7英尺。这一天剩下的时间我们一直在给它剥皮，把加热的沙子铺在皮子里面吸收水分，以减轻重量。

我们在一处凹地挖了一眼井，但是挖到了10英尺半还没有见到水。我们于是决定在此地再待上一天，不要向沙漠里走得太远，以免危及我们的归程。

井越挖越深，在挖到13英尺半多一点的时候，水开始一滴滴渗流而出。我们把水慢慢淘到一只桶里，拉上井来。骆驼和驴子可以放开量喝个饱，四只羊皮口袋也灌满了。

第二天，我们向着未知的沙漠进发。一头驴子驮着野骆驼的皮。河床依然可以看到，不过到了傍晚，它就消失在游动的沙丘下面了。沙丘现在高达25英尺。

· 我们碰上的第一批野骆驼

在我们左侧，可以看见一群骆驼，总共有六峰——一峰年长的公骆驼、两峰小骆驼和三峰母骆驼。依斯拉木·巴依开枪把年长的公骆驼打倒。它驼峰里的脂肪以及几块肉被割下，驼毛被剪掉，预备编绳索用。我还来不及阻止，依斯拉木又将另一群五峰骆驼里的一峰母骆驼射杀。它瘫倒下去，倒成骆驼们平常休息时的姿势。我们急忙跑到它身边，我趁它还活着，画了几张速写。它没有看我们，好像就此与它那一向不受亵渎的沙漠之国永别让它极为失望似的。它临死之前张开嘴，啃进沙地。我现在禁止大家再开枪。

我很惊讶地发现野骆驼如此疏于防范。逆风的时候，我们可以走到距离它们不到 200 英尺远的地方。它们会朝我们的方向盯着看；如果它们正趴在那里反刍，它们就会站起来。我刚刚说到的那群骆驼跑了大约 50 步，站住，又跑了两个 50 步，站住，专注地望着我们，似乎太好奇、太全神贯注了，全都忘记了逃命。所以猎人们可以毫不费力地将它们纳入有效射程。

我们的三峰驯养骆驼看到它们的野生亲戚时相当疯狂，现在正是它们的发情季节。它们低沉地吼叫着，用尾巴抽打着自己的后背，还磨着牙齿，白沫一片片从嘴里滴下来。

它们看见那峰将死的母骆驼，几乎发了狂，我们只好把它们拴牢。它们转动着眼珠，充满激情，可怕地咆哮着。到了夜里，总是要把它们拴上，否则它们就会跑掉，去沙漠里找它们那些自由自在的亲戚。

接下来的几天里，我们看见了好几群野骆驼，也见过落单的骆驼；最后我们对这些动物简直习以为常了，它们已不再能引起我们特别的注意。但是从我这方面来讲，我从未倦于用望远镜追踪它们的行动。我喜欢骑在高高的骆驼背上纵览全景，看它们轻松地穿过沙地，一会儿漫步，一会儿狂奔。它们的驼峰比那些驯养骆驼更小、更结实，后者的驼峰被驮鞍和重担压得向旁边低垂。

我们每向这伟大、未知的沙漠深入一步，就离克里雅河三角洲的末端更远一点。迟至 2 月 14 日，我们仍能看见旧河床的痕迹。好运陪伴着我们，每天晚上我们都会在五六英尺深的地下成功打出水来。次日，沙丘高度增加到 100 英尺以上，还能看见许多枯死的树林。再过一天，我们惊奇地发现了一块绿洲，绿洲的洼地里生长着 70 棵枝繁叶茂的胡杨。我们看见一头豹子的足迹，还有大量的干骆驼粪。寒风刺骨，但我们并不缺少燃料。我们总是在离枯死的树干不远的地方扎营。我趴在沙地上，就着营火的光芒写日记；与此同时，我的随从们准备晚餐、照料牲口、挖井或是拾柴火。我是我所俯临的万物的君主！从来没有一个白人涉足过地球表面的这一部分，我是第一人。我每走一步，就是往人类的知识里添加新的战利品。

2 月 17 日，羊皮水袋空了；不过我们在地下 6 英尺处找到了水。水滴渗流得特别慢，我们得到的水只够人喝，再灌满一个羊皮口袋。第二天，沙丘增加到 130 英尺高，向北望去，只看得见高高的、不毛的沙地。随从们现在有点泄气了。我们喝光了最后一只羊皮口袋里的水，到了晚上，挖水的所有努力又都落了空。我们从一个驮鞍里抽出干草给骆驼们吃。一只向北跑的狐狸的足迹激起了我们的希望：塔里木河畔的树林应该不远了。

2 月 19 日，我们拔营起程的时候一滴水也没有了，便决定，如果当晚找不到水，就回到最后一次挖到水的地方去。

就这样我们继续前行，又见到了无数骆驼脚印。沙丘低了下来，而且，在两座沙丘之间的凹地，我们时常会看见风吹过来的树叶。我们停在一块芦苇地旁，让骆驼吃点芦苇。我们在地下 5 英尺深处找到了水，但水太咸了，就连干渴的骆驼也拒绝喝。

我们不管这个，决定继续向北走。还没走多远，沙丘便降低到无关紧要的高度。我们登上最后一批沙丘中一座的顶端，看见了远方塔里木河树林黑黑的一线。在一条曾是塔里木河支流的河道上，我们遇到了一个结冰的水潭。我们原本可以在这里宿营，但考虑到大河已经离得这么近了，我们最好还是接着走。我们继续前行，穿过了一片片芦苇和树林。时间一小时一小时地流逝，夜色围绕着我们；夜幕降临时，我们走进一片密不透风的树丛，实在走不动了，便在这里度过了第二个无水之夜。

破晓时分，我们穿过树丛，又发现了一个结冰的水潭。我们在这里扎营，人和牲口都放量豪饮了一番。第二天，我们走过了塔里木河 520 英尺宽的冰面。我打发阿合买·梅尔根和他的儿子卡斯木回和阗去，除了发给他们酬金以外，还把驴子都送给他们。他们回和阗还带了那张野骆驼皮。

我们于 2 月 23 日抵达沙雅小城时，时间已经过去了 41 天。我们纵贯了塔克拉玛干沙漠，绘制了一条河流所有迄今不为人知的下游部分的地形图，发现了两座古城，以及难以接近的野骆驼的天堂。

我不想沿着已知的路线回我的大本营和阗去，便决定选取一条绕远的路线，先穿过东面的罗布泊，然后沿着马可·波罗曾经走过的南线折回和阗。这条路大约有 1200 英里。我们的粮食都吃光了，不过可以跟当地人吃一样的东西。我没带东部地区的地图来，但已经准备自己画一些新的地图。我把我的中国护照留在了和阗，但是没有护照我们也可以另想办法。我的日记本和速写本都写满、画满了，所以我在沙雅买了些中国纸。我的烟卷都化成青烟了，所以我只好抽起了一支中国式水烟袋，靠当地的酸烟叶聊以自慰。

沙雅城的头领铁木尔伯克（Temir Bek）要求查看我的中国护照，由于我不可能出示护照，他便宣布东行的路向我们关闭。但是我们瞒过了他，偷偷逃进塔里木河岸的树丛，消失得无影无踪。

注释

1. 别夫佐夫（Mikhail Pievtsoff），俄国探险家，普尔热瓦尔斯基的助手。

2. 利特代尔（George Littledale），英国探险家。

3. 易卜拉欣（Hazret Ibrahim），中国穆斯林对亚伯拉罕（Abraham）的称呼。 希伯来人的祖先，犹太教、基督教、伊斯兰教三种一神教所推崇的古代圣人。

第二十六章

一千二百英里大撤退

由于本书篇幅有限，我必须尽快讲完去和阗的漫长旅途；我之所以选择这样做，是因为在以后的一章里我们还有机会回到这最有趣的部分——罗布沙漠和游移湖罗布泊。

我们沿着塔里木河岸穿行树林走了两个星期，总有牧羊人来给我们带路。我从那个季节开始迁徙的大雁那里得到了特别的快乐，它们每天结成 30 只到 50 只的一队队行列向东飞去。太阳升上天空的整个白天，它们都高高地飞行在大地上空；但是天暗下来之后，它们就飞得低了。夜里，我们能够清楚地听到它们在空中看不见的航道上急促的交谈声。显然它们都严格地循着同一条路线飞行。

3 月 10 日，我们来到小城库尔勒，受到俄属中亚商会的长老（"白胡子"）——马尔吉兰的库尔·穆罕默德（Kul Mohammed）的热情款待。他跟我一起骑马去了喀喇沙尔[1]——从科学的观点看，这是一次有益的远足——我在那里冒险拜访了中国长官文大人。我进了他的衙门，坦白告诉他我没有护照。

"护照！"这位谦谦君子面带愉快的微笑说道，"你不需要什么护照。你是我们的朋友和客人。你自己就是最好的护照。"

他又非常好心地签署了一份文件，责成省内各地为我们的旅行提供便利。

我回到库尔勒时，依斯拉木·巴依哽咽着对我说，我不在的时候他碰上了一桩倒霉事。一天，他正安安静静地坐在巴扎里跟一个中亚商人说话，这时一个中国头领带着四个兵卒骑马路过。他们扛着一根令旗，上面印有象征皇帝威仪的徽记。每个人必须起立，以示对这一象征物的尊敬，就好像对着盖斯勒的帽子[2]行注目礼一样。但依斯拉木是俄国臣民，所以坐着没动。于是中国士兵停下来，抓住他，掀起

·喀喇沙尔城门

他们衣服鞭打他的颈背，直打得鲜血淋漓。

这受凌辱的人对自己的不幸遭遇怒不可遏，要求报复和赔偿。我写信给统领官李大老爷，问他哪条王法上写着中国士兵可以鞭打俄国臣民，而且要求他下令惩办凶犯。李大老爷立即来见我，请求我的原谅，还对行凶的人不容易辨认出来深表遗憾。我于是要求全队士兵列队行进，让依斯拉木自己指出凶手是谁。

"就是他！"当施暴者走过时，依斯拉木大叫道。现在轮到这个可怜的罪人挨一顿鞭子了。就这样，正义得到了伸张，依斯拉木表示满意，李大老爷率领队伍开走了。

我们在库尔勒买了一条火红色的小狗——一只亚洲野种狗，仍然让它沿用约尔达什的名字，它很快成了所有人的宠儿。我于3月底离开库尔勒，随行的有依斯拉木、克里木·江、两个谙熟道路的当地人，以及我们的三峰骆驼、四匹马；我们沿着塔里木河下游最大的支流孔雀河左岸向东南方向行进，约尔达什还太小，不能靠自己的四条腿跟我们一起走。我们把它安置在一个篮子里，驮在一峰骆驼的背上，连续的左摇右摆搞得它患了严重的晕船症。它及时地长大了、长壮了，并且成为我最好的朋友。它跟我一道去了西藏，到了北京，穿过蒙古和西伯利亚到了圣彼得堡，要不是我听说因为俄国流行狂犬病，不大可能带它入境，我还会把它弄到斯德哥尔摩去呢。于是，我把它寄养在我的同胞、普尔科沃天文台（Pulkova Observatory）台长巴克伦德（Backlund）教授那里，准备等隔离检疫期一过便把它接来。但约尔达什一直是一条亚洲野种狗，已经习惯于替我们的旅行队抵御一切或多或少带有假想成分的敌人，所以它完全缺乏在普尔科沃一个有名望的家庭里所应有的文明礼貌。一开始，它咬死了方圆半英里之内能够逮到的每一只猫；后来，它成了一件太昂贵的奢侈品，因为它喜欢撕扯到天文台来访的客人的裤腿；最后，它咬了一位老妇人的腿，巴克伦德于是认为明智的做法是把它寄养在离普尔科沃相当远的一户农民家里。我就这样失去了我那忠诚旅伴的音信，至于这个勇士传奇的尾声，我现在仍然不知道——不过在我所讲述的故事当下，它正年幼，第一次出门旅行，走在孔雀河边，躺在驼背上的摇篮里呜呜地哀叫着。

我们的目的地是塔里木河的内陆三角洲和罗布泊。马可·波罗是第一个写到罗布沙漠以及同名大城市的欧洲人。这位著名的威尼斯商人还不知道有罗布泊这片湖泊，但是中国人知道它的存在、它的地理位置已经有好几百年了，他们在不同时期的地图上都予以标示。伟大的俄国将军普尔热瓦尔斯基在 1876 年到 1877 年的一次旅行中成为第一个深入到湖畔的欧洲人。他在比中国地图上罗布泊的位置偏南整整一个纬度的地方发现了这片湖。这使得著名的中国考察家李希霍芬男爵发展了自己的理论，并指出，由于塔里木河三角洲在后来的岁月里发生变化，这片湖南移了一个纬度。

普尔热瓦尔斯基之后，有四支探险队——凯里和达格利什的探险队，邦瓦洛和亨利·奥尔良亲王[3]的探险队，利特代尔的探险队，别夫佐夫和他手下军官率领的探险队——造访过罗布泊，他们全都亦步亦趋地跟着那位俄国将军的足迹走，似乎都没有考虑过探明东面更远处是否还有其他水道存在的重要性。我现在想进行一次这样的调查，这是向着解决罗布泊问题迈出的第一步，孰料日后竟引起如此之多的争论。

在前往三角洲的路上，我就听人说东面有一条水道，主要水源来自孔雀河，在我的先行者们走过的路线东侧形成了一连串湖泊，与中国地图上的罗布泊处在同一纬度上。我沿着所有这些湖泊的东岸走，它们几乎全部长满了芦苇。1893 年，俄国上尉科兹洛夫[4]发现了一条早已干涸的河岔，它从前曾经是孔雀河的河床，似乎还从我的那一连串湖泊上的某一点继续东行。当地人称之为"沙河"或者"干河"。在以后的一次探险中，我将有机会在地图上绘出它的完整路线，并且揭示它的重要性[5]。

就这样，我们沿着这些湖泊向南行进，沙丘、树林（有些是古老而枯死的，另一些是鲜活的）和广阔的芦苇地给我们造成了不少困难。在铁干里克小村，我们想把骆驼赶过孔雀河时遇到了大麻烦。河水仍然太冷，它们根本游不过去。于是我们把当地人又长又窄的独木舟绑在一起，盖上木板和芦苇，先把第一峰骆驼运过河，再回来运另外两峰。这些可怜的牲口吓坏了，拼命地反抗，我们只好把它们拴在这奇特的渡船上。

现在天气已转暖了。白天气温是 33 摄氏度，到了傍晚和夜里，蚊虫又把我们折腾得够呛。我把烟焦油涂在脸上和手上，有一次，我们甚至点着了一整片稠密、干燥的芦苇地，来驱赶那些嗜血的昆虫。当芦苇秆受热炸开时，那声音听起来像是在放枪；我们整夜就在这接连不断的"噼噼啪啪"声中躺着。熊熊火焰扫过宁静的大地，亮如白昼。

从小渔村昆其村开始，依斯拉木沿着主路走，去往我们商量好会合的一个地点，就是三角洲的河岔交汇的地方。我自己则租了一条 20 英尺长、1 英尺半宽、用胡杨树干挖空制成的独木舟，带着两个桨手，沿着长长的水道行进，穿过湖泊和河岔，划往约定的地点。这真是一次令人愉快的航行！我坐在小船中央，好像坐一把安乐椅似的，膝盖上放着罗盘、怀表和地图，就这样绘制出我们航行的路线。约尔达什躺在我的脚边，发现这样旅行可比在骆驼背上摇来晃去舒服多了。桨手站直身子，把他们那又薄又宽的桨片几乎是垂直地探入水中。独木船在水面上迅速地滑行，在船尾带出了许多漩涡。两岸飞快地掠过。我们的船穿过稠密的芦苇丛，会发出"嗖嗖""嘶嘶"的声音。其中一个桨手老库尔班（Kurban）在这个地区打猎已经有五十年了，他记得当初这个地方是干的，还记得二十年前他打死了一峰野骆驼，把骆驼皮卖给了头一个出现在这个地方的欧洲人，也就是普尔热瓦尔斯基。

有一天，一场最强烈的喀拉布冷风（"黑风暴"）席卷了这一地区，威严的老胡杨在狂风面前都不得不温顺地低下头。我们不能指望乘独木船出行了，只好躺在芦苇棚屋里静静地等待着；这里的居民热情招待我们，给我们吃新打上来的鱼、野鸭、雁蛋和芦笋。我们一路上吃的都是当地人的食品，再补上点盐、面包和茶，就相当可口了。

几天以后，我们到了塔里木河畔的阿不旦小村，该村由一些最简陋的芦苇棚屋组成，恰巧位于大河流入罗布泊的那个地点之上。这个地方的头人是 80 岁的昆其康伯克（Kunchekkan Bek，"旭日头人"），他曾经是普尔热瓦尔斯基的朋友，现在又给我们以最热烈的欢迎。他给我们讲述了他一生中经历的许多神奇事件，讲到了河流、湖泊、沙漠和动物，还邀请我们乘独木舟穿过这奇异的芦苇沼泽和淡水湖的联合体，向东做一次长途游览。

塔里木河在阿不旦村以下分成几条支流，我们沿着其中的一条走。不久，我们就看见面前的一片芦苇丛，好像要给我们的旅行设置障碍一般。但我们的桨手知道如何应对。他们把独木舟划向芦苇篱笆

· "旭日头人"昆其康伯克，曾经是普尔热瓦尔斯基的朋友，又成了我的朋友

· 芦苇丛中狭窄、阴暗的通道

上一条通道的开口处。这条通道实在狭窄，我们简直是下不见碧水，上不见蓝天。芦苇丛中这些狭窄的通道构成的迷宫是永远适于通航的，因为人们把芦苇连根拔除了，以免有新的芦苇长出。在这里，人们撒下一长串一长串植物纤维编成的小鱼网，捕捉美味可口的鱼，它们也就成了罗布人的主要食物。

我量了量最高的芦苇，从根部到顶上的芦花有 25 英尺高。在水面上，人们只能勉强用拇指和中指围拢一棵芦苇的茎秆。到处都是被暴风摧折毁坏的芦苇，密密麻麻地纠结在一起，让我们很难通过。大雁习惯于把蛋生在这样的地方；有那么几次，当我们的船驶过时，我

· 芦苇挡住了我们的去路

的一个向导猫一般敏捷地跳上这样一个折断的芦苇纠缠而成的垫子，然后抱着满满一大抱顶呱呱的雁蛋回来。

傍晚时分，我们从封闭、狭窄的通道滑行而出，来到宽敞、开阔的水域，无数成群的大雁、野鸭、天鹅和其他水鸟在其上游动。我们在北岸露天宿营，次日再走，一直抵达湖的尽头。晚上，我们沐浴着明亮的月光返回。这是一次充满威尼斯氛围的亚洲腹地夜游。

从阿不旦到和阗还有 620 英里的旅程。我想尽快走完这段路，那就只有依靠马来完成了。于是，在小城婼羌 6，我心痛不已地卖掉了那三名骆驼老兵；它们曾经为我们在地理和考古领域的重大发现立下汗马功劳。要同这么长时间驮着我走过沙漠、树林的那峰骆驼分别，我尤其难过，以前它每天早晨都要用鼻子拱我，把我叫醒，提醒我把它应得的两块玉米面包给它。但是现在，分别的时刻到了。买下它们的那个商人亲自来把它们牵走；我恨死他了。看到骆驼们从空场上消失了，我眼睛里满是泪水。它们气度庄严，耐心而镇静地走向新的苦役、新的冒险。

我们不久就有其他事情要费心思了。民事长官李大人派一个使者到我的住处来，要看我的护照，我回答说，我把护照落在和阗了。于是，李大人通知我，西去和阗的道路向我关闭，但我可以从来路返回！假如我违抗他的命令，企图抄近路走且末和克里雅一线，他就会逮捕我！

我呆立在那里；我还要在这令人窒息的夏日的酷热里，穿过树林和沙漠，沿着我早已绘制过地图的路线，再走上一次！

晚上，统领官石大人到我的住处来拜访我。他是个和蔼可亲、通情达理的人，详细地打听了我旅行的情况。

他问道："去年在塔克拉玛干沙漠丢掉了旅行队、自己差点儿渴死的那位，就是你？"

我证实了他的猜度。他欣喜异常，要我给他详细地讲一讲我的探险经历。他听得很认真，就像一个孩子在听神奇的故事。末了，我抱怨李大人太过严格，但石大人让我少安毋躁。

第二天，我去回拜他。

"逮捕我的事怎么样了？"我问道。

石大人纵声大笑，道：

"李大人真是疯了。我是统领；没有我下令，他不可能指挥一兵一卒去逮捕你。你就走最近的路去和阗吧，剩下的事都交给我了。"

我谢了他的好意，新买了四匹马，再次同我们那忠诚的骆驼作别，然后策马穿过车尔臣河畔的树林，到了喀帕[7]——此地的河床里出产沙金——最后，经克里雅到了和阗，我们这三个风尘仆仆的骑手是 5 月 27 日入城的。

注释

1. 喀喇沙尔，即今新疆焉耆回族自治县。

2. 盖斯勒的帽子（Gessler's hat），出自德国诗人、剧作家席勒的戏剧《威廉·退尔》。故事说的是瑞士被外族统治期间，总督盖斯勒将国王的一顶帽子绑在广场的柱子上，要求所有路过的臣民必须行注目礼。猎人威廉·退尔因为拒绝行礼遭到处罚，于是聚众起义，后被尊为瑞士民族英雄。

3. 邦瓦洛（Gabriel Bonvalot，1853—1933）和亨利·奥尔良亲王（Prince Henri d'Orleans，1867—1901），均为法国探险家。

4. 科兹洛夫（P. K. Kozloff，1863—1935），俄国探险家、考古学家，曾发现西夏古城黑水城遗址。

5. 斯文·赫定来到的这一地区并非严格意义上的罗布泊，只是当地人对塔里木河下游广大地区的笼统称呼。后来斯文·赫定组织西北科学考察团（1927—1935）再次进入新疆，才发现真正的罗布泊，揭开罗布泊之谜。

6. 婼羌（Charkhlik），即今新疆若羌。

7. 喀帕（Kopa），位于新疆且末县。此处的河床指喀拉米兰河。

第二十七章

亚细亚腹地的侦探故事

我回到和阗后的头一个任务是去拜访本城长官刘大人。于是，我们那次灾难性的沙漠之旅的整个结局，开始像一个令人毛骨悚然的侦探故事一样在我面前展开。有些人一年以前还被我们视作救命天使，现在其中的几个却暴露出恶棍和盗贼的本来面目。

　　事情似乎是这样的，拿水给依斯拉木·巴依喝、因而救他一命的三个商人中有个叫玉素甫的，去和阗拜访了俄属中亚商会的长老（"白胡子"）赛义德·阿赫兰·巴依（Said Akharam Baï），送给他一把手枪，以此表示亲善，并且希望他能保持缄默。但赛义德·阿赫兰事先得到过彼得洛夫斯基领事的警告，便对玉素甫进行严厉的讯问。于是，玉素甫招认说，这把手枪是塔瓦库勒村的托格达（Togda）伯克给他的。赛义德·阿赫兰立即将这把枪移交给刘大人，刘大人又把它送到了喀什噶尔的道台那里。这就是道台归还给我的那把瑞典军用手枪。

　　玉素甫觉得大事不妙，便逃到乌鲁木齐去。赛义德·阿赫兰派了一名干练的探子去塔瓦库勒村，在托格达伯克那里谋得一个牧羊人的职位。一天，这个探子牧羊人去托格达伯克家里讨工钱，进屋之前就被拦住了，但他已经看见托格达伯克和另外三个人正围着几只布满灰尘的旧箱子蹲坐着，箱子里的东西散放在东面的地上。这三个人正是阿合买·梅尔根和他的两个儿子卡斯木·阿洪、托格达·沙阿（Togda Shah），我们的旅行队在大沙漠中覆灭后曾经跟依斯拉木一道去搜寻遗落物品的那几个猎人，其中的两个还跟随我去过古城遗址和野骆驼栖息地。我当时怎么也不会想到，我的四个随从中竟然有两个是偷过我东西的盗贼。

　　话说这时探子看够了，就回转身朝着羊群的方向慢慢走；但是，一走出对方的视线，他便抓住见到的第一匹马，骑上它以最快的速度向和阗城飞驰。因为他没过多久就失踪了，托格达伯克开始觉得事情有些不妙，便派人骑马去追他；但是为时已晚，探子早就跑远了。

探子到了和阗，把这个故事讲给赛义德·阿赫兰听，赛义德·阿赫兰又汇报给刘大人。刘大人派了两个中国军官带着兵卒到塔瓦库勒村去。

托格达伯克现在意识到自己已经骑虎难下了，只好施展一点外交手腕。他想，牺牲这些不义之财总比失掉自己的身份和职位强，便把那些偷来的东西装回到箱子里，带着箱子到和阗来。他在半路上遇到了刘大人的手下，就编了个故事说，这些失而复得的东西是几天前才找到并送到他家里的，他现在正要去把它们呈交给中国官府。于是大队人马开往和阗，托格达伯克和另外几个盗贼被安置在一家客栈住宿。没承想，赛义德·阿赫兰在客栈里也安排了密探，偷听到托格达伯克在指导三个猎人一旦被问话该如何回答。

赛义德·阿赫兰就这样掌握了全部的情况，并主持了一次审讯，三个猎人只得招认：他们冬天追踪沙地里一只狐狸的足迹，向西追了很远，一直进入大沙漠，来到一个地方，那里有一座沙丘洒满了白面粉。可能是那些狐狸闻到了我们丢弃的食物的味道，便一再地跑到死亡营地来。

由于狐狸的足迹没有继续向西前进，猎人们便得出正确的结论，断定此地就是我们抛弃帐篷和箱子的地点。经过挖掘，他们找到了帐篷，它可能是先被风吹倒，然后又被夏天的沙暴掩埋住了。此后，把我们留在帐篷里的箱子挖出来就是件很容易的事了。他们对我们的那两个成员——他们极有可能死在帐篷外面——一无所知。他们把箱子驮在带来的驴子背上，自己则背着盛水的羊皮口袋。

发现箱子的事，塔瓦库勒村的托格达伯克不知怎么得到了风声，便劝说这几个原本忠厚老实的猎人把箱子运到他家里，藏了一段时间。然后阿合买·梅尔根和卡斯木·阿洪就接受我的雇用，参加了发现两座古城的旅行。就是说，他们尽管什么都知道，但在旅行途中却一直守口如瓶。然而，他们带着野骆驼皮回到和阗时，刘大人也掌握了全部情况，便逮捕了他们，鞭笞一顿，把他们投进了监狱。

我回到和阗后，刘大人把剩下的所有东西都归还给我。这些东西对我已没什么大用处了，因为我同时又从欧洲新弄了一套仪器。再说，如果所有的玻璃感光片（曝光的和没曝光的）都被撕去胶片，在塔瓦库勒村做了窗格玻璃，我拿着那架大照相机和三脚架又有什么用呢！

刘大人想对几名罪犯严刑拷打，好从他们口中挤出全部真相，这个做法我当然予以阻止。在最后一次审讯中，托格达伯克和三个猎人开始互相透过，刘大人就如所罗门王[1]一般做出判决，判定他们每一方都应照价赔偿我丢失物品的损失；我估计了一下，就是按最低的价钱算也有 500 美元。但是我声明我不想要他们的银子，再说造成的损失也不能用金钱来衡量。刘大人坚持认为，为了警示效尤者，他们绝对不能逃脱处罚；我就要了一笔相当于三匹马价钱的赔款，大约合 100 美元。无疑，只能由托格达伯克来负担这一损失，因为猎人们反正一无所有，我真替他们感到难过。

假如我的某个读者提出以下问题，我是不会感到吃惊的：

"你这样把自己的生命、你的那些随从和骆驼的生命，以及你的全部装备拿去冒巨大的危险，长途穿越无水的沙漠，有什么好处呢？"

对这个问题，我的回答是：现存最好的中亚地图表明，中国新疆有待考证的地区存在着沙漠，却还没有一个欧洲人涉足过；这样一来，对地球表面这一部分的土质进行一次考察就成为地理研究中一个未完成的任务。况且，在完全为流沙所埋没的地区发现古代文明的踪迹，也是件不可思议的事情。在前面的一章中我们也看到了，我的这些愿望终于通过对两座古城的发现而获得了圆满的完成。

我还提到过，我希望这些古城遗址有一天能够成为专门的考古发掘和研究的课题。对此我也没有失望，尽管我的愿望十二年后才得以完成。我的朋友、著名的匈牙利裔英国考古学家奥雷尔·斯坦因爵士[2] 在印度政府的支持下毅然承担起这项艰巨而光荣的任务。我的那两座古城落在他的手里是再好不过了。后来经我推荐，瑞典地理学会（Swedish Geographical Society）将雷齐乌斯[3] 金质奖章（Retzius Gold Medal）授予他，以表彰他在那里和亚洲其他地方所取得的成就。

1908 年 2 月初，他沿着克里雅河畔的同一条线路开始了勇敢的冒险之旅，穿越我在两章以前描述过的沙漠。他靠着我绘制的地图认路，但是行进方向相反，就是说，他从北向南穿越沙漠。他是这样叙述的（《中国沙漠中的遗址》，*Ruins of Desert Cathay*，II，379）：

> 如果我在库车时知道在沙雅不能保证找到向导，我也许就会在企图直接穿越沙漠去克里雅河之前踌躇一番，因为没有这样的向导，我一刻也不能逃避这项工作的巨大困难及它所固有的危险。由南而来的赫定离开了克里雅河的断流点，认为自己肯定能够在这条路线的某处与塔里木河相遇，只要他一直沿着一个大致向北的路线走。对于由北向南走的我们来说，情况就

完全不同了。我们在合理时间内抵达克里雅河的希望完全有赖于我们能够正确地掌握方向，穿过150英里的高沙丘，到达一个准确的地点——克里雅河的断流点，这条河并不直接横穿我们的路线，而是与我们的路线相平行，而且还必须假设该河一定有河水流过赫定见过它的地方。

现在我的经验告诉我，在一片完全没有坐标的真正的沙海里，单靠罗盘寻找正确方向有多么艰难。而且我不能轻视一个事实，那就是，尽管我可以依靠赫定悉心绘制的地图，但仍然要考虑到行走路线带来的经度差异，我们的情况是，一切都建立在假设经度正确的基础上。在河流的断流点，早期的河流在同黄沙的生死搏斗中形成了干涸河床构成的混乱的三角洲，如果我们不能抵达河流的断流点，那么我们所处的位置就很危险。没有任何标记能说明实际上河床在哪里，是朝西还是朝东，我们希望至少能在河床中掘井，找到地下水。如果我们继续南行，就要冒着完全耗尽饮水的巨大危险，而牲畜——甚至人——都有可能在抵达昆仑山脚下的泉水和绿洲之前活活渴死。

这样，他自己的性命及他的仆人和牲口的性命全系于我的地图之上了。若是地图不可靠，引得他偏右或偏左于我在沙漠中发现的那个河流断流点，他就会得不到救助而蹈于死地。那样的话，我的责任就重大了；甚至到了今天，我仍为他信赖我的地图感到高兴。一个人在一张牌上下的赌注不会比他自己和他人的生命更大了。他比我占便宜的是，他从我的旅行报告中得知，骆驼和驴子是可以跨过沙丘的。而我从河流断流点进入沙漠时却不明白这一点。斯坦因的旅行没有遇到灾难就完成了；当一切危险都过去时，他写道：

> 我……高兴地看见一个宽阔的河谷样地带，里面满是枯死的树林和活着的柽柳，它一直向南偏西南方向延伸。我们刚刚穿过的高高的沙地和这片长长的枯树林，都与赫定的描述相吻合，他在自己从南向北行进的记录里就是这样写的，最后他远离了标志河流原来走向的干河床。我甚至可以肯定，我来到了他的地图上标明第 24 号营地的地点。这似乎完全证明了赫定绘图的精确性，以及我们选取方向的正确性。

几个月之后，斯坦因沿着和阗河干涸的河床向北进发。在我的沙漠之旅结束十三年后，再听听他如何说起那个救我一命、我又用靴子盛水给卡斯木喝的水潭，真是有趣极了。兹引述他的书如下（II，420）：

> 4 月 20 日，我从麻扎塔格出发，开始沿着和阗河的干河床方向去往阿克苏。我们经过八段快速的行程，来到了这条河同塔里木河交汇点的北边，遭受到越来越强烈的沙漠的酷热，以及接连不断的沙暴。这样的条件让我深刻认识到赫定 1896（实际上是 1895 年）5 月第一次穿过塔克拉玛干沙漠时的艰难困苦。卡斯木后来在赫定被困于博克善的牧羊人营地时见到了他，所以现在还能把那潭清水指给我看，它位于右岸下游 20 英里远的地方，在这位伟大的旅行家挣扎着穿越"沙海"、几近渴死时解救了他。沿着和阗河的干河床走，不时会发现潭水甘美清冽

的水潭，这些水潭的连续出现证实了往往宽达一英里多的河床下面肯定有持续流淌的地下水存在，就是在最干旱的季节也是如此。

曾经引发我穿越塔克拉玛干沙漠进行那次灾难性旅行的一个地理问题，十八年后也促使斯坦因选择了同一条路线。像我一样，他也认为麻扎塔格是一条从西北到东南纵贯大沙漠的山脉。但他选择了比我的解释更恰当的一个原因，因为他是于 10 月 29 日（1913 年）开始他的旅行的，而我的旅行开始于 4 月 23 日。在他前面，冬季的寒冷在等着他。他选择了和我一样的出发点，也就是我所发现的那座狭长湖泊的南端。走了 16 英里以后，我发现山脉并未向沙漠深处继续延伸，便改变路线，一直向东穿越了整个沙漠；斯坦因走了 25 英里，发现这个计划太过冒险，便中途放弃了，回到了湖边。他比我聪明——vestigia terrent[4]。他对这件事的说法是（《地理杂志》，1916 年 8 月号）：

> 1896 年（实际上是 1895 年）5 月，赫定从（小山）附近的一片湖泊——叶尔羌河的河水即汇入此湖，我们却发现河流末端的水有一点咸味——出发，开始了他向东穿越沙漠的勇敢旅程，最终他的旅行队几乎全军覆没，他自己也仅以身免。我们向着东南方行进，经过三程艰苦的跋涉进入了沙丘的海洋。沙丘很密集，一开始就很高，而且一直持续增高，总是成排耸起，斜斜地同我们的前进方向相交叉。第二天，所有植物的痕迹，无论活的还是死的，都消失在我们身后，没有尽头的高大沙脊出现在我们面前，沙丘之间完全没有平整的沙地。我们要

爬的沙脊很快达到了200英尺到300英尺高，骆驼负重累累，前进的速度异常缓慢……这是至此我在塔克拉玛干沙漠遇到的最险恶的地面。到了第三天晚上，租来的骆驼……不是完全垮掉了，就是显露出筋疲力尽的样子。次日早晨，我爬上营地附近最高的一座沙丘，仔细地巡视了地平线，除了同样可怕的无尽绵延的沙丘我一无所见，它们好似狂怒的海洋掀起的滔天巨浪，在翻卷中突然凝住。这景色中有一种奇异的诱惑力，让人想到大自然正处于濒死的扭曲中。但是，尽管很难抗拒沙漠里呼唤我向前的塞壬[5]的声音，我还是不得不向北掉头。……我幸好及时做出这个艰难的决定，因为三天之后就爆发了一场猛烈的风暴……

从他的折返点算起，到和阗河西岸的麻扎塔格小山，他还有85英里要走。他及时回转了，这对他和他的伙伴们无疑是件幸事。在相似的情境里，我是绝对不会做出这样的决定的。我会继续向沙漠深处走去。这可能意味着我和我的随从们的死亡。我可能会失去一切，像1895年一样。但是冒险、征服未勘之地、向不可能挑战，这一切都对我有着一种不可抗拒的魔力。

注释

1. 所罗门王（Solomon），犹太民族历史上最伟大的君王，以智慧和美德著称，善于断案。

2. 奥雷尔·斯坦因爵士（Sir Aurel Stein，1862—1943），匈牙利裔英国考古学家、艺术史家、语言学家、地理学家和探险家，国际敦煌学的奠基人之一。他虽学术成就斐然，亦因大量盗掘、掠取中国文物而被目为"文化强盗"。

3. 雷齐乌斯（Anders Adolf Retzius，1796—1860），瑞典解剖学家和人类学家，以最先研究颅骨测量著称。

4. 拉丁文，意为"足迹令我心惊"，语出古罗马诗人贺拉斯《书信集》。

5. 塞壬（Siren），古希腊传说中以歌声诱惑过路水手、致使船毁人亡的女妖，一般为人首鸟身。

第二十八章

初次进入西藏

哦，和阗美妙的夏天！哦，沙漠和树林中无尽的骑行后安闲的休憩！

我带着温柔的感伤回忆起在古城和阗度过的一个月时光。从早到晚，我的日子全被工作占满。我完成地图和笔记，写信，读书，为去西藏北部旅行做准备。我一个人住在宽敞的木阁里，这只是一个大房间，四面都开着窗户，晚上则要把木格子窗关上。这座木阁建筑在一块砖石平台上，处于一座大花园的中央，四周围着高墙。围墙上只有一扇门，门旁是守门人的门房，依斯拉木·巴依和我的其他仆人住在里面，也做厨房用。木阁和厨房间的距离太远，我想喊仆人都做不到，我们于是在两座房子之间装了一个非常简单的响铃装置。

花园里有 15 匹新买来的马，从饲槽里吃着谷物。刘大人真是太慷慨了，每天给我送来马的饲料和仆人们的饭食。我请他给我介绍一个年轻的中国人，我将带他到北京去，在旅途中他还可以教我中文。一天，我的新旅伴来了。他名叫冯适，是个快乐、乖巧的人，听说能到北京去特别高兴。我们马上开始上中文课，我每天都用冯适那佶屈聱牙的母语做笔记。

天很热，但在我们的花园里 38 摄氏度的高温也算不了什么，园中有足够的阴凉地给我们用，树木间还有小溪潺潺流淌。时常会有强烈的风暴扫过这一地区。那时候狂风会在树冠里呼啸、高歌，人们可以听见树枝吱嘎作响、相互摩擦，乃至折断的声音。

在一个暗夜，一阵风暴席卷和阗。我睁眼躺着，惬意地听着外面狂风的咆哮声。约尔达什已经长大，成了一条称职的看门狗，它突然跳了起来，开始朝着远端一扇窗子狂吠。窗子的木格栅落了下来。狗浑身颤抖，怒不可遏。我蹑手蹑脚地走过去摸铃铛的拉线。它被割断了。我悄悄走到砖台上，看见几个黑影被狗吓得消失在树丛里。我叫醒依斯拉木，我们随意放了几枪。第二天早上，我们在围墙内侧找到一架梯子，盗贼们逃得仓皇，把它丢在了后面。打那以后，我们总是在花园里设一个打更的，每过一分钟，他都要敲三下梆子。从那时起，就没再有宵小之辈搅扰我们休息。

我们出发的一切准备都已做好，我向善良的刘大人告别，送给他一只金表及表链作为纪念。一场激动人心的告别宴会在花园里的一大堆篝火旁举行，所有帮助过我们的人，还有我们自己人都参加了，大家吃着羊肉、大米布丁和茶，同时眼睛观看着舞蹈，耳朵听着丝竹之声。第二天早晨，旅行队的牲口都驮好了东西，我们就此出发前往克里雅和尼雅[1]，在那里新买了六峰骆驼，然后前往喀帕，这是山脚下一个不起眼的小村，只有几间石头小屋。旁边的山里发现了金矿。

7月30日，我们进入群山之间，这是地球上最高最大的天然堡垒——西藏高原——的外围工事。我们顺着一道山谷登上达来库尔干地区，已经处在11000英尺的海拔高度了。这一地区仍然居住着生活在山地的塔格力克人（Taghlik）。这里只有18户人家的帐篷，以及他们放牧的6000只绵羊。但是离开达来库尔干以后，我们就进入了无人地带，向东走了两个月，没有遇见一个人。

更糟糕的是，我们远离了距达来库尔干一日路程的最后一块好牧场，此后的草越长越差，到最后干脆完全不长了。我们带着21匹马、29头驴和六峰骆驼，这些牲口里只有三匹马、三峰骆驼和一头驴活着走过了藏北。我们还有12只绵羊、两只山羊和三条狗——我忠诚的约尔达什（"旅伴"）、约尔巴斯（Yolbars，"老虎"）和布鲁（Buru，"狼"）。一条牧羊犬也自愿加入了我们的旅行队，它用三条腿瘸行，那是同狼群搏斗落下的残疾。

我只有八个固定的随从：依斯拉木·巴依、冯适、帕尔皮·巴依（Parpi Baï）、依斯拉木·阿洪（Islam Ahun）、哈姆丹·巴依（Hamdan Baï）、阿合买·阿洪（Ahmed Ahun）、罗斯拉克（Roslak）和库尔班·阿洪（Kurban Ahun）。我们还从达来库尔干带了 17 个塔格力克人同行，他们的长老将陪同我们两个星期，帮助我们翻过最难通过的几个山口。

帕尔皮·巴依是一个 50 岁的老头，相貌英俊，胡子乌黑，黑褐色的眼睛很活泼，身穿羊皮外衣，头戴一顶毛边帽子。达格利什在喀喇昆仑山口遇刺时，他是达格利什的仆人；他又给吕推[2]做仆人，后者在西藏东部被杀；他还做过亨利·奥尔良亲王的仆人，亨利死在了法属东印度群岛。在营火旁，他似乎永远也讲不完自己在亚洲的漫长旅途中经历的那些奇妙的冒险故事。

我们从一开始就注意到塔格力克人是不值得信任的。一天夜里，他们中间有两个人跑掉了，后来又跑了两个。他们已经预先拿到了工

· 达来库尔干的一个塔格力克人，即山民

资，他们的头人只好替占了便宜的手下做出赔偿。置身于我们必须穿过的深谷和高山的迷宫里，想到达西藏高原，这些人是必不可少的。

旅行队分成五队前进。骆驼和牵骆驼的人走在前面；然后是马匹；后面是驴子，分成两队；最后是绵羊和山羊，由牧羊人驱赶着。我总是由冯适和一个熟悉地形的塔格力克人陪同着殿后，因为我忙于画下我们走过路线的地图，为四周巍峨高耸的群峰画速写，还要搜集植物和岩石标本。依斯拉木·巴依负责挑选宿营地，总是选在水源、牧草和燃料合适的地方。等我赶到营地时，帐篷早就支起来了，牲口们在吃着仅有的一点草，营火燃烧着，约尔达什远远望见营地，总是丢下我跑过去，站在我的帐篷门口，摇着尾巴欢迎我，就好像它是这里的主人似的。

山谷转向东南，变得很狭窄。我们沿着山谷来到第一个高高的山口，塔格力克人将引导我们翻过它。旅行队毫发无损地通过了山口，它的海拔是 15680 英尺，从那相当尖锐的山脊处，我们得以欣赏一派雪山世界的壮美图景。山口南面，地形再次开阔起来。我们在这里惊动了第一头野驴，它在群狗的追逐下消失在群山之间。那条三条腿的狗发现自己跟不上旅行队的速度了，便自暴自弃地独自站在一块突出的岩石上狂吠，眼看着旅行队继续赶路去了。

布拉克巴什（"泉之首"）是塔格力克人叫得出名字的最后一个地方。从该地往东，我们将长久地从无名的、欧洲人从未涉足的地区漫游而过。在雪岭和有舌状冰川流下的山峰之间，向南绵亘着一条山脉，塔格力克人只知道它叫阿尔格山（Arka Tagh，意为"更远的山"）。

这些高地的冬天来得特别早。一天早晨，我们被一阵暴风雪惊醒了。我的帐篷被风吹翻了，只好用绳索和箱子固定住。气温降到了零下 7 摄氏度，尽管实际上时间还不到 8 月中旬。整个大地一片银白，并不总是能很容易地找到旅行队的足迹。高山病开始在旅行队中发作。大多数随从抱怨头痛和心悸，但是谁的处境也赶不上冯适悲惨，他的病情在一天天恶化。他发了高烧，在马鞍上几乎坐不住。带着他继续赶路将会是拿他的生命冒险，所以我只好把他送回去。我把他的坐骑给他，还给了他钱和食物，派一个塔格力克人护送他。他对去北京的希望破灭深感痛心，当我们于 8 月 10 日清晨在一堆营火的余烬旁告别时，他真的表现出抑郁绝望的样子。

我忠诚的仆人依斯拉木·巴依也病了。他咳出了血，要求带着两个塔格力克人留在后面，但是休息了两天之后，在我们找到一个勉强算得上牧场的山谷里，他的情况已有所好转。牲口们已经四天没有吃青饲料了，不过它们总能吃到玉米。驴子为马匹和骆驼驮来了玉米，它们自己就不那么讲究了，连野驴和牦牛的粪便也吃。我们带的玉米足够支持一个月，而人吃的粮食则够支持两个半月。每天傍晚日落时分，骆驼们会从牧场回来，步履蹒跚地走向营地，营地里的一块帐篷布上撒着它们每日定量的玉米粒。

我带着一队老弱病残准备进入西藏北部。我们此时所处高度是海拔 16300 英尺，夜里气温降到零下 10 摄氏度。每天都有一阵强烈的西风夹杂着冰雹和雪粒席卷高原。无论天空多么晴朗，西边天上都会暗下来，雪峰之间的空隙布满了铅云，已听见一种轰鸣的声音正以可怕的速度逼近。天刚正午，就暗得好像夜幕已经降临了一般。雷声隆隆，低沉的回声在山壁之间激荡着。然后就下起了冰雹雨，好像来自敌军炮兵阵地的真正的炮火一样。无数小冰球抽打着我们可怜的身体，甚至隔着最厚的羊皮外衣也能感觉到。什么都看不见，我们遮住自己的脑袋。夜色围绕着我们，旅行队停了下来。可怜的马匹吓坏

· 旅行队遭到冰雹和暴雪的袭击

了，躲避着不该承受的雹击。但这些频繁而剧烈的风暴去得也很快，一般会跟着下一场雪。不过大约一小时之后，天便放晴了，太阳将在满天霞光中沉落在群山后面。

我们现在（8月16日）要翻过阿尔格山了，我们的向导因而领着我们登上一条陡峭的山谷。那天我跟在领头的马队后面。艰苦跋涉了好几小时之后，我们到达了17200英尺高的山口。翻越山口鞍部的那一刻，司空见惯的冰雹雨又来了。我们看不见路，不能继续前进了，于是决定暂时扎营。帐篷支了起来，固定住，牲口们都拴好了。这里饮水、牧草和燃料都缺乏，但聚集在石缝间的冰雹给我们提供了饮用水，拆散一只木箱就有了劈柴。这是个非常可怕的宿营地，雷声在我们周围隆隆作响，震撼得大地都直颤抖，骆驼和驴都看不见了。

傍晚，天空放晴，月亮升起，闪射着银光。

第二天，我们发现塔格力克人给我们领错了路，我们宿营的山口只是翻越了一座小山，而不是翻越阿尔格山。我们只好再一次下山去寻找正确的山口，并且找回旅行队其他几支迷了路的分队。

我们完成了后一项任务，但是每个人都累得筋疲力尽了，一旦在一条小溪边找到还过得去的牧场，我们便就地扎营。

我们现在说好让三个塔格力克人回家去，其他人则一直陪同我们走到有人烟的地方。这些人要求预先支取一半工钱，好让这三个先回去的同伴把钱带给他们的家人。

当天晚上刚开始时，营地里静悄悄的。我们的塔格力克人总是用装玉米的口袋和装粮食的箱子围成一个小小的圆形工事，在工事中央生起一堆火，同时也用来抵挡连绵不绝的寒风。

8 月 19 日早晨，警报声响起。所有塔格力克人都消失了，可能是在半夜时走掉的！我们累坏了，睡得那样死，谁都没有注意到发生了什么。塔格力克人偷走了两匹马、十头驴子和一些面包、面粉、玉米。为了迷惑我们，他们是一批一批地离开营地的，而且是从不同的方向走掉的，这从他们的足迹上可以看出来。然后，他们会在事先商量好的地点会合，一起继续向西走。

帕尔皮·巴依受命带领两个人骑着我们最好的三匹马前去追捕逃犯。一天半以后，他带着那群满脸愧疚的家伙回来了，并做了如下汇报：

塔格力克人走了够我们走上三天的一段路后，以为自己安全了，便停下来生了一堆火，五个人坐在火堆旁，其他人都睡着了。帕尔皮·巴依骑马赶到时，他们惊跳起来，四散奔逃。他向空中放了一枪，喊道："赶紧回来，不然我就开枪把你们打死！"就这样他们回来了，扑倒在地，高叫着求饶。帕尔皮·巴依搜出他们的钱，把他们的手反绑在背后。第二天一大早，他们向着我们的营地出发，晚上10点钟就赶到了，累了个半死，这些可怜的家伙。

在我的帐篷前就着营火和月亮交织的光芒进行的审判可真是独特有趣的一幕。塔格力克人被判处夜里要捆绑起来，严加看管，并且对帕尔皮·巴依和另外两个人进行赔偿。判决结束，他们去口袋和箱子堆成的工事后面睡觉；他们彻底累坏了，睡得很沉，这时皎洁的月光洒在铺了薄薄一层雪的大地上。

几天以后（8月24日），经过仔细的勘察，我们从一个18200英尺高的山口翻越了阿尔格山的主峰。在山的另一侧，我们下到一条巨大的峡谷中，它一直延伸到东方我们目力所及的地方。我们沿着这条峡谷走了将近一个月。在我们左侧耸立着阿尔格山，它有着巨大的山峰、永久的雪原和蓝色的冰川；在我们右侧，也就是我们行进路线的南侧，耸立着被蒙古人称为可可西里（"青山"）的山脉的最东端。

还没有人来到过这些地方，无论游牧人还是他们的畜群都不能在这里生存。海拔太高了，即便是我们所处的山脉最低点也比勃朗峰高。我们大部分时间是在海拔16200英尺的高度行走。

在我们的第一个营地，山神就以雷鸣般的巨响欢迎我们。日落时分，奇幻、荒蛮的紫黑色云霞升了起来，充满了山谷，像一道熔岩流一样向东飘来，在我们四周变得越来越暗。狂风肆虐，似乎要将整个营地裹挟而去；我们不得不拽住帐篷把它留在原地。冰雹好像鞭子抽打着地面。但五分钟之内暴风就刮过去了，云层好像庞大的舰队一般开往东方。随后，难以穿透的浓雾又带着不可破解的秘密接踵而至。

注释

1. 尼雅（Niya），即今新疆民丰。

2. 吕推，即迪特勒伊·德·兰斯（Dutreuil de Rhins，1846—1894），法国探险家。

第二十九章

野驴、野牦牛和蒙古人

我们现在站在巨大的西藏高原——地球上最大最高的山脉聚积地——的极顶。我们的艰难时日开始了，空气的稀薄和牧场的匮乏摧毁了旅行队的抵抗力，我们几乎每天都要把奄奄一息的驮用牲口抛弃在路上，它们成了我们走过道路的标记。

现在，我们也处在野生动物的黄金国[1]里。在这个地方，我们怎么也找不到草地，野驴和羚羊却能找到稀少的牧草，野牦牛也能靠生长在砾石中间和悬崖上面、一直向上蔓延到冰川边缘的地衣和苔藓过活。我们每天都能看见它们，要么单独行动，要么成群结队；荒凉贫瘠的土地因为有了这些高原的主人而变得有生气了。

远征队里一些四条腿的成员，比如狗，至少同人一样对野生动物感兴趣。有一次，一头好奇的野驴在旅行队前头跑了两小时。它一次又一次地停下来，用力吸鼻子，喷鼻息，然后再跑到前头去。"老虎"约尔巴斯追它的时候，它就回转身攻击这条狗。狗夹着尾巴落荒而逃，看得我们哈哈大笑。

还有一次，我最心爱的旅伴约尔达什像支离弦的箭一样追逐一头野驴，野驴逃开了，消失在最近的山包后面，诱使这条狗又追了过去。但这勇敢的捕猎者没有回来。我们安营扎寨，傍晚过去了，整个夜晚也几乎过去了。但是凌晨3点，我被约尔达什从帐篷布下面往里钻的声音惊醒了。它高兴地呜呜叫着，扑到我身边舔我的脸。它显然是找不到我们的足迹了，为此徘徊了14小时，最后可能是利用一个偶然的机会才发现了我们的营地。

一天，依斯拉木·巴依向一头落单的野驴开了一枪，打碎了它的一条腿。这牲口只走了短短一小段路便栽倒了，被我画到了速写本里。它从上嘴唇到尾巴根部共有7英尺半长，毛色是美丽的暗红棕色，肚子和腿是白色的，鼻子是灰色的。它的蹄子有马蹄那样大，耳朵相当长，鼻孔又大又宽，尾巴长得好像骡子尾巴，肺部非常发达。我们留下了驴皮，驴肉则成了大受欢迎的加餐。

美丽、优雅的羚羊没有遭到依斯拉木·巴依的骚扰，但有几头牦牛倒在了他的枪口下。有一头是8英尺长的母牦牛，它的舌头、腰子和骨髓成了我换换口味的盘中美餐，牛肉则被仆人们自己分食了。另一头是公牦牛，就不那么容易打倒了。依斯拉木得意扬扬地回到营地，告诉我们，他刚刚在距帐篷有一段距离的地方射杀了一头大公牦牛，需要七颗子弹才能帮助这头牲口最后告别它那熟悉的草场。因为它就躺在我们次日即将经过的道路旁，所以我们说定到时候由依斯拉木指给我那个地点，我好给那头牲口画一幅画。

于是第二天早晨依斯拉木走在前面。当我们发现那个地方空空荡荡，那头被"杀死"的公牦牛已经不见踪影时，我的惊讶可想而知。一开始，我怀疑整个事情是寻常的猎人说大话。但是不对！足迹相当清晰地显示出，那头牦牛从一连串的枪击中恢复过来，然后站了起来，走向一眼泉水。它就在水潭边走着，刨着地面。它看见我们，抬起头，那真是一幅积聚力量、怒火中烧的壮美图画。当第八颗子弹带着沉闷的响声射入它的身体，它低下双角，向我们冲来。我们掉转马头，飞速逃走，但那头牦牛向我们追来，逼近我们。我们之间的距离越来越短，它已离得相当近了，却突然停住，用牛角扬起沙子，尾巴在空中乱抽乱打，通红的、带血丝的双眼使劲转动着。这时我们也停下了，猎人将另一颗子弹射进了它的身体，打得它转了好几个圈子，泥土和沙子在它周围飞溅。同我们在一起的约尔达什激起了公牛的怒火，但约尔达什及时逃开了。第11颗子弹射中了牦牛的心脏部位，

· 一头野牦牛同我们的狗争斗

这疯狂的老牦牛重重地摔倒了，倒在它安适、自由地度过了一生的大地上。

　　这头公牦牛大约有20岁，身长10英尺半，是一个非常好的标本。牛角外缘长2英尺半，体侧又密又黑的流苏状长毛是2英尺多一点，它平时躺着时这长毛成了又柔软又暖和的垫子。

　　由此可以看出牦牛不是很容易打倒的，除非射中它的肩部后侧，否则它是不会倒下的。假如子弹射进它结实、低平的前额，它只会哼一哼，晃晃脑袋。但如果它更为要害的部位挨了一枪，它就变得危险，会去攻击猎人。牦牛是为稀薄的高原空气而生的，从来不会气短，这样，它就极有可能赶上更习惯呼吸浓厚些的空气的猎人及其坐骑。

我们继续向东走，发现了整整一串湖泊，湖水或多或少都有盐分。我没有用欧洲名字为它们命名，而是以罗马数字标明。第 XIV 号湖² 海拔高度是 16750 英尺。一星期之后我们沿着一片大湖³ 的湖岸走了 17 英里。

地势依旧单调无变化，但每天都有雪峰和冰川的新景致在两侧展开。迄今为止还没有见到过人类的踪迹。不对，见过！一次，我们穿过邦瓦洛和奥尔良亲王所走的路线，发现了一块毡布，有可能属于他们的一头驮用牲口。我们一路上把野牦牛白天拉的粪便作为燃料收集到袋子里。牦牛粪燃烧时冒出带着蓝色的红色火焰，热度强烈。最糟糕的事情是牧场缺乏，马和驴子一个接一个地倒毙，如果有哪一天没有损失牲口，我们就会觉得很幸运。骆驼最是吃苦耐劳，但它们的足心肉垫在沙地上磨得生疼，我们便给它们做了袜子。打不到什么猎物，狗们只好吃旅行队死去牲口的肉充饥。焦虑情绪与日俱增，到了最后，我们甚至怀疑自己能否会在最后一头牲口倒毙之前碰上牧民的帐篷。万一碰不上，我们就只好扔掉行李，自己步行赶路，直至有人烟的所在。

事实上，我们已经有一阵子猎不到什么猎物，最后一只绵羊也杀掉了。第一峰骆驼倒毙时，随从们割下最好的肉做食物。一天早晨，人们发现我忠诚的坐骑、驮我走了 16 个月的那匹马死在了帐篷之间。

9 月 21 日，我们在一座斜斜地挡住我们去路的湖⁴ 西岸扎营。我们搞不清它的东南端在哪里，几乎以为自己正站在一个海湾的岸边。我们沿着湖向东北方向走，这么转弯抹角地浪费了两天时间。一天，我们被一阵风暴滞留在当地，这阵风在强度和破坏力上都超过以往任何一次。天空迅速暗下来，蓝色的湖水变成深灰色，湖面上掀起泡沫飞溅、隆隆轰响的白色巨浪。群山消失在穿不透的浓云后面，雹雨抽打着岩石，巨浪阻断了我们的去路，逼迫我们在一道山谷的入口处匆匆扎营。

我们现在还剩下五峰骆驼、九匹马和三头驴，牲口们最后一次吃了谷子。我们还有够吃一个月的面粉，因此剩下的最后几匹马每天能吃上一小卷面包。

9月27日，我们离开有很多湖泊的宽阔的山谷，走向东北方向，翻越了一个山口。在山口的另一侧，我们惊奇地见到了一群牦牛，数量大约有100头。依斯拉木向牦牛群开了一枪。这些受惊的牲口分成两群，其中一群有47头牦牛，径直朝我和陪我走路的一个塔格力克人冲来，一头大公牛跑在最前头。在大约100步开外，它们看见了我们，突然转向了一边。依斯拉木开了第二枪。那头公牛朝他冲了过去，在即将把他连人带马掀到空中的千钧一发之际，依斯拉木在马鞍上转过身来，向着这牲口的胸膛射了最后一枪。我们在这头倒毙的牲口旁宿营，它的尸体给我们提供了好几天的粮食。

我们现在肯定离有人烟的地方不远了！在下一个山口的山顶上有一座石冢，显然是打牦牛的蒙古猎人立的。我们还看见了一群为数200头之多的野驴。我们又有两匹马死掉了，旅行队还能坚持多长时间？我们的粮食几乎全吃光了，帐篷、行军床、箱子和采集的标本还像以前那样重，也许更重了也未可知。

9月的最后一天，我们到达一道山谷的开口处，碰见一座非常美丽的敖包（obo），即一种祭献给山神的宗教纪念物。敖包由49片深绿色的石板搭成，有的石板有4英尺半长，它们一片一片地边对边搭起来，好像一座有三个饲槽的马厩。石板上写满了藏文。我以前从未见过敖包。非常可能有一条柴达木蒙古人去往拉萨的朝圣之路经过这里。也许这些石板上的文字中包含着某些重要的历史信息？但我用不着研究这碑铭多久，就发现同样的文字是以同样的顺序在所有石板上不变地重复的。自然，那是常用的祷文："唵嘛呢叭咪吽[5]！"

第二天，我们下到夹在花岗岩山壁之间的一道山谷[6]里，又发现了一个敖包，还有一些炉床和废弃的帐篷地。一群牦牛在山坡上吃草。依斯拉木隔着老远向牦牛群放了一枪，但它们一动不动，反而有一个老妇人跑过来，扯着嗓子尖叫。我们从她那里得知这些牦牛是家养的，当我们走近一些，这一点我们自己也看得出来，因为家养的牦

· 一座由 49 片石板搭成的敖包，石板上写着献给山神的祷文

牛比野牦牛个子小。一条小河在谷底潺潺流淌，我们就在河岸上支起帐篷，离那位老妇人"大山女士"的帐篷不远。

经历了 55 天的孤独后再次遇到人类，是件相当有趣的事。但是我们中间谁也不懂那个人所操的蒙古语。帕尔皮·巴侬只知道一个词 bane（有），我知道五个词：ula 是山，nor 是湖，gol 和 muren 是河，还有 gobi 是沙漠。但是单靠这么几个词很难让老妇人明白，我们第一个并且最重要的愿望是买一只多汁的肥羊。我试着学羊咩咩叫，然后给她看两枚中国银币；她的一只绵羊的命运就这么定了。羊肉不久便进了我们的煎锅。

老妇人身穿羊皮衣服，扎着腰带，脚蹬靴子，额头上缠着一条方巾，把头发编成两根辫子。她 8 岁的儿子同样装束，但是打着三根辫子。他们黑色的毡帐由两根竖直的柱子支撑着，用绳子拉紧。帐篷内部的陈设特异而凌乱，有烧锅、木碗、长勺子、打猎用具、毛皮、皮革、灌满牦牛油脂的羊膀胱，以及从野牦牛尸体上切下来的大块牛肉。两尊小佛像和一些拜佛的器皿摆在靠墙的一只木箱子上。据我的穆斯林随从们说，这就是家庭祭坛或者家庭佛龛。

这家的主人晚上回家了。他名叫多尔齐（Dorche），是一名职业牦牛猎人。在荒野中见到一些天知道从哪儿来的邻居，他大为吃惊，呆呆地立在当地盯着我们，拿不准我们到底是真人，还是他幻想出来的。

老妇人和那个男孩可能告诉他了，我们不是强盗，而是一些相当正派的人，买他们的东西老老实实地付钱，另外还送给他们烟草和糖。

多尔齐的态度终于缓和下来；我们后来带他到我们的帐篷里来时，他相当和气。他成了我们的朋友和知己，后来还给我们当了好几天的向导，带我们去见他部落中的人——柴达木的台吉乃尔蒙古人（Tajinoor Mongol）。第一天他就卖给我们三匹小马和两只绵羊。

一开始，我们很难彼此理解。我们不能领会多尔齐说的话，他就朝我们大声嚷嚷，好像我们聋了似的。我立即开始跟他学习蒙古语，先是写下数字，然后指着额头、眼睛、鼻子、嘴、耳朵、手脚、帐篷、马鞍、马匹等，学到这些东西的名称。学习动词要更困难。我们先解决掉了简单的词，比如吃、喝、躺、走、坐、骑、吸烟等；但当我想知道蒙古语"打"怎么说，因此砰砰地敲打多尔齐的后背时，他吓坏了，霍地站了起来，以为我生气了。随后几天我们继续上课；休息了几天之后，在沿着奈齐河 [7] 河谷骑马赶路时，我让多尔齐一直在我身边，问他河谷和山脉的名字。我很想学蒙古语，另外，现实需求也迫使我必须学习。有时候不用传译也有其优势，但这时就必须自己去熟悉这种语言。过了几个星期，我已可毫不费力地说些简单的游牧民方言了。

10 月 6 日，我在旅行队准备好之前就先行出发了，只带着多尔齐和约尔达什（那条狗）一起走。我们沿着越来越开阔的河谷策马行进，走了一程又一程，柴达木盆地的地平线终于出现在北面。一整天过去了。黄昏到来时，我们正在穿越一个沙漠地带；然后我们走上了一条小道，它蜿蜒在一片柽柳林立的干草原上。

多尔齐停下来，指着我们来的方向说，我们的旅行队若是没有向导，是绝对不会找到这条路到达我们的营地的，所以他必须回去给他们领路。但他首先用手指了指我即将前进的方向；当我表示明白他的意思时，他哈哈大笑，点点头，高兴得在马鞍上上蹿下跳。然后他消失在黑暗中，我则继续赶路。

夜色漆黑。新买的马显然认识路，只顾走啊走的。道路似乎永无尽头，终于，几点火光出现在远方。火光慢慢亮了起来，可以听见狗在北边吠叫；过了一会儿，一大群愤怒的狗向我们发起攻击。我若不是从马背上跳下来，把约尔达什提到马鞍上，这可怜的家伙肯定要被它们撕成碎片。这样骑行了将近30英里后，我们——马、约尔达什和我——进入了伊克错罕郭勒的帐篷寨入口。我把马拴好，进了一间帐篷，里面有六个蒙古人围坐在火堆旁，喝着茶，在木碗里揉着糌粑（tsamba，青稞炒面）。

我同他们打招呼："身体可安康？"

他们一语不发地盯着我。我拿起一口锅喝了一大口马奶，沉着冷静地点着了我的烟斗。蒙古人非常惊奇，他们显然不知道如何对待我才好。我说了几句多尔齐教给我的话，试图以此引起他们的注意。但他们只是凝视着我；我从他们嘴里听不到一个字。

我们就这样整整坐了两个小时，时而彼此注视，时而看着火堆；这时马蹄声和人声传来，旅行队终于到了。他们的两匹马和一头驴子死掉了；当初的56头牲口里只剩了三峰骆驼、三匹马和一头驴子。

多尔齐向伊克错罕郭勒的蒙古人解释了事情经过后，我们很快成了朋友。我们和他们在一起待了五天，重新组织了一支旅行队。

住在附近的蒙古人听说我们要买马，都把他们的牲口牵过来卖，我们一共买了20匹。帕尔皮以前做过制鞍匠，就给它们都做了驮鞍。本地的头人索农（Sonum）来拜访我，他穿着一件红袍子，用木头容器给我们端来了牛奶、酸牛奶和马奶酒（发酵的马奶）。我去他的帐篷回访，入口外面的地面上插着一枝长矛，帐篷内部装饰着漂亮的家庭佛龛。这一地区的人们根本不从事农业生产，但他们都放养畜群——绵羊、骆驼、马匹和牛，所以很多人是非常富有的。

　　他们脖子上都戴着黄铜、紫铜或白银的小盒子，这些盒子里都装着陶土或木制的佛像，还有写着真言的纸片。他们管这种小盒子叫"噶乌"[8]。我买了一大堆，都是装饰得非常漂亮的，特别是银噶乌，上面还装饰着绿松石和珊瑚。但是蒙古人不敢让别人知道他们在向一个不信佛的人出售圣物，所以他们都是夜里偷偷溜进我的帐篷，在夜幕的掩护下把无量佛像交到我的手里。

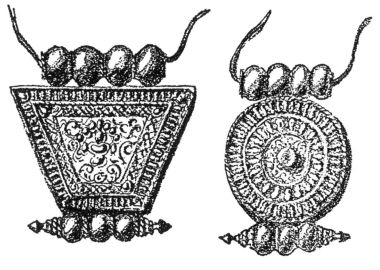

· 蒙古人挂在脖子上的"噶乌"

注释

1. 黄金国（Eldorado），过去西班牙征服者想象中的南美洲。

2. 第 XIV 号湖，即围山湖。

3. 此大湖即可可西里湖。

4. 该湖即库赛湖。

5. 唵嘛呢叭咪吽（Om mani padme hum），佛教祈祷语，又称六字真言。意为"啊，如意宝，莲花心哟"。

6. 该山谷即野牛沟。

7. 奈齐河（Naïji-muren），即奈齐郭勒河，昆仑河（格尔木河）的西支。

8. 噶乌（gao），藏语音译，意为"护身佛盒"。

第三十章

在唐古特强盗的地面上

我们于 10 月 12 日告别我们的新朋友向东行进，穿过了草原、沙漠和疙里疙瘩的盐碱地，这时候我们又有了整整一支由健壮的马匹组成的漂亮的新旅行队。我们左侧铺展着柴达木盆地无边无际的平原，右侧是西藏高原的巍巍群山。我们在蒙古人的帐篷寨里过夜，同蒙古人吃一样的食物。几天之后，多尔齐拿到工钱，被打发回去了，接替他位置的是一个威武高大的蒙古人，名叫洛桑（Lobsang）。我们到西宁去还有一个月的路要走，到北京还有 1250 英里。冬天带着它的寒冷逼近了；但我们已经到了低一些的地方，通常海拔在 9000 英尺到 10000 英尺。

然后我们转而向北，到了美丽的深蓝色咸水湖——托素湖。那里几乎无人居住，但是我们夜里在流入托素湖的呼鲁音郭勒河的河岸上见过火光。那个地方有一种美妙、神奇的气氛！这里那里竖立着美丽的敖包，上面飘动着祈福的灵旗。在托素湖接近淡水源头的地方，总能看见白天鹅在碧蓝的水面上游动。气温降到零下 26 摄氏度，空气凝固了，一轮满月将银光倾泻在这荒芜的土地上，月光在湖面上映出一条波光粼粼的小径。

我们沿淡水湖可鲁克湖南岸骑马行进的时候，洛桑安静、严肃地坐在马鞍上，不断地叨念着六字真言："唵嘛呢叭咪吽。"等他停下来，我问他为何这般忧愁，他回答道，他听最后见到的那些蒙古人说，唐古特[1]强盗几天前袭击了可鲁克，抢走了游牧民的一些马匹。他因此劝我们把所有武器都子弹上膛，我们的三支步枪和五把手枪于是都分发给了随从们。夜里，我们的马匹都紧挨营地拴着。我们在帐篷之间设了夜哨，有危险的时候还依靠三条狗示警。

10 月的最后一天，我们在哈拉湖[2]畔宿营，那里有无数熊迹，我们不得不比以往更加小心地看管好马匹。尽管熊是以野果为食的，但到了晚秋时节它们也会攻击偶然遇见的正在吃草的马。

第二天，我们策马东进，穿过一道宽阔的山谷，四周围绕着低矮的山丘。在山谷中间的小径上，可以看见一头熊朝着我们行进方向阔步前进的足迹。依斯拉木·巴依和洛桑骑马前去追赶。一小时以后，他们飞马狂奔而回，好像撞见了鬼一般。他们来到我们面前，上气不接下气地大叫道："唐古特强盗！"

他们后面尘土飞扬，紧紧跟着一群骑马的唐古特人，约有12个人，都肩上背着或手里拿着步枪。他们径直朝我们奔来，我们便停住，马上进入了防守位置。我们恰巧站在一座六七英尺高的小土丘上，依斯拉木、帕尔皮、洛桑和我各就各位，步枪和手枪全部做好战斗准备，其他人及大队牲口立在我们背后，以土丘做掩护。随从们以为自己的末日到了，双膝战抖。我们脱掉皮衣，以便更轻松地迎接战斗，但结果怎样可不好说。我们只有三支步枪，对方却有12支。我点燃烟斗，希望以此使手下镇定下来，尽管我自己也很难保持镇定。

强盗们发觉他们必须对付整整一支旅行队，便立即在150步外停下来，举行了一个战地会议。他们凑在一起讲话、打手势，步枪在阳光下闪光。过了一会儿，他们转身撤退了。我们重新上马，继续赶路。唐古特人一直走在我们右侧，保持两倍于步枪射程的距离。他们分成两队，一队骑马走上一条侧谷，另一队沿着山谷右侧的山脚行进，而且保持着队形，似乎有意抢在我们前面赶到主峡谷缩小而成的狭窄通道处。我们觉察到前面的危险，便尽可能地快马加鞭往前跑。洛桑简直吓得要死。

"他们会从岩石顶上开枪把我们打倒，"他说，"我们最好回头走另一条路。"

但是我却催促手下拼全力继续前进。唐古特人又一次在狭窄入口附近的岩石上冒头了，我们的处境极为危险。唐古特人可以藏在我们上面很远处的岩石之间，把我们一个接一个地干掉，自己却不暴露。他们选择了一个真正的温泉关[3]，我们只有三支步枪，没有什么机会攻克它。

我使劲吸着烟斗，骑马驰进了那狭窄的石头通道。"开始了，"我想，"我将被一颗子弹撂倒，我的那些勇敢的穆斯林会四散奔逃。"

但是什么也没发生。我们安全完好地通过了隘口，看见山谷在另一侧开阔而成一片大平原，心情才得以放松。唐古特人消失得无影无踪。我们继续赶路，直到在平原中部发现一座周围是草、现已结冰的淡水湖。我下令停下，支起营帐过夜。

马匹们立即解开缰绳放到草场上去，有人看着，在外面一直待到天黑，然后我们把它们拴在帐篷之间。依斯拉木和帕尔皮站夜岗。没必要另想办法让随从们保持清醒，因为每个人都认为大批唐古特人会再度来犯。普尔热瓦尔斯基曾经遭到过 300 个唐古特人的袭击；如果他们在哈拉湖以东的族属再大胆一点，他们可能会大有斩获。

天黑不久，我们就听到最凄厉的呼号声——拖得长长的哀号，好像鬣狗、胡狼和狼在夜里饥饿的悲嗥。这呼号声从我们营地四周离得很近的地方传来。洛桑肯定地说，这是唐古特人表示挑战的叫声，意在吓唬我们，并且试探我们的警犬有多么警觉和勇敢。强盗们匍匐爬过草地，能够在黑暗中潜行到离我们相当近的地方而不被察觉。我们时刻等待着听到敌人发起攻击的第一声枪响，而我们只能漫无目的地还击。每隔半分钟帕尔皮·巴依都会喊一声："哈巴达！"（"哨兵保

· 唐古特强盗在夜里潜近我们的营地

持警戒！"）由于没有鼓，两个随从就拼命当唧当唧地敲打烧锅。

　　时间一小时一小时地过去，双方一枪未发。唐古特人显然还没有必胜的把握，所以推迟了进攻。我越来越困，便躺了下来，一面听帕尔皮不知疲倦喊着"哈巴达"，一面沉沉睡去。

　　一夜就这样过去了，没再发生什么危险；太阳升起时，唐古特人已经骑上马撤退到射程之外。我们给牲口驮上行李，开始向东行进。我们离开宿营地不久，唐古特人便骑马赶到那里，下了马。我们看见他们在立过帐篷、生过火的地方翻找、搜索。无疑，空火柴盒、蜡烛头和报纸碎片令他们获知这支旅行队是由欧洲人率领的。无论如何，他们没有来追赶我们，我们也再没见过他们。

　　现在我们再一次觉得安全了，我就让艰苦奋战了一整夜的手下睡了整整一天。我以前——以后也是——从来没听过听人像他们那样打鼾的。

　　从那以后，我们时常路过唐古特人的帐篷，从他们手里买羊和牛奶。唐古特人是藏族人的一个部族，却比一般藏族人更野蛮、更凶残，他们抢劫弱小的旅行队，一有机会就偷人家的马匹。有一次我带着洛桑手无寸铁地进了一顶帐篷，几个女人坐在里面奶孩子。我把她们的全部家具记录下来，问她们每一样东西的名称，女人们笑起来，以为我疯了。洛桑认为，假如这时候她们的丈夫回来，我们可就麻烦大了。还有一次，我们见到25顶帐篷，但是讲了半天价钱，也没有一个唐古特人愿意给我们做向导。

山谷变得越发有生气了，这时我们走近了都兰寺（Dulan-kit），寺里住着一位活佛（Hutuktu Gigen）。11月5日晚，我们在小湖查汗诺尔⁴（"白湖"）旁扎营时，又听到了附近传来可怕的号叫声，这让我们相信唐古特人正在集合起来准备发动一次总攻。但是我累得睡着了。早晨，我听人说这次的号叫声是狼群发出的，它们逼近了帐篷，与我们的狗展开了一场遭遇战。

第二天，我们遇见一支大约50个唐古特人组成的旅行队。他们去小城丹噶尔⁵买了面粉和其他过冬用品。他们在我们附近扎营，夜里在我们的帐篷周围来回转悠，指望偷点东西回去。

然后我们来到一片荒芜地带，既看不见人也看不见野兽。但到了晚上，又能听见狼群凄厉的哀号，狗们吠叫得嗓子都嘶哑了。

跨过半结冻的牦牛河（布哈河）后，我们在东方看见了一幅壮丽的美景，那就是广袤的青海湖（Koko-nor，"青海"），湖水的颜色从一种孔雀石绿渐渐变成另一种蓝。这片湖很大，但也没有大到古伯察⁶神父（1846年）在他的游记里所告诉我们的那样，在湖岸上可以见到"周期性的退潮和涨潮"。它在海拔1万英尺处。唐古特人冬天的时候在湖边支起帐篷，但是到了夏天，他们就迁徙到高原上的新鲜牧场上去。我们沿着湖北岸赶路，沿途可以清晰地看见湖南岸的群山。湖心有一座岩石小岛，住着一些清贫的隐士，他们靠朝圣者和游牧民的施舍生活，那些人会在冬季最寒冷的日子踏着冰面走到岛上去。这样走路是相当危险的，因为赶路的人走在半路时，可能会起一场强烈的风暴，将冰面击碎；如果他们在岛上，也没了归路。但是他们所行的乃是神祇称许的善事，他们甘愿冒这个险。

大群羚羊在湖畔吃草，我们还惊动了六匹埋伏在地洞里准备袭击它们的狼。我们经常看见帐篷和羊群。有一次，我们遇见一支有 60 头牦牛的商队，牦牛驮着玉米，商人们准备运去卖给青海湖的唐古特人。还有一次，整整一道山谷似乎充满了人和牲畜。这是一支准噶尔札萨克蒙古人（Dsun-sasak Mongolian）的队伍，他们刚刚去了丹噶尔采买冬粮。这支队伍包括 1000 匹马、300 峰骆驼、带着 150 支步枪的 300 个骑手，其余的是妇女和儿童。他们走过的时候，山谷里充斥着马蹄踢踏的隆隆声。

唐古特人问洛桑我们的箱子里装着什么，他眼睛一眨不眨地回答说，大箱子里装着两名士兵，小箱子里只装着一名。我有一只带烟筒的又小又轻的铁皮炉子，是给我的帐篷取暖用的；洛桑却说那是一门大炮。唐古特人对于一门大炮居然可以加热表示惊诧，洛桑就解释说，这是这种武器准备开炮时正常的程序。他告诉他们，炮弹是通过烟筒的铁管向敌人发射的，世界上没有什么力量能够顶得住这种炮弹的弹雨。

翻过哈拉库图山口（Khara-kottel），我们来到的地方可以经由黄河直达入海口。迄今为止，我在没有一滴水流入海洋的地方待了整整三年。但是我到北京还有 900 英里要走。我盼望着到达中国的首都，然而它似乎永远遥不可及。

我们越往东走，人烟越稠密。我们遇见了骆驼商队、骑马的人、步行的人、大车、牛群和羊群。我们骑马穿过环绕着杨树、桦树、柳树和落叶松的村庄，走过桥梁、寺庙和佛塔，最后进入丹噶尔城的城门。

我听说这座城市有一个基督教传教会，便前往传教士们居住的中式房子。传教会的会长是荷兰人芮哈特（Rijnhart）先生，他到北京去了；但是他的妻子苏茜·芮哈特博士（Dr. Susie C. Rijnhart）——一个博学、和蔼、干练的美国人——特别热情地接待了我，为我和我的随从提供住处。这位勇敢、聪明的女士不久之后就遭遇了一个女人所能遭遇的最可怕的不幸。1898 年，她和丈夫、幼子一起试图进入拉萨，到了那曲被迫掉头回返。孩子死了；在离 1894 年法国人吕推遇害处不远的地方，藏人偷走了他们的马。失去了一切的芮哈特先生和太太在扎曲河岸上休息，可以看见对岸有几顶藏人的帐篷。芮哈特先生想游过河去，他的太太看见他消失在一块岩石后面；她以为他看到了附近的其他帐篷，不久就会回来。但他没有回来。她等了一整天，又等了几天几夜，但从此再也没有他的音信。谁也不知道他是淹死了还是被人杀掉了。经历了强烈得几乎难以承受的悲痛和困苦，芮哈特太太终于设法回到中国内地，然后回了美国的家里。

离开好客的芮哈特一家，我去了著名的塔尔寺（Kum-bum），此地满城都是寺院，上面的金顶灿烂夺目。我去拜见住持活佛，他给我的朋友洛桑摩顶祝福。我参观了改革家宗喀巴[7]的巨型塑像，还看见了古伯察神父说起过的那棵神树，每年春天它新生的叶子上都自动印着六字真言"唵嘛呢叭咪吽"。但是洛桑在我耳边悄悄说，真言是喇嘛们夜里自己印在树叶上的。

11月23日，我们很晚才出发，停步在西宁城门外的黑暗中时，夜已经很深了。一名守卫在城墙上踱来踱去，敲着鼓报更。我们用马鞭敲了半天城门未果，便招呼守卫，求他给我们开门，并许诺给他一笔丰厚的小费。争执了老半天后，他派一名报信的去长官衙门请示。我们等了一个半小时才得到答复，结论是，城门要等到天亮才开！

我们别无选择，只好在附近的村子里过夜。第二天，我们去见中国内地会[8]的里德利（Ridley）、亨特（Hunter）和霍尔（Hall），他们在我居留芮哈特家期间热情招待我，其美意难以言表。

我的生活和旅行方式在此地完全改变。我只留下依斯拉木·巴依一人，辞退了其他全部随从。我付给他们双倍工钱，把马都送给他们，自己只留下两匹。他们都是中国臣民，所以很容易从西宁的道台那里取得回家乡的通行许可。

我现在只剩770两银子了，可是到北京去还有三个月的漫漫长途要走呢！

注释

1. 唐古特（Tangut），蒙古语，元朝对党项人及其建立的西夏王朝的称谓，后演化为对青藏地区及当地藏族的称谓。

2. 哈拉湖（Khara-nor），应指尕海，在青海省德令哈市以南，而非德令哈市以北的哈拉湖。

3. 温泉关（Thermopylae），希腊卡利兹罗蒙山和马利亚科斯湾之间的狭窄通道，易守难攻。前480年，斯巴达国王莱奥尼达斯率领人数很少的希腊军队扼守关口，抵抗强大的波斯军队三天，成为历史上有名的以弱抗强的战例。

4. 查汗诺尔（Tsagan-nor），即伊和查汗诺尔，位于青海省乌兰县。

5. 丹噶尔（Tenkar），即今青海省湟源县。

6. 古伯察（Evariste Régis Huc，1813—1860），法国天主教遣使会传教士，最早报道中国西藏情况的西方作家。

7. 宗喀巴（Tsong Kapa，1357—1419），藏传佛教格鲁派创立者，佛教理论家。藏传佛教信徒大多崇奉他为教主。

8. 中国内地会（the China Inland Mission），英国牧师戴德生于1865年创办的超宗派的基督教宣教组织。

第三十一章

到北京去

我漫长旅行的最后几个月非常像一场向着文明回归的飞驰；所以我现在只是简略地叙述一下我们的冒险经历。

我前面说过，依斯拉木·巴依现在是我唯一的随从，他负责照看行李。我们驾着骡车去了平番 [1]，再乘突厥斯坦式马车前往凉州府 [2]。渡过石门河的时候，我们第一辆大车的辀辘像刀子一样切进不太结实的冰里，但是车还是安全地通过了，另一辆车则陷进了冰泥中动弹不得。车上所有的行李都得扛到岸上；一个中国人——想到他我仍然浑身直打哆嗦——脱光衣服走进了深河里，搬走了阻住前轮的冰坨。整个过程历时四小时。

经过另外许多次历险，我们开进了凉州府美丽的城门，来到一个名叫贝尔彻（Belcher）的英国传教士家里，得到了热情友好的接待。然而，我在里面过了 12 夜的小礼拜堂的温度可就没那么暖和了。礼拜堂里只有星期日才生火，其他日子里，那里的水银温度计降到了零下 15.5 摄氏度。我买了一个黄铜手炉，它的形状像个茶壶，里面有几块火炭埋在灰里，可以通红地烧一整天或者一整夜。

我之所以在凉州府耽搁了这么久，是因为很难租到驮行李的牲口去宁夏。我利用这段时间在城里城外闲逛，最难忘的一次旅行是去松树庄拜访博学而善良的比利时传教士们。看到中国农民自动放下田里的农活到教堂里去，在圣母玛利亚像前画十字，真让人觉得奇怪。我听说许多家庭从父亲到儿子都是天主教徒，一直传了七代之久。

最后我们找到一个好心的中国人，他同意以 50 两银子的价钱，用九峰骆驼驮上依斯拉木、我和所有行李走 280 英里路到宁夏去。我们的道路要经过阿拉善诸沙漠、乌兰阿勒苏（"红沙梁"）和阿拉善王爷府 [3]；我在王爷府跟快活的老王爷 [4] 度过了一小时愉快的时光，他

· 在冰河中

是中国皇帝敕封的一个藩王。

在宁夏，我又受到两个善良仁慈的传教士、我的同乡皮尔奎斯特（Pilquist）先生和太太的热情款待。

从宁夏到北京还有 670 英里的路程。亚洲实在是广阔无边！需要骑马走上几个月乃至几年，才能穿越这块大陆！我们接下来要穿过鄂尔多斯草原和沙漠，它的西面、北面和东面都被黄河河套环绕住了，南面则是长城。骆驼一天走不了多远的路；我们用了 18 天才旅行 360 英里，到达包头。

我们于 1897 年 1 月 25 日从厚厚的冰层上渡过黄河，这个地点的河宽是 1122 英尺。一星期之后，我们骑骆驼穿过荒凉的沙漠地段，只能偶尔看到蒙古人的帐篷。我们在那些有名的古井旁宿营，井都很深，百眼井（Bao-yah-ching）的井深有 134 英尺。天气寒冷刺骨，最低温度是零下 33 摄氏度，帐篷里面有时达到零下 26.8 摄氏度。

然而最糟糕的还是寒冷的、夹带沙尘的西北风，它不停地扫过大地，我们坐在骆驼的两个驼峰之间都给冻僵了。我的怀里总是揣着我那个烧火炭的小手炉，否则我的手在如此艰苦的旅行中会冻坏的。1月 31 日，我们遇到一场真正的飓风，继续旅行是绝对不可能的。整片平坦的沙地消失在沙尘飞旋的浓厚烟雾中。我们蜷缩着坐在我们那悲惨的小帐篷里，尽量围着皮毛衣服取暖。

我们高兴地再次渡过黄河，这个地点两岸之间的宽度是 1263 英尺；然后我们于 2 月 8 日骑行到包头，我在那里又受到了基督教联盟美国差会（the American Missionary Society of the Christian Alliance）的瑞典传教士赫勒贝里（Helleberg）夫妇的接待。这些富于自我牺牲精神的杰出人物，不幸在 1900 年的义和团运动中同无数人一起遇害了。

我在这里离开了依斯拉木，他带着牲口行李继续向张家口前进，我则跟两个中国人一起乘坐一辆蓝色小马车经过归化城 5 去张家口。沿路有整整一串美国传教士的站点，里面总共有 61 个瑞典人，就这样，我到张家口的一路上都是住在瑞典人的家里。在那个城市，我成了传教士拉尔森（Larson）的客人。那时我根本没想到，二十六年之后的 1923 年 11 月，我会跟他一起乘汽车从张家口去库伦 6，径直穿越了整个蒙古。

在张家口，我租了一架由两头骡子担着的驮轿（To-jo），用四天时间沿着南口山谷到了北京，这条路现在坐火车只需七小时。3 月 2日，我们进入北京西北部的低地，我感到极为激动和焦躁。这不正是我花了三年六个月才终于抵达的目的地吗？时间走得这么慢，骡子走

· 我的骡轿抵达北京

得更慢了，对两个骡夫的吆喝完全不予理睬。

　　我们走过村庄和园林，我在日落的余晖中瞥见树木中间有一抹灰色。是北京的城墙！我觉得自己正在去赴我生命中最豪华的盛宴。我孤身一人同两个中国人在一起，谈话仅限于最普通的中国话。但是现在，还有不到半小时的时间，我在亚洲腹地自主实施的漫游就要宣告结束了，我将再次拥抱文明的舒适——和不适。

　　我的驮轿像船一样摇摆着，在"鞑靼城"[7]一座南门的门洞下面进了城。我沿着使馆街[8]前行，看见左边有一扇白色大门，外有两个哥萨克兵站岗。我跟他们打招呼，询问那是谁的府上。"俄罗斯公使馆。"他们回答说。太棒了！那个时候，瑞典在"中央帝国"还没有派驻代表。我从我那摆动的箱子里跳出来，穿过一个大院子，来到一幢中国宫殿式样的房子前，拥上来许多中国仆人。一个男仆通报了我的到来；不到两分钟，俄国的临时代办巴甫洛夫（Pavloff）先生就出来迎接我。他真诚地祝贺我完成了旅行，并告诉我说，他早已接到了圣彼得堡外交部的指令，将通常由公使卡西尼（Cassini）伯爵居住的公寓交付我来使用，公使现正在自己的祖国度假。

我想起了阿加·穆罕默德·哈桑在克尔曼沙阿的宫殿！这回，我也是身心疲惫、两手空空（只有我随身携带的那点行李），从沙漠的深处和光秃秃的蒙古包里来到由客厅、餐厅和卧室组成的豪华套房，里面装饰着中国地毯和刺绣、古董、贵重的青铜器，以及康熙和乾隆年间的花瓶和瓷碗！

我实在太贫困了，花了三天时间从头到脚收拾，才由一个流浪汉变成了一位绅士。不收拾利索，我怎么能拜访各个公使馆，轻率地闯进晚会和欢宴的旋涡里呢。

关于北京最愉快的记忆是结识了闻名世界的睿智的老政治家李鸿章。他也被认为是当时中国最富有的人之一，然而他在这令人绝望的迷宫一般的房舍和巷子中间生活得简朴而不事张扬。当时，北京的街道又窄又脏，人们不像现在这样使用汽车、马车甚至电车，就连人力车在北京也几乎没有立足之地。步行是不可思议的，因为街上全是泥土，而且路太远了。人们要么骑马，要么就坐轿子。

李鸿章笑容可掬地接待了巴甫洛夫先生和我，他询问了我的旅行和我的计划，然后邀请我们几天后来赴宴。

这次宴会实在美妙极了！小圆桌支在一间中等大小的房间里，除了两幅照片，墙上没有任何装饰。我们进去的时候，老人立即让我们看照片，显然很是自得。一张照片是李鸿章和俾斯麦[9]的合影，另一张照片是李鸿章和格莱斯顿[10]的合影。他谦逊地微笑着，好像在暗示说，两位欧洲政治家在他面前实际上是微不足道的，能够同他照在一张胶片上是他们莫大的荣幸。

我们吃的是欧洲式的饭菜，还痛快地喝了香槟酒。我们通过一个翻译谈话，谈到李鸿章去年（1896 年）到莫斯科参加加冕礼[11]的事，又谈到他访问几个欧洲国家和美国的事，还谈到了我贯穿亚洲的旅行。谈话里有几个话题讲得很尖锐。李鸿章从经验来判断，所有访问北京的欧洲人都怀有自私的动机，仅仅为了利益。他相信这一点对我也适用，便很坦白地说：

"当然了，你来这里是为了谋得天津大学的一个教授职位？"

"不，谢谢！"我回答说，"阁下即便给我提供这个职位，再配上部长的薪水，我也不会接受。"

谈到瑞典国王，他使用了"王"这个称谓，意思是藩国君主。

巴甫洛夫解释说瑞典有一个完全独立、非常强大的国王，同所有其他欧洲君主等级相同。然后我询问道：

"阁下去年离得那么近，为什么没有访问瑞典？"

"我没有时间访问那里的所有国家。不过给我讲讲瑞典，讲讲你们国家人民的生活状况。"

我说："瑞典是一个快乐的大国。那里的冬天不太冷，夏天不太热，没有沙漠和草原，只有田野、森林和湖泊。那里没有蝎子或毒蛇，野兽也很稀少。那里没有富人和穷人……"

这时，李鸿章打断了我，转向巴甫洛夫说：

"多么杰出的国家啊！我应该建议俄国的沙皇占领瑞典。"

巴甫洛夫非常难堪，不知道该怎么从这个窘境中脱身。他回答说：

"不可能，阁下！瑞典国王和沙皇是世界上最好的朋友，彼此没有任何恶意。"

李鸿章转而问我这个问题：

"你说过你旅行穿过了南疆、藏北、柴达木和蒙古南部。你穿过我们这些属地的真实意图是什么？"

"为了探险和给未勘之地绘制地图，调查那里的地理、地质和植物情况，如此，等等。最主要的是，找一找有没有适合瑞典国王吞并的省份！"

李鸿章开心地大笑起来，竖起大拇指赞道："好！好！"我报了一箭之仇。但是他没有继续探讨瑞典征服中国属地的可能性话题；他觉得自己能用另一个话题来难住我，于是问道：

"原来是这样！你也研究地质情况。那么现在，假如你骑马穿过一个平原，看见地平线远处耸起一座高山，你能立刻说出那座山上有没有金子吗？"

"不，根本不能！我要先骑马到山上去，进行仔细的岩相学研究。"

"哦，谢谢！那用不着什么技巧，我也能做到。关键是要能从远处判断出有没有金子。"

我不得不承认这个回合我败了。无论如何，考虑到我的对手是中国现代最伟大的政治家，这次争辩算是虽败犹荣。我们的谈话就以这种方式持续了整个宴会。宴会结束后，我们告辞，坐着摇摇摆摆的轿子离开了他的家。

在北京逗留了 12 天之后，我回到了张家口，依斯拉木在这期间已经带着行李到了那里。我已经决定取道蒙古和西伯利亚回国。横穿西伯利亚的铁路当时只建到了叶尼塞河东岸的坎斯克，所以我只好坐马车和雪橇走 1800 英里的路。

我到达圣彼得堡，第一次到皇村的宫殿里去谒见沙皇尼古拉二世 ¹²。在未来的几年里，我还会频繁地见到他。我通过瑞典公使馆收到一张卡片，上面给出了"沙皇陛下屈尊赐见"的日子和时间，以及所有其他细节，诸如如何乘坐到皇村的火车和去宫殿的马车。一个男仆将在车站迎接客人，并陪同他到宫殿来。在从车站到宫殿的路上，几次被骑马的切尔克斯人或哥萨克人拦住，通过卡片验明我受邀客人的身份。

沙皇穿着一身上校军装，简朴而又谦逊，让人觉得他不是皇帝，倒更像是个普通人。他对我的旅行表现出很大的兴趣和善意，并显示出对中亚地理很熟悉的样子。他在桌上展开一张中亚大地图，这样我就能够在上面指出我的行走路线了。他用一根红笔画出我的主要站点，比如喀什噶尔、叶尔羌河、和阗、塔克拉玛干沙漠、罗布泊等，还着意提到了我走过的土地上普尔热瓦尔斯基发现过的地区。他尤其喜欢听英俄勘界委员会在帕米尔的情况，我在这个地区度过了一些时日。他坦率地问起我对俄国和英属印度在"世界屋脊"上的国界线划分问题的看法，我只能根据我的信念回答说，如果让边界沿着作为分水岭的兴都库什山的主要山脊行进，比起切割平坦的高原、用人造的石头堆做标记，会显得更自然和简单些，否则游牧人的漫游很容易引起摩擦。

沙皇皱起了眉头，脚踩着地板，用力喊道：

"我一直都是这样指出的，但是没有人肯直接、简单地告诉我真话！"

随后，他听说我打算进行一次到亚洲心脏地带的新旅行，就请我在出发前把我的计划和细节告诉他，因为他希望尽其所能协助我的事业。后来他证明了他的许诺并不是空话。

几天之后，1897 年 5 月 10 日，我乘轮船从芬兰回到了斯德哥尔摩，我的父母、姐妹和朋友们都站在码头上迎接；我们再度相见的喜悦是无法形容的。难道我不是差之毫厘就永远回不来了吗？当天，我谒见了老国王，我主要的资助者，他授予我皇家的荣誉，但是根本没有我在学童时期梦想的凯旋游行的一丝踪影，像当年诺登舍尔德荣归斯德哥尔摩那样。整座城市的人都在想着当时要召开的博览会[13]。

5 月 13 日，我和几个朋友设宴饯别安德烈[14]，他要带着两个同伴去斯匹次卑尔根群岛，乘坐热气球"老鹰号"（The Eagle）从那里航空穿过北极到白令海峡。安德烈发表了感人的演说，他祝贺我经过长年的亚洲旅行荣归故里，成绩斐然地回到瑞典来。而他本人正站在事业的门槛上，结局还笼罩在未知之中。我在答词中热切希望他飞过海洋和冰原，获得辉煌的成功；我们现在祝愿他一路顺风，希望在他胜利归来时也能聚在他的周围欢迎他，让现在使我们动容的悲伤变成重逢的欢乐。

他于 5 月 15 日离开了斯德哥尔摩。7 月 11 日，他从斯匹次卑尔根岛的北岸升空，"老鹰号"消失在地平线外面。他再没有回来；直到今天他和他的同伴都杳无音讯。但是关于光荣行为的记忆仍然很鲜活，我们为他们感到骄傲，毕竟率先尝试完成从空中飘过北极的英勇壮举的是一些瑞典人。

当天晚上，安德烈出发仅仅几小时之后，国王在王宫设宴庆祝博览会开幕，受到招待的有 800 人。弗里德托夫·南森[15]完成了乘"前进号"（Fram）横渡北冰洋的旅行，在我回乡两星期前在斯德哥尔摩受到了欢迎，现在轮到我了，众人举杯饮酒表示正式的祝贺。当时对这个事件的记载是这样的："国王再次发表讲话，而他的声音总是那么动听，这个时刻更有一种特别温暖的口吻。"高个子、白头发的国王在客人中间走动着，为我讲了一席话。他的演讲里有如下内容："冒着生命危险，以不可战胜的力量，南森在北冰洋的冰原中寻找土地。斯文·赫定，瑞典的儿子，同样冒着生命危险，以不可战胜的力量寻找水——在亚洲腹地的沙漠和草原上水很缺乏。国王的义务往往沉重，但其权力也是宝贵的。我要行使这样的权力，以瑞典民族的名义，向在此欢聚一堂的政治领袖和社会贤达们致辞，号召各位跟我，跟瑞典人民所珍视的民族感情的代言人一起，高呼斯文·赫定的名字！"

我年迈的父亲参加了宴会，国王对我的赞词使得他至少像我一样高兴。

要把几乎全欧洲的地理学会对我的热烈欢迎记录下来，很容易就能填满整整一本书。巴黎、圣彼得堡、柏林和伦敦在这方面胜过其他一切城市。我获得了大量的奖章和皇家授予的殊荣。我特别充满感激地记得我年迈的老师、柏林地理学会（Berlin Geographical Society）的冯·李希霍芬男爵，法兰西共和国总统菲利斯·福尔[16]，巴黎地理学会（Geographical Society in Paris）的米尔纳·爱德华兹（Milne Edwards）和罗兰·波拿巴（Roland Bonaparte），圣彼得堡的老谢苗诺夫（Semenoff），威尔士亲王（后来的英王爱德华七世[17]），我的老朋友伦敦皇家地理学会（Royal Geographical Society of London）主席克莱门茨·马卡姆爵士（Sir Clements Markham），还有其他许多人。伦敦皇家地理学会颁发给我一枚大金质奖章——缔造者勋章（The Founders' Medal），并选举我为荣誉会员[18]。我在伦敦逗留期间，经常待在伟大的非洲探险家亨利·斯坦利家里，他在余下的生命岁月里一直是我的朋友。我接到一些条件优渥的邀请，其中包括庞德（Pond）少校发来的要我去美国进行演讲的邀请，这时斯坦利是我最好的顾问。那一趟美国之行未能实现，因为我头脑里正盘算着完全不同的计划。

"一切都是虚妄！"对这一切欢宴和荣耀的回忆仿佛焰火、仿佛风吹水面涌起的泡沫一般，终于消散得无影无踪了。大战爆发时，我的良心促使我无条件站在德国一方。我口无遮拦地公开发表自己的见解，来到德国军队的西部前线，将我的印象写成了一本书。巴黎地理学会和伦敦皇家地理学会将我的名字从荣誉会员名册中抹去了；三年前圣彼得堡就已将我除名，当时我提醒我的同胞准备同俄国开战。

皇家地理学会将这一切举动都记载在其刊物《地理杂志》上。该杂志 1915 年 4 月号有如下内容：

> 主席（道格拉斯·弗莱士菲尔德先生）于 3 月 22 日的学会会议上提出如下动议："在进行今晚的议事日程之前，我将向大会做一次奇特的、但愿是个例外的报告。看来我们不得不将一个名字从我们的荣誉会员通讯录中抹掉了。我不愿在此做进一步的说明，而只宣读学会主席今日所拟提案，他读到了赫定博士在瑞典出版的《全民皆兵的民族》一书，此书已不幸流入我国境内。提案如下：由于主席发现赫定博士——一个中立国的公民——在言行上均与国王陛下的敌人一致，所以我们决定将赫定博士的名字从本学会的荣誉会员通讯录中除去。主席希

望本提案得到大多数会员的同意。"

如果当初他们选举我做荣誉会员的时候，我知道这个头衔意味着我有义务在战争中始终站在英国一方，那么我一定会客气而坚决地予以谢绝。

注释

1. 平番，即今甘肃永登。

2. 凉州府，即今甘肃武威。

3. 阿拉善王爷府，位于今内蒙古阿拉善盟盟公署所在地巴彦浩特市城北。

4. 快活的老王爷，即第七代阿拉善旗王多罗特色楞。

5. 归化城，即今内蒙古呼和浩特。

6. 库伦（Urga），即今蒙古首都乌兰巴托。

7. "鞑靼城"，即北京内城。清廷只允许八旗官兵及其眷属居住内城，汉人百姓只能居住在外城。当时来京的外国使节，都习惯于称内城为"鞑靼城"，称外城为"汉人城"。

8. 使馆街，即今北京市东城区东交民巷。

9. 俾斯麦（Otto von Bismarck，1815—1898），普鲁士宰相，号称"铁血宰相"，使德国从软弱的联邦跃升为强大帝国的重要人物。

10. 格莱斯顿（William Ewart Gladstone，1809—1898），英国 19 世纪最伟大的政治家，自由党领袖及四届首相。

11. 加冕礼，即俄国末代沙皇尼古拉二世的加冕礼，1896 年 5 月在莫斯科圣母升天大教堂举行。

12. 尼古拉二世（Nicholas II，1868—1918），俄国末代沙皇（1894—1917 在位），1918 年被枪决。

13. 当时要召开的博览会，指 1897 年斯德哥尔摩博览会。

14. 安德烈（S. A. Andrée，1854—1897），瑞典工程师、探险家。他于 1897 年乘热气球飞越北极失事遇难，33 年后遗骸和遗物才被发现。

15. 弗里德托夫·南森（Fridtjof Nansen，1861—1930），挪威的北极探险家、海洋学家和政治活动家，1922 年诺贝尔和平奖获得者。

16. 菲利斯·福尔（Félix Faure，1841—1899），法兰西第三共和国第六任总统，1895 年至 1899 年在任。

17. 爱德华七世（Edward VII，1841—1910），大不列颠及爱尔兰国王（1901 年起），以讲究穿着、喜爱交际、为人和蔼可亲著称。

18. 关于我在伦敦受到欢迎的情形，参见《地理杂志》1898 年第 11 卷，410 页。——作者原注

第四次
亚洲腹地旅行

第三十二章

回到沙漠！

1899 年的仲夏日（6 月 24 日），紫丁香盛开之时，我开始第四次向亚洲腹地进发。我的主要赞助人是奥斯卡国王和伊曼纽尔·诺贝尔（Emanuel Nobel）。仪器，四架照相机及 2500 张玻璃感光片，十支步枪、20 把手枪及子弹，文具和绘画材料，给当地人的礼物，衣服，书籍，简而言之，所有的行李，总共重 1130 公斤，整整装了 23 只箱子。来自伦敦的一艘带有桅杆、船帆、船桨和救生衣的詹姆斯专利折叠艇，将在这次冒险中扮演重要的角色。

　　同我的父母和兄弟姐妹的分别像以往一样，是整个旅程中最艰难的一个环节。此后才是快乐的部分，等着我一步步经历那"未知"的长新的魔力。我渴望着野外生活，渴望着孤寂道路上的伟大历险。

　　在我启程几个月前的 4 月份，我去见过沙皇，向他展示了我的新历险计划。他为我的工作创造了一切力所能及的便利条件，给予我在欧洲和亚洲的所有俄国铁路上都免费乘车、免费转运并免除关税的权利。沙皇还亲自给了我一支由 20 个哥萨克组成的护卫队，不要我一个戈比。我告诉他说这太过分了，四个人就足够了；于是我们就决定只要四个。哥萨克兵的问题适时找战争部长库罗帕特金将军解决即可。

　　我要乘火车走 3180 英里路去安集延。在里海东岸的克拉斯诺沃茨克，一节客厅式豪华车厢已经为我准备好，它在我前往俄国亚洲部分的旅途中将是我的家。我可以在各个城市随心所欲地逗留，只需说明我想让我的车厢加挂在哪列火车上就行。我的车厢总是加挂在列车的最后；从车厢后面的平台上，我得以欣赏飞驰而过的风景。

　　我抵达安集延的时候，依斯拉木·巴依已经在那里等我了。他身穿一件蓝色长袍，胸前佩戴着奥斯卡国王授予的金质奖章。我们很高兴能再次相见，希望能再次在一起碰碰运气。我派他带上我所有的行李赶紧去奥什，跟即将帮助我们去喀什噶尔的旅行队车夫一起做好安排。其间，我住在我的老朋友萨依采夫上校的家里。

7月31日，我带着七个随从、26匹马，以及约尔达什和多弗莱特（Dovlet）——两条一个月大的小狗崽——上路了。在翻越群山抵达喀什噶尔的270英里跋涉中，我必须翻过通布伦山口（Tong-burun），那是咸海和罗布泊之间的分水岭。整个亚洲一下子展现在我面前！我感觉自己像一个征服者，面对着整个世界的新事物，它们都在沙漠的深处和山峦的峰顶等我去发现。这次旅行将历时三年，我的首要原则是只访问没有人去过的地区；我那多达1149页纸的测量图中的大部分实际上都代表了迄今为止尚未勘察的土地。

在帐篷里听着风在树梢呢喃，听着大型驼队的驼铃叮当，是多么惬意啊。吉尔吉斯人在草原上像往昔一样放牧着他们的羊群；在一处可步行通过的浅滩上，他们帮忙把我们的马匹牵过危险的、波涛翻涌的克孜勒苏河（"红水河"）。

在喀什噶尔，我遇到了我的老朋友，他们是领事彼得洛夫斯基将军、乔治·马嘎尔尼爵士（马继业）和亨德里克斯神父。瑞典传教士霍格伦德及其家人和助手在这个城市建立了一个基督教会。彼得洛夫斯基像以前那样帮助我，既有语言上的，也有行动上的。我用11500卢布换了161锭中国银元宝，共重300公斤，把它们分装在几只箱子里，以降低被盗或全部丢失的概率。当时，一锭元宝价值71卢布；后来，当我需要更多的钱时，一锭元宝升值为90卢布。我们购买了15峰漂亮的大夏骆驼，只有两峰在冒险活动结束后幸存下来。尼亚斯·阿吉（Nias Haji）和图尔都·巴依（Turdu Baï）被指派为旅行队领队，后者是一个白胡子老头，他的价值不啻足金，一直到旅行结束都跟随着我。法伊祖拉赫（Faizullah）也是一个可靠的驼夫，年轻的卡德尔（Kader）因为会写字也被录用了，因为我们偶尔需要发一些突厥语的信件。我在喀什噶尔还带上了沙皇的两个哥萨克兵——塞米尔耶申斯克的希尔金（Sirkin）和切尔诺夫（Chernoff）。其他两个哥萨克兵将在罗布泊的营地与我会合。

9月5日下午两点，我们在灼热的艳阳下出发了。有大铜铃铛的叮当声相伴，满载的旅行队离开喀什噶尔，在村庄、园子和乡野间前进。四面八方都是匀整的黄土，黄色的烟尘在骆驼和马匹周围飞旋。西北方的山脉上空暗下来，一阵预示着风暴的大风将黄土卷成浓密的尘云。只一瞬间，一场暴雨便击打在地面上，一阵阵雷声隆隆滚过。我们都被震聋了，大地颤抖着，让人觉得世界末日临近了。不到一分钟我们就湿透了。泥土被浇软了，变得像肥皂一样滑，骆驼好像喝醉了似的跟跄着滑倒了，泥水向四处溅射。又一峰骆驼摔倒了，尖厉的叫声穿过天空。我们只好不断停下来，将担子从倒地的骆驼身上卸下来，帮助它们站起来，再重新给它们驮上行李。如果这场暴烈的豪雨在我们那次塔克拉玛干沙漠之旅中一直下着，我们的旅行队就不会遭难了！现在暴雨造成了很大的损失。黑黢黢的夜幕降临了，我们便在一座园子里宿营。

经过六天穿过草原和荒野的跋涉，我们抵达了拉依力克，它坐落在叶尔羌河畔，与麦盖提隔河相望，后者正是我们那毁灭性的沙漠之旅开始的村庄。离这个村庄不远，在河的右岸，我们找到一条出售的驳船，看起来很像叶尔羌那条把旅行队和马车都运过了河的船。我们用一锭半元宝的价钱买下了它。它长38英尺，宽8英尺，装载完毕

· 走过喀什噶尔城外一小村庄中的木桥

后吃水几乎达 1 英尺。听当地人说这条河在马热勒巴什附近分成几条狭窄的支流，于是我们造了另一条小一些的船，还不到原来那条的一半大。它能载我们继续在河上航行，直到罗布泊，不论碰到什么样的情况。

我们在船首建了一块甲板，我的帐篷就支在甲板上面。船的中部是一个方形船舱，上面盖着黑毯子，打算当作摄影暗室用。里面有固定住的桌子和书架，还有两个清水盆是冲洗照片用的。这个船舱后面装载着沉重的行李和食物；后甲板上是随从们用餐的地方，他们都露天围在一个泥炉子周围，这样，我在旅程中就可以喝到热茶了。左舷边上有一个狭窄的通道，使得船首和船尾能够交流联络。

在帐篷的入口处放着我的两只箱子作为观察台，还有一只小一点的箱子做椅子用。从这里，我能够一览无余地看到河水，以便画出详细的路线图。帐篷里面有一块地毯和我的床，还有我日常需要的箱子。

码头上是一派忙碌的景象。木匠在锯木头、钉钉子，铁匠在打造铁器，哥萨克兵在监督整个工程。但是秋天已经来临，河水水位每天都在下降，我们必须抓紧了。一切准备就绪，我们便把这条骄傲的船放下水，以后的三个月里它都会是我的家，而且要载着我顺这条河行驶 900 英里的路程，以前还没有人为这条河绘制过详细的地图。晚上，我为我们的工人和附近的居民开了一个晚会。中国灯笼在帐篷中间点亮；鼓乐和弦乐同我的音乐盒齐鸣；赤脚的舞女将头发梳成长长的辫子，穿着白裙子，戴着尖顶帽子，围着大火跳舞；节日的气氛洋溢在叶尔羌河的河岸上。

9 月 17 日，我们准备好了启程。由哥萨克兵打头，旅行队穿过灌木丛出发了。他们要经过阿克苏和库车两座城市，将在两个半月后在河上的某一地点与我会合。

依斯拉木·巴依、卡德尔和我上了船。驳船的船夫包括三个人：帕尔塔（Palta）、纳赛尔（Naser）和阿里木（Alim）。两人在船尾，一人在船首，他们拿着长长的篙竿，如果我们离岸太近了，就用篙竿来把船撑走。第四个仆人卡斯木（Kasim）划着那条小船，它看起来像一个浮动的农庄，上面载着咯咯叫的母鸡、香甜的蜜瓜和蔬菜。两只绵羊拴在大船的甲板上。从一开始，小狗崽多弗莱特和约尔达什在这里也就像在家里一样自在。

在船起航的地点，河水是 440 英尺宽、9 英尺深，流速是每秒钟 3 英尺，流量是每秒钟 3430 立方英尺。我发出解缆的命令时已经是下午了。我们在树木林立的两岸中间光荣地滑行出去。航行到第一个转弯处，拉依力克在我们身后消失了。

第二个转弯处是浅水，离河岸很近，有一些女人和孩子在那里等着我们。我们的船一到，他们赶紧蹚水给我们送来牛奶、鸡蛋和蔬菜，然后收取银币。他们是我们的船夫的家属，在跟我们做最后的告别。

我很快便坐到了我的写字台前，面前摆放着第一张纸、罗盘、怀表、铅笔和望远镜，眺望着壮观的河水，看它在沙漠中蜿蜒前行，画出不确定的曲线。我们像蜗牛一样驮着自己的家，而且总是缩在房子里。风景静悄悄地向我缓缓滑来，我既不用走一步路，也不必骑一匹马。每一次转弯都在我面前展开新的图景：树木覆盖的地岬、黑暗的灌木丛或是波浪起伏的芦苇。依斯拉木在我桌子上放了一个托盘，上面是热茶和面包。庄严的静默笼罩着我们，只有水波潺潺流过一个陷在淤泥里的大树枝，或者船夫不得不把船从岸边撑走，或者小狗彼此追逐，或者它们一动不动地站在船首，朝一个站在树枝搭成的帐篷外面吓呆了、像雕像一样看着我们的船驶过的牧羊人吠叫时，这沉寂才被打破。我进入了大河的生活；我感觉到了大河的脉搏。每天我都对大河的习性更为熟悉一些。我的旅行从来没有像这次一样充满田园风光，我今天仍然珍视这段记忆。

船停住了！我们剐住了什么东西。驳船的船首紧贴在一段搁浅在河床上的胡杨树干上，船身转了半个圈，似乎是太阳在沿着天空转圈。我利用这个机会测量了水流的速度。但是帕尔塔和他的伙伴们很快就跳上了船，让它重新开动起来。然后我们一直顺流而下，直到天色将暝，我们在这次大河之旅中第一次宿营。

船系好了，人们上了岸，生起篝火，开始做饭。小狗崽爬上岸，在树丛中彼此追逐，但是随后又回到我船上的帐篷里；我在那里过夜，而仆人们睡在篝火旁。在我记完一天的笔记之前，依斯拉木·巴依给我端来了大米布丁、烤野鸭、黄瓜、酸奶、面包、鸡蛋和茶；小狗崽们也得到了它们的一份。帐篷敞开着，水波月影在涡流中摇曳、扭动，空气中充满了魔力。我真是难舍这黑暗的树林和银光闪闪的河水构成的美景。

　　为了节省时间，太阳一出来我们就又出发了。船尾的火炉上煮着茶。我们上路以后我才穿衣梳洗。帕尔塔坐在我面前，手拿他的篙竿唱起了一首歌，内容是一个传说中的国王的历险故事。我们从岸上的一个牧羊人身旁缓缓滑过时，他回答了我一些问题。

　　"在你们的森林里能猎到什么呢？"

　　"马鹿、狍子、野猪、狼、狐狸、猞猁、野兔！"

　　"没有老虎吗？"

　　"没有，我们很久都没有见过老虎了。"

　　"河水什么时候结冰？"

　　"七八十天之后吧。"

　　我们必须抓紧了。水流量在秋天迅速减少，经过两天的旅行，流量已经降到了每秒 2350 立方英尺。风是我们最大的敌人。帐篷和船舱起了船帆的作用，顶风的时候，船速下降；顺风的时候，我们走得比预期的还要快。一天，我们没有走多远，一阵强烈的大风就迫使我们靠岸了。我随后乘上小艇，扬起船帆，在清爽的微风中逆流而上。驳船及河岸和森林都消失在黄灰色的尘雾中。我尽情享受这份宁静和孤独。然后我放下桅杆和船帆，躺在小船的舱底，任小船随波逐流。

风平息了，我们继续前进。有时依斯拉木自己划船到岸上去，肩上扛着枪，在树木下的草丛里逡巡。他总是带着野鸡和野鸭回来，给我的菜谱带来可喜的变化。一次，他带上另一个人，在外面待了七小时。我们最后看见他们摊开身体在一块土地上睡着了。驳船无声地从他们身边滑过，他们没有醒过来。我派一个人乘小艇上岸叫醒他们，把他们带回船上。

大雁开始骚动不安，聚集在一起准备长途飞行到印度去。我们一直带着一只从拉依力克抓来的大雁，它的翅膀被剪过了，它在大船上可以随便走。它时不时到我的帐篷里看望我，把它的名片（看起来好像菠菜）留在地毯上[1]。我们宿营的时候，允许它随便在河里游泳；它总是自愿回来。它听到同胞们在空中尖叫，就抬起头来凝视它们。也许它想到了恒河岸边的杧果树和棕榈树。

9 月 23 日，我们到达了麦盖提人警告我们留神的关键地点，大河在那里分成几条湍急的支流，河床变窄了。我们被汹涌的水流以危险至极的速度冲下去，河水在我们周围嘶嘶作响，翻涌着泡沫。我们在一个瀑布上飞驰而下。河道是如此狭窄，转弯又是如此陡急，小船几乎离不开河岸；那艘大船狠狠地撞在岸上，我的箱子差点儿从船上甩下去。还没等我们弄清自己在哪儿，我们就又被冲下了两个瀑布。河水在很短的一段距离里为自己掘出了一道新的河床。这里没有树林；但是柽柳仍然站在河里，漂流木和胡杨树干摞在它们前面，形成了真正的小岛。河水一路充满了漩涡；我们行驶得如此迅速，驳船猛烈地撞到地面上时，几乎倾覆了。有的时候，我们完全被漂流木绊住了，只好费很大的力气挣脱出来。大河更浅了，因为几个支流都分走了它的河水。最后，我们航行的河床变得太浅了，整条船都搁浅在蓝色淤泥的河底。我派船夫们去附近的村庄求救，他们带回 30 个人，把我们所有的行李都扛上岸，然后一寸一寸地拖着驳船走过浅滩。从那以后，就只剩下最后也是最陡的一个瀑布。我独自留在船上，仆人们用一根长长的绳索把驳船捆住，防止它横过来，在急流中翻倒。船在瀑布的边缘平安地滑过，然后像秋千一样倾斜着下来。在一条狭窄的水道上又出现了急流，我们一直保持警惕，避免在前进中翻船。

我们仍然航行在新形成的河床里，岸上光秃秃的，动物也很稀少。间或有一些芦苇生长，还有野猪和狍子的足迹。一只老鹰蹲坐着观望我们，一些乌鸦啼叫着飞过河面。小狗让我感到十分有趣，它们从船首到船尾跑来跑去，像快乐的小精灵。一开始它们对着胡杨树干吠叫，叫哑了嗓子，那些树干像鳄鱼一样在急流中摆动。但是它们很快就看惯了树干，不再管它们了。它们随即发明了另一种游戏。在航行中途，它们跳下水游到岸上去，在岸上追着我们走，还偷偷追踪猎物。只要遇到河道转弯，驳船离开小狗正在奔跑的河岸，它们就会游过来。这种多此一举的活动一次次地重复着，最后它们累了，向驳船游了过来，被拖上了甲板。

新的河床到了尽头，我们开始在古老、雄伟的森林中间漂流。水流变得迟缓了，森林更加伟岸。秋天临近了，树叶变成了黄色和红色，但是胡杨的树冠仍然很茂密，阳光还是照不到我们。我们滑行着，就像在威尼斯的运河上；只是在这里两边不是宫殿，而是森林。船夫在桅杆下打盹，神秘的气氛笼罩在森林上空。如果听到潘神[2]吹奏他的笛子，或者看见淘气的林妖从浓密的灌木丛中偷窥的话，我也不会感到吃惊的。一股微风从森林中吹过，黄叶像雨点一般落在明亮的河面上。它们让我想起了婆罗门[3]献给神圣的恒河的黄色花环。

叶尔羌河的河道十分蜿蜒多变。在一个地方，只差九分之一就是一个完整的圆圈了。在另一个地方，我们必须漂流 1450 米，才能前进 180 米的距离。还有一回，只差十二分之一就是一个完整的圆圈了。河水很快就会涨高，把狭小的地岬冲断，然后水流就会放弃原来的弯道了。

我们行进得非常缓慢。河水落下去，空气变冷了。我很怀疑在抵达目的地之前，我们会不会在冰河里搁浅。

注释

1. 这里是指大雁在帐篷里留下粪便。

2. 潘神（Pan），即潘恩，希腊神话中半人半羊的山林和畜牧之神。

3. 婆罗门（Brahmin），印度种姓制度中的最高种姓（僧侣），其主要职务是诵经、传经并主持各种宗教仪式。

第三十三章

在亚洲腹地
最大河流上的生活

9 月的最后一天，我们周围的风景变得完全不同了。森林消失了，平坦的草原在我们周围延伸，麻扎塔格在地平线上耸立起来，像一团轮廓清晰的云彩。有的时候这座山就在我们眼前；另一些时候又在左舷或右舷，甚至在我们身后，如果弯曲的河道把我们带向了西南，而不是东北。

过了一天，北部的天山雪峰在远方像模糊的背景一般耸立着。麻扎塔格变得越发清楚，轮廓更清晰了；到了晚上，我们在山脚下宿营。那里立着一顶帐篷，友好的当地人来到岸边兜售野鸭、大雁和鱼，都是他们设圈套和用网捉的。我们委托这个地方的头人骑马到商路上最近的村里去为我的船夫购买皮衣和靴子，并且购买大米、面粉和蔬菜来补充我们的食物储备。他拿到了买东西所需的足够多的钱，我们告诉他在哪里与我们会面。我们要冒着他偷了钱不回来的危险，因为对我们来说他是一个彻底的陌生人。但是他没有敢欺骗我们，来到指定的地点，圆满完成了任务。

卡斯木是我们的小船的领航员，抓鱼很有本事。他做了一根叉鱼的长矛，在一个小支流形成瀑布的地方用长矛叉鱼。又过了几天，我们瞥见了穿塔格，它是麻扎塔格山的支脉，我曾经从这座山的南端开始我那次损失惨重的沙漠旅行。我想再看一次那个地方，再访问一次我们带走了太少饮水的那片湖。这片湖跟河水交汇在一起，我们要乘着英国小艇做一次巡游。依斯拉木跟我一道去，但是他忘记带他的步枪了。万一我们走的时间太久了，留守的随从就会在夜里点燃一堆烽火做信号。

劲风在我们身后吹着，我们从叶尔羌河驶出，穿行于通往第一片湖的一条通道中，那里的芦苇生长得很密。但是那里也有开阔的水域；14 只雪白的天鹅在那里游泳，惊讶地看着我们的船，不知道我们的白帆是否是一只大天鹅的翅膀。我们驶离它们很近了，它们才飞起来，发出很响的叫声和翅膀拍击声，但又在不远处落了下来。

一条笔直的通道把这片湖和更南边的一片湖连在了一起，后者名叫卓尔湖（"沙漠之湖"），我曾于 1895 年 4 月 22 日在湖的南端宿营。我们在那里靠岸，帕尔塔和两个当地人跟着我们上了岸。依斯拉木和其他当地人负责看船，帕尔塔和我向穹塔格走去，后来又沿着山的东坡回到了营地。

我们花了很长时间来到山脚下，然后爬上了山顶。这时太阳已经接近地平线了。我在上面待了一会儿，从南到东的风景唤起了我奇特的回忆。在我目力所及之处，沙丘的顶端闪耀着红光，像喷发的火山。它们在我死去的仆人和骆驼身上坟堆似的隆起。老朋友买买提·沙阿！现在已用天堂的甘泉康复了喉咙的他，能在天堂的棕榈树下原谅我吗？

我是三个幸存者之一。东边很远的地方是我们上次在沙丘中支起帐篷的地方。我没有留意到太阳已经落山，好像听到了从沙漠深处传来的葬歌。天色更暗了，我似乎看到幽灵的影子从黑暗的沙丘中间向我跑来。

最后我被一头鹿惊醒了，它轻巧地跳下山坡。帕尔塔也来叫醒我，他说："营地离得很远了，先生。"

下山的路很难走。天黑了，我们必须多加小心。我们抵达了平地，向北走了 24 英里的路。我已不习惯走路，搞得筋疲力尽。最后烽火出现了。向火堆走去是件令人丧气的事，火堆看起来很近，但是走了好几个小时才到。半夜，我又回到了我在甲板上的帐篷里。

这是我在这次旅途中第一个艰辛的日子。但是后来这样的日子还多着呢!

我们于 10 月 8 日离开了那值得纪念的地方,继续蜿蜒曲折前行。从那时起,我们的船上总有一两个认识路的牧羊人,能够给我们说明情况。在我们眼前,有一只鹿涉水过河,依斯拉木赶紧拿出他的步枪。但是距离太远了;他过于激动,没有打中。那只美丽的动物一跃跳到岸上,在芦苇丛中一溜烟消失了。

夜幕降临,我们把帐篷支在林木繁茂的摩勒地方。我的小狗多弗莱特一段时间以来一直情绪低落,行为古怪,这时又跑到岸上去,在灌木丛中急切地搜寻着。最后它一阵痉挛,倒地死了。我为失去它感到悲伤,我们在奥什得到它的时候,它还是条可怜的小狗崽,它长大了本来会长成一条好看的狗。教士毛拉(Mollah)当时正好是我们的船上的乘客,他掘了一个墓穴,把狗裹在我们最后一只绵羊的羊皮里,小声做了祈祷,把它放了进去。多弗莱特离开我们以后,船上显得寂寞而又凄凉。

我们越往前走,水流越和缓。船夫们没多少事可做,除了帕尔塔之外,所有人都在后甲板上听毛拉高声宣讲先知的追随者为伊斯兰教征服这一带的时代。森林顶棚的绿荫一天比一天稀疏,黄色和红色越来越明显。我们驶过的地方像走廊似的,两边都是高大的柱子。为了娱乐大家,依斯拉木·巴依打开了音乐盒,《卡门》(Carmen)、瑞典国歌和瑞典骑兵进行曲的音乐打破了寂静。一只野鸭过来沿着河岸游泳,这时一只狐狸悄悄地绕到了它身后。依斯拉木·巴依庇护着野鸭,狐狸便消失在了树林中。一群野猪站在芦苇丛中,年老的都是黑色的,年幼的都是棕色的。它们一动不动地站着,沉静地盯着我们

· 一群野猪

看，然后掉转头，叫嚷着在灌木丛中逃跑了。

我每天工作 11 小时，好像入定一样坐在我的观察台前。河流的地图上不能有空缺。10 月 12 日的前一天夜里，气温第一次降到了冰点以下；从那以后，森林里最后的一点绿意很快消失了。起风的时候，河面上覆盖着大量风吹落的树叶，让我想象自己是在一片镶嵌着红黄两色地砖的地板上滑行。森林带稀疏的地方，我们有时能看见塔克拉玛干沙漠最近的沙丘顶部。

四个牧羊人在一块地岬上放羊。他们坐在篝火周围，船无声地从旁边滑过。他们惊得目瞪口呆，像箭一样迅速起身，逃进了森林。我们上了岸，大声地呼喊、寻找他们，但是他们不见了，一直也没有再出现。他们也许误将这条船看成是一个幽灵般的怪物，认为这怪物是偷偷接近他们来毁灭他们的。

一场黄风暴（sarik-buran）于10月18日和19日肆虐了两天，落叶像马尾藻一样漂在河上。我们被迫停船，我徒步穿过森林，到了沙漠地带的边缘。最后风终于停了，我们在夜里借着月光和灯笼的光亮继续行驶。深夜，我们宿营，在营地上生起一堆木头烧的火，四棵干燥的胡杨树干给我们以温暖。

第二天，在一个拐弯处，毛拉宣布说我们将会在森林里找到一个叫作霍加姆麻扎（Mazar Khojam）的清真寺，离河岸有一段距离。除了卡德尔，我们都去了那里。这个小寺院是最初级的那种，用树枝和厚木板垂直插进沙土地搭建而成，周围有一圈围栏。经幡和布条在一些杆子上飘扬。毛拉像位高僧一样庄严地宣读了祷词；"真主至大，万物非主，唯有真主"的声音在森林中回响，而一分钟之前还到处都是一片寂静。我们回到驳船上，卡德尔也想对先知表示同样的虔诚，要求随着我们的足迹单独去一趟圣堂。但是他很快就回来了，就好像有一整队魔鬼在后面追他一样。他独自一人感到心神不宁，把每一个树丛都看成一头野兽，经幡的飘动声也把他吓得够呛。

为了测量水深，并且替我们探测浅滩，卡斯木在我们前面驾着小船漂流，拿着篙竿立在船尾。这时他使劲地把篙竿插进河底，以至于拔不出来了。他仰面掉进河里，我们其他人几乎笑岔了气。

10月23日，船上的气氛活跃起来。河流距离商路很近，一个骑手出现在树林的边缘，然后又消失了，但是很快就带着一整队骑马的人回来了。他们要我们停船，我们上了岸，他们已在地毯上堆起了蜜瓜、葡萄、杏和新烤的面包。随后，我邀请他们中最尊贵的人到船上来，一起继续漂流，其他的骑手则骑行在我们两侧的岸上。过了一会儿，又出现了新的队伍，他们是来自阿瓦提[1]的中亚商人。然而还不止这些。又有 30 个骑手骑马冲出了森林，这回是阿瓦提的伯克本人向我们致意。他和商人们都被邀请到了船上，依斯拉木·巴依招待所有人喝茶。驳船继续滑行，岸上骑马的队伍增加了。我们上岸宿营，停留了一天，附近的所有居民都来到岸边看我们那模样奇怪的船。八个放鹰者和两个带鹰的骑手邀请我们一起去狩猎，他们将战利品——一头鹿和四只野兔——献给了我。

我们离开这个友好的地段后，我的地毯上堆着一碗碗香甜的水果，我们的粮食储备里也增添了够吃几个星期的食物。我们还获得了一条新狗哈姆拉（Hamra），过了一些日子它才变得驯顺。

两天后，周围的风景又完全变了。我们抵达了更为雄伟的阿克苏河从北方汇入的地点。缓慢而蜿蜒曲折的叶尔羌河旅行到这里就结束了，现在向东流淌的壮大了的河流叫塔里木河，风景奇迹般地展现在我们眼前。我们离开了叶尔羌河右岸最后的地岬，在左岸停泊。我们在那里停留了一天，测量两条河汇集地的漩涡和水流。

又过了一天，我们起航了。驳船在漩涡里打了一个转，但是随后就在急流中平稳行驶了。河水呈肮脏的灰色，又宽又浅，转弯并不突兀，而且有很多水段都几乎是笔直的。河岸飞驰而过。在南方，和阗河干涸的河口张着大嘴；几年前，就是那条河救了我一命。

我们第一次在塔里木河上宿营。许多大雁排成箭头似的雁阵飞过，它们正在飞往印度。一群大雁在离船很近的地方落了下来，我们没有骚扰它们，因为我们有了足够的食物。第二天一大早，它们继续飞行，我们那只驯化的大雁困惑地盯着它们。雁群里有一只雁落在了

·全速顺流而下

后面，它也许是累了。但是它很快觉得孤单了，所以又飞了起来，在空中追随着同伴的踪迹飞行。它知道下一个停留的地点，肯定能够追上它们。我们那来自拉依力克的船夫对路的熟悉程度还不如大雁，他们同拉依力克之间越来越远的距离让他们感到困惑，他们也不知道自己怎么才能找到回去的路。但是我向他们保证，到时候我会帮助他们的。

在这个地点，塔里木河的流量是每秒 2765 立方英尺，流速是每秒 3 英尺到 4 英尺。夜里非常寒冷，气温降到了零下 9 摄氏度，地面上结了冰，但是白天又化了。整块的泥土和沙子从垂直的河岸上不断掉进河里，有一次我们路过的时候正好发生了这种情况，驳船的整个右舷都洗了个冷水澡，我们的船还剧烈地摇晃。在另一个地方，一个女人孤身站在那里，挎着的篮子里有十只鸡蛋。她要我们买下来，而我们的船尾正好扫过去，离得很近，我们能一边往前走一边把篮子接上船，同时扔给她一个银币。

水流很急，到处都在翻涌，形成漏斗状的漩涡。有的时候看起来我们肯定会全速撞上一些突出的地岬了，所有的篙竿都插进了水里，但是仍然徒劳无益，不过水流帮了我们的忙，巧妙地带着船离开危险地带。两天来我们在一段新形成的河床里以危险的速度漂流，这段河床几乎是笔直的，两边是垂直、高耸的河岸。大量的沙土不断地滑进河里，看上去好像河岸在冒烟似的。

大家处在极度紧张的气氛中，所有人都保持着警惕。我们前面的卡斯木用绝望的声音喊道："停下来！"一根胡杨树干阻塞在水流中央，形成了一座漂流木和灌木堆积起来的小岛。我们直接向这个障碍物冲了过去，离那里只有几百英尺远了，河水在我们周围咆哮着，翻

· 当地人观看我们的驳船在河上航行

腾着，嘶嘶作响。想让我们不翻船只有等待奇迹发生。眼看着一场灾难似乎不可避免了，阿里木带着一根绳索跳进冰冷的水里，游上了河岸。他成功地控制住了我们前进的速度，驳船缓缓滑过了那堆障碍物。

在我们的营地，拴住的驳船颠簸、晃动了整整一夜。

我们终于回到了老河床，两岸都是树木。我们遇到了牧羊人，其中一些人看护着 8000 只到 10000 只绵羊。一些棕灰色的秃鹰在一个淤泥半岛上麇集，它们蹲坐在那里，又肥又笨，连头都懒得转上半圈，只用目光追随着我们的船。岸上到处是当地人设的渔网，网的形状像是鹅蹼或者蝙蝠翅膀。渔网沉在河里，一旦合拢两臂，人们便连网带鱼一起拖上岸来。

我们在下一个营地新买了一只公鸡。它刚一上船，就跟我们原来的那只公鸡打了起来，把它一直赶到河里。从那以后，两个斗士只好分开，各自在各自的船上待着。然后一切都平安无事，一只公鸡啼叫起来，另一只就会立即应和。我们还买了一条独木舟，依斯拉木和毛拉划着它在驳船的前面航行。最后我们买了火把用的油，以后会用得上的。一个新乘客上了船，它是一条小棕狗，沿用了多弗莱特的名字。它一上大船，马上现出一派颐指气使的样子。黎明，寒霜把一切都打白了，树木没有了树叶，光秃秃的，等待着冬天的降临。每天都有几千只大雁向更温暖的纬度飞行，有些雁群很是庞大，头雁飞在箭头的前面，雁阵的两翼展开几百码长。

夜里的气温现在大约是零下 11 摄氏度，避风的水湾开始结冰，船篙上也结了一层冰。我们穿上冬衣和皮袍，晚上在大堆营火旁取暖。我不知道冰层将我们羁绊在河里之前，我们还能走多远。一到早晨，我们就尽量早地起航，直到夜里才停下来。

11 月 14 日的前夜，所有的船都冻结在岸上的冰层里了，我们不得不用斧子和凿子把冰敲开。从那时起，我们总在有急流不易结冰的河水里宿营。我们驶过一个地方，四个男人和四条狗看守着一些马。这几个人以最快的速度逃跑了，好像逃命一般；但是他们的牲口在岸上跟着我们走了几小时，狗在疯狂地吠叫，船上的狗也回应它们的叫声，一时间喧闹不堪。这里的本地人似乎比上游的本地人更腼腆。有一次，我们上岸宿营，附近一间小棚屋里的所有人都跑了出去，火还在炉膛里烧着。我们追在他们身后，大声打听一些消息，但是只抓到了一个小男孩；他吓得魂飞魄散，我们从他嘴里一个字也问不出来。

几天后，我们成功地从一间树枝和芦苇搭就的棚屋里找到了一个领航员。他是一个老虎猎手；我买了一张虎皮，它如今还在斯德哥尔摩装饰着我的书房。

这个地区的森林居民猎老虎可称不上勇敢。老虎咬死了一头牛或一匹马，吃饱了，然后就到树林里的灌木丛中休息，但是它第二天夜里还会回来，继续吃死牲口的肉。这样一来，它总是走牧羊人或牛踏出来的小路。这时，牧羊人和同伙就在通往死牲口横尸地点的小路上挖一个陷阱。他们在洞口设了一个圈套，是个沉重而尖利的兽夹，老虎的脚一踏进去就会夹住。它是不大可能从夹子里挣脱的，不过它会拖着夹子逃走。它吃不上东西，变得越来越瘦，越来越难受，肯定会饿死。一个星期后猎人才敢去捉它，跟踪它的足迹很容易。猎手骑在马背上接近老虎，开枪将它最后射杀。

我们跟老虎猎手在一起的时候，同第一批罗布人联系上了。他们住在岸边芦苇搭就的棚屋里，主要以捕鱼为生。其中一个人向我们展示了他们是如何捕鱼的。他把网张在河岸与凸出的泥堤之间一条又长又窄的水湾开口处。河湾冻住了。他沿着外面的冰缘划船，用桨尽量隔着老远敲击打冰面，然后把网挪到新的冰缘上，如此这般一点一点地向前移动。鱼向水湾里退回来。最后，他敲开离岸最近的冰层；企图向河里游去的鱼就都落了网。整个过程都以很高的速度和技巧完成。我们买了不少他们捉到的鱼。

11月21日，我们来到一个地方，这里的河水流入了一段新的河床，水流还是一如既往地走得飞快。伯克前来警告我们，不过他勇敢地登上了我们的船。森林现在变成了光秃的沙丘，在岸上耸起50英

· 中了兽夹的老虎

· 乘独木舟破冰打鱼

· 中国新疆塔克拉玛干沙漠

尺高。四处散落着胡杨的小树林，有些就在河床里面。我们几次上岸都看见了老虎的足迹。

就这样，塔里木河载着我们越来越深地进入亚洲的心脏地带。

注释

1. 阿瓦提（Avat），在新疆阿克苏地区。

第三十四章

与冰搏斗

11 月 24 日，我们经历了一场可能会带来可怕后果的险情。与通常的情形相反，这次大船漂在前面，小船都跟在后面。河道很窄，水流湍急。我们绕过了一个急弯，这时看到前方不远处出现了一棵伟岸的胡杨。它的根被河水冲起，于是它倒了下来，现在像桥一样躺在河上，挡住了三分之一的去路，那里的河水流得很急。树干水平横在水面上约 4 英尺高的地方，小船能够轻易从拖在水里的树干和树枝下面穿过，但是急速向障碍物冲去的大船则会将上面的帐篷、家具和暗室全部扫光；或者更大的可能是，暗室带来的阻力会让船翻掉，我的行李和所有数据都会彻底丢失。我们的处境极为严峻，所有人都在喊叫和发号施令。船篙够不到河底，河水打着旋儿翻腾着，再过一分钟我们就要翻船了。我连忙收拾起我的地图和所有散放在各处的零碎。拉依力克人用他们临时准备的沉重的船桨拼命地划。水流的吸力将我们拖到胡杨树的下面。尽管如此，大家齐心协力地奋战，终于划出了在胡杨树冠周围打转的漩涡。阿里木再次跳进冰冷的河水，带着一根绳子游到左岸，把我们向他的方向使劲拉，帐篷和船舱仅仅被胡杨最外面的树枝轻微地损坏了一些。

如果这次险情发生在夜里可怎么办！我简直不敢想。

过后不久，依斯拉木·巴依端来了一些新鲜的煮鱼、盐、面包和茶。我还没开始吃，尖厉的求救声就从河上传来。是我们的一条小船在搁浅的胡杨树干那里翻了船，沉没在水里了，提桶、木桶、成箱的面粉和水果、面包、蛋糕，甚至长篙和船桨都在急流中打转。罗布人乘着独木舟来把它们打捞上来。卡斯木抱住那棵危险的胡杨树干，骑跨在上面，冰水没到了他的腰部，他在大喊救命。绵羊游上了岸，公鸡湿淋淋地趴在翻覆的小船上，但是铲子、斧子和其他工具都沉底

· 驳船全速冲向一棵倒伏在水中的树

了。我一听说卡斯木被救出来了，就重新开始吃鱼，这时它已经凉了。大堆的篝火生了起来，一晚上都在烤我们的东西。

第二天，一名伯克带着两条独木舟加入了我们的行列。我们的船队现在已经有十条船了，向着一条名叫托库斯库姆（"九沙山"）的大沙漠支脉漂流。200英尺高的沙丘在右岸耸立，上面没有任何植被的痕迹。沙丘底部被河水切开；沙子一点点滑下来，被水冲走，形成了前方的堤岸和沙洲。

我们在那里停留了一小时，爬上沙丘顶端费了不少的力气，因为踩在沙子上的每一步都打滑。从上面俯瞰河流和沙漠，十分壮观。水和沙争权着夺霸。这里有生命，水里鱼很多，而且有森林。但是南方是沙漠，是死亡、寂静和干渴之地。

· 一名伯克乘着独木舟到来

　　我们的罗布人朋友说过，从浮冰开始的时候算起，再过十天塔里
木河就要结冰了。11 月 28 日，我醒来时听到船边的叮当声和嘎嘎声。
原来是第一批多孔的浮冰从河上舞蹈而来了。

　　"日出之前解缆！在后甲板上生火，再把盛火炭的铁盆放到我的
帐篷里，这样我坐在写字台前手就不会冻僵了！"

　　下午 1 点钟，冰化了。但是夜里气温是零下 16 摄氏度；我早晨
出来时，河上漂满了各种形状的浮冰。它们因为彼此摩擦，边缘都被
磨圆了，像白边的唱片一样。它们让我想起丧礼上的花圈，看不见的
神明将这些花圈献给了河水，然后寒冷和死亡便将它们那坚硬的尸衣

从此岸扯到彼岸，罩在河面上。冰块像钻石一样在朝晖中闪射光芒，它们发出瓷器打碎那样的叮当声和咔嗒声，它们摩擦的声音好像电动小圆锯在锯一块糖。很快，坚实的冰块的边沿也开始在岸上形成，它们一天比一天宽。在我们的宿营地，浮冰撞击驳船的力量很大，船的骨架都震颤起来。开始，浮冰发出声响的时候，狗都会叫起来，不过它们很快就适应了这种声音；我们漂流的时候，它们甚至会跑到我们两边的浮冰上去。不过驳船在一处沙岸上停泊的时候，看着浮冰继续自由地前进则是件奇怪而又有趣的事。

我们再次在巨大沙丘的脚下滑行。秃鹰、野鸡和乌鸦是仅见的鸟类，野鸭和大雁都飞走了。晚上，小船上的中国灯笼和油浸的火把照亮我们的道路，我们继续前进，直至深夜。我的写字台上也有一盏灯笼，让我可以在夜里工作。沙地结束了，接下来是密集的黄色芦苇地。奇寒彻骨，我们不得不宿营了，但是水流很急，我们看不清，不能在黑暗里靠岸。一条小船奉命走在前面，把芦苇点着，很快整个河岸似乎都着火了。一幅奇异、狂热而壮丽的图景在我们眼前展开，黄红色的光芒将河水染成了熔金的颜色；小船和船上的船夫都成了乌黑的剪影，背景是炫目的光芒。芦苇"噼啪"爆裂。我们在一个火舌够不到的地方靠岸。

12月3日，我们路过了岸上的一个地点，这里燃烧着一堆烽火，还有几个骑手招呼我们靠岸。他们是哥萨克人派来的，告诉我们旅行队已在前方几天路程的地方宿营了。

第二天水流的速度很快，船在浮冰中间壮观地漂流。我们有时擦到河岸，碰到它的冰沿。在喀拉乌勒，我看见依斯拉木·巴依在岸上跟一个白胡子的人在一起。我立即认出，这是我们于1896年结识的朋友帕尔皮·巴侬。他穿着黑蓝色长袍，戴着一顶皮帽子。我们向他驶去，并把他接上了船。他激动地向我打招呼，很快加入了我忠诚的随从的行列。

塔里木河的流速仍然是大约每秒 2000 立方英尺；但是沿岸的冰带变宽了，中间的流水则越来越窄。在一个水浅的地方，我们遇到一段危险地隐藏着的胡杨树干，差点儿阻滞在那里，幸亏沉重的浮冰从后面把我们推了过去。船首明显地从水中升起来，然后再"啪"的一声重重落了回去。

12 月 7 日是这次光荣之旅的最后一天。我们知道旅行队驻扎在英库勒（"新湖"），离那里还有一段距离，两岸之间的河面已经完全冻结了。附近的三名伯克和一大队骑兵沿岸跟随着我们，但是只有英库勒的伯克得到邀请上了船，他坐在我的帐篷前面带微笑，似乎颇感荣耀。

河水流向东南。左岸是一片草原，上面有稀疏的胡杨和灌木丛。右岸是巨大的沙丘，中间有很浅的湖泊。在一些地方河道太窄了，船把两边的冰沿都撞破了，制造出大量的噪音。

切尔诺夫、尼亚斯·阿吉和法伊祖拉赫加入了其他骑手的行列。黄昏时分，灯笼和火把又点起来，我们继续前进。我们下决心要到达旅行队的营地。最后一堆巨大的篝火出现在左岸，那就是旅行队宿营的地方。我们最后一次抛锚，赶紧上岸暖和身子；我们都冻僵了。

这个地方的名字叫英库勒，它做了我半年的大本营。它的位置很优越，我们在各个方向上都有邻居：去库尔勒城骑马只有三天的路程；我们的西边和南边是大沙漠。

第二天早晨我好好休息了一场，检查了我们的骆驼和马匹，然后我们将两条小船移到一个圆形的小避风港里。港湾冬天一直结冻到水底，我们的船就好像停泊在花岗岩的底座上一样。此后，我们有1000件事情要做。一个邮差从喀什噶尔来到，带来了一整捆我盼望已久的来自家乡的信件；所以我要做的第一件事是写信，然后把邮差派回去。我们在库尔勒购买了粮食、蜡烛、毯子、衣服和帆布等。船夫得到了双倍的工钱，我还保证他们能安全回家。尼亚斯·阿吉因为偷东西被解雇了。依斯拉木·巴依成为旅行队领队；图尔都·巴依和法伊祖拉赫负责照顾骆驼；帕尔皮·巴依除了担任放鹰者，还负责照看马匹；16岁的库尔班（Kurban）担任报信人；一个名叫奥尔得克（Ordek）的罗布人照顾着水、木头和我们从邻居那里买来的饲料。哥萨克兵监督着所有人。我教了会读写的希尔金如何做气象观察记录。

在接下来的几天里，我们在英库勒建成了一座蛮不错的农家场院。杆子和芦苇捆搭成的马厩里养着我们的八匹马，它们的食槽由两条独木舟组成。我的帐篷支在岸上，里面装了炉子；除此之外，随从还为我盖了一座芦苇棚屋，有两个房间，地面是用干草和皮毛垫子铺的。我的所有箱子都运到了那里。在仆人住的帐篷和棚屋、马厩、骆驼驮子、柴垛和我的住处之间，形成了一个庭院（空场），一棵孤独的胡杨挺立在中央。树脚下，一堆篝火不间断地燃烧着；它的周围铺着小地毯，我们的客人可以在上面坐着喝茶，聊天、谈笑和做买卖的声音总是从那里传出。我们的狗除了在船上带来的约尔达什、多弗莱特和哈姆拉，还有一直随旅行队旅行的约尔巴斯。库尔勒的一个头人还送了我们两条非常美丽聪明的猎狼犬，分别叫作马什卡（Mashka）和泰噶（Taiga）。它们个子很高，跑得很快，毛色是发黄的白色；它们对夜间的寒冷异常敏感，我们就给它们缝了两件皮毛大衣。它们立即成了我最喜欢的宠物。它们在我的帐篷里睡觉，晚上我把皮毛大衣帮它们披紧的时候，它们极为感激。与其他狗相比，它们看起来更苗条，也更脆弱，但是它们立即就呈现出领袖的面貌，对待周围见到的所有狗都像对待奴隶一样。它们打起架来非常机敏，将犬牙迅速灵巧地咬住对手的一条后腿，把它抡转起来，在速度最快的时候撒开嘴，让它一边号叫一边在地上打滚。

守夜人在帐篷和棚屋之间走来走去，确保篝火一直燃着，实际上，直到第二年的 5 月这堆火都没有灭过。我们的庄子变得远近闻名；商人和旅行者都从很远的地方来观看这个奇观，跟我们做买卖。当地的罗布人给这个地方起名为"图拉萨勒干乌伊"（Tura-sallgan-ui，"老爷建造的房屋"）。我天真地相信，这个名字在我们离开这里多年之后仍将存在，但是早在我们离开后的那年春天，河水水位升高，就冲走了那片堤岸，也带走了我们遗弃的棚屋。只有关于我们那临时小庄子的记忆能够存留下来；况且，即便是记忆也会逐渐被时间的流逝抹去。

我渴望着西南方向的沙漠。我跟那个地区的长者进行了长时间的谈话，他们中一些人给我讲了关于埋在沙漠里的古代城市和大量金银财宝的可怕故事。那些来自塔克拉玛干的故事我是多么记忆犹新啊！另一些人对沙漠里埋藏的东西一无所知，只知道进去就意味着死亡。它们对那片神秘的荒漠只有一个称呼，那就是"沙"。

在带着骆驼进行穿越沙漠的死亡冒险之前，我决定先做几天的短途考察旅行。现在河水已经结冰了，但是冰层很薄，载不了骆驼，所以我们在两边的堤岸之间辟出一条水道，用大船运送牲口。哥萨克兵、几个当地人、马什卡和泰噶同我们一起去了，我没有带帐篷。我们检查了冻得很实的湖泊巴什库勒湖和英库勒湖，翻过了它们之间一个 300 英尺高的大沙丘。这些奇异的支流湖泊很长（巴什库勒湖有 12 英里长）、很窄。两片湖都从东北向西南方向延伸，彼此之间被 300 英尺高的沙丘阻隔着。它们跟塔里木河之间有小水道相连。每片湖的西南端都耸起一道相当低矮的沙子门槛，门槛另一侧还有一片形如湖盆的洼地，但是没有水。幸亏有了这些洼地，让我抱有希望，但愿我们能不费力气地穿越沙漠。

湖上的冰层像水晶一样透明，又像玻璃一样闪闪发光。我们向湖底看去，湖水是深蓝色的；我们看见了大鱼黑色的脊背，它们懒洋洋地倚靠在海藻上。希尔金用两把刀子为我做了双冰鞋，罗布人惊奇地看着我在黑暗的冰面上划出的白色图案。他们以前可从来没见过这种事。

我回到"图拉萨勒干乌伊"之后，一天，一个当地骑手骑马来到我们村庄的空场上，递给我一封法国著名旅行家夏尔·博南（Charles E. Bonin）写来的信，他正在我们北边 6 英里远的一个村庄里宿营。

· 我的两个随从站在一片湖泊的冰面上

我立即骑马去了那里，把他带到了"图拉萨勒干乌伊"。我们一起度过了难忘而愉快的一天一夜。他穿着一件红色的长外套，头戴一条红色的头巾，看起来像个朝圣的喇嘛。他是个非常亲切而博学的人，是我在整个旅途中遇到的唯一一个欧洲人。没有他，我就是亚洲腹地荒野中唯一的欧洲人了。

第三十五章
穿过大沙漠的危险旅行

12 月 20 日，我开始了一次新的沙漠旅行，如果厄运伴随我们，这次旅行有可能像我们远在大漠西部前往和阗河那次可怕的旅行一样成为一场灾难，因为从我们在塔里木河畔的大本营到南面车尔臣河大本营之间的距离几乎有 180 英里，而且其间的沙丘比塔克拉玛干沙漠的沙丘还要高。

我只带了四个随从——依斯拉木·巴依、图尔都·巴依、奥尔得克和库尔班，还带了七峰骆驼、一匹马和两条狗——约尔达什和多弗莱特。一支包括四峰骆驼、帕尔皮·巴依和两个罗布人的小型辅助旅行队将在头四天里陪伴我们，然后掉头回去。这四峰骆驼除了袋子里装的大冰块和劈柴以外什么也不驮。我那七峰骆驼里的三峰驮着冰块和木柴，其他的则驮粮食、床具、仪器、炊具等。我没有带帐篷，准备整个冬天都露天睡觉。我们的冰块和木柴的储备算起来能坚持 20 天。如果穿过沙漠需要 30 天的话，我们就完蛋了，因为我们不能指望在那个地区找到一滴水。

骆驼再次被运过了河。它们随后在右岸（即西岸）装上了行李，由图尔都·巴依牵着沿塔纳巴格拉迪小湖走。在湖的南端，随从们在接近 1 英尺厚的冰面上钻了窟窿，骆驼从这些冰窟窿里最后一次喝饱了水。

经过这次停歇，我们继续前进，翻过第一道低矮的沙脊，它将湖水和湖西南方向的第一块干燥盆地分隔开来。沙漠里这些没有沙子的椭圆形洼地叫作"巴依尔"（bayir）。我们见到的第一块巴依尔的北部仍然有芦苇生长，所以骆驼还不至于饿着。

第二天，我们走过四块巴依尔。它们的底部由软土构成，骆驼在里面陷进了 1 英尺多，起风后，软土又被卷成轻盈的灰色云雾，笼罩在旅行队周围。旅行队中打头的最难走，走在队伍最后面的则最容易，因为前面的骆驼在尘土中踏出了一道深陷、坚硬的足迹。所以我骑马跟在旅行队的最后，一天到头耳朵里都回响着铜铃的叮咚声。

这里的风景就像月球表面一样死寂，没有一片飞扬的树叶，没有任何动物的踪迹，人类从来没有来过这里。狂风从东面吹来，我们在那一侧有陡峭如高山的沙丘遮挡，它们像一堵沙墙一样倾斜成 33 度角；但是在我们的右侧，即每块巴依尔的西边，沙丘向风的一面只是逐渐升高成下一个沙脊的缓坡。整个沙漠里的地势一直是这个样子，我们只要走过平坦的巴依尔地面，就行进得很顺利，只有遇到陡峭的沙丘才会累到骆驼。那么现在最大的问题就是：这一连串的巴依尔会延伸多么远呢？从每一道新的沙脊的顶端，每一块巴依尔的南端，我们都急切地找寻下一块巴依尔。一切都靠它了，要么成功，要么毁灭。

我们在第四块洼地的南端宿营。我们必须节省我们的燃料，晚上的营火只用不超过两根木头，早上只用一根。夜里我们裹着皮毛还是觉得很冷，但是早晨我们从里面爬出来的时候更冷。我的马喝我的洗脸水，我就不用肥皂，以免把它的饮用水弄脏。

在下一块洼地里，我们找到了脆弱、多孔的白色野骆驼骷髅碎片。它们在被移动的沙丘暴露之前，这样被埋在沙子下面有几千年了？

圣诞节前一天一大早，月亮在天上凝视着我们。空气清新。太阳升起时血红血红的，在朝晖里，裸露的沙丘被染成了奔涌而出的熔岩流。骆驼和人在地上投下长长的黑色影子。帕尔皮·巴依和他的辅助旅行队被打发回去了，这样，我的七峰骆驼的负担就加重了。

我走在前面。路更不好走了，沙子增多了，巴依尔洼地越来越小了。在一处洼地里，我爬上一道似乎没有尽头的沙脊。最后我爬上了它的顶端；在更多的高沙丘中间，我看见了下一块巴依尔，这是第16块了，看起来像一个黑色的、张开大口的地狱之洞，周围还有一圈白色的盐渍。我从松软的沙子上滑下去，在沙丘底部等待旅行队的到来。仆人们都很沮丧，他们认为我们在沙漠里的困难会越来越多。我们宿营，这个圣诞夜没有圣诞天使来访问我们。我们有足够15天喝的水、足够11天用的木柴，但是我们感到了节俭的必要，很快就钻进皮毛里睡觉了。

圣诞日清晨，我们被一场大风暴惊醒了。沙子从所有的沙丘顶上像黄色的羽毛一样飞旋而下，灰云铺天盖地袭来，什么也看不见，流沙无孔不入。两年半后，我拿出我的笔记本来做详细的描述，这时沙子从书页中间落下来，我的钢笔在纸上发出刺耳的声音。

我们看见了一只大雁的骸骨，它肯定是在往来印度的中途筋疲力尽，落下来死掉了。山一样高的沙丘从各个方向围拢住我们白天的营地，搞得气氛十分消沉，我们都想早点睡下。

巴依尔之间交错的沙脊越来越高，它们的南面沙坡以33度角向洼地下斜。整个旅行队从沙坡滑下去的景象很是离奇。骆驼最稳当，它们连同表层的浮沙一起滑行而下，四条腿一直保持直立、叉开的姿势。

我们还有两驮半的冰块，但是木柴几乎都烧光了，最后一根树枝烧掉后，就无法化冰了。像往常一样，在关键时刻驮鞍被贡献出来，里面装填的干草分给骆驼吃，木头架子随后被用作燃料。

我们只走了不到一半的路，但是现在，12月27日，我们得到了意料之外的鼓励。经过没完没了的攀爬，我们终于爬上了一道沙脊的顶端，看到了第 30 块巴依尔洼地，旁边有一种微弱的草黄颜色。是芦苇！这意味着沙漠中央有植物！下一块巴依尔也有芦苇，我们在那里宿营，好让骆驼吃上一顿。现在整驮的冰都给了这些耐心的牲口，这样才能增进它们的食欲。难道一切不都依赖着它们吗？况且，营地的篝火烧的是干燥的芦苇，这样就帮助我们节省了燃料。

日落的景象非常辉煌，在深红色的背景下，云彩显得十分突出，它的主体呈蓝紫色，上缘镶着金边，下缘却是沙黄色。沙丘的曲线好像大海的波涛，在傍晚火红色的天空下形成近乎黑色的剪影。东方又是一个苦寒之夜，星星升起在沙漠上，在漆黑的夜空中闪烁。

气温下降到了零下 21 摄氏度。我走在前面，一方面做先导探路，另一方面也是为了暖暖身子。前一个晚上的所有的美景都杳然无踪，险恶的灰色荒野环伺着我们，还刮起了大风。在一块新的巴依尔里，我找到一棵枯死的柽柳，用它生了一小堆篝火。一峰骆驼累了，由库尔班牵着走在旅行队的后面，但是夜幕降临之后，只有库尔班一个人出现了。晚上依斯拉木和图尔都给那头疲惫的牲口拿干草过去，却发现它已经死了，嘴巴张着，身体还是温热的。图尔都·巴依哭了，因为他很爱骆驼。

我们再次遇到一些柽柳，于是在平坦的巴依尔地面上挖了一口井，挖到 4 英尺半的深度就出了水。水完全可以喝，但是出来得很慢，我们就把井打得更深，得到了更多的水。每峰骆驼都喝了六桶水。这个地方太诱人了，我们第二天一整天都待在这里。其间，我们看到了狐狸和野兔的足迹，还看见一匹几乎全黑的狼，它偷偷来到一座沙丘的顶端，然后就消失了。每峰骆驼都喝了 11 桶水，这样它们可以连续走上十天不喝水。

在 19 世纪的最后一天，我们走了 14.5 英里，这是我们在大沙漠里迄今为止创造的最高单日纪录。路很难走，但是没有沙子的巴依尔给了我们相当大的帮助。我们在第 38 块巴依尔宿营。太阳在云层中沉落；等它再次升起的时候，我在日记里写下：1900 年 1 月 1 日。

我们走了还不到 8.5 英里，沙漠就又变得贫瘠不毛了。夜里下起了雪；我们早晨醒来时，沙丘上覆盖了雪白的薄薄一层。风从南面刮来，下午我们遇到了一场真正的暴风雪，大雪像白色帘幕一样从乌云中垂下。我们渴死的所有危险都不复存在了。

在一棵新的柽柳下，骆驼们又休息了一天。我们必须体恤它们，它们走过的日子实在太长了。雪下个不停，而我没有帐篷。我躺在篝火旁读书，但是雪花落在书页上，我必须不停地把雪抖掉。早晨我们都被雪埋住了，依斯拉木用一把芦苇扫帚扫我的皮毛和毯子。气温下降到了零下 30 摄氏度，坐在篝火旁洗浴更衣时，我们朝着火的一面有零上 30 摄氏度，背后却是零下 30 摄氏度。

我们再次扎营，最后一根木柴也用掉了。大家冻得邦硬邦硬的，怀想着我们秋天在塔里木河畔生起的篝火。早上骆驼都成了白色，好像是大理石雕出来的一样，它们呼出的水汽使得鼻孔下挂上了长长的冰柱。白雪覆盖下的沙丘在此时已经透明的空气中呈现出一种奇异的蓝颜色。

1 月 6 日，西藏最北部群山的线条清晰地出现在南方。我们的营地状况很糟糕，所有的柴火都用光了，也没有其他可燃的东西。墨水在我的钢笔里冻住了，我只好改用铅笔。随从们彼此紧挨着睡觉，都挤在一起，这样可以尽可能地保持体温。

第二天的旅行对我们很够意思，它把我们带到了一个沙地上立着许多枯死胡杨的地带。我们在那里停下来，生了很大一堆篝火，烤熟一只大象都完全够用。空心的树干扭曲着，发出"噼噼啪啪"的爆裂声。晚上，随从们在地下挖洞，先埋进烧红的木炭，再盖上沙子，然后我们睡在上面，就好像睡在中国的客栈里似的。

1月8日早晨，我向随从们保证，我们的下一堆营火将在车尔臣河畔点燃。他们很怀疑我的话，因为干燥的树林已经到了尽头。但是我们在光秃的沙漠上前行了没多远，就看见南边的白色沙丘上出现了一道黑线。随从们想在第一片树林那里停下来，但是我坚持往前走。夜幕降临之前，我们来到了车尔臣河畔，河面在这里有300英尺宽，冰冻的河面上覆盖着积雪。当夜，我们享受到了皎洁的月光。

危险的沙漠之旅成功地在20天内完成了，我们只损失了一峰骆驼。

我们又走了几天的路程，然后在且末宿营，这是一座有500户人家的小城。我睡在了72岁的托克塔迈特（Toktamet）伯克家的屋顶下，他是我在喀帕结识的老朋友，现在是这个地方的头领。

休息了几日之后，我向西开始了一次短途旅行。我没有到过那个毗连沙漠的地区，但是别夫佐夫和罗伯罗夫斯基（Roborovski）都去过那里；这几乎是旅途中唯一一个不是我率先造访的地方。往返共需210英里，我只带上奥尔得克、库尔班和一个叫毛拉·沙阿（Mollah Shah）的，他曾经为利特代尔服务过。我们带了七匹马，以及约尔达什、食物和温暖的衣服，但是没有带帐篷。

我们于1月16日启程，那一天天气干燥、寒冷。马蹄时而踏在光秃的地面上嗒嗒有声，时而踩得雪地嘎吱作响。道路经常像走廊似的在纠结的柽柳中间蜿蜒前行，柽柳看起来就像蜷成一团的刺猬一样。我们不时地需要停下来半小时，点燃一堆篝火取暖。

我们跨过喀拉米兰河干涸的河床，跨过莫勒切河，这条河在更高处的山脚下，水流很大。我们遇到一个流浪者，带着一条被群狼咬伤的狗。1 月 22 日，我们醒来时满身都是雪，然后骑马在大约 1 英尺深的雪中艰难行进。晚上雪更大了，奥尔得克在我头顶上支起一条毯子作为保护；但是毯子在夜里被雪压塌了，难怪我醒来时觉得好像有一具冰冷的尸体压在脸上。

我们来到几处古代遗址[1] 并进行了测量，遗址中有一座 35 英尺高的佛塔。在安迪尔附近，我们掉转方向，回到了且末，那里的气温已经是零下 32 摄氏度。

我们走上了回到大本营的漫漫长路，首先要沿着车尔臣河走，时而走在冰冻的河面上，时而走在两侧废弃的河床上。夜里，狼在我们的营地外面嗥叫，我们必须看好我们的马匹。毛拉·沙阿的到来使我们的小分队得到了壮大，他在整个旅程中一直做我的随从。我们在路上频繁地见到老虎的踪迹。

一次，一个牧羊人领我们看了一处古怪的坟地，既不是伊斯兰教徒的也不是佛教徒的。我们挖出两口胡杨木板做的旧棺材。一口棺材里面是一个老人，白头发，脸像羊皮纸一样，衣服都快破成碎片了。另一口棺材里面是一个女人，头发用一根红绸带束在脑袋后面，身穿一条长袖连衣裙，袖子很瘦，头上围着一块大围巾，脚上穿着红袜子。牧羊人告诉我们说，树林里有许多这样的坟墓。这些可能是俄国旧礼仪派[2] 教徒的遗骨，他们是 19 世纪 20 年代从西伯利亚逃亡的。

在河边，胡杨树干的周长测量下来有 22.5 英尺，树高是 20 英尺。

树枝向各个方向扭曲，就像章鱼的触手一样。

离开车尔臣河后，我们进入了塔里木河故道，它叫作艾台克塔里木河，两岸是树木，西边的沙丘有 200 英尺高。随后，我们在塔里木河现在的河道旁找到了更适合旅行的道路。

在都拉里村北部的森林地区，我们偶然遇到了阿不都·热依木（Abd-ur Rahim），一个来自北方辛格尔的骆驼猎人。他是和他的兄弟马莱克·阿洪（Malek Ahun）护送妹妹和嫁妆来都拉里跟一名伯克成亲，现在正走在回库鲁克塔格（"干燥的山"）家乡的途中，那是天山山脉伸向戈壁滩的最前哨。他是全境中仅有的知道阿提米西布拉克（"六十泉"）的两三个猎人之一，几年以前曾陪伴俄国旅行家科兹洛夫去过那里。我的下一个计划是穿越罗布沙漠，目的在于揭开罗布泊游移之谜，而把这样一次穿越之旅的起始地定在阿提米西布拉克再安全不过了。阿不都·热依木和他的兄弟对陪我同去没有意见；我们还达成了协议，我这次探险要租用他的骆驼。

2 月 24 日，我们进入我们自己的庄子"图拉萨勒干乌伊"。我们已经在庄子外面几英里的地方遇到了希尔金及两个新来的哥萨克人沙格都尔（Shagdur）和彻尔敦（Cherdon），他们都穿着深蓝色的制服，马刀背在背上，戴着高高的黑羊皮帽子，穿着亮闪闪的靴子。他们骑在漂亮的西伯利亚马上向我行军礼，敬礼的同时报告了自己的行程。他们从外贝加尔的赤塔出发，已经走了四个半月，一路经过了乌鲁木齐、喀喇沙尔和库尔勒。他们两人都是 24 岁，都是喇嘛教徒，而且都在外贝加尔的哥萨克部队里服役。我对他们表示欢迎，希望他们喜欢做我的随从。我预见到他们的表现将会超过一切褒奖，他们像两个正宗的哥萨克一样，是我有过的最好的两个仆人。

过了一会儿，我们骑马进入了自己的庄子，我惊讶地看到空场的中央站着一只活生生的老虎。不过这只老虎并不怎么危险，它是几天前射得的，就以这个姿势冻得像石头一样硬。它的虎皮成了我的收藏品。

我们的庄子在我不在的时候扩大了规模，几顶新帐篷竖了起来，一个来自中亚地区的商人建起了他自己的商店，出售羊毛织品、衣服、袍子、帽子、靴子等；伊斯兰教徒和哥萨克人在他那里找到了一个俱乐部，他们喜欢在那里碰面，喝茶聊天。其他来自库车和库尔勒的商人带来了茶叶、白糖、茶壶、瓷器和各种各样对旅行队有用的东西。铁匠、木匠和裁缝都在"图拉萨勒干乌伊"开了自己的店铺，此地于是发展成了誉满全境的贸易场所。干道甚至也从原来的路线上分离出来，向我们的庄子拐出了一道弧线。

我们的动物园里增加了两条新出生的小狗，黑白斑相间，毛茸茸的。它们得名马伦奇（Malenki）和马尔其克（Malchik），最终比我的旅行队里其他的狗活得都长。

马匹和骆驼现在休息够了，变得丰满、强壮和健康。骆驼正经历发情期，处于半疯狂状态，必须一直拴着才不至于又踢又咬。单峰骆驼尤其危险，必须给它戴一个嚼子，把四只脚用链子拴在铁柱上。它的嘴角冒着白沫子，就好像准备刮胡子似的。

我们不在的时候，我们的一峰骆驼制造了很大的骚动。一次，它和伙伴们一起从牧场赶回来过夜，路上突然从骆驼群中离开，跑走了。两个看护和一个哥萨克人骑上马追赶它。足迹十分清晰，它跑过冰冻的河面，进入塔里木河以东的沙漠，一直朝库鲁克塔格跑去。我们的人鼓动了一些人，组织大家去寻找骆驼。逃跑的骆驼又从沙山上下去，像风一样狂奔着穿过荒野，向库车方向跑去；然后它又从那里折回来，最后进了尤尔都兹谷地。追踪者在那里失去了它的踪迹，没有人知道它最终怎么样了。它一直是一个谜，一个真正的"漂泊的荷兰人"³。邻近一个睿智的老人告诉我说，驯养的骆驼有时会发疯，变得像它的野生亲戚一样怕见人，这种时候，它一看见人就会向沙漠跑去，并且日夜不停地跑下去，好像恶魔附体一样。它跑啊跑啊，直到心脏承受不住负荷，它就会疲惫地倒地身亡。另一个人认为，那峰骆驼是看见了树林里的一只老虎，因此才发疯的。

我们那只驯养的大雁要好得多，它像个警察一样在帐篷中间四处巡逻，忸怩作态，自高自大。它的野生亲戚在印度待了四个月，不久就大批大批地飞回来了，我们日日夜夜都能听到它们在空中尖叫、互相热闹地对话，然后在它们原先的繁殖地点筑巢。人们不禁相信，在这些大雁的社会里，关于领地边界的法则和习俗，就像许多罗布人家庭划分渔场的想法一样根深蒂固。

注释

1. 这几处古代遗址总称为安迪尔古城遗址，位于新疆民丰县安迪尔牧场，是丝绸之路南道汉唐时期的重要遗存。始建于汉代，随着安迪尔河流量减小，于 11 世纪逐渐被废弃。

2. 旧礼仪派（Raskolniki），又称老信徒派，是俄国东正教 17 世纪兴起的一个反国教派别，其信徒反对宗教改革，反对政府的横征暴敛，宣传平均主义和无政府主义，曾遭到沙皇的严厉镇压。

3. 漂泊的荷兰人（Flying Dutchman），传说中的一艘幽灵船，因为船上的荷兰船员妄发誓言而受到诅咒，无法返乡，注定永远在海上漂泊航行，直至最后审判日。德国音乐家瓦格纳根据这个传说创作了一部同名歌剧《漂泊的荷兰人》。

第三十六章

我们在罗布沙漠发现了一座古城

3月5日，我们再次准备好离开我们的大本营。这次我带了哥萨克人切尔诺夫，驼夫法伊祖拉赫，两个罗布人奥尔得克和霍达伊·库鲁（Khodai Kullu），以及猎手阿不都·热依木和马莱克·阿洪兄弟二人，他们骑着自己的两峰骆驼，我也租用了他们的另外六峰骆驼。除此之外，还有六峰我们自己的骆驼、穆萨（Musa）和一个罗布人，以及一些我们的马匹。如果沙漠对马来说太难走了，就要把它们送回去。两条狗——来自奥什的约尔达什和猎狼犬马什卡——跟我们在一起。我们带了干粮、两顶帐篷和七个羊皮口袋的冰。

旅行队的其余人马留在了大本营。帕尔皮·巴依健壮挺拔地站在哥萨克和伊斯兰教徒中间。这是我最后一次看见他，我离开我们的庄子之后 12 天他就死了，葬在了英库勒的墓地里，在塔里木河畔荒凉的沙丘脚下。

春天回来了，白天气温升到了 12.7 摄氏度，夜里也并没有降到零度以下。我们走过了孔雀河冻得很厚的冰层；在河对岸，我们发现了一排石冢和塔楼，说明这条古道曾经将中国和西方连接在一起。

我们在荒凉、平坦的大草原上一路走到了库鲁克塔格的山脚下。这枯萎、光秃的山脉化作棕色、紫色、黄灰色和红色的影子向东延伸，最后消失在远方沙漠的薄雾里。这里的泉水彼此离得很远，其中一眼泉水在库尔班其克峡谷里，有 130 英尺深。另一眼泉水名叫布延图布拉克[1]。我早晨起来的时候，切尔诺夫都会点燃我的小炉子，但是这天早晨在布延图布拉克，风将帐篷帆布吹到了炉筒上，很快我的帐篷就着火了，我只救出了我最珍贵的文件。这个事故使得帐篷大大地缩小了，不过我们还是尽量将它缝好了。

我们离开了孔雀河和它的树林。在接下来几天的行进中，南方

· 在孔雀河岸边扎营

地平线上植物的一道黑带仍然可见，但是它很快让位给了黄灰色的沙漠。

这次探险的目的之一就是为这条古老的河床绘出地图，它已经干涸了一千五百多年，从前曾经是孔雀河流淌的地方。它是科兹洛夫发现的，但是他除了提到它的存在，没有机会做更多的工作。在中国古代商道的一个古老驿站营盘，我们找到了干涸河床的两个河曲。我们在那里测量和拍摄了至今犹存的废墟[2]。有一座塔高 26 英尺，周长 102 英尺。那里还有一座巨大的圆城，有四个大门和许多荒废的房间及墙壁。许多骷髅从一个曾经用作墓地的平台上向外偷看，好像是从射击孔里窥视一般。

3 月 12 日，气温是 21 摄氏度；穆萨此时已经带着所有的马回去了，只留下了我那匹"沙漠灰"（Desert Grey），我们还让他带回了大部分冬衣。但是我们很快就后悔这样做了。

在营盘，我们还能见到活的胡杨；但是再往东去就见不到了，树林稀疏起来，余下的树干站在那里，活像墓地中的墓碑。

我们沿着这条"死河"的河岸继续前进。黏土沙漠在我们四周延伸，没有一丝植物的痕迹，风的侵蚀力把黏土塑成了各种奇形怪状。天空晴朗，闷热逼人。

东方的地平线上出现了一道棕黑色的线条，很快变宽，似乎在向天顶伸出手臂和枝杈。

"喀拉布冷风！沙漠黑风暴！停下！"

一片骚动和不安。我们所处的位置一片开阔，无法避风，得去寻找一个更合适的宿营地。第一股风咆哮着扫过地面。西南方向的地势显得更平坦些，我向那个方向挪动了一点。又有几股风吹起了沙尘的云团，我迅速掉转方向，以避免让其他人在视线里消失。但就在这时，风暴猛然袭来，以它那不羁的狂怒卷起了干燥、温暖的沙子。我几乎被呛得要窒息了，不知道该往哪个方向转，不过先前风是吹在我的后背上的，所以我认为要迅速转向逆风方向。飞旋的狂沙刮到了我的脸。我用胳膊护住脸，试图透过已经将白天变成了黄昏和黑夜的薄雾看过去，但是我什么也看不见，也听不到人的叫声，所有其他声音，甚至连可能有的枪声，都淹没在狂风的咆哮中。我积聚起全部力气，准备跟风搏斗；但又不得不一次次停下来，转向背风方向呼吸。我这样挣扎了半小时，认为自己已经错过了旅行队，一切足迹都被抹掉了。

"如果我不能很快找到他们，"我想，"风暴又一直继续下去，那我就彻底完蛋了。"

我正要就地停下来，切尔诺夫偶然间抓住了我，把我领回了旅行队中。

我的帐篷杆折成了两截，现在只能用半截杆子了。我的随从们费了很大劲儿在一个黏土丘的掩护下支起了帐篷，用绳子拉住它，把大箱子摞起来压住帐篷边缘。骆驼卸下了驮子，面朝风伸展开身体躺下，脖子和脑袋都横平着搁在地面上。随从们将自己裹在袍子里，在他们的帐篷布下面挤在一起——帐篷支不起来了。风刮过地面的速度是每秒钟86英尺，当然在12英尺上方的空中风速还要加倍。流沙打在帐篷布上，沙子透进去，掩盖住了里面所有的东西。我的床平时总是铺在地上的，现在已经看不见了，箱子上都覆盖了一层黄灰色的沙尘。沙子钻得到处都是，蹭得我们浑身直刺痒。篝火肯定生不起来了，饭也做不成了，我们只好吃面包片。风暴持续了一天一夜再加上第二天的部分时间，最后它终于过去了，急匆匆向西刮去。一切恢复了平静，我们感到莫名地眩晕，就好像生了一场大病似的。

我们向东漫游。死河岸上灰色、多孔的树干看起来好像树木的木乃伊，它们居然没有早早被流沙消磨掉，真是令人惊奇的事。

3月15日，我们离开了河床，去了雅尔丹布拉克。野骆驼的踪迹现在经常可以见到。这是我在亚洲腹地遇到这种高贵动物的第三个地区，它们是沙漠的主人，在世界上最闭塞的地方不受搅扰地生活着。切尔诺夫射杀了一峰年轻的雌性骆驼，驼肉很好吃；我们所剩不多的肉食都腐坏了，老罗布猎人克尔古依·帕万（Kirgui Pavan）本来要带着几只绵羊在雅尔丹布拉克同我们会合，但是他也许在风暴中迷失了方向。

野骆驼成了交谈的主要话题。阿不都·热依木狩猎野骆驼六年了，其间共射杀了 13 峰，由此可以猜出它们不是那么容易抓到的，但是我们的向导像了解家养骆驼一样了解它们的习性。野骆驼夏季每八天要喝一次水，到了冬季则是 14 天喝一次；它们找到泉水很容易，就像拿着一张航海图穿过沙海一样。它们在 12 英里以外就能闻到人的气味，然后像风一样逃跑。它们会避开营火的烟雾，而且很长时间都远离支起过帐篷的地方。它们见到驯养的骆驼就逃跑，但是并不怕它们的幼仔，因为幼仔还没有被人使用过，它们的驼峰还没有被驮子和驼鞍压得变了形。野骆驼只在泉水里喝水，但是不在泉边逗留；它们在芦苇生长的地方最多只待三天。到了发情期，雄性骆驼疯狂地相互争斗，胜利者占有所有的雌性——有时数量达到八峰之多——战败者则在一边独自悲伤。所有的雄性骆驼身上都有很可怕的伤疤，那都是求偶战争的结果。

我们再次离开泉水，将所有七个装满冰块的羊皮口袋和两大捆芦苇都驮在一峰骆驼身上。我们向东南方向进发，回到库鲁克河（"干河"）干涸的河床。阿不都·热依木骑着骆驼走在前面，突然间，他从骆驼身上轻巧地滑了下来，示意我们停下。切尔诺夫和我跟在他后面，见他像豹子一样偷偷潜入一个小土脊后面的有利位置。几百步远的地方卧着一峰黑色的公骆驼，正在反刍，离它不远的地方卧着三峰母骆驼，还有两峰母骆驼在吃草。公骆驼把脖子伸向我们的方向，张大了鼻孔，停止了反刍。它突然站起来，四处张望；它闻到了我们的气味。我通过一架望远镜能看见所有的牲口。一声枪响，三峰趴着的母骆驼像弹簧一样跳了起来，整群骆驼飞速奔逃，周围溅起了浅色的烟尘。一分钟之内，骆驼群就缩成了一个小黑点；然后除了飘向沙漠中央的灰白色尘烟，我们就什么也看不见了。阿不都·热依木断言说这些牲口三天都不会停下脚步。

过了一会儿，我们惊起了一峰落单的骆驼，显然是峰公骆驼，也许已经筋疲力尽了。随着第一声枪响，它跳了起来，然后像中了魔似的消失了。

库鲁克河现在几乎有300英尺宽、20英尺深。我们在河岸上发现了成千上万的贝壳，还有陶罐碎片和石斧；到处是胡杨树干，干枯却仍然挺立着。我们还看到一个很大的釉面纹花的陶器，以及一些带小圆把手的蓝色陶器碎片。这条河上肯定住过人，当时两岸之间有河水流过，但那种时日已一去不返了。

我们的存水都用完了，不过离阿提米西布拉克也不远了。我们经过长途跋涉回到山脚下，黄色的芦苇地和黑色的怪柳丛在薄雾中出现了。旅行队在浩大的、漂着白色浮冰的河水旁安顿下来，阿不都·热依木带着步枪偷偷去了绿洲的东边，他在那里见到了像刚才那样的一大群骆驼，其中包括一峰深色公骆驼和五峰小骆驼。我永远也看不厌这些美丽的沙漠生灵的生活和习性，于是跟他一起去了，但我总是同情骆驼的，就默默祈祷子弹不会打到它们。我们需要肉的时候，打猎是不遭禁止的；当然了，阿不都·热依木，一个职业的骆驼猎手，是他自己的主人。风从吃草的骆驼那边向我们吹来，它们没有察觉到有埋伏，不过距离太远了，为了不被发觉地走进射程，阿不都·热依木必须绕路接近它们。与此同时，我坐着用望远镜观察，一面在心里记录着这些高贵动物的形态和动作。它们安静地吃着草，不时地抬起头来看一眼地平线，缓慢地咀嚼着，用的劲儿很大，我们都能听见芦苇秆在它们的牙齿间噼啪作响。

枪响了，骆驼群径直向我跑来，闪电般迅速；但是它们很快又突然逆风掉转了方向。一峰年轻的骆驼——4岁的公骆驼——跑不动了。它摔倒了，但是我们靠近它的时候它仍在咀嚼。然后它努力站起来，但是马上倒向一边，被我们宰杀了。我们在它的前驼峰找到先前某个猎人射进去的一颗子弹。

现在我们又有肉吃了。在我们继续穿越沙漠之前，牲口要好好休息一下；看到它们满足地吃草，晚上看着它们站着嚼冰块，真令人高兴。泉水是盐质的，但是冰块很甘甜。天色向晚，一群由八峰野骆驼组成的骆驼群过来喝水，但是它们幸运地及时警醒，像影子一样消失在夜色中。

我们于3月27日向南进发，所有羊皮口袋里都装满了冰块，阿不都·热依木的四峰骆驼驮着芦苇。他本人只敢陪我们再多走两天的路，然后就回家去。我们走了18英里，进入一片黄色的黏土沙漠，这里因为东北风和东风的持续作用，形成了一条条6英尺到9英尺深的沟谷。我们在这样一种土沟的底部走过，黏土丘脊始终遮住我们两边的视线。我们还遇到过更高的黏土丘脊。

这里看不到任何形式的生命的痕迹，但是第二天我们又发现了枯死的树林，以及灰色、多孔、遭流沙剥蚀的树干。在一些沟谷里，风刮来了贝壳，在我们的脚下像秋叶似的噼啪作响。

切尔诺夫和奥尔得克走在前面，在这片遍布西南和西南偏南走向沟垄的奇特地面上，寻找对骆驼来说最可行的路线。下午3点，他们突然停了下来。我纳闷他们是否又看见了野骆驼，但这一次是完全不同的东西，而且更值得注目。他们站在一个小土台上，在土台顶上发现了几间木房子的遗迹。

· 骆驼走在风蚀而成的深沟中

我命令大家停下来。旅行队休息的时候，我测量了这三间房子。基座在现今的位置上已经存留了多久了？这一点我无从得知，但房子立在八九英尺高的土台上，显然它们当初是建在平地上的。风蚕食掉了周围的土地，而房子保护住了它们耸立其上的泥土。

我们匆匆查看了一番，发现了中国钱币、几把铁斧子和一些木雕，木雕雕的是一个手持三股叉的男人、一个头戴花冠的男人，以及两个手拿莲花的人。我们只有一把铲子，一直在不停地挖掘。

东南方向一段距离以外耸立着一座黏土塔楼，我跟切尔诺夫和阿不都·热依木一起去了那里，在塔楼顶看到了另外三座塔楼。我们还不能判断出它们是防御用的，还是在战争中用来点燃烽火的，或者是有什么宗教意义，像印度的佛塔（stupas）一样。

我们回到营地时天已经漆黑了，还好法伊祖拉赫点燃了一支火把照亮。

第二天，我心存遗憾地离开了这个有趣的地方。我们不能再耽搁了，因为温暖的季节正在临近，我们的羊皮口袋在白天的行进途中一直在滴水，这是一个警报。

阿不都·热依木得到了丰厚的酬金，然后离开了。我派我的仆人霍达伊·库鲁回大本营，他带走了两峰骆驼、所有的木雕，以及我们发现的其他物件。

我继续南行穿过黏土沙漠，跟随我的有切尔诺夫、法伊祖拉赫、奥尔得克、四峰骆驼、一匹马和两条狗。我们走了12英里，来到一处洼地，里面有几株活的柽柳。附近肯定有地下水！我们必须挖一口井！但是铁铲在哪里呢？奥尔得克赶紧承认他把铁铲忘在废墟那里了，表示要立即回去取来。我为他感到难过，但是铁铲对我们可是生死攸关的家什。这样做不是没有危险的，尤其是风暴袭来的话。

"如果你找不到我们的足迹，就一直往南或西南方向走，这样你迟早会走到喀拉库顺湖³。"

他休息了几小时，半夜出发，我把我的坐骑借给了他。他和马都先喝饱了水。

奥尔得克消失在夜幕中两小时后，东方刮来了一场强劲的暴风。我希望他能立刻回到我们这里，但是到了天亮也没有他的消息。我们向西南方向进发，幸亏刮起了大风，我们没觉得像通常那样炎热。

穿过了一个低矮沙丘地带，我们在一片荒芜的土地上发现了几片木头，大家就地宿营。让大家感到惊异的是，奥尔得克安然无恙地出现在了那里，不仅骑着马，还拿着铲子。他述说了自己的故事：

他在风暴中找不到我们的踪迹，也迷了路，然后遇到了一座黏土塔楼，又在附近发现了一些房子的遗迹，那里有雕刻精美的木板半埋在沙土里。他拿走了他找到的一些钱币和两块木雕。经过一番寻找，他又找到了我们的营地和铲子。然后他试图把木板放在马背上，但是这牲口畏缩了，把木板甩了下去。奥尔得克只好自己扛着木板来到我们丢铲子的地方。他再也扛不动那些沉重的木板，再次试图让马来驮，可马又跑了，费了半天劲儿才捉回来。于是奥尔得克放弃了他的战利品，骑上马一直来到了我们的新营地。

这么说，除了我所看见的还有更多的遗迹！我先派奥尔得克回去取木板，在我们出发之前他就完成了这个任务。我看到这些精雕细刻的涡卷和叶子，简直是目眩神迷；听奥尔得克说那里还有更多，他只不过带了两个样品回来，我就想马上回去。但那是多么愚蠢啊！我们的水只够两天用了，我所有的旅行计划都会被打乱。我必须明年冬天再回到沙漠来！奥尔得克自告奋勇说他将带我去那发现木雕的地方。他忘记了带铲子是件多么幸运的事！否则我永远不会回到那座古城去，完成这最为重要的发现，它命中注定要使亚洲腹地的古老历史上闪射出意料之外的新光芒。

但是此刻的当务之急是救我们自己和我们的牲口一命。我们匆忙向南方赶路，一会儿穿过黏土，一会儿翻越20英尺高的沙丘。我赤着脚走路，太阳当然把地面晒得很热，但是骆驼踏过的沙地很凉爽。晚上宿营的时候，每峰骆驼都得到了一桶水和最后一袋干草，它们已经五天没有喝水了。我们现在还有仅够一天的水，而且这水接触过羊皮后味道很臭。

第二天我走在前头。到喀拉库顺湖应该还有38英里。我爬上一座沙丘，举起望远镜扫视远方，除了低矮的沙丘外没有别的东西。但是东南方向发光的是什么？是水，还是盐质土地上的海市蜃楼？

我急忙赶到那里。是纯净、清澈的水，有股臭味，但是能喝。看骆驼喝水真是赏心悦目！但是现在我们还必须为它们找到牧草，必须为自己找点能吃的东西。我们只剩下一袋大米和一点茶叶了。

我们沿着河岸继续前进。4月2日，我们抵达了喀拉库顺湖，在那里能看到南岸生长着一片芦苇，从东向西南方向铺展着。这里的水完全是甜的。野鸭、大雁和天鹅在湖上游泳，但是它们离岸太远了，无法捕杀。

第二天全部用来休息和放牧。一股清新的东北风吹来，我有一种不可抗拒的冲动，要到湖里去，洗掉满身的沙尘。但是哪来的船呀？好吧，我们可以造一条小船。世上无难事，只怕有心人！只要能想到就总有办法。我跟切尔诺夫和奥尔得克往东北方向走了很远，既没找到树，也没有任何漂流木。但是我们带着羊皮口袋和驮鞍上的木头梯子呢。

我们在一块伸进湖中很远的地岬上停下来。奥尔得克往皮口袋里吹气，直到它们像皮子的鼓面一样绷紧。我们用绳子系紧木头梯子，做成船骨，然后把羊皮口袋拴在下面。东北风不断吹来，我们可以漂过宽阔的水面到营地去，所以我应该能够做一系列测量工作。太阳很热，如果能去凉快的水上就好了。切尔诺夫"登上甲板"的时候，小船几乎要翻了。我们坐在边缘上，把脚垂进水里。

风吹着我们的后背，把我们从岸边吹走。浪尖翻滚着泡沫的波涛滚过，每一个浪头都把我们一直打湿到腰部，飞沫则溅到我们的帽子那么高。我测到的最深的地方也不超过 12 英尺。大雁和天鹅起飞了，发出扑动翅膀的巨响；野鸭飞得离水面那么近，翅膀尖都碰到了波浪。我们在水上航行了两个半小时，帐篷在视野里越来越大了。我们冻得发紫，急于上岸。最后，奥尔得克在营地里见到我们时，我们已经完全冻僵了，甚至走不到篝火旁了。我冻得半死，浑身剧烈颤抖，后来喝了好几杯热茶，上床睡觉，体温才逐渐恢复。

天空、大地和湖面在日落时分充满了奇妙的颜色。太阳将绯红的光芒洒在沙丘上面，但是现在向西南方向疾驰的尘云则在太阳下面呈现出一种暗色的火红。这是一幅辉煌的、几乎令人畏惧的图景。湖水是蓝黑色的，浪尖的白沫被太阳的反光染成紫色，但是波浪猛烈地拍打着湖岸，我们不得不把帐篷移得离岸更远些。

注释

1. 布延图布拉克（Bujentu-bulak），即今兴地沟，在新疆尉犁县。

2. 该废墟即营盘古城遗址，在新疆尉犁县。该遗址有一座圆形的古城和上百座古墓，被史学界誉为"第二个楼兰"。

3. 喀拉库顺湖（Kara-koshun），即罗布泊。更准确地说，是罗布人对罗布泊及其周缘湖的总称，所以喀拉库顺湖的范围比罗布泊更大。

第三十七章

我们在塔里木河支流上的
最后几个星期

我们又绕着荒凉的湖岸走了两天，没有看到一丝人类的踪迹。我们所有物资都很匮乏，而且饿得厉害。第二天的晚上，南边出现了一股烟气。奥尔得克在岸上像蜥蜴一样迅捷，在水里像鱼一样自如，他边走边游地渡过了几个生长着芦苇的湖泊，回来时带着八个渔夫、三只大雁、40 颗雁蛋、鱼、面粉、大米和面包。这样，一切饿死的危险都不复存在了。

　　在库木恰普干，我们碰到了一些老朋友。昆其康伯克已经过世，但是他的儿子托克塔·阿洪（Tokta Ahun）成为我们的一个挚友。努麦提伯克（Numet Bek）负责照看我们的四峰骆驼和那匹马，将把它们带到米兰的草场，我们的旅行队很快会在去西藏的途中取回它们。

　　我带着切尔诺夫、法伊祖拉赫和奥尔得克乘独木舟回大本营。不过在此之前，我驾着独木舟到喀拉库顺湖作了一次快游。那些湖泊——说沼泽更恰当些——比我四年前来时长了更多的芦苇，最深的地方还不到 17 英尺。我们划过一大片开阔水域，在上面经历了一段戏剧性情节，让我永生难忘。一只死去的天鹅躺在芦苇丛边的水面上，它的伴侣在附近游弋着。我的船夫把桨插进水里，独木舟像箭一样射向那只天鹅。它没有起飞，而是更快地游着，扇动着翅膀助力。它游到芦苇丛的边界，一头扎进干燥的芦苇秆中间，但是一到了那里，它就不能展开翅膀了。一个罗布人跳进水里，向它游去。天鹅潜进水里；但是由于有芦苇，它又在同一个地点浮出来。那人猛扑过去抓住它，扭断了它的脖颈。这一切只用了一分钟。那只天鹅不愿抛弃它那死去的伴侣；我知道它的悲伤也就此结束了，这才能为它的死感到些许慰藉。

　　一条新的支流切尔盖恰普干在塔里木河下游的北部形成。我想确切地绘制出这条支流的地图，记录它的数据，但是那里没有船。我们的四峰骆驼尚未出发，所以它们被两两一起拴在两条独木舟上，把船拖过土地，来到新的河流里。

我们沿着新的水路和湖泊继续向北前进。一天，在塔里木河边，我们遇到了彻尔敦，他带着我们的 35 匹马、六头骡子、五条狗、随从们和干粮进了藏北的山区，我们的几支小分队将在那里的孟达里克河谷会集。

大本营里一切都井然有序。驳船准备好了，我在前甲板上的帐篷变成了一间船舱，是用木条和毯子做的。我们有无数的事要做。我们的大本营成了罗布境内一座名副其实的新都城，当地人到我们这里来解决他们的纠纷，于是我们作为法庭主持公道。

我们剩下的骆驼现在开始去参加藏北的大会聚，切尔诺夫、依斯拉木·巴依、图尔都·巴依和霍达伊·库鲁骑马。约尔巴斯的身体一侧曾经遭到一头野猪重伤，现在它跟其他狗一起去陪伴他们。它尽管受了伤，却是唯一一条穿越沙漠后幸存的狗，一直走到了山脚下。

那支旅行队出发的情景成了鲜艳而漂亮的一幕。铜铃叮当作响，队伍穿过稀疏的森林，将空旷荒凉的"图拉萨勒干乌伊"留在后面。所有的商人和手工匠都收拾好他们的货物离开了，只有一些乌鸦在空场上呱呱叫，厨房里还冒着最后的炊烟。

我身边只有哥萨克兵希尔金和沙格都尔两个随从，在他们和四个新来的罗布人陪伴下，我于 5 月 19 日永远离开了大本营。这个地区的全体居民都聚集在河岸上同我们亲切道别，然后驳船进入水流，继续顺着塔里木河漂流而下，这次旅行已经中断半年了。

我们不时停下来，在河的右岸对一些湖泊进行测量。我测量了这样两座湖泊中间的一座沙丘，发现它比河面高出 293 英尺，而附近的其他沙丘又要高出四五十英尺。罗布人偶尔会筑起水坝将河与湖相连的水道拦住，这样就圈住了鱼，略微发咸的水使得鱼更加美味。60英寻长的大拖网由两只独木舟拉着捕鱼。

猎人克尔古依·帕万是我们的老朋友，几天后来到我们的船上。他召集了手下划着一整队独木舟来帮助我们渡过新形成的湖泊，里面的芦苇长得太密了，我们不得不放火烧掉它们才能前进。

5 月 25 日，我们冒险去了大湖——贝格力克湖[1]，它坐落在塔里木河的右岸。我们有两条独木舟，一条上面载着沙格都尔和两个船夫，另一条上载着我、克尔古依·帕万和另一个船夫。这一天很平静，湖就像一面镜子似的，沙丘在水中的倒影和真正的沙丘轮廓一模一样。我们往南划了三小时，做了测量。太阳火一般灼热，我们必须往衣服上洒水才能凉快一些。

晚上，我们抵达西岸的中部，休息了一会儿。然后克尔古依·帕万指着湖东岸的沙丘脊，说了这样一句令人沮丧的话："喀拉布冷风！"

黑色的线条和黄红色的云团从整个沙丘上升起，很快连成了一整块沙帘。我们的船夫想就地过夜，但是我必须回到驳船上去，去给测时器上发条。

"开船吧，拼命地划！"

我们只要能够到达水道入口，就脱离了危险。但是要到达那里，我们必须渡过一个一直延伸到西边的宽阔水湾的入口。

空气还是宁静的，湖面仍然像镜子一般。随从们跪着划船，他们的桨弯得像弓一样。只要桨不折断，我们就能逃避风暴，否则，独木舟会在两分钟之内灌满水，而我们又不能游到岸上去。

"啊，真主啊！"克尔古依·帕万低声叫道。

"现在风暴已经刮到了沙丘。"他又说。这时，黑色的沙尘在狂风的裹挟下翻卷着扫过湖面。

眨眼间，沙丘和整个东岸都消失在沙尘之中。

远处传来风暴的咆哮声。它以可怕的速度扑了过来，变成了震耳欲聋的怒吼。狂风已经来到了湖面，第一股风吹到了我们。

"划呀，划呀！"克尔古依大喊，"有神灵在呢。"

我们的速度加快了，独木舟像刀子一样切过水面，湖水嘶嘶作响，在船首周围翻滚着泡沫。我们坐在里面，紧张地期待着。到北岸还有 1 英里远，但是不到一分钟，北岸和西岸一样，都笼罩在了尘雾中。

现在风暴刮到了我们头顶。狂风给了我们猛烈的一击，如果我们不是及时地将身体转向顺风的方向，整条独木舟都会翻掉。

波浪以惊人的速度腾起，泡沫在浪尖上激荡，嘶嘶作响。浪头将独木舟掀起又抛下，一个接一个的浪头打到我们身上，我们好像坐在浴缸里一样，船每倾斜一下积水都跟着来回激荡。克尔古依试图尽量利用水浪，把船划到浪头中去。除了我们的小船和离得最近的翻涌着白沫、几近于黑色的波浪，我什么也看不见，其余的一切东西都消失在浓密的尘雾中了。我们四周既黑暗又神秘，夜晚也临近了。我包起我的笔记本和工具，开始脱衣服，再来几个浪头我们就会沉船的。独木舟又长又直的船舷上缘比水面高了还不到两英寸。

但是突然间奇迹发生了！波浪突然变小了，颠簸停止了。啊哈！右舷出现了一个黑黑的东西，是北岸一块突出的地岬上的怪柳丛：一道自然的防波堤！我们得救了！我们花了很长时间登陆，先是把水从独木舟里淘出去，然后继续沿着水道前进。但是天变得漆黑，芦苇秆打在我们脸上。经过长时间的摸索，我们望见了被暴风吹得摇曳的篝火，然后很快回到了驳船里。

5 月 28 日，我们顺流而下。克尔古侬·帕万拿着他的篙竿坐在我的工作台前面，他是一个插科打诨的高手和奇闻怪事的无尽源泉。空中的风魔再次偃旗息鼓，寂静君临一切。然后一条独木舟全速向我们开来，在我们的船边停靠下来。甲板上传来急速的脚步声，来自喀什噶尔的邮差穆萨来到我的桌前，放下一大捆寄自我家乡的信件，还有许多报纸和书籍。当夜我躺着一直读到了凌晨 3 点。

接下来的几天里，我们经常受阻于风暴，所以必须在夜里开动，因为夜里风小些。每当这时候，就有擎着火把的人乘独木舟给我们引路。

又来了一个邮差，让我们很惊讶。他只带来一封信，是彼得洛夫斯基寄来的，当然是很重要的事。塔什干的总督命令两个哥萨克兵希尔金和切尔诺夫回到喀什噶尔去，因为那里的中俄边境发生了骚乱。切尔诺夫这会儿不巧去了藏北，在他回到我的营地之前我都无计可施。于是我派一个信使去找他。

在渔村其格里克，我们不得不抛弃我们的旧驳船，因为水道对它来说太窄了。于是我们造了两条小一些的船，每条船是由一块木板搭在三条长独木舟上造成的。我们在每块木板上竖起一个架子，上面盖上毯子，我住其中一间，另一间成了希尔金和沙格都尔的住所。同时，我利用这段时间在大船的暗房里冲洗了近几个星期拍摄的照片。这条船在这条河上漂流了 900 英里，当然做出了巨大的贡献。我把它送给了当地的居民，他们也许能派上用场。

两条新船很容易驾驭，但是水流湍急的时候，我们必须时刻从独木舟里往外舀水。然而我们还是成功地抵达了一个叫阿不旦的古老渔村，这是我们河上旅行的终点站。

几天之后，切尔诺夫、图尔都·巴依和毛拉·沙阿到了，他们带来了四峰骆驼和十匹马，把我和我的其余行李都带到山里我们新的大本营去。在我们出发之前，牲口需要休息几天。天气酷热难当，气温在阴凉处都升到了 40 摄氏度以上，空气中还到处是吸血的大牛虻，它们对骆驼和马来说是最讨厌的一种东西。牲口们如果在白天自由放牧的话，身上就会覆盖着成千上万只牛虻，它们吸牲口的血，叮死它们。结果是，只要太阳升起来，牲口就必须关在茅草屋里，等太阳落山之后，它们先要在河里洗澡，然后才允许它们整夜待在外面。一天夜里，我们的骆驼失踪了，从它们的足迹来看，它们显然为了逃避牛虻，回到山里去了。图尔都·巴依骑上一匹马，把它们追了回来。牛虻也折磨我们，从一间小屋走到另一间小屋就像冒着枪林弹雨一样。我们都渴望着呼吸到高原的新鲜空气。

6 月 30 日下午 5 点，我把剩下的东西都给四峰骆驼及十匹马中的两匹驮上。往骆驼身上放驮子的时候，四个随从站在每匹牲口身旁，只是为了帮忙打牛虻。一切准备就绪，旅行队开拔了。沙格都尔负责照看跟随我们的几条狗，它们是马什卡、约尔达什，以及小狗崽马伦奇和马尔其克。图尔都·巴依负责率领旅行队前往喀拉库顺湖南岸的一个地点，道路从那里转向东南方向，一直通到山里最近的泉眼。我们需要走一整夜才能抵达这个岸边的地点，我宁愿乘独木舟走这段距离；这样，旅行队在暮色中消失后，我就只有希尔金、切尔诺夫和我们最后的几个当地的朋友了。

两个哥萨克兵把我全部的信件带走，因为工作优异，他们领到了丰厚的酬金。我们最后握手道别，然后他们骑上马，消失在黑暗中，带着他们的小分队，骑马经过且末、和阗到喀什噶尔去。我们分别的时候心里充满了悲伤和遗憾。我在亚洲的心脏地带感到孤助无援，再没有一个随从，除了衣袋里的东西再没有了行李，所以哥萨克兵离开我之后，我一分钟也不愿待下去了。我告别了阿不旦的人们，登上一条准备好的独木舟，两个罗布人带着我急速顺流而下。只要天上有月亮，我们就能看见河岸。但是不一会儿月亮就沉下去了，河身接近了芦苇密布的沼泽，天变得漆黑一片。他们两人是如何找到路的，让我感到困惑不解。他们没有说话，只是向着目的地划桨，一丝一毫也不犹豫。星星在流动的河水上空闪烁，时间流逝着，独木舟一刻不停地滑行。我不时打打盹，但是却睡不着。我在塔里木河道上最后的旅行太激动人心了。

仍然是一片黑暗；这时两人划船靠岸，说这里就是会合的地点。我们走上岸等待着，过了一会儿，远处传来叫喊声，是沙格都尔带着马匹到了。我们生起篝火，煮上茶，吃了早饭。

黎明时分，图尔都·巴依带着骆驼来了，他仅仅以"祝你平安"打了声招呼就接着往前走，没有停下来。我们对船夫道了再见，便翻身上马，跟着图尔都·巴依的足迹前进。

太阳升起来了，光明、色彩和温暖在荒野上弥漫。紫色的薄云镶着金边，漂浮在地平线上。环绕着沙漠的西藏外缘的山脉看起来很像轮廓清晰的背景，是用很浅的阴影勾勒出来的。成千上万的牛虻醒了，像子弹一样从我们耳边呼啸而过，它们满肚子吸来的血，在太阳映照下像红宝石一样熠熠闪光。

　　在我们的第一个宿营地墩里克，我们已经高出湖面 650 英尺了，那里荒无人烟，但是我们为马匹和骆驼找到了一眼泉水和牧草。

· 显示中国西藏位置的亚洲地图

注释

1. 此湖由于干涸，现已在地图上消失。

第三十八章

藏东历险记

破晓前几个小时，我们开始为穿越荒野的漫长一天做准备。牲口饮饱了水，我们又为自己和狗往铜罐里灌满了水。土地很坚硬，土质是由碎石和粗糙的沙子构成的。北方的湖泊 [1] 看起来像一条暗淡的深色绸缎，其他一切景物都呈灰黄色。山脉更清晰了，突出的岩石、山谷的入口及裂缝都能看得清楚了。

　　经过七小时的艰苦行进，我们路过了一堆石冢。

　　"我们现在走了一半路了。"托克塔·阿洪宣布。

　　马什卡和约尔达什被炎热和干旱折磨得筋疲力尽，我们几次停下来喂它们水喝，然而它们还是落在了后面。我们再次停下来等它们，却看不到它们的踪影。难道它们回到湖边去了？沙格都尔带着一罐水骑马回头去找它们。他回来了，马鞍上只驮着约尔达什。马什卡喝了水，然后就断了气，好像是死于中风。约尔达什被裹在一张毯子里，捆在一峰骆驼上，它完全动不了了。两条小狗躺在一只篮子里，由另一峰骆驼驮着，随着骆驼的步伐摇来摆去。

　　我们终于来到一道山谷的开口处，那里有一条潺潺的小溪；我们在那里歇息了一会儿。我们做的第一件事就是放开三条狗，它们简直要站不起来了，但是一听到潺潺的流水声，就忙着解渴，随后就活跃起来。它们喝一阵，咳嗽一阵，叫一阵，再喝一阵，最后在溪水里躺倒，在里面舒服地打起滚来。我想到美丽的马什卡没能来到这里，心里一阵悲伤。在山谷地势高些的地方，生长着高大茂盛的柽柳。我们在塔特勒克布拉克泉眼边扎了营。我们现在的高度是海拔 6300 英尺。

　　在随后的几天里，我们爬过了最前面的阿斯腾塔格和阿卡托山。在阿卡托山的山口，我们看到了伸向南方的第三道山脉祁漫塔格；在它和我们之间横着一条又长又宽的山谷，山谷里有一片小湖，我们就在湖畔支起了我们的帐篷。

我们来到海拔 9700 英尺的铁木里克泉边。我们在荒凉的西藏高原越爬越高。有一天我们正让牲口歇歇脚，一大支旅行队带着玉米赶到了，那是我们在罗布泊西南方的小城婼羌订购的。

来自孟达里克大本营的信使也到了，报告说一切顺利。其中一个信使对这个地区比其他人更熟悉，所以依斯拉木·巴依雇了他来送信。这个阿尔达特（Aldat）是阿富汗裔，会讲波斯语，他长着一个鹰钩鼻，短胡须，满眼的忧郁。他是职业的牦牛猎手，长年独自一人生活在山里，吃的是野牦牛肉，喝的是雪水。他的所有财产只有一身衣服、一件皮毛大衣、一支步枪和弹药。夏天，他的兄弟会带着驴子上山来，取走他猎到的牦牛皮，再去克里雅的集市上把牦牛皮卖掉。

阿尔达特总是独来独往，把头扬得很高，一副王者派头。

"如果狩猎失败你怎么办？"我问。

"我就一直饿着，直到我再打到一头牦牛。"

"寒冬的夜晚你在哪儿睡觉呢？"

"在山涧和山洞里。"

"你不怕狼吗？"

"不怕。我有步枪、火镰、火石和火绒，晚上我就把火生起来。"

"碰上厉害的暴风雪，你会不会被困住？"

"有过，不过我总能想办法逃出来。"

"总一个人不觉得沮丧吗？"

"不觉得。除了父亲和兄弟我谁也不想，他们每年夏天总要上来几天。"

阿尔达特既迷人又神秘，就像童话里乔装打扮的王子一样。他回答问题总是简短而确凿，但是没人问就从来不说话。我从没见过他大笑或微笑，甚至没见过他跟别人说话。他仿佛在逃避一个巨大的悲伤，在同狼群和暴风雪的苦斗中寻求孤独、危险和艰难。然而他也是人，也许不时地会特别想见见其他人，所以，我邀请他同我一道进入荒凉的西藏时，他居然回答说："行！"他将做我的猎人，为我指出那些翻山越岭的秘密小径。

7月13日，我们全体重新聚集在孟达里克的泉水和灌木丛旁，在那里建立了我们第二座庞大的大本营，它将成为我们未来探险的新起点。

7月18日，我们起程开始第一次探险，我计划在地图上标出藏东高原那些从未有过人迹的部分。我们携带了足够八个人吃两个半月的干粮。彻尔敦成了我的贴身仆人和厨子。图尔都·巴依领着七峰骆驼，毛拉·沙阿牵着11匹马和一头骡子。一个能干的罗布人库楚克（Kuchuk）将做我的船夫，我们也许会发现一些湖泊。来自克里雅的金矿工人尼亚斯（Nias）负责照看我们的16只绵羊。阿尔达特是向导和猎人，托克塔·阿洪照料马匹。约尔达什、马尔其克和一只巨大的蒙古犬——东边一些牧民把它抛弃在了营地里——也一起出征。

翻越了两座山峰，我们的第一个宿营地就建在海拔13000英尺的高度，野牦牛、野驴、土拨鼠和松鸡是我们的近邻。炎热的夏季刚刚离开我们，冬天还没有降临，温度降到了零下5摄氏度。7月22日，我们在一场暴风雪中拔营出发，整整一夜跋涉在肆虐的风雪里。

黎明时分，我被宿营地里很大的骚动声吵醒了。彻尔敦报告说尼亚斯和12只羊失踪了，只有拴住的四只羊还在。所有人急忙去找，彻尔敦也骑着马去了。大约 10 点钟，尼亚斯回来了，他只剩下一只羊，非常难过。他发现其他所有绵羊都被狼咬死了，在雪地里七零八落地躺在血泊中，只有一只羊幸免狼口。尼亚斯本来睡在一张毯子下面，半夜里，他被轻快的脚步声和叫声惊醒了，看见三匹狼顶着风偷袭了羊群。愚蠢的羊向荒野逃去，尼亚斯急忙猛追过去，但是忘了叫醒其他人。群狼截住绵羊，将它们撕个粉碎，只有一只羊得以逃生。狡猾的狼群利用了暴风雪作掩护，暴风雪的咆哮声非常响，结果狗完全没有察觉。

我们走了以后，狼群大概还会回到大屠杀现场，现在我们更要依赖阿尔达特的步枪了。我们没有走多远，就看到那只迷路的绵羊，被吓得完全丧失了理智，疯狂地跑下一个雪坡。我们为这只幸存的羊感到的欣慰远远胜过了为那些死难的羊感到的悲哀。

接下来的几天里，我们进行了漫长艰苦的行进，翻越被淘金者和牦牛猎人们称为祁漫塔格、阿拉塔格和卡尔塔阿拉南山的白雪覆盖的山脉。在最后那条山脉上，我们翻越了一个海拔 15700 英尺的山口。我们从那里看见了南边一些积雪终年不化的雪山山峰，它们属于四道不同的山脉；极目远眺，地平线那里耸立着阿尔格山，几年前我为了爬上它付出了极大的代价。

在卡尔塔阿拉南山南坡，我们下山进入了一条宽阔、空旷的山谷，由此转而向西。我们所在的地区曾经有俄国旅行家探测过，邦瓦洛和利特代尔也来过。我们一直走在山谷中央，里面挤满了土拨鼠，它们在洞口吱吱叫着，猎狗一跑过去，它们就钻回洞里。

一群野驴在山谷里吃草，共有 34 头。彻尔敦和阿尔达特骑马追赶野驴，它们都逃跑了，只有一头母驴没跑，护着她那四天大的小

· 一两周大的小野驴

驴。最后那头母驴也跑了。阿尔达特将那头小驴捉到了自己的马鞍上。后来我们又捉了一头小驴。它们都被裹在毯子里，由骆驼驮着，我们打算用面糊喂养它们，直到它们能在草原上自食其力。它们还真活了下来，但是后来逐渐消瘦下去，我就吩咐把它们放了，放回我们逮住它们的草原上，好让它们的妈妈能再找到它们。托克塔·阿洪肯定地告诉我说，这些野驴的孩子一经人手，它们的母亲就会讨厌它们。如果真是这样的话，这两头小驴就要被狼吃掉了，于是我们决定杀了它们。它们的肉吃起来又香又嫩。

一片边界清晰的流沙地里有许多高度可观的沙丘，这沙地沿着环绕山谷的南部山脉的山脚延伸。山谷里到处是一种叫作"伊拉"（ila）的马蝇，这种马蝇有寄生在食草动物鼻翼里的恶习。我们的马被这些可厌的东西吓坏了，它们使劲地打响鼻，甩脑袋，躺倒在地打滚，全然不理会背上驮着的担子和骑手。野牦牛、野驴和羚羊爬上沙丘——白天在上面比较安全——晚上再下到山谷里来吃草。离太阳落山还有好一会儿，我们看到了30头健壮的牦牛在沙地里漫步，正在往山谷里走。他们一见到旅行队，就在一座沙丘顶上停住了脚步。漆黑的牦牛在灰黄色的沙地上煞是好看，他们站成长长的一队，仰着头用力吸气，背景是终年不化的雪野。

我们来到了一片小湖巴什库木库勒湖（"上沙湖"）的湖畔，当初是普尔热瓦尔斯基发现的它。14头牦牛在那里吃草，彻尔敦偷偷接近了牛群里一头年老的公牛，然而那头公牛根本不害怕。它沉着地凝视着猎手，甚至朝他前进了几步。实际上倒是彻尔敦转身逃跑了，旅行队成员看了都感到好笑。为了挽回自己的名誉，他又去追捕一匹狼崽，把它带回了露营地。他们给小狼的脖子上系上缰绳，把它关了一个晚上。托克塔·阿洪认为，如果幼兽受到任何伤害，它的妈妈肯定会对我们最后一只绵羊进行报复的，但是那匹狡猾的狼崽在夜里咬断了绳索，早上起来它已经不见了。大家都希望它长大后脖子上的套锁会勒死它，但是我怀疑它的妈妈知道如何帮它把绳子解下来。

我们继续漫长而艰苦的新旅程，终于爬上了阿尔格山。我们在群山的巨大迷宫里行进，一会儿下雨了，一会儿冰雹抽打着山冈，一会儿太阳又暖洋洋地照射下来，使得身着毛茸茸的大黄蜂在空中像管风琴一样哼唱起来。在山谷里，我们有时会惊扰大群的羚羊，这些灵

·一群羚羊

巧、优雅的动物的美貌令人难以想象，它们那亮晶晶的羊角在阳光下像刺刀一样闪闪发光。

　　阿尔达特对于这个地区的了解到此为止。于是图尔都·巴依骑马登上阿尔格山山顶，去寻觅一个山口，约尔达什同他一道前往。猎犬约尔达什发现了一只羚羊，就奔跑着穿越一条隘路追逐它。图尔都·巴依回来了，约尔达什失踪了。我们继续前行，认为那条狗能够找到回我们身边的路。忽然下起了大雨，我们立即停止前进，但是还没来得及支起帐篷，就被大雨浇透了。约尔达什还没有找到，它和旅行队之间隔着一座山峰，另外还有瓢泼大雨在阻隔我们。图尔都·巴依再次骑马回去，翻过了羚羊和那条狗一起消失的山脊，这时约尔达什终于来了，它迷了路，在一条我们从未见过的小山谷里找我们找得几乎发狂了。

我们在那里翻越了阿尔格山，山顶的海拔是 17000 英尺。我们接着下山来到一条又大又长的山谷，四年前我在那里发现过 22 片湖泊。现在我们南面的前方是一片处女地，我们即将走过的路线以前只有两位探险家走过。我进入这片新的尚未命名的土地（terra incognita），感到心满意足，那里除了野牦牛、野驴和羚羊的蹄印以外，没有任何路径。阿尔达特射杀了两只羚羊，于是我们有了好几天的肉吃，不必求助于我们最后剩下的那三只绵羊了。

夜晚的景色同样美妙而壮观。散开的云彩镶着明亮的银边，在月亮面前飘过；南方大面积的冰川上覆盖的银色积雪闪烁着迷人的光芒。我们被庄严的荒芜和孤独包围着。

旅行队的牲口开始疲倦了。到达了这个高度，牧草已经很糟糕了。骆驼在夏季脱掉了驼毛，现在在雨雪冰雹中受寒挨冻，而强劲的西风吹来大块的云团，每天都会导致降水。不过，严酷的气候倒促使骆驼开始长出冬季的驼毛。

像我们这样从北至南穿越西藏高原，必须翻越所有自西向东绵亘的平行山脉。南边总有新的山脉，山脉之间是雄伟、宽阔、没有尽头的谷地，从每个山顶都能看见。又一道山脉挡在了我们面前，山坡看上去比较平坦，我骑马走在最前头。光秃的地面完全被雨水浸透了，像玉米面糊糊一样柔软。我翻身下马牵着马走，每一步都深深地陷进泥浆里。骆驼在后面笨拙缓慢地跟随着，它们的蹄子踩出很深的洞洞，立刻就注满了水。在这险恶的泥淖里我们无法前进，我们徒劳地爬到了海拔 17200 英尺的高度，不得不掉头回去。在一条牧草肥美的山谷里，我们让牲口歇息了两天，夜里给骆驼们盖上毯子，以免它们被风雪冻坏。彻尔敦的马死了，我那哥萨克好兄弟悲痛极了。他教了那匹马各种各样的本领——它会乖乖躺下，叫它名字它就会过来，当那哥萨克人在马鞍上倒立时，它会迈起优雅的步伐小心翼翼地前进。

8 月 12 日，我们试图走另一条路穿过那片肮脏的泥淖。地面还像上次那样恶劣，骆驼和马的蹄子经过的地方会发出"咕叽咕叽"的声音。我们的心都快蹦出来了，所有人都下马徒步前进。我们终于到达了峰顶，海拔 16800 英尺。

上面潜伏着一匹孤独的狼。我们刚抵达峰顶，这一天的雹暴就开始了，咆哮的雷声接踵而至。大地为之动摇，雷声听起来好像军舰的礼炮齐鸣，或是成群结队的巨人在玩九柱戏 [2]。我们所在的位置那么高，一部分的云彩都在我们身下的山谷里。我们正好居于风暴的中心，在冰雹的敲打中，一切都难以辨别，我们不知道朝哪个方向走能从这座可怕的山峰下去。除了在暴雨中支起帐篷，没有别的选择，我们把骆驼赶拢来形成一个半圆形，给它们盖上毯子。所有东西都浇得透湿，帐篷、毯子和包袱都在淌水。一峰骆驼在上山的路上摔倒了，其他骆驼围着它鞍上驮的干草大吃了一顿。

第二天天气晴好，在这座险恶的山峰南麓，我们在山谷里找到了生在沙土上的牧草，接连歇息了两天。我们把所有的衣服和毯子都摊在沙子上晾干。

我们又翻过一道山脉，高原逐渐宽阔起来。我们进入了一片广阔的高地，脚下的土地非常适合旅行。南边很远的地方出现了一片盐湖 [3]，我们就在盐湖的西北岸露营。一天深夜，大家听到远处传来奇怪的声音，都感到很不自在，因为那声音听起来像是一个人在喊叫。阿尔达特怀疑是狼。他开枪打伤过一只羚羊，但是它逃走了，后来，他发现那只受伤的羚羊被狼啃得只剩下骨头。我们的确需要吃肉，不过大米和面包还够用。

8 月 22 日，库楚克和我泛舟湖上，来到南岸的一个小丘，旅行队晚上将在那里同我们会合，点燃营火。天气棒极了。湖水太浅了，有好几小时库楚克是用船桨拄着湖底前进的，湖底有一层坚硬的盐壳。进入湖中央，我们找到了最深的地方，也不过只有 7 英尺半深，这座湖简直就是浅浅的盆地里极薄的一层水。天气美好而宁静，绝对的安息日的静谧笼罩着湖面。阳光下湖水的颜色美极了。离船近的湖水是浅绿色的，远一点的湖水是海蓝色的。天空、湖水、云彩、山脉，一切都清晰地呈现在轻逸的流光和疾驰的阴影里。天气相当暖和，我们在山里被雨浇惨了，现在从里到外都晾干了。湖水很咸，什么东西碰上它都会变成白色。它在各个方面都很像死海 4，只不过它的海拔有 15600 英尺。在最初的几小时里，我们还能看见左岸的旅行队，但是后来距离就彻底拉大了。

白天过去了，黄昏降临，我们仍然在湖上，看不见火，也看不见骆驼和马匹。我们上了岸，在一个小丘上四处观望。地面上，这里是一头野驴的头骨，那里是新鲜的熊迹。我们大声喊叫，但是没有人回答。旅行队肯定出了什么事，否则至少会有一两个骑手带着食物、衣服和寝具同我们相遇。

在夜幕完全降临之前，我们聚集了燃料——即牦牛和野驴的粪便。晚上 9 点钟，我们点燃了一堆篝火，坐下来聊了一小时，然后就睡觉了。库楚克用船帆把我裹住，一副救生衣做了枕头，半条折叠艇像一口钟一样扣在我身上，我躺在那里，仿佛棺木里的一具尸体。库楚克用双手把我周围的沙子铲起来挡风，这让我想起一个掘墓人填充墓穴的情景。他自己爬进了折叠艇的另一半。一阵急雨打在抻直的帆布船底上，发出巨大的声响，正好可以做我们"葬礼"上的鼓乐。尽管如此，我还是在我的"坟墓"里迅速睡着了，而且直睡到日上三竿才复活。

东方吹来清新的微风，这恰好适合我们，因为我们正要沿着南岸朝西行进，去看看我们的人到底出了什么事。我们将船的两半重新合在一起，竖起桅杆，升起船帆，在盐水的波浪上愉快地航行了三小时。船颠簸得很厉害，库楚克晕船了。我们终于看见了帐篷。彻尔敦和阿尔达特涉水走上浅滩，将我们拖到岸上。我们饿极了，盼着能吃到早餐。幸好阿尔达特射杀了一头野驴，我们又吃上了肉。

旅行队是被一条流入盐湖之中的河阻住了，河水有 190 英尺宽、10 英尺深。我们来到河畔，在河上方拉过一根渡河绳索，用 14 个来回将行李全部运了过去。马匹能游过去，但骆驼是件麻烦事，必须用船一直拖着它们；它们在水里赖着，像死了一样，直到它们的蹄子重新踏上坚实的土地为止。

渡河完毕，我们继续南行，几天以后来到了另一片盐湖 [5] 边，其湖水来自南边两座美丽的淡水湖。这个地区非常迷人，我心甘情愿地牺牲了一个星期的时间，让我们的骆驼和马匹在岸边吃草，我自己则利用这段时间从不同角度渡过盐湖，测量它的深度，给它的湖岸画地图，在壁立的悬崖下捉鱼。库楚克和我在此地的大风暴中经历了许多离奇的险情，但是我们总算安然无恙。

9 月 2 日，我骑马往南走了 17 英里，穿越了一片满是野牦牛、野驴、羚羊、野兔、田鼠、土拨鼠、大雁、狼和狐狸的田野。有的山坡上密密麻麻地挤满了牦牛。

等我们再次在营地聚齐，我发现我们又有了够两星期吃的肉，因为阿尔达特射杀了一只牦牛犊和四只羚羊。但是我们离开孟达里克大本营已经一个半月了，只带了两个半月的干粮。我们喂了旅行队的牲口一些面粉，自己主要靠吃肉为生，到目前为止我们没有问题。但是我们回去要走一条偏西的路线，那里仍然是尚未开发的荒野。我没有更深一步进入西藏的计划，因为我打算在下一个冬季结束之前，再次访问罗布沙漠的古城。

注释

1. 该湖泊即罗布泊。

2. 九柱戏，即保龄球的前身，有九个球瓶，摆放形状为钻石形。

3. 该湖即西金乌兰湖。

4. 死海，以色列和约旦交界处的咸水湖，盐分极高，是世界上最低的湖泊，湖面低于海平面至少415米，而且这个数据还在逐年上升。

5. 该湖即乌兰乌拉湖。

第三十九章

死亡大撤退

我命令图尔都·巴依带领旅行队沿着一条巨大冰川的北岸向西行进，我则带同彻尔敦和阿尔达特在南岸绕着它行进。我们带上了足够我们三个人吃一个星期的干粮。

　　一头孤单的牦牛正在我们第二个露营地附近的一处山坡上吃草。阿尔达特像只猫一样偷偷潜过沟壑和凹地，最后离那头牦牛只有 30 步远了。我用野外望远镜镜头追踪着这次捕猎。阿尔达特冷静地将步枪架在一根有槽口的棍子上，开了枪。牦牛一惊，向前迈了几步，停下来，摔倒了，爬起来，来回摇摆了几下，再次摔倒了，然后一直趴在那里。这是致命的一枪。阿尔达特一动不动地端着他的步枪，彻尔敦和我带着刀子上前。我们确信那头牦牛真的死了，然后就一道给它剥皮，并切下它身上最好部位的肉，包括舌头、腰子和心，这些一般都留给我吃。

　　第二天早晨，阿尔达特回到死去的牦牛那里，去割取更多的肉。我们所在的高度是海拔 16870 英尺，西风正劲。向西望去，可以看到一个很高的山口，我们必须翻过它，才能同图尔都·巴依及旅行队会合。一直没有阿尔达特的踪影，彻尔敦前去寻找，发现他病恹恹地躺在他的猎物旁边。彻尔敦扶着他回到宿营地，这年轻的猎手又是头痛又是流鼻血。彻尔敦和我把马背上的行李捆好，将阿尔达特裹在他的皮衣里，扶着他坐到马鞍上。

　　脚下的泥土在马匹的重压下陷了进去，马儿们艰难地爬上这个险恶的、海拔 17800 英尺高的山口。阿尔达特神志模糊，他在马鞍上来回摇摆得太厉害了，我们不得不把他紧紧地捆在上面。

　　一天之后，我们见到了图尔都·巴依和库楚克，他们正在寻找我们。他们将我们带到他们的露营地，我们合成一队人马继续西行，后来，我们在骆驼背上用口袋和毯子为阿尔达特做了一张床。一贯沉默的他现在躺在上面唱着波斯语的歌曲。有那么一阵子，一头乌黑的老牦牛走在我们的前面，它的身体两侧装饰着长长的流苏，看上去就像一匹穿着丧服参加大比武的赛马。

我们继续向西北方向行进了几天。天气十分恶劣，每天都刮风下雪，积雪有 1 英尺厚，而且下面危险地隐藏着土拨鼠的洞穴。马匹经常踏进这样的洞穴，然后摔倒。在我们露宿的地方，牲口们在积雪下寻找着稀疏的牧草，总是徒劳。

阿尔达特的病情恶化了。他的双脚变成了黑色，我按摩了它们几个小时，以促进血液循环；我们还用热水给他泡脚，这样他会感觉好一点。我们本该为了他停下来的，然而危险的是，我们的食物已经快吃光了，而阿尔达特恰恰是能够为我们提供新鲜肉食的猎手。彻尔敦的枪法也很准，但是他身上带的弹药太少了。他刚刚打倒了一头年幼的牦牛，它的肉够我们吃上一阵的。

一天晚上，阿尔达特要求我们把他放在外面两峰骆驼中间，因为他认为它们温暖的身体会有益于自己的健康。他的愿望得到了满足，毛拉·沙阿和尼亚斯负责照看他。

9 月 17 日的清晨，我被营地里的尖叫声和嘈杂声惊醒。我急忙跑出去，恰好看见一头刚才在帐篷中间探头探脑的熊匆匆跑掉了，狗在后面追赶着它。

两天之后，我们回到了那座丑恶、泥泞的山脉，我们远在东边的时候曾经历尽艰辛翻越了它。一峰骆驼深深地陷进泥里，摔倒了，我们不得不把驮子从它背上卸下来，假如我们不是把它的腿一条一条挖出来，裹上毯子，它就会整个消失的。我们用帐篷柱子和绳索终于让它又站了起来。它看上去像一座泥雕，那深灰色的泥铠甲得用刀子才能刮掉。

两个月以来，我们没有见到任何人迹。我们距离铁木里克泉仍然有240英里远，旅行队受命在那里等待我们的到来。所有人都渴望抵达那里，离开这片神秘、危险的高原。

在一个露营地，阿尔达特的病情急剧加重，我们不得不在那里逗留一天。彻尔敦用阿尔达特的步枪射杀了一头牦牛，还在营地附近射杀了一只羚羊。这些伊斯兰教徒随后又在病人身上尝试了一种新的治疗方法，他们剥掉羚羊的皮，脱掉阿尔达特的衣服，将依然温暖的羊皮（毛朝外）紧紧裹在病人的身上。

约尔达什切断了一只土拨鼠撤回洞穴的道路，一个随从逮住了这个小家伙，将它拴在帐篷之间的一根柱子上。我们企图驯化它，希望就此得到一个友好的新伙伴。但是它一刻也不消停，如果向它伸过去一根棍子或帐篷柱子，它就会用尖利的前齿把木头啃下一大块。在每一处露营地，它都要开始挖一个新的洞穴，在里面藏身；但是洞穴还不到1英尺深，我们就要开拔去下一个露营地了。

晚上，阿尔达特越来越虚弱了，他呼吸急促，脉搏微弱，体温很低。第二天早晨准备启程的时候，我们将病人在骆驼上安置得尽量舒服。骆驼刚要起身，阿尔达特晒黑的面孔上掠过一种奇怪的灰白色，他睁开了眼睛。他死了。我们站在那里，安静而且肃穆地围着他那具活棺材，他躺在里面，像帝王一般严肃而高傲，他那折断的目光直视着西藏的天空。

尽管违背大家的意愿，我却不能立即将阿尔达特埋葬，他的尸体还是温热的呢。旅行队的一部分已经开始了一天的行进，阿尔达特的骆驼也得到允许，站起来跟随队伍前进。这是一次悲伤而阴郁的旅行，没有人唱歌，没有人交谈，只有铜驼铃"叮叮当当"，好像教堂的钟声在为送葬行列鸣响。两只乌鸦在我们头顶盘旋，牦牛、野驴和羚羊凝望着我们，像以往一样靠近我们。它们似乎意识到这荒野里的好猎手已经死去了。

我们停下来，在一片盐湖¹旁边的小山谷里支起了帐篷——从来没有哪个欧洲人涉足过这个盐湖的湖畔。我们挖了一个坟墓，身着外套的死者被放进墓穴，盖上了他的皮毛毯子。然后坟墓被填上了土，西藏沉重的泥土在他的胸膛上安息了。他的脸被转向麦加方向。一根柱子插在坟墓上方作为标志，柱子上拴着他最后一次射杀的牦牛的尾巴；一小块木板钉在柱子上，上面刻着他的名字、他去世的日期，以及他在为我服务期间牺牲自己生命的事迹。

9月24日，所有人都想尽快离开这个死神阴影笼罩下的山谷。骆驼驮上了驮子、一切就绪后，我们来到坟墓跟前，伊斯兰教徒们跪下来祈祷，然后我们离开了这个地方。在附近的一道山梁上，我从马鞍上回首凝望。牦牛尾巴在风中飘扬，阿尔达特长眠在雄伟的安宁与孤独之中。我拨转马头，坟墓从我的视线里消失了。

没有草！没有野兽！一匹马永远地倒了下去，其他马匹的状态也很糟。骆驼行走的时候半闭着眼睛，好像患上了昏睡病似的。我们只有够它们吃两天的玉米了，还得分出我们的一部分大米给这些牲口吃。我们在海拔 16800 英尺的地方扎营。晚上，我刚吹灭蜡烛，帐篷的帆布猛地被掀开了，进来的是一股新的暴风雪，还有打着旋儿的雪雾。

我们再次翻越了我们两个月前在东边很远处已经爬过的那些山脉，走的是同原来相反的次序。其中一座高耸的山脉现在正好挡住了我们

· 阿尔达特的坟墓在西藏的孤寂中

的去路，我们缓慢地爬上它的山口，其海拔超过了 17000 英尺。但是北面的山坡很陡，从山脊的顶端看下去，坚实的土地似乎已经到了尽头，深不可测的空间在我们的前方和下面张开大口。暴风雪正在山谷里肆虐，雪烟沿着山坡飞旋，转得像在女巫的魔法大锅里一样。马儿们后腿直打滑，骆驼必须由人小心地牵引着才能在风雪中行进。

我们在下一个露营地杀掉了我们的最后一只羊，就像杀害一个旅行的同伴一样。我们继续向北行进，约尔达什追上一只年幼的羚羊，咬死了它；我们又一次吃上了肉。我们向下一个山口进发，两匹马在途中死去了，在我们到达山顶之前，又有两匹马死去了，其中就有那匹小灰马，我曾经骑着它穿过沙漠到了且末，又骑着它穿过罗布沙漠去了"六十泉"和那座古城。早晨，又有一匹马在帐篷中间倒毙。

我们再次来到了熟悉的地区。10月8日，气温降到了零下18.3摄氏度，我们的粮食只剩下六片面包和够吃四天的大米了。道路把我们引进一个山谷，两旁是花岗岩的绝壁，山谷中央有一些废弃的金矿矿坑。我们全部步行前进。第二天夜里一峰骆驼死去了。它坚持到了最后，高傲而且坚忍，现在它放弃了对于牧草的全部希望，除了一死别无选择。它驮鞍里的干草便由那些幸存的"老兵"分食了。

山谷越来越低，我们来到了地势很低的地区，在海拔13300英尺的地方支起了帐篷。在一块岩石上面，我发现了一些岩石雕刻，画的是弓箭手追捕羚羊的情景。我还见到一个蒙古人用玛尼（mani，石头）堆成的敖包。彻尔敦用阿尔达特的步枪射杀了一头野驴，我们再次得救了。但是在这个露营地发生了一件最奇妙的事情，毛拉·沙阿在放牧牲口的时候，看到两个来自新疆的猎手，于是同他们打招呼，把他们带到了我的帐篷里。我们已经有84天没见到一个人了，这次偶然的相逢让我们感到欢欣鼓舞。一开始，我买下了他们的两匹马和一小袋面粉，接下来，我派其中一个人骑马到铁木里克去，亲自将我的命令带给依斯拉木·巴依，让他赶紧带着食物和15匹马来见我们。我给了他两只空罐头盒作为信物。托格达辛（Togdasin）——这正是他的名字——本来可以把那匹马据为己有，因为我已经付过了钱，但是我信任他，他也忠实地完成了他的使命。

我们又向东行进了两天，并且于10月14日满怀希望地拔营起程，因为那天我们就要遇见依斯拉木·巴依的救援队伍了。我们一整天都在行走，天色渐渐暗了下来，我们却没有停下脚步。

"远处有火！"有人喊道。

我们加快了速度，所有人都饿极了。火光消失了，我们大声叫嚷，还用手枪打了几枪，但是没有得到回应。夜晚的寒意让我们瑟瑟发抖，我们停了半小时，生起一堆篝火。然后我们继续向东行进，沿着铁木里克泉和我们的大本营所在的同一条阔大山谷走了一小时又一小时。

火光再次出现了。我们坚持了一会儿，但是等到光芒最终再次消失，我们已经筋疲力尽了。我们的牲口快要累死了，它们瘦得只剩皮包骨头了。也许我们看到的只是一个火的幻象。一只水罐里还剩下一些茶水。晚饭我还有一片烤熟的野驴肉吃。

牧草和燃料很充足。我们在这里停留了一天，还在附近发现了一眼泉水。昨天的篝火显然是一些想回避我们的猎手们点燃的。也许，托格达辛最终还是背叛了我们。

当天晚些时候，彻尔敦来到我的帐篷里，说他好像看见一队骑马的人从西边朝我们走来。我带着我的野外望远镜走出帐篷。我在这施了魔法的山谷里看到的究竟是野驴还是女巫在跳舞？不管那是什么，我在闪闪发光的空气中看到了一大堆起伏晃动的东西在地面上飘浮，但是他们越来越大，离得越来越近了。我看到了他们溅起的尘烟。他们的确是骑马的人！依斯拉木·巴依现在骑马到了我的帐篷跟前，报告说大本营一切情况都很好。他带来了 15 匹马，并很快为我们准备了一顿卢库卢斯式的丰盛晚宴——我们忍饥挨饿已有多日了。昨天晚上我们的篝火熄灭以后，他们骑马与我们擦身而过，在夜色中继续西行，直到看到我们的骆驼的足迹，才走回正路。

阿尔达特的一个兄弟卡德尔·阿洪（Kader Ahun）就在依斯拉木的队伍里。他说他有一天夜里梦见自己在荒野上行走，遇到了我们的旅行队，除了阿尔达特，其他人都在。他醒来的时候明白阿尔达特已经死了，还把这个梦讲给依斯拉木和其他人听。我们推算出，他做梦的日子正是阿尔达特死去的那天。他拿到了哥哥的步枪、欠他哥哥的工钱，以及抵偿他哥哥的衣物和猎到的牦牛皮的钱款。

两天之后我们抵达铁木里克的时候，12匹马中有两匹、七峰骆驼中有四峰活了下来，而阿尔达特已经不在了。

经过一番休整，我在一个山洞里冲洗了曝过光的照片，然后于11月11日开始了为期一个月的冒险，目的地是大盐湖阿牙克库木湖。我带上了彻尔敦、依斯拉木·巴依、图尔都·巴依、托克塔·阿洪、猎人霍达伊·维尔迪（Khodai Verdi）、托格达辛、13匹马、四头骡子和两条狗。

新的未勘之地被绘制成了地图。我们通过新的山口翻越永恒的山脉。一次，彻尔敦和托格达辛去捕猎野羊，他们发现了一群野羊的踪影，就拴上马，在悬崖上追赶起它们来。野羊逃走了，托格达辛突然像块破布一样倒了下去，说自己的心口和脑袋疼得厉害。他们一整夜都待在外面，第二天早晨才回到露营地，累得筋疲力尽。从那时开始，托格达辛一直瘫痪不起，我们回到铁木里克大本营之后，我就把他送到了山下的婼羌。他失去了两只脚，我能用银子给予他的赔偿与他的损失根本不成比例。但是即便作为一个残疾人，他也总是高高兴兴、心满意足、乐天知命的。

托克塔·阿洪和我在阿牙克库木湖宽广的水域上做了几次长途航行，测量它的深度。我们测到的最大深度是79英尺。然后我们沿着新路回到了位于铁木里克山谷的大本营。

来自喀喇沙尔周边地区的一大队蒙古香客在我们离开的时候来到铁木里克，在那里停留了一些日子。队伍中有73位喇嘛和两位尼姑，

· 西藏野羊

他们带着 120 峰骆驼、40 匹马，还有七匹打算作为礼物进贡给拉萨的达赖喇嘛[2]的良种马。他们同会说蒙古语的沙格都尔进行了长时间的谈话，表示对我们的大本营特别感兴趣。他们声称自己带着 120 个银元宝（约合 5500 美元），也要敬奉给达赖喇嘛，那是善男信女为了得见达赖喇嘛金面并接受他的圣手摩顶祝福，而必须向这位喇嘛教最高上师奉献的"彼得的便士"[3]。他们所带的食品包括干肉、炒面和茶；他们将要走过崇山峻岭，翻越唐古拉山脉，下山到那曲河畔，把骆驼留在那里，然后继续租马去拉萨。他们告诉沙格都尔说，那曲的地方长官要求每一个香客出示通行证，而且控制得非常严密，就是为了防止化装的欧洲人进入拉萨。这一队香客对我们构成了相当大的危害。我尚未将我的计划向任何人透露，那就是于次年化装混进那座圣城。这些香客会先于我们到达，并且在拉萨向当局汇报关于我们的所见所闻；这样一来，所有通往那曲的道路就会比以往任何时候把守得更严。我一度想赶过这些香客，带上一小队人马沿着西边的路线骑马到拉萨去，但是在拉萨和沙漠古城之间，我选择了后者。两个耶稣会[4]成员士格鲁贝尔（Grueber）和德奥维尔（D'Orville）曾于 1661 年访问过拉萨；18 世纪嘉布遣会[5]修士在那里维持了几十年的传道点，其中最著名的成员和编年史作者有奥拉齐奥·德拉佩纳（Orazio della Penna）和卡西亚诺·贝里加蒂（Cassiano Beligatti）。耶稣会的神父依波利托·德西德里（Ippolito Desideri）和曼努埃尔·弗雷尔（Manuel Freyre）曾于 1715 年到达过那里，二十年后，荷兰人范德普特（Van de Putte）也去了那里。1847 年，两个法国遣使会[6]会员于克（Huc）和加贝（Gabet）访问过拉萨，而且进行了报道。印度学者和俄国的布里亚特人[7]被一次次派往那里，还带着仪器和照相机。因此我们对拉萨的了解相对比较多。

但是自从诺亚[8]从方舟里走出时起，就没有一个欧洲人踏入过这座沙漠古城，直到我于 1900 年 3 月发现了它的塔楼和房屋。所以冒险化装去拉萨其实是一时兴起，是为冒险锦上添花，而对沙漠古城的系统研究则对科学有着难以衡量的重要性。于是我将整个冬季献给了沙漠和它的秘密遗存，拉萨之行要拖到明年夏天。在后面的章节里我会讲到那些蒙古香客是如何成功地阻挠了我的计划的。

注释

1. 该湖即若拉错。

2. 达赖喇嘛（Dalai Lama），即十三世达赖喇嘛土登嘉措（1876—1933）。

3. 彼得的便士（Peter's pence），天主教徒自愿献给教皇的年金。

4. 耶稣会（Jesuits），天主教修会，由西班牙贵族圣依纳爵·罗耀拉于1534年创立。

5. 嘉布遣会（Capuchins），嘉布遣小兄弟会的简称，天主教方济各会的一个独立分支，由意大利方济各会修士玛窦·巴西于1525年创立。

6. 遣使会（Lazarists），天主教修会，由圣文生·味增爵于1625年创立。

7. 布里亚特人（Buriats），俄罗斯贝加尔湖畔的蒙古人。

8. 诺亚（Noah），《圣经》所载希伯来人的族长，大洪水来临时遵耶和华之命造方舟得以幸免。

第四十章

无水穿越戈壁滩

奉我的命令，彻尔敦、依斯拉木·巴依、图尔都·巴依和其他几个随从将我们的大本营迁到了小城婼羌，他们在那里等待我明年春天到达。

我的随行人员包括哥萨克人沙格都尔，伊斯兰教徒法伊祖拉赫、托克塔·阿洪、毛拉、库楚克、霍达伊·库鲁、霍达伊·维尔迪、阿合买和另一个托克塔·阿洪，这是个会说汉语的猎人，我们叫他李老爷（Li Loye），这样我们就不会将两个名字一样的人搞混了。我们有11 峰骆驼、11 匹马和猎犬约尔达什、马伦奇、马尔其克。所有牲口都经过了充分的休息，状态极佳。我计划在两道平行的山脉阿斯腾塔格和安南坝山（东部的一个山群）之间行进 240 英里，然后向北穿过戈壁滩，再向西去阿提米西布拉克，最后转向西南去古城，并经过罗布泊到达婼羌。

我们于 12 月 12 日起程。开始的一段日子比较麻烦，我们穿过阿卡托山狭窄的山谷时碰上了松软的板岩土。以前没有人去过那里，连熟悉峡谷的当地人也没去过，本来我们希望峡谷能通往一个翻越山脉的山口。侧面的山是垂直的，有几百码高，谷底像火绒一样干燥，而且寸草不生。铜铃声回荡在黄色的通道里十分悦耳。到处都有山崩，但是落石并未阻挡住我们。话虽如此，我们一直处在被新的山崩埋葬的危险之中。山谷变得越来越窄，最后，牲口驮子刮到了两侧的石壁；骆驼从峡谷中挤身而过，弄得尘烟飞扬。我赶紧跑到前头勘查，发现山谷缩至两英尺宽，在尽头只有一个垂直的裂缝，就连一只猫也不可能挤出去。

除了掉头回去，没有别的办法。我们希望不要再碰上一次山崩，否则我们极有可能像一大群老鼠被鼠笼俘获一样。

经过一番彻底勘查，我们终于成功地越过了这些山脉，然后向东和东北行进，地形变得好走了。

元旦前夜，也就是本世纪的最后一个夜晚，天气寒冷而晴朗，月亮像弧光灯一样明亮。我朗读了那天晚上瑞典所有教堂里都在诵读着的经文，独自一人在帐篷里等待新世纪的来临。这里没有钟声，只有驼铃，没有管风琴的乐音，只有持续不断的风暴的咆哮。

1901 年 1 月 1 日，我们在安南坝沟宿营，我决定绕行整个安南坝山群一周，全长是 186 英里。一次，我们惊动了 12 只美丽的野羊，它们正在以猴子般的敏捷攀登一道几乎直立的岩壁。它们定定地看着我们，这时沙格都尔设法摸到了它们下方。一声枪响，一只高贵的公羊从 200 英尺高的悬崖滚下，以它盘角根部的圆肉垫着地，遭到致命的一撞。

一星期之后，我们来到布隆吉尔湖 [1]，在周围的草原上访问了一些色尔腾（Sartang）蒙古人的蒙古包。回到安南坝河的道路把我们带到了山群的北边，我们不得不穿过那些伸向戈壁滩的深谷，一路上见到数不清的山泉和冰块。牧草很肥沃，我们就在老柳树下宿营。气温下降到了零下 32.7 摄氏度，但是我们有充足的燃料，对此并不在意。松鸡到处都是，于是我们的餐桌上有了可喜的花样变化。我们向两个蒙古老人问路，他们卖给我们一些喂骆驼和马匹的饲料。最后我们在安南坝河原来的地点宿营。

我从那里派托克塔·阿洪和李老爷带上六匹疲惫的马和我一路采集的标本到婼羌的大本营去，他们同时还带去了我写给依斯拉木·巴依的书面指导，让他派一支救援队伍到罗布泊（或喀拉库顺湖）的北岸来，在那里建立一个供应基地，并从 3 月 13 日起每天早晚各点一堆篝火，因为等到那个时候，我们就会从古城出发，走上穿越沙漠的路。

我们其余的人带上六只装满冰块的口袋，开始向北进入荒凉的戈壁滩[2]。我们走过有很高的沙丘的地带，翻越风雨侵蚀的花岗岩小山，穿过一片黏土沙漠和一片草原，来到了一条非常古老的道路上，只有通过历经时间考验的岩石堆才能够辨认出它来。野骆驼、羚羊和狼群时常出没。我们在一处凹地里挖了一口井，从井里打出能饮用的水，给骆驼和马解了渴。

我们带上够人马饮用十天的冰块，穿过一片不为人知的沙漠向北行进，野骆驼的足迹在这里非常频繁地出现。沙漠像湖面一样平滑，走了一阵子，地势升高了，我们又翻越了一些风雨侵蚀的小山。没有一滴水，再掘井打水也是没有用的。我们因此转向了西南方和西方，我用罗盘来寻找阿提米西布拉克的方向。

我们在接下来的一个星期里进行了长途跋涉。我们的朋友阿不都·热依木（就是他去年给我们指明了去往阿提米西布拉克的道路）曾经提到过，在那个地方的东边有三眼咸水泉。骆驼们已经十天没有水喝了，只在一道岩缝里吃了几口雪。2月17日，我们的情况开始变得危急起来，必须立即找到阿不都·热依木说的三眼泉水中的一眼。地形也开始对我们不利了，我们来到了黏土沙漠被风吹皱的地带，风蚀的犁沟有20英尺深、35英尺宽，两边是直上直下的黏土犁垄[3]。犁垄由北向南排列，我们不知要走多远的路才能绕过它们。那天晚上，营地里连一根树枝也没有，所以我们牺牲了一根帐篷柱子。

到2月19日，骆驼们已经12天没有喝水了，如果再找不到水，它们很快就会渴死的。我走在队伍前面，我的马在我身后像条狗一样跟着，约尔达什也跟我在一起。一道小山脉迫使我转向了西南方向。我在干河床上行走，在沙地上辨别出大概 30 峰野骆驼的新鲜足迹。一条小峡谷在右侧敞开，所有骆驼的足印都从那里像扇面一样辐射开来，那里肯定有一眼泉水。我走进峡谷，很快发现了一个冰块，直径有 40 英尺，厚度有 3 英寸，这样骆驼就有救了。它们进入了峡谷，我们将冰块敲成碎块喂给这些牲口吃，它们嚼冰块的样子好像是在吃糖。

接下来的几天里，我们又发现了另外两眼泉水，泉水周围都环绕着芦苇地，18 峰野骆驼正在最后一眼泉水附近吃草。沙格都尔偷偷潜近它们，但是他开枪时距离太远，骆驼们像一阵风似的消失了。

我们计划于 2 月 24 日走到距离阿提米西布拉克 28 公里的地方。这块小绿洲应该位于我们前方南偏西 60 度处，所以，我在这天早晨向我的手下保证说，夜晚降临之前，我们会在"六十泉"的柽柳和芦苇丛中支起我们的帐篷。

天上刮着强劲的东北风，正好帮助我们行进。但是铺天盖地的沙雾笼罩了荒原；如果我们一不留神走过了那块小绿洲可怎么办？我是在朝着沙漠中一个特定地点走的，但是沙尘的烟雾遮住了我的视线。

我已经走了 28 公里，开始害怕起来，也许那块绿洲被我错过了。但这是什么？有什么草黄色的东西就在我的前方闪烁，是芦苇。我还看见了 14 峰野骆驼。我停下来，沙格都尔偷偷接近它们，他成功地开枪打倒了一峰年幼的母骆驼，我们走到它跟前时它还站立着；他还打到一峰年龄大些的公骆驼做标本，我们用了此后的几天时间处理它的骨骼，现在它就陈列在斯德哥尔摩高中的动物博物馆里。

根据我的计算，我们离那眼泉水的距离应该是 28 公里，可实际上有31公里。计算的误差——1450公里差了3公里，即0.2%——并不算大。

经过这一通迫不得已的行军，我们彻底休憩了一番，然后我把一个随从留下来放牧马匹和一些疲惫的骆驼，率领旅行队的其他成员往南行进。我们带上了所有的行李和九袋冰块。

3月3日，我们在一座29英尺高的黏土塔楼脚下宿营。我们将冰块放在一道土垄的阴影里，派一个人带着所有的骆驼回到泉水那里，他们将于六天后全部返回，并且带来更多的冰块。我们做了保证，要在第六天燃起一堆烽火。

现在我们与世隔绝了。我感觉好像一个国王君临他自己的国度、他自己的都城，世界上再没有任何人知道这个地方的存在。但是我必须好好利用自己的时间。我首先从天文学角度为这个地方定位，然后为我们宿营地附近的19座房子画了平面图。我悬赏巨额奖金给第一个发现任何形式的文字的随从，但是他们只找到了毯子的碎片、几块红布、棕色的人发、靴子底、家畜的骨头碎片、几段绳索、一个耳环、中国钱币、陶器碎片和其他零碎东西。

几乎所有的房屋都是木头建的，墙壁是由成捆的柳条或糊了泥巴的柳条做成的。有三个地方的门框仍然是直的，一扇门甚至完全敞开着，好像是这座古城的最后一个居民在一千五百多年前出门时打开的。

沙格都尔成功地找到了奥尔得克去年回去拿铁铲时找到的地方，我们在那里看到一座佛寺的遗址，它当年肯定非常壮观。这座城原来坐落在老罗布泊边上，后来因为库鲁克河改了道，罗布泊也就移到了南边。这座佛寺无疑坐落在一个公园里面，公园宽阔的水域伸向南

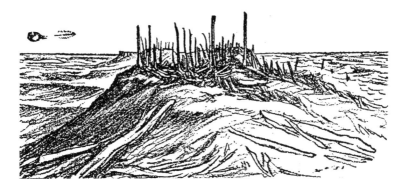

· 楼兰一座大约一千六百五十年历史的房舍的残骸

方。房舍、塔楼、墙垣、园林、道路、商队和行人在那个时候比比皆是，如今它已成了死亡和沉默栖息之地。

我们的发掘成果包括：一尊残损的立佛，有 3.5 英尺高；上雕跌坐佛像的横楣；精雕细刻着立佛的木头立柱；莲花和其他花卉图案的装饰物；还有一些矮护墙的断片，都是用木头雕刻的，保存完好。沙格都尔最终发现了一块小木板上刻有题字（印度佉卢文[4]），并赢得了奖金。我答应以数额相当的奖金悬赏下一次发现，于是，只要荒原上还有一丝光亮，我的随从们就在不停地工作。

日子一天天过去，我们每天天不亮就开始工作。我们在所有的房子里进行发掘，最后只剩下了一座房子。它是用晒干的黏土坯盖的，样子像一个马厩，有三个马槽向外敞开着。毛拉在最右边的马槽里找到了一张纸片，上面有中国的象形文字，于是他得到了奖金。这张纸片藏在了沙土下面两英尺的地方，我们再往深处挖，用手指筛着沙土。一张又一张残纸重见天日，一共 36 张，每一张上都写有字迹。

我们还发现了 121 根木牍，上面也写满了文字。除了这些古老的文件，我们只找到了一些破布、鱼骨、一点小麦和稻子的谷粒，还有一小块地毯，上有万字图案"卍"，颜色仍然很鲜明。据我所知，这可能是世界上最古老的地毯了。所有收集到的东西看上去像一堆垃圾，然而我有一种感觉，那些纸页里蕴含着对世界历史的一点贡献。我们在其他两个马槽里什么也没找到。

3 月 9 日是我们的最后期限。我完成了房舍的绘图和测量工作，还细细观察了一座黏土塔楼，发现它是实心的。我们发现了两支毛笔，这样的笔中国人直到今天还在使用；还发现了一个完整的二又三分之一英尺高的陶器、一只稍小一些的罐子，以及大量各种各样的钱币和小物件。房舍里仍然竖立的最高一根柱子是 14.1 英尺。

黄昏时分，两个随从带着所有的骆驼从"六十泉"那里回来了，还带来了装满了大米的十只口袋和装满了冰块的六只羊皮口袋。太阳落山了，我们在古城里的工作也就此宣告结束。

· 戈壁滩及藏东之一部分

注释

1. 布隆吉尔湖，位于甘肃省酒泉市瓜州县布隆吉乡。根据斯文·赫定手绘地图判断，他所到达的并非此处，而是另一座湖。

2. 该处即库木塔格沙漠。

3. 该处呈现的是雅丹地貌，由斯文·赫定首先命名并正式为地质学界接受。

4. 佉卢文（Karoshti），起源于古代印度犍陀罗地区的文字，其使用至少可追溯至前 3 世纪印度孔雀王朝的阿育王时期。曾在中亚地区广泛传播，后逐渐被遗弃，成为一种无人可识的死文字，直至 19 世纪才得到解读。

第四十一章

楼兰，沉睡的城市

若要细细讲述楼兰及我在它的废墟上所有幸运的发现，得写上整整一部书才行，但是我只能将很少的几页献给我那废弃的古城。

我回到瑞典家中，便将所有手稿和其他遗物交给了威斯巴登的卡尔·希姆莱[1]先生，是他第一个将这件事写成报告，并将该城市的名字确定为"楼兰"，还说它在3世纪曾经十分繁华。希姆莱先生去世之后，所有材料都移交给了莱比锡的孔好古[2]教授，他翻译了所有的文件，最近出版了一部关于它们的皇皇巨著。[3]

发现的残纸中最古老的文书是东汉（25—220）历史著作《战国策》[4]的一个片段。中国人于公元105年发明了造纸术[5]，上述文书创作于公元150年至200年，因而是现存最古老的纸，同时也是已知的写于纸上的最古老的书法，比欧洲珍藏的最古老的纸上书法至少提前了七百年。

其余所有残纸和木牍上的文书都出自约公元270年，其中许多文书是押有日期的，我们据此可以判断出它们的年代，精确到具体日期。它们展示出中国有关行政管理、商贸、报告、生产、农业、军队组织、政治和历史事件及战事诸方面的公文和信函所用文体，描绘了楼兰一千六百五十年以前一幅清晰的生活画面。

写在纸上的信函折好了夹在两块木板之间，再用一根线将两块木板捆起来，标上诸如"马厉印信"这样的字样。

来自军事管理机构、食品供应部门和邮政部门的书信、报告、公告和收据均书写在木牍上，这种木牍还可用作象征官府权力的信物。两支毛笔的发现证实了这种物品早在2世纪的时候就在中国使用了。

为使读者对一千六百五十年以前那里的人们如何撰写文章有个概

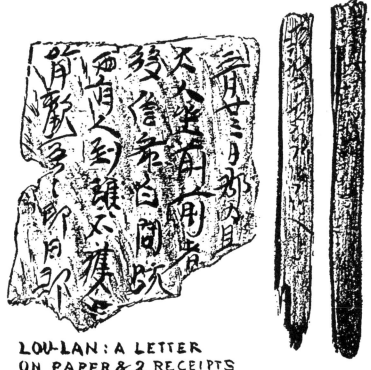

LOU-LAN: A LETTER
ON PAPER & 2 RECEIPTS
ON WOOD, c. 270 A.D.

· 楼兰：一封写于纸上的信函、两个刻在木牍上的收据，公元 270 年

念，我在此复录两段孔好古教授的译文[6]。

一封家书是这样写的：

> 超济白：超等在远，弟妹及儿女在家，不能自偕，乃有衣
> 食之乏。今启家诣南州，彼典计王黑许取五百斛谷给足食用。
> 愿约敕黑，使时付与。伏想笃恤垂念，当不须多白。超济白。

听到一则凶信时，信是这样写的：

> 济逞白报：阴姑素无患苦，何悟奄至祸难？远承凶讳，益
> 以感切念追，惟剥截不可为怀。奈何！

有一小页纸写到了罗布泊及注入它的河流的存在：

> 史顺留矣□□为大涿。池深大，又来水少，计月末左右已
> 达楼兰。

府库的一张收据提到了送来的货物，它是这样结尾的：

> 泰始二年[7]十月十一日，仓曹史申博、监仓史翟同阗携付
> 书史史林河。

一块木牍上有这样的字样：

兵曹。泰始四年六月发讫部兵名至高昌留屯逃亡物故等事。

我们在楼兰发掘出的小一些的物件包括许多钱币，它们填补了魏晋之交的货币体系的空白。一枚钱币上所镌年代相当于公元 7 年，另一枚所镌相当于公元 14 年，那时候基督还在世呢。

我们挖出的东西还有：猎箭、战箭和"上面捆着火"的火箭，渔网上的铅锤和石锤，贝币，耳坠，项链，一枚刻有赫耳墨斯[8]头像的古代宝石，产自叙利亚或罗马的玻璃，铜质汤匙、镊子、发簪，一根铁索，木勺和其他木器，做衣服用的各色绸缎，一床被面，一块羊毛地毯，亚麻，鞋子，等等。

文书和文物本身说明楼兰官府拥有自己的仓库，有一家客栈、一家医院、一个驿站、一座寺庙、一些私人住宅，以及穷人住的棚屋——这些棚屋肯定早就消失了，就像罗布地区现代的芦苇棚屋也将很快消失一样。文书提到了外来货物，尤其是用于本地居民消费的中国丝绸的输入，这显示出当时这里人口众多。在高级房屋中，硬土地面上铺了芦席，上面还铺着珍贵的编织地毯。院子里放置的大陶缸能盛整整一家人的饮水。当时使用的碗和盘子上装饰着印度和波斯风格的狮头；人们还使用来自叙利亚的玻璃杯，当时叙利亚是离得最近的懂得玻璃制造的国家。

知识阶层占有文学典籍。孔好古认为，在楼兰盛行一种蛮族 - 汉族 - 国际混合文化，很有现代感；这是因为，这个城市是通往亚洲腹地诸古道的一个边陲要塞，既是门户又是屏障，尤其是，它通往那条连接东方的中国和西方的波斯、印度、叙利亚、罗马的伟大的"丝绸之路"。远近的旅客都到这里来。农人用牲畜和手推车将他们的产品运往楼兰，官府会买下那些货物。兵卒在那里领取他们的口粮，然后到集市上去购买做冬衣的毡子。有的时候，整座城市非常拥挤，所有的客栈都爆满。

文书间接提到了逃税者和他们受到的惩罚，提到了邮差，提到了带领扈从执行公务的巡察使马大人，提到了敌对的游牧民部落，提到了头顶飘扬着官府旗帜、队伍里有强健的西藏野驴的丝绸商队，提到了骑兵、长枪手、弓箭手、战车、攻城和守城的器械，提到了军事辎重队，提到了各种各样的武器，提到了最高军令，提到了一名将军，提到了一名参军，提到了战车的检验官，提到了军需检验官，提到了军医和其他军官。楼兰由于其重要性和战略地位，从来都是重兵把守。文献还提到了文官、大臣、地方专员、主簿、郡守、堤防长官、农事长官、驿政长官及其四位副手、各种仓库和库房及管理员、监察长官，等等。这里涉及法规、刑律、税制、户籍、募兵、护照、以谷物易丝绸的实物交易（尽管当时存在着规范的货币体系），以及其他诸般事务。

孔好古教授指出，楼兰的社会组织和管理出奇地严密和高效，这意味着政治秩序漫长的进化过程在 3 世纪之前的几百年间就已经展开了，甚至已经持续了数千年。

楼兰文书还时时提及这座小城内外普遍存在的不安定状况。其中描述了危急的叛乱、军事讨伐和作战情况。中国在此地的统治摇摇欲坠，楼兰周围的绳索已经越勒越紧。日益临近的战争喧嚣在一封信函中被比作"猫头鹰的叫声"。内部的党争使得中国的力量削弱了，它最终向蛮族屈服，国土四分五裂，被外族征服者统治了好几个世纪。

楼兰在 4 世纪初陷落，这成了中国本身沦陷的一个象征。正如孔好古教授所说，这个小小的遗址因而成了对外通商遭遇灭顶之灾的一座纪念碑。我所发现的这些书信的作者都在各自的位置上为解释这些历史事件的因由做出了相应的贡献。

但是楼兰当局始终对自己的国家尽职尽责，并不理会笼罩在小城上空的不祥的阴云，人人各司其职。城墙外的战鼓擂响了，火焰燃烧了城楼，这些官员仍然沉着地坚守在自己的岗位上完成自己的报告，就好像什么都没有发生一样。他们给朋友们发去新春的祝福和吊唁的信函，不允许自己为迫近的危险所搅扰。我们无比钦佩和感动地读到这些中国人在履行职责时的人格力量和无畏勇气，因而理解了这个杰出的民族何以能够将亚洲控制在自己手中。

而且这并非幻想或神话，乃是铁的事实。这些在地下静静地躺了一千六百五十年的信函再次说明了这一点。它们是由曾经生活在世界上的人写出来的，这些人的烦恼、悲伤和欢乐终于得见天日了。

我们在这里发现了与庞贝[9]同样的事实，那是一些简单的书法练习及孩子们潦草的笔迹，他们在练习乘法口诀——"2×8=16，9×9=81"之类的。

孔好古教授将楼兰文书的故事称作一首田园诗，世界历史波澜壮阔、风云诡谲的黑暗背景下的一幅风俗画。

我在说到发现最初两座沙漠古城时就已经指出，我不是什么考古学家，所以我很幸运，能将我的材料放心地交到孔好古教授的手里，他的解释完全证实了发现楼兰的重要性。我 1900 年发现楼兰和 1901年对该城做了二次考察之后，又有一些考察队接踵而至，更加证明了我的发现的重要性：1905 年，美国地理学家埃尔斯沃斯·亨廷顿[10]

访问了这座小城；1906 年，奥雷尔·斯坦因爵士来访；1910 年，日本人橘瑞超[11] 博士来访；1914 年和 1915 年，斯坦因博士再次来访。尤其是斯坦因，在他的三次访问中进一步扩大了我的发现成果。多亏了我的地图的帮助，这些旅行家们才得以在沙漠的中央找到楼兰遗址。斯坦因在他的巨著《西域考古记》（ *Serindia* ）第一卷第 362 页上这样写道：

> 我对赫定博士出色的地图绘制非常感激。他的地图尽管同我们的路线有所区别，而且完全没有指导性，却帮助我不浪费一天时间就到达了废墟。后来，我们自己针对这些地区的平板仪调查也完成了，并且经过了远至且末西南部山脉的天文观测和三角测量的检验；我满意地发现赫定博士对这一地点的定位同我们的定位在经度上仅相差 1 英里半，纬度则完全一致。

《地理杂志》（1912 年第 39 卷，472 页）的一名评论家称之为"地理学一次真正的胜利"。

读者们将会理解，我为什么认为去拉萨同仔细探察我的梦中之城楼兰比起来显得更不重要。直至今日，我仍然喜欢梦想它昔日的雄伟与辉煌；同样是在 267 年，哥特人（Goths）进击雅典人，被历史学家德克西普斯[12] 逐退，罗马皇帝瓦莱里安[13] 成为波斯国王沙普尔[14] 的阶下囚。我想到我们古代的瑞典文碑石，就没有一块同我在楼兰找到的这些脆弱的木板和纸片一样古老，再次感到惊异。马可·波罗于 1274 年进行他著名的亚洲之旅时，这座沉睡的城市已经默默无闻地在沙漠里躺了一千年了。在那伟大的威尼斯人走过之后，它又沉睡了六百五十年，它过去的亡灵才得以复活，那些古老的文献和书信才得以将逝去的日子和人类神秘的命运再次彰显。

注释

1. 卡尔·希姆莱（Karl Himly），德国语言学家。

2. 孔好古（August Conrady，1864—1925），德国汉学家，又译康拉迪。

3. *Die chinesischen Handschriften und sonstigen Kleinfunde Sven Hedins in Lou-lan*（正文 191 页，写在纸和木简上的中文象形字的复制件 53 页，以及几幅彩色插图）。瑞典陆军总参谋部平版印刷学院，斯德哥尔摩。——作者原注
作品汉译书名《斯文·赫定楼兰所获汉文文书及零星文物》。

4. 斯文·赫定此处记载有误。《战国策》是西汉文学家刘向编订的。

5. 此处为斯文·赫定记录失误，中国的造纸术发明于西汉时期。105 年，东汉的蔡伦改进了造纸术。

6. 这里引用的是楼兰残纸和木牍上的中文原文，做了句读处理，以便于理解。

7. 泰始二年，即 266 年。

8. 赫耳墨斯（Hermes），希腊神话中众神的使者。

9. 庞贝（Pompeii），意大利古城，79 年因维苏威火山喷发而被火山灰埋没。

10. 埃尔斯沃斯·亨廷顿（Ellsworth Huntington，1876—1947），美国地理学家，主要研究气候对文明的影响。

11. 橘瑞超（Tachibana Zuicho，1890—1968），日本净土真宗本愿寺派僧侣，佛教遗迹探险家。他在楼兰故城遗址发掘的 4 世纪西域长史李柏的手迹（即《李柏文书》）为稀世珍品。

12. 德克西普斯（Publius Herennius Dexippos，约 210—270），古罗马历史学家和雅典政治家，3 世纪的史学权威。

13. 瓦莱里安（Valerian），又译瓦勒良，罗马皇帝（253—260 在位）。260 年率军东征波斯，战败被俘，最终在囚禁中死于波斯。

14. 沙普尔，即沙普尔一世（Sapor I,? —272），波斯萨珊王朝国王。

第四十二章

回到西藏高原

3月10日晨，我将旅行队分成两个部分，我带上沙格都尔、库楚克、霍达伊·库鲁和霍达伊·维尔迪以及四峰骆驼，其中一峰驮着供八天生活用的行李和干粮，另外三峰驮着冰块和芦苇，法伊祖拉赫带着旅行队其余的所有东西——骆驼、马匹、所有重行李和在楼兰收集的全部文物——向西南方穿越沙漠抵达喀拉库顺沼泽和阿不旦，我们即将在那里会集。

我打算用一把水准标尺和望远镜来勘察沙漠，画出北部凹地的准确地图来。我带着三个随从步行前进，进行计算，霍达伊·维尔迪带着四峰骆驼跟在后面，我们傍晚宿营的时候他会出现在身边。但是我们完成了一天的工作，他却不见了，沙格都尔回头去找他。霍达伊·维尔迪晚上才出现，是看到了我们生的大堆营火才找过来的，原来他迷了路，又受到了法伊祖拉赫在西边燃着的营火误导。第二天早晨来了一场强烈的沙暴，沙格都尔失踪了，然而他在正午时分又奇迹般地回来了。

接下来的日子里，我继续自己的测量工作，沙暴经常致使我的工作难度加大。虽然大风吹出了沟垄，但沙漠仍然是近乎水平的。3月15日，我们向前行进了9英里，高度下降了1英尺。我们走近了喀拉库顺湖，但是怎么也看不到托克塔·阿洪点燃的营火，本来说好了3月13日之后营火应该在湖北岸持续燃烧的。17日，我们安全抵达湖畔宿营。我们在81.5千米的距离中下降了2.272米，即在不到50英里的距离中下降了7.5英尺。在沙漠的北部，我明确证实了一个古代湖泊的存在，湖盆里仍然充满着芦苇荐和软体动物的硬壳，楼兰就曾经坐落在这座湖泊的北岸。看来，古老的中国地图及据此支持自己理论的李希霍芬男爵到头来都是正确的。

我们的下一项任务是找到托克塔·阿洪和他的救援队伍，我们的食物储备已经快用光了。库楚克钓了一会儿鱼，什么也没钓着，倒是沙格都尔每天都打到的野鸭救了我们。我们刚扎下营，我就派霍达伊·库鲁向西南方向沿着湖畔寻找托克塔·阿洪的队伍。晚上风暴开始肆虐，并且持续了三夜两天。我们一直都在傻等，但是到了 20 日，我们终于决定往西南方向行进了。

我们走了不远，就被一片水域挡住了去路。水淹没了贫瘠的沙漠，我们不得不沿着这座新生成的湖泊的岸边行走。我们两次看到霍达伊·库鲁的足迹，他曾经在一个地方游过了一个水湾。

3 月 23 日，我派沙格都尔去寻找，过了一会儿，我们看到他又在远处出现了。他示意我们过去。我们赶到的时候，他指着西南方向叫道："骑马的！骑马的！"我们看见两个骑手驰骋在尘烟之中。

我们停下来等着他们。我惊喜不已地看到了我那忠实的哥萨克护卫切尔诺夫。去年夏天，由于俄国亚洲边境的骚乱，他奉塔什干总督之命跟希尔金一起回到了喀什噶尔。他在这里出现是顺理成章的。总督没有权力收回沙皇下令配给我的四个哥萨克人中的任何一个，于是我写信给沙皇本人表示抗议，两个哥萨克人去喀什噶尔的时候带上了这封信。沙皇接到信后，立即拍电报给总领事彼得洛夫斯基，让他立刻将哥萨克人希尔金和切尔诺夫派回我所在的营地。现在，切尔诺夫告诉我，他星期六晚上得到了去亚洲腹地寻找我的命令，感到十分欢喜。他们请求拖过星期日再走，但是领事说来自沙皇的命令不容耽搁，于是他们给马备好鞍，带上了我的邮件、照相机、照片和 27 个银元宝，最后来到了婼羌大本营，托克塔·阿洪已经在那里了。依斯拉木·巴依于是组织了救援的队伍，由切尔诺夫和托克塔·阿洪率领，去喀拉库顺湖的北岸寻找我。

他们带着一批供应物资，沿着湖岸长途跋涉，直到一个新形成的湖泊挡住了他们的去路。他们在那里搭起小木屋，建起了供应基地。这是一个真正的农家庭院，有绵羊和家禽，有独木舟和渔网，使得那孤寂的湖岸上有了生气。每天晚上他们都要在一座小丘上生一大堆火，但是空中多雾，我们没有看到火光。一天，霍达伊·库鲁突然出现了，他连续五天没有东西吃，已经饿得半死了。他们让他带路，立即出发了。

现在他们找到了我们，再次见到切尔诺夫，我心里快活极了。他们的袋子里好东西应有尽有，甚至包括来自我家乡的成捆的信件。我们就身处中国的一个省份，然而关于中国一年以来义和团事件的最新消息却要从斯德哥尔摩得来。

我们继续向阿不旦行进，路过了法伊祖拉赫旅行队的足迹，发现了一具马尸，马肉无疑被他和他的手下吃了，因为他们的干粮没有了。从阿不旦走到婼羌我们的新大本营只需要三天的时间。

现在到了工作和准备的时间了。我们租了一家带花园的舒适的商队旅店，我的蒙古包就在花园的桑树和李树下支起来。一头驯顺的鹿在花园里漫步，那是本地长官詹大老爷赠给我的一个礼物。马厩的马槽前面站着好几排马和骡子。我新买了 21 峰骆驼，壮大了以前只有 18 峰的骆驼队伍。但是新骆驼群里有三峰是幼骆驼。最小的一峰只有几天大，几乎还站不起来，它成了所有人的宠物。它在西藏地区死去的时候，它的两个小伙伴已经仙逝很久了。

我们购买了够十个月用的储备粮——大米、面粉和炒面。粮食口袋都放在很轻的鞍架上，为的是便于被抬到骆驼的驮鞍上。我们大量购买了人需要的毛皮和骆驼需要的毡垫。

我冲洗了一大堆照片，还写了许多信。最长的一封信是写给我父母的，一共用了 260 页信纸。我还给国王、沙皇、诺登舍尔德（他在临终前几天接到了我的信）和印度总督寇松[1] 勋爵写了信。我的所有标本都装了箱——包括在楼兰采集的文物、骷髅、矿物、植物，等等，这些东西装了整整八个重重的骆驼驮子，我派依斯拉木·巴依和法伊祖拉赫将它送往喀什噶尔。八峰骆驼于 5 月 5 日出发，进入了咆哮的沙暴之中。

几天之后，大部队在切尔诺夫和图尔都·巴依的率领下出发了。他们有大约 25 个人，将途经阿不旦，在那里购买了 50 只绵羊，然后选择最好走的路线去阿牙克库木湖西岸。这是我迄今为止最大的一支旅行队，它看上去非常壮观，在驼铃的叮当声伴随下离开了婼羌。牲口队只有五分之一活着到达了拉达克[2]，等我们最终抵达喀什噶尔的时候，没有剩下一头牲口。

我们从一个来自布哈拉的商队领队多弗莱特（Dovlet）那里雇了70 头骡子，两个月之后，它们将驮着我们旅行队牲口吃的玉米，跟随图尔都·巴依的队伍回来，到那时候大部分玉米肯定会被吃光。他带着十个人起程，抄近路进了山。

就这样，我在这段休息的日子里的时间完全被占满了，来访者络绎不绝，尤其是兜售牲口和粮食的商人。詹大老爷 6 岁的小少爷时常到我的蒙古包里来，是个乖巧有礼貌的孩子。我给他糖果吃，他给我带来蜜饯，还喂我的坐骑苜蓿草吃。一天晚上，我听说他出天花死了，而那正是他那伤心的父亲出公差归来的前一天，我实在悲痛欲绝。

我们的大部队已经出发，只有希尔金、李老爷和毛拉·沙阿跟我在一起，院子里只剩下 12 匹马了。八条狗跟旅行队走了，但是约尔达什还留在我身边。我们的院子前一阵还生气勃勃、熙来攘往的，现在已经显得空寂凄凉了。

我们回到婼羌后不久，我就给两个蒙古血统的布里亚特哥萨克人沙格都尔和彻尔敦派下了重要的任务，他们要骑马到喀喇沙尔去，购置全套衣服、皮草、帽子、靴子、箱子、炊具、陶罐等物品，全是十足的蒙古货，数量要够四个人用的。我打算用这些东西化装成蒙古人到拉萨去。他们还得替我找一个会说藏语、能给我们做翻译的喇嘛。我期待着他们在一个月之内回来。

他们出色地完成了任务，远远超出了我的预料，沙格都尔还将一半没有花掉的钱还给了我。5 月 14 日，他们回来了，带着全套的蒙古装备，还带来了库伦 27 岁的斯日波（Shereb）喇嘛，他身着红僧袍，系着黄腰带，头戴一顶中国帽。我们马上成了朋友，我便立刻开始向他学习已经生疏了的蒙古语。这个喇嘛将拉萨的种种神奇之处讲给沙格都尔听，他曾经在那个城市学习过，现在渴望着回到那个地方去。

沙格都尔还带来了我们的朋友奥尔得克，他恳求我带他一起去西藏。彻尔敦也很快加入了旅行队的大队人马。

5 月 17 日，我们准备好起程了。十个来自塔尔巴哈台³的蒙古香客组成的一队人昨天到了婼羌，他们正往拉萨去，听说我们也要到高原上去，便起了疑心。就像去年那些香客一样，这些人命中注定也要对我们构成危害。现在，我刚要跟希尔金、沙格都尔、毛拉·沙阿、李老爷、斯日波喇嘛、一个向导、12 匹马和十头驮着玉米的骡子一起出发，那些香客又出现了，在我们身后盯着我们。

　　我们骑马走过了婼羌河谷——这是一条我迄今从未走过的路——将塔里木盆地的夏季抛在身后，翻过了一个难走的山口，很快再次登上西藏高原，在这里遇到了腼腆的野驴、霜冻和落雪。在一道山谷里，我们遇到 18 个牧羊人，从他们那里购买了 12 只绵羊。我们还在那里雇了一些新向导。

　　有一天大家休息，我向斯日波喇嘛透露了要到拉萨去的计划。他大吃一惊，说一个喇嘛带欧洲人去拉萨是要砍头的，如果沙格都尔在喀喇沙尔跟他说了实话，他是绝对不会加入我们的队伍的。我对他说，是我嘱咐沙格都尔不要透露我的计划、务必保密的。我们讨论了这个情况，谈了不止几小时，而是整整一天，最后，斯日波喇嘛同意陪我们一道走到阿牙克库木湖，如果愿意，他将从那里回喀喇沙尔去。等我们到达那座大盐湖的时候，他会告诉我他的决定；无论如何，他都是绝对自由的。

　　6 月 1 日，我们抵达了阿牙克库木湖的左岸，我们在那里度过了几天，等待我们的大部队——他们走的路线要比我们的长得多——但一直没有他们的音信。6 月 4 日，斯日波喇嘛在东北方向的山脚下看到了什么东西，好像是一支大旅行队，分成六支分队。他没看错，黑色的线条慢慢变大了。首先是两个哥萨克人前来报告说一切都好，然后是骡队跋涉进了露营地，驼铃在远处鸣响。后来，布哈拉的多弗莱特出现了，带着他那 70 头驮玉米的骡子。一头野驴碰巧和它们走在一起，但是它及时发现了自己的错误，像支箭一样一头扎进了沙漠深处。马匹和 50 只绵羊跟在后面，系铃铛的头羊是来自库车的一只公羊，名叫万卡（Vanka），它是羊群中唯一一只一年后随我进入喀什噶尔的。其余的绵羊都跟在万卡后面，它所表现出的威严和自信很少能在一只羊身上看到。

我们的营地展现出一幅壮丽的图景，尤其是夜里湖岸上的篝火点起来的时候。多余的人都打发回去了；吃饭的人越少，食物坚持的时间就越长。不过留下来的人就足以给营地的生活增光添彩了，其中大部分是伊斯兰教徒，还有布里亚特哥萨克人和正统哥萨克人，以及一个身着鲜红僧袍的喇嘛。在牲口中间，三峰年幼的骆驼和万卡最引人注目。那头鹿死了，我们留下了它的骨骸。在婼羌，我们买下了我1896 年去往克里雅河旅行途中所拥有的那峰美丽的大骆驼，作为"老兵"中间最老的一个，它尤其受到我的青睐。

我们聚齐人马，向南进发，整个队伍看起来像是一小支军队。每个人各司其职，几个哥萨克人纪律严明。营地要按照既定的方案建立，就像在色诺芬时代 [4] 一模一样。骆驼的驮子排成长长的一列，旁边是图尔都·巴依和他的部下的帐篷。附近是烹饪帐篷，彻尔敦在里面准备我的饭菜。希尔金、沙格都尔和斯日波喇嘛合住一个小蒙古包，这位"神学博士"喇嘛除了教我蒙古语之外，没有别的任务，但是，只要有点什么要做的事，他就会比别人先动手。切尔诺夫和彻尔敦住了一顶小帐篷，在我的帐篷旁边。我的帐篷立在最外翼，由约尔达什和约尔巴斯守卫。斯日波喇嘛在阿牙克库木湖下定了决心，他宣布，愿意跟我到天涯海角。

我们再次接近了阿尔格山，走过那片又湿又滑的地面，牲口们的力气都被这种路况耗尽了。两峰骆驼力竭而死；一峰骆驼拒绝再走下去，被落在后面，活着留在了一个青草茂盛的地方。布哈拉的多弗莱特希望能把它带走，如果他带着骡群返回时它还活着的话，不过前景很是黯淡。一天，九头骡子倒下了；另一天，又有 13 头骡子死去。

一天晚上，我们在一道山谷的开口处宿营，那里结了很厚的一层冰。扎好营之后，切尔诺夫指着冰面的方向说："一头熊朝营地走过来了。"

我们拴好了所有的狗。熊先生缓慢地穿过冰面，它看起来又老又疲倦，几次停下来休息一下，然后走向冰面的边缘，直面死亡。几个哥萨克人静静地等待着。响了三枪，那头熊转身逃走，跑过我们的帐篷，爬上了一处山坡。又是两声枪响，它滚了下来。我们也保留了它的骨骸。它牙齿里有一个大龋洞，肯定是在经受牙痛之苦。它的肚子里有一只土拨鼠，是连毛带皮吃下去的；它将土拨鼠毛冲内侧抟成一个球，一口就吞下了肚。

接下来的日子很糟糕，我们不断派人去前面勘察。牧草很瘠薄。我们遭到了冰雹和大雪的袭击，在向西刮的风暴里穿越高原。一峰总体上令人满意的骆驼有个坏习惯，就是坚决拒绝攀登陡峭的山坡，我们管它叫"厌山者"。就算大家一起把它推上山坡，它也一动不动。它耽误了整个队伍的行程，最后我们不得不将它留在后面。

这时我让布哈拉的多弗莱特带着幸存的骡子回去。为了让我的牲口驮的玉米不至于太重，我们允许它们敞开肚皮吃个饱。

等我们来到一条通往阿尔格山一个 17000 英尺高的山口荒芜的山谷时，我们已经损失了五峰骆驼。在上山的路上，一场最猛烈的暴风雪席卷了我们，先是一场噼啪作响的冰雹，然后是白茫茫的、疾速飞旋的大雪。除了走在我前面最近的一峰骆驼，我什么也看不见。刺耳的喊叫声一再响起："有一峰骆驼走不动了！"于是我们看到牲口和驼夫落在了后面，在飞旋的大雪中活像鬼魂一般。

·一头老熊朝我们的营地走来

我和斯日波喇嘛一起骑马登上了山口。笨重、缓慢的队伍终于跟了上来。我们等着全部人马过去，但是 34 峰骆驼里只有 30 峰登上了山顶，其他几峰不是力竭倒毙，就是被杀以得解脱。

损失骆驼的恶果是，剩下的牲口背上驮的担子变得过于沉重，于是我们只好让它们敞开了随便吃玉米。我们给两峰年幼的骆驼喂的是白面包。人员中间总有几个患病的，我给他们服用奎宁，他们就立即好起来，每次扎营都得打开药箱。在西藏高原上旅行不是件容易事，这可不是一条撒满鲜花的道路啊。

6 月 26 日，我们在去年所驻扎的湖⁵畔相同的地点宿营，当初生火留下的炭灰痕迹还能看见。冰面还没有融开，但是正午时分气温却有 20 摄氏度，和煦的夏风拂过冰层覆盖的湖面。

在一片风雨侵蚀的砖红色砂岩地带，我们爬上了一个海拔 17500 英尺的山口。我们登上山顶的时候，所有人都被累个半死，一屁股坐在了地上。到处都是红色——山脉、小丘、山谷——斯日波喇嘛身着红色袈裟，与红色的背景很搭。在一个水塘边，约尔达什去追赶一只母羚羊和它的幼崽，并且咬死了小羚羊。我让希尔金去开枪打死那只羚羊母亲，以结束它的丧子之痛，却给它逃脱了。我只允许在需要肉吃的时候打猎，哥萨克人只剩下 142 颗子弹了，因此应当节省着用。晚上，大雾笼罩着高原，一轮满月将黄色的月光照在黑色的云朵上。

我们穿过了山谷，阿尔达特就在山谷东边很远处的坟墓下长眠。然后我们翻越了一个高高的山口，接下来的几天里，我们面前一直都是开阔的原野。每天晚上我会到希尔金的帐篷里检查气象仪的读数，试一试斯日波喇嘛和沙格都尔正在为我做的蒙古服装。斯日波喇嘛画了一幅拉萨地图，并向我指出各种寺庙的位置。各分队的领队也到这里来领受关于第二天行程的命令。我们那些疲惫不堪的牲口很少能够走 12 英里以上的路程。

从克里雅河来的那名"老兵"已经筋疲力尽了，它流了泪，这是它死期将近的明显征兆。我为它照了最后一张相片，它站立时四条腿抖得厉害，用一种达观、冷漠的目光望了望这块即将收回它性命的土地。

7 月 8 日，只有 27 峰骆驼能够抵达宿营地。我挑出 11 峰最虚弱的，同时剔掉了六匹马，让它们在队伍后面小心缓慢地行进，切尔诺夫和五个伊斯兰教徒负责照看它们。我同旅行队的其他成员一道继续南行。野韭葱在这个地带长得很茂盛，大家对此感到心满意足，尤其是那些骆驼。雨季开始了，雨持续不停地下；牲口、行李和帐篷都滴答着雨水，所有东西都比过去更重了，同时脚下的土地也像沼泽地一样柔软起来。到了一个宿营地，水是咸的，沙格都尔拿着一只水罐去找水，遭到了一匹狼的袭击。他将水罐朝狼掷去，心烦意乱地回到驻地拿上步枪，但是那匹狼已经逃跑了。

我们在一处宽阔的幽谷里意外地撞上了一头健壮的老牦牛，狗们都去攻击它。它将尾巴竖到空中，牛角伏在地面上，时而向这个、时而向那个来犯者撞去。我禁止哥萨克人向它开枪，但是这时图尔都·巴依宣判了它的死刑。他需要肉，而我们必须保留最后的六只绵羊。

又有一次，约尔达什去追逐一只野兔，兔子钻进了自己的洞里，但是洞不深，沙格都尔伸手将这个可怜的生灵拽了出来。

"拽住约尔达什，放了那只兔子。"我喊道。野兔像离弦的箭一样逃跑了，但是跑了还不到 100 码远，就碰上了一只俯冲而下的秃鹰。

我们急忙去营救它，但是太晚了，它的眼睛已经被啄了出来，正在作临死的抽搐。这类事情让我们乏味的漫漫征途有偶尔的间断。

7月16日，在我们宿营地旁的一条小溪边，一匹黄灰色的狼由于莽撞丧了命。一头熊也企图涉过小溪，结果遭到哥萨克人追杀。他们一小时之后回来了，那头熊逃脱了，不过他们一直骑马到了一个藏人的驻地，那里有三个牦牛猎人，他们有马有枪。哥萨克人回来叫斯日波喇嘛，他是我们中间唯一会讲藏话的人。我派他和沙格都尔去了那个地方，但是那些藏人已经走了。我们到来的消息如今会口耳相传地传到距离我们仍有330英里远的拉萨，游牧民和猎人都知道，如果他们向当局通报欧洲人来临的消息，就能得到赏金。我们完全放弃了追赶那三个人的念头，那样的话我们将一无所获，再说牲口也太辛苦。斯日波喇嘛意识到自己被发现的可能非常之大，于是变得焦虑不安。

第二天，我们将一峰筋疲力尽的骆驼留在了一片牧草繁盛的野地里。我将一只空罐头盒子拴在帐篷柱子上，里面塞了一张纸条命令后来的人，如果看不见这峰骆驼就去找它。但实际情况是，切尔诺夫和后卫队员们在这个地方绕路而行，既没看到骆驼也没看到罐头盒子，因此，我们一直不知道这头被遗弃的牲口的下落。

7月20日，我们从海拔17920英尺的山口翻越了一座大雪山[6]，山上有300头牦牛正在冰川边缘漫步，它们好像黑点装点着山坡。在山脉另一侧的山谷里有七头牦牛，猎狗朝它们冲去，所有牦牛都逃走了，只有一头没有跑掉，成了群狗集中攻击的对象。它泰然自若地走着，然后静立在谷底的溪流之中，溪水在它周围流动，猎狗都被阻在了岸边，只能朝它狂吠。

在我们预备宿营的一片贫瘠的牧场上，一只松鸡藏在草丛里一动不动。一个哥萨克人朝它开了枪，它跃了一下，然后倒下来死了；它一直温暖庇护着的三只雏鸡没有受到伤害，正在四散奔逃，到处寻找自己的母亲。破坏这样朴实的快乐简直就是犯罪，这件事让我痛苦了很长时间。只要我能够将生命还给这不幸的家庭，我宁愿不吃松鸡肉。我企图安慰自己说，还好我本人并不是一个猎人。

豪雨，泥地，流沙！真是讨厌！我们不得不再次翻越一座泥泞的山脉。两峰疲惫的骆驼被牵着在后面走，其中一峰抵达了我们的宿营地，另一峰在一座峰顶陷到泥浆里，大家尽了最大努力，也没能把它拉出来。几个人陪着这峰骆驼待了一整夜，希望等到地表结冰时就能把它救出来了，但是它在夜里越陷越深，早晨就死了。在西藏北部需要克服的最大困难就是流沙，但这是唯一一次我有一峰骆驼真的陷进了泥浆之中。这次穿过西藏北部的旅程艰难异常，真可称一场"痛苦之旅"（via dolorosa）。

7月24日，我们在行进途中看到远处的山谷里有更好的牧草，比我们连日来看到的都好。我们径直向那里迈进，并且在那里宿营。在此后好长一段时间里，我再没有旅行队做伴。

注释

1. 寇松（Lord George Nathaniel Curzon，1859—1925），英国驻印度总督（1899—1905）、外交大臣（1919—1924），又称"凯德尔斯顿的寇松勋爵"。

2. 拉达克（Ladak），克什米尔东南部地区，历史上是中国西藏的一部分，现由印度实际控制。

3. 塔尔巴哈台（Tarbagatai），即今新疆塔城地区。

4. 这里是指前 401 年，古希腊历史学家色诺芬参加了一支波斯地方长官招募的希腊雇佣军，前往推翻波斯国王，结果群龙失首，陷于波斯帝国腹地。色诺芬被推举为统帅，率领这支军队几经征战，终于回到故土——希腊城市特拉布宗。色诺芬将这段经历写成了名著《长征记》，又名《万人远征记》。

5. 该湖即雪梅湖。

6. 该雪山即普若岗日冰川，系除南极、北极以外的世界第三大冰川，被誉为世界第三极。

第四十三章

化装成香客到拉萨去

我们新的大本营¹设在了海拔 16800 英尺高的地方，编号为第 44 号，从那里我们开始了马不停蹄到拉萨去的旅程。为了牲口的健康，我本想在这里休息一星期，但是希尔金在附近发现了一个人牵着马的新鲜足迹，于是我决定立即开拔。我们是否遭到了监视？我还决定，只让斯日波喇嘛和沙格都尔陪我一起前往。这对彻尔敦来说很难接受，因为他也信仰喇嘛教；但是我们的大本营需要尽可能多的人手加强防御，以防藏人对我们动用武力。

　　我们扮作三个布里亚特朝圣者，要到拉萨去。我们的队伍要尽可能地轻装、灵活，所以只带了五头骡子和四匹马，而且刚刚给它们新钉了掌。大米、面粉、炒面、干肉和中国砖茶是我们的生活用品。我深红色的蒙古袍子里有一些暗袋，装着无液气压计、罗盘、怀表、笔记本和一本书——我在里面画了我们的路线图。我的左边靴子里有一个装温度计的口袋。我还带了理发工具、一盏灯笼、几根蜡烛、火柴、一把斧子、蒙古式炊事用具和十个银元宝，两只蒙古皮箱基本上装下了这些东西。我戴了一顶有护耳的中式便帽，脖子上戴了一串有 108 颗珠子的念珠和一个装有佛像的小铜盒，腰带上挂着匕首、筷子和火镰。我们还有蒙古人做的皮衣和毯子，但是没有床铺，最小的帐篷将是我们遮风避雨的地方。

　　最后一天晚上，我对大家训了话。希尔金被任命为大本营的指挥官，掌管银箱的钥匙，如果我们两个半月以后还没有归来，他就要带着整个旅行队回到婼羌和喀什噶尔去。20 只乌鸦在我们的帐篷上空盘旋。夜幕降临，我们各自睡去。

　　7 月 27 日朝阳升起时，沙格都尔来把我叫醒。我永远不会忘记这个日子。到拉萨去！无论我们成功与否，那都会是一段难忘的经历。如果成功，我们就能得见这座圣城了，自从 1847 年或者说五十四年前两个法国神父古伯察和秦噶哗[2]在那里度过了两个月时光以来，还没有欧洲人去过拉萨呢。如果我们失败了，我们就要完全听凭藏人摆布，成为他们的囚徒，彻底前途未卜。无论怎样，沙格都尔叫醒我的时候，我立即站起身来，对这伟大的冒险跃跃欲试。不到 15 分钟，我就从头到脚成了一个十足的蒙古人。

临行的那一刻，我决定让奥尔得克陪我们走上一两天，在宿营地为我们看牲口，好让我们在开始守夜之前睡个好觉。我骑着我的白马，沙格都尔骑着他的黄马，斯日波喇嘛骑着最小的骡子，奥尔得克另外骑了一匹马。马伦奇和约尔巴斯也跟我们同行。约尔巴斯一度为一只野猪所伤，它是我们的猎狗中最大最野的。

一切准备就绪，我们已经坐在马鞍上了，我又问斯日波喇嘛，他是否更愿意留在大本营。

"不，绝对不要！"他回答说。

我们向大家道了别。被我们留在身后的人都认为他们再也见不到我们了，希尔金转过脸去，哭了起来。这是一个庄严的时刻。但是，在"永恒"的保护之下，我的镇静不可动摇。

我们飞快冲下山谷。猎人们近来在谷底小溪岸边扎过营，一头牦牛的骨架躺在那里，一头熊曾来这里觅食。我们策马向东南方向奔去，在一处开阔的泉水边扎营。牲口到一边吃草，奥尔得克照看着它们。我们感谢了照亮这孤寂荒野的月亮，然后去狭小的帐篷里睡觉。

第二天，我们在颇为平坦的地势上行进了 24 英里，一直走到两片小湖跟前，其中一片是盐湖，另一片是淡水湖。暮色优美，我坐在露天的篝火旁，由着沙格都尔和斯日波喇嘛来摆弄我。前者给我剃了头，连胡子也剃了，我的脑袋就像个台球一样光溜溜的；后者将油脂、煤烟和棕色颜料的混合物涂在我身上。我用我唯一的镜子——抛光的表盖——照了照自己，几乎吓了一大跳。我们情绪高涨，像学童一样说说笑笑。

我们在篝火旁吃饭喝茶，早早地睡了。牲口在岸边吃草，离我们有 200 步之遥，奥尔得克在照看它们。晚上起了风暴。半夜，奥尔得克将脑袋伸进帐篷里，说："有人来了。"

我们连忙从武器箱里拿了两支步枪和一把手枪冲了出去。风雨交加，月亮在阴暗、疾行的云彩中间发出苍白的光芒。在西南的一座小山上，我们看到两个骑手驱赶着前面的两匹马在飞驰。沙格都尔向他们开了几枪，但是他们还是在夜幕中消失了。

该怎么办呢？我们首先清点我们的牲口，只有七头了，我的白马和沙格都尔的黄马不见了。从地上的足印判断，其中一个盗贼显然偷了最外面的两匹马，然后将它们赶到岸边，由那里的两个骑马的藏人带走。他们像狼一样埋伏在那里守候我们，还得益于暴风雨的帮助。我对这次偷袭感到怒不可遏，第一个冲动就是去没日没夜地追赶他们。但是我们怎能丢下我们的营地和其他牲口不管呢？也许我们被一整队强盗包围了也说不准。我们点燃篝火，又点上烟斗，坐着一直聊到了天亮。和平不复存在了，我们的手握住了匕首。日出的时候，奥尔得克哭了起来，他要独自回大本营去了。我从笔记本上撕下一张纸，写信让希尔金加强警备。

后来，我们听说奥尔得克回到大本营时已经半死不活了。他像猫一样藏身在所有的山坳和河床里，看什么都像强盗的影子，甚至将两头驯顺的野驴当成了敌对的骑手。他最终抵达宿营地时，差点儿让哨

· 遭到强盗袭击，两匹最好的马被盗

兵开枪打死。其他人听说我们只走了两天的路就遭到了强盗偷袭，开始感到恐慌，他们坚信我们再也不能活着回来了。

我们继续向东南行进。孤独的奥尔得克在帮助我们将驮子放到牲口背上之后，就消失了。我们来到一片草原上，旷野上有一大群牦牛。它们是驯养的吗？不是，它们逃走了。我们在开阔地带支起了帐篷，我去捡牦牛粪做燃料。从这个时刻起，我们一句俄语也不能说了，只能讲蒙古话。我指定沙格都尔扮演我们领队的角色，我是他的随从，他在藏人面前要像对待仆人一样对待我。

我一直睡到晚上 8 点钟，然后沙格都尔和斯日波喇嘛赶着我们的七头牲口来到帐篷跟前。他们神情严肃，因为他们见到三个藏人骑手在监视我们。我们立即把牲口直接拴在帐篷的入口处，入口敞开着。约尔巴斯被拴在比牲口远一些的地方，马伦奇拴在帐篷迎风的一边。我们分三班轮流守夜，我值第一班，从9点到12点；沙格都尔值第二班，从12点到3点；斯日波喇嘛值最后一班，从3点到6点。

于是，我守夜的时候我的两个同伴就去睡觉。我从约尔巴斯那里走到马伦奇身边，再走回来，有时跟它们玩一会儿，抚摩一下疲惫的马和骡子。9点半的时候，可怕的暴风雨来临了——彤云密布，雷电交加，然后是咆哮而至的瓢泼大雨。我在帐篷入口处避雨。大雨打在帆布上，又穿过帆布下起了小雨。我点燃烟斗和灯笼里的蜡烛，拿出了我的笔记本，但是每隔十分钟都要在两条狗之间巡视一番。大雨单调乏味地哗哗下着，雨水从牲口的鬃毛和尾巴里溅出，也顺着驮鞍往下淌，顺着我的皮大衣流淌，中式便帽好像牢牢地粘在我的光头上一样。

我听见远处发出哀号声，连忙跑出去。我想："噢，只不过是约尔巴斯对大雨表示愤怒罢了。"我的眼皮越来越沉，一声雷响惊醒了我。狗在吼叫，我再次跑出来。我在泥地中每走一步都发出"咕叽咕叽"的声响，时间显得永无尽头。我值的这个班到底有完没完呐？但是午夜终于到来了。我正要叫醒沙格都尔，两条狗狂吠起来，斯日波喇嘛惊醒了，急忙跑了出去。我们带上了枪，三人都朝顺风的方向悄悄跑去。马蹄声清晰可辨。附近有骑马的人，我们连忙朝他们的方向跑去，但是他们随后就消失了，一切又归于平静。大雨还在下，我穿着湿衣服躺了下来。有那么一会儿，我还听得见沙格都尔在水中"噼里啪啦"的脚步声，但是我很快就沉沉睡去了。

我们在黎明时分拔营起程，翻越了一个山口，走上一条有人走过的小径，看见许多旧的驻地，但是没有人。我们又在两片小湖中间的一条狭长地带停了下来。帐篷刚支起来，我们中的两个人就躺下来睡觉。晚上，牲口用昨天夜里的方式拴好，我的守夜工作开始了。无情的大雨整夜都在下。一头骡子挣脱了绳索，跑到牧场那边去了。我跟了过去，至少让我一直醒着。经过多次徒劳的尝试，我终于抓住了它的缰绳，把它带回拴好了。

7月31日，我们在大雨中出发。我们和我们的牲口被浇得闪闪发光，雨水一道一道地从我们身上滴答下来。道路更宽了些，它无疑是通往拉萨的。我们跟随一支庞大的牦牛商队的足迹翻越了五座小山，牦牛商队在路边驻扎下来，斯日波喇嘛前去跟他们搭讪。他们是来自塔尔寺的唐古特人，正在去往拉萨的路上。他们向斯日波喇嘛打听我们是什么人，干什么去，同时，我们的狗和他们的狗打了起来。我真同情跟约尔巴斯混战在一起的那些狗。

又走了一小段路，我们在一条峡谷里宿营，离一个藏人的帐篷很近，那里住着一个小伙子和两个女人。主人过了不久就回来了，我们邀请他到我们的帐篷里来，他给我们带来了一抱牦牛粪和一木桶牛奶。他的名字叫桑布申吉（Sampo Singi），这个地方名叫贡吉玛。桑布申吉满身都是黑黑的泥土，不戴帽子，留着长长的头发，不穿裤子，就那么直接在帐篷外的泥地上坐了下来。斯日波喇嘛给他鼻烟闻，他打了大约100个喷嚏后问，我们的鼻烟壶里是否盛过辣椒。他认为我们住在那么遥远的地方还来拉萨朝圣，是很虔诚的人。我们到拉萨还有八天的路程。

突然，沙格都尔朝我大吼起来，让我去把牲口赶回来，我立即照办了。太阳落山了，月亮慢慢升上天空，但是夜里又下起了瓢泼大

· 骑马在瓢泼大雨中穿行

雨。我在游牧民附近感到非常安全。

第二天早晨，桑布申吉和一个女人给我们拿来了羊油、酸奶、鲜奶、奶酪粉和奶油，还有一只绵羊。他拒绝收钱，但是我们送出一块蓝色的中国绸缎，让那个女人喜欢得神魂颠倒。小伙子用一根皮带绑住羊的鼻子，再把右手的拇指和食指插入它的鼻孔，就这样把它憋死了，随后屠宰了它。我们让他把羊皮留下。最后我们同这些好心的牧民告别，翻身上马，奔驰而去。

这时大雨又下起来了，雨水从天而降，简直是在喷射，我们就仿佛穿过密密麻麻的玻璃柱甬道似的。透过雨雾可以看见一大片模糊的水域。我们起初还以为是一片湖泊，等到了岸边，才发现是一条大

· 在瓢泼大雨中渡过一条大河

河，浑浊的黄灰色泥流在空洞、险恶的咆哮声中向西南方向涌去。我立刻认出它就是扎加藏布，邦瓦洛和柔克义³曾经横渡过这条河。对岸（左岸）根本就看不见。通往拉萨的道路将我们带到右岸，但哪里是可以涉水过去的浅滩呢？我们还来不及多想，斯日波喇嘛已经牵着驮担子的骡子下了水，沙格都尔和我都跟在他后面。

我们在河中央的一块沙洲上停了一下，此处的河水大约有一英尺深。从这里既看不见左岸也看不见右岸，滔滔河水翻涌着，轰隆隆地奔流而去。由于雨势不断，河水涨得很快，如果我们耽搁太久的话，就有两头受阻的危险。斯日波喇嘛继续前进，河水没过了他的小骡子的尾巴根，情况看起来有点不妙了。这时一头驮担的骡子脚下一滑，拴在骡背上的两只蒙古箱子好像软木垫一般把骡子浮了起来，湍急的水流飞也似的将它冲走。我以为它会就此失踪，只能看到它的脑袋和箱子的边角露在水面上。然而它游起泳来，过了一会儿，又着了陆。它在远处摆正了身体，爬上了左岸。

喇嘛一个人继续骑马前行。河水越来越深，我们撕心裂肺地大声叫他，但他仍然英勇无畏地继续前进。雨水打在河水上，水连成了片。我走在最后，我的马远远落在了后面。我看见他们两人和驮担的牲口都在水面上升起来，隐约瞥见了左岸。他们终于安全上岸了。我用靴刺催马前进，但是我们没有登上浅滩，就差了那么一点点，结果越陷越深，水进了我的靴子，我感到头晕目眩。现在水已经没过了我的膝盖和马鞍。我解开腰带，拽下我的皮衣。喇嘛和沙格都尔指手画脚地喊叫着，但是在咆哮的水声中我什么也听不见。水没过了我的腰，我的马除了脑袋和脖子，其余的都看不见了。我准备从马鞍上跳下来，撒开马的缰绳，但就在这时，它游了起来，我不由自主地抓紧它的鬃毛。它顺着河水漂流，差点儿给呛死，但是它随后触到地面，保持了平衡，爬上了河岸。我在亚洲的渡河经历里面最糟糕的就数这次了，没有人淹死简直是个奇迹，沙格都尔和斯日波喇嘛两个人都不会游泳。

我们的小小旅行队在大雨中看起来既悲惨又滑稽。一直带路的喇嘛继续前进，好像河水根本不存在似的。我脱下靴子，控出水，然后搭在后面的马鞍上。雨下得很大，所有的东西都湿透了，水从两只箱子里汩汩直往外流。

最后，我们那可敬的喇嘛在一片田野前停下了脚步，那里有许多牦牛粪便。我们将牛粪最湿的表层刮掉，费了半天劲儿才点燃。虽然雨水打在火焰上，篝火还是逐渐烧了起来；我把衣裳一件件脱掉，拧干水，最后赤身裸体地坐在火旁，想把我的蒙古衣服在雨中烤干。如果现在恰好有藏人走过，他们看到我白色的身体一定会目瞪口呆。

夜带着它的黑斗篷降临了，雨声淅淅沥沥的，还听得到夜里的神秘声响。我听见了脚步声、马蹄声、人的说话声和喊叫声，还有枪声。我于12点整把沙格都尔叫醒，钻进帐篷里，穿着还潮湿的衣服就躺下了。我累得甚至想，干脆让人家抓住算了，这样才能好好地休息一场。

8月2日，没有下雨，我们进入了有人烟的地区。我们骑马路过了两个牧民的帐篷，那里有绵羊和牦牛；还路过了一支有300头牦牛的商队，他们要运茶到著名的扎什伦布寺（Tashi-lunpo）去。赶牛的人就在道路的附近燃起篝火；我们骑马走过时，那些人过来问了我们许多问题。一个老头指着我说："白人（peling）。"这个地方名叫安多

· 庞大的运茶商队

莫曲[4]。

我们继续前行，来到田野上一眼泉水边，把我们的湿衣服摊在地上，由着黄昏的阳光曝晒。但是一场冰雹和大雨接踵而至，我们只得把所有衣物都收进帐篷里去。巨雷发出清脆的声响，让人莫名想起教堂的钟声。

第二天早晨，我美美地休息了一通。9点钟，其他两人把我叫醒，建议我去看看那支运茶的商队，那情景实在有趣。所有人都步行前进，肩上扛着滑膛枪。他们看起来就像强盗一样，无论是人还是牦牛，都是黑黑的。他们吹着口哨，喊叫着，唱着歌。

我们在那里待了一整天，把衣服晾干，我往靴子里灌了些温暖、干燥的沙子，好把里面的潮气吸掉。牲口吃草的时候，我们轮流睡觉。夜色清朗，明月高悬，群星闪烁。

8月4日，我们踏上了通往拉萨的大路，不断地路过牧民的帐篷和羊群，遇见大商队，从其他人身边疾驰而过。现在我们也路过了一些神圣的玛尼堆[5]。晚上，我们在一个有四顶帐篷的牧民村落附近停了下来，一个年轻的藏人前来访问我们。

5日，我们骑了20.5英里，匆匆掠过错那（"黑湖"），湖边有数不清的帐篷和羊群；最后我们来到一片平地，那里有12顶帐篷。我们在那里建立了我们的第53号营地。自从离开大本营，我们已经走了162英里了。

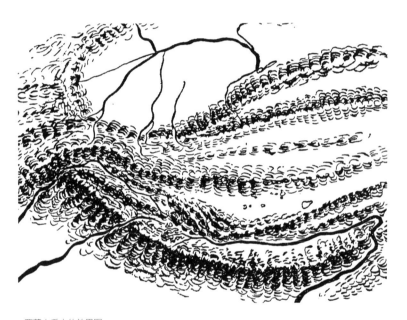

· 西藏山系立体效果图

注释

1. 该大本营位于唐古拉山区。

2. 秦噶哗（Joseph Gabet，1808—1853），法国传教士，古伯察在法国入华遣使会中的上级兼好友。

3. 柔克义（William W. Rockhill，1854—1914），又译罗克希尔，美国外交官、汉学家，曾任美国驻华大使（1905—1909）。美国著名的"门户开放政策"就是出自他的构思。他曾前往蒙藏地区考察，著有《1891—1892 年蒙藏旅行日记》。

4. 安多莫曲（Amdo-mochu），在今西藏安多县境内。

5. 玛尼堆，藏族人祈福、祝祷用的小型祭坛，一般在藏地的山间、路口、湖边、江畔，用刻有佛像及佛教经文的"玛尼石"堆成，也被称为"神堆"。

第四十四章

藏人的囚徒

黄昏时分，三个藏人向我们的帐篷走来，斯日波喇嘛和沙格都尔出去迎接他们。他们交谈了很长时间，我的两个同伴回来的时候天已经大黑了，而我们的前途也是一片黯淡。刚才，其中一个藏人打着官腔对他们说，三天以前北方一个牦牛猎人前来报信，汇报说看见了一支庞大的旅行队正往拉萨去。

　　"你们同他们有关系吗？"他问道，"快说实话。记住，你是一个喇嘛。"

　　斯日波喇嘛膝下发抖，开始供述出一些事实，但没有提到我的存在。沙格都尔却向我一再肯定，那个专横的藏人说了好几遍"shved peling"，即"瑞典白人"。铁木里克或婼羌的香客大概打听到了我的国籍，尽管他们所有人对瑞典都一无所知，仅仅对中国、英属印度和俄国有个模模糊糊的概念。沙格都尔认为是斯日波喇嘛背叛了我们，但是我对他的怀疑不敢苟同，即便那是真的，现在也都得到了忘记和宽恕。那个藏人最后说："明天你们还要在这里等着。"

　　我们久久地坐着，谈论我们的前景。整整一夜，我们帐篷的四周都燃烧着处处营火。

　　天亮后不久，又有三个藏人来到了我们的帐篷。我一直戴着蓝色的蒙古式眼镜，新来的人要求看我的眼睛，惊奇地发现我的眼睛跟他们的一样黑。我们痛快地答应了他们要检查我们的武器的请求，随后，他们向自己的马匹走了回去。

　　过了一会儿，一位白发老喇嘛和另外三个人来访。前者问了许多关于我们大本营的问题，并告诉我们送信人已经被派到那曲的地方长官[1]康巴邦布（Kamba Bombo）那里去了。在他发来指示之前，我们一直是他们的囚徒。

这天的第二件事更令人不安。在距离我们几百码远的帐篷寨里，聚集了 53 个身披红色、黑色或灰色袍子的骑手，都戴着高高的白帽子，或者头缠红色大头巾，拿着长矛、标枪、战刀和装饰着彩带的火枪。他们下了马，就在雨中的一堆篝火旁边商量了一下，然后翻身上马。其中七个骑马向东走上了通往那曲的道路，两个骑马沿着通往拉萨的大路向南驰去。其余的人骑马直奔我们的帐篷而来，一面发出狂野的呐喊声，在头顶上挥舞着刀枪。斯日波喇嘛认为我们将不久于人世了。我们在帐篷前站稳脚跟，把手指扣在扳机上。藏人像雪崩一样冲了过来，马蹄踏在水中"呱唧呱唧"直响。等到离得足够近了，最前头的马已经将泥水溅到了我们身上，他们又分成两队，绕着大弯再转回他们的出发点。

他们重复了两次这种战术演习之后，开始下马打靶子。他们显然是想让我们心生敬畏。最后，他们向西北方向飞驰而去，我纳闷他们是否敢于去攻击我们的大本营。

一整天都有新的来访者莅临。他们给我们带来小礼物，包括油脂、牛奶或酸奶，但是谁都不肯收钱。下阵雨的时候，我们的帐篷里进来了四个汉子，我们像沙丁鱼一样挤坐在里面，但是一股小水流进了我们的帐篷，我就派他们出去在帐篷周围挖一道壕沟。晚上，我们数了一下，发现周围一共有 37 堆营火，透过雨幕发出微弱的光芒。

第二天又来了新的密探，其中一人给了我们一抱牛粪和一个风箱，告诉我们拉萨距离这里还有五天的路程，但是那个骑马的邮差一天就能跑到，我们所在的地区叫作亚洛。我们那七头驮担的牲口被牵走了，也许是为了防止我们逃跑。我们看到四面八方都有骑手在巡逻，有的只身，有的成群结队。不时有全副武装的骑手聚集在这地

· 藏人径直朝我们冲来

方，就好像下了总动员令似的，而我们只有三个人面对这优势兵力。我们成了囚徒，正在经历一场巨大的冒险。

8月8日早晨，五个男人出现了，赠给我们一只绵羊。有消息传来，说最高长官康巴邦布要亲自来接见我们。斯日波喇嘛害怕长官会认出他来，曾经有一位蒙古喇嘛因为渎职受到惩罚，不得不叩长头走完从库伦到拉萨的全程，也就是说，他必须用自己身体的长度丈量道路，走了整整六年时间。斯日波喇嘛认为自己即将受到类似的惩罚。

只要我们离开帐篷50步，就有密探过来监视我们。班鲁苏（Ben Nursu）似乎是密探头子，他把帐篷设得离我们很近，跟我们一起坐了很长时间，还跟我们一起吃饭。

下午，我们在开阔地带的篝火旁和七个藏人坐在一起，这时一支马队从东边朝我们径直驰来。那是康巴邦布的传译，他的蒙古话说得比我还差，但除此之外人还挺体面。他仔细地盘问了我们，对我们的大本营最感兴趣。他们显然有一种错觉，认为我们是俄国侵略军，拥有几千个哥萨克骑兵。传译告诉我们，达赖喇嘛每天都收到关于我们的报告。我严厉地质问他，他们怎么敢阻挠沙皇俄国布里亚特省来的和平香客。"你们的臣民夜里偷走了我们的马，但是你们对待未曾损害你们分毫的我们，却像对待盗贼一样。"传译沉思片刻，然后回答说，通往拉萨的道路对于所有没有专门通行许可的人都是关闭的。

8月9日早晨，场面变得生动起来，整块平地上挤满了骑手和驮担的牲口，不远处还渐渐立起一个新的帐篷寨。为了我们三个可怜的朝圣者竟然如此大费周章！一顶大帐是白色的，饰有蓝色条纹，只有头人才可能住在这种地方。

在一队骑手的陪同下，传译来到我们的帐篷，宣布康巴邦布已经到了，希望我前去赴宴。一切都准备就绪，要献给我们每人一条表示欢迎的哈达（haddik）——一种白色的细长条纱布。饭菜已经摆好，包括一只烤全羊。

我生硬地回答说："有礼貌的人都要先登门拜访，然后才宴请客人。如果康巴邦布想从我们这里得到任何东西的话，让他自己来吧。在他面前，我们没有任何可以保留的东西。我们只是想知道，通往拉萨的道路是否向我们敞开。如果答案是不，康巴邦布将要自己承担一切后果。"

传译感到绝望了。他坐了两小时，恳求我们去赴宴。

"你们不来的话，我会被解职的。"他哀求说。

就连他坐上马鞍的那一刻，他还在继续进行说服工作。最后他只好骑马走了。

又过了两小时，一支 67 个骑手组成的队伍从新的帐篷寨里奔驰而出。他们身穿深蓝色和深红色的衣服，腰佩宝剑，剑鞘上镶嵌着白银、珊瑚和玉石，身上佩戴着盛佛像的盒子、念珠和丁当作响的银质饰物，那景象实在是壮观。康巴邦布骑着一头乳白色的母骡走在队伍的中央。他是个苍白的矮个子男人，大概 40 岁，眼睛调皮地眨着；他身着一袭红色长袍，披着红色围巾，里面是一件黄缎子长袍，貂皮袖子，足蹬绿色天鹅绒靴子，头戴蓝色中式帽子。

他在我的帐篷前翻身下骡。他的仆人在地面上铺上地毯，上面又放上坐垫。他和另一位高官南苏喇嘛（Nanso Lama）在上面就座。

我邀请这两位先生进到帐篷里面，他们各自在一只面口袋上坐下。

尽管我们一直想骗过他，拒绝他的宴请，而且处在他的势力范

· 康巴邦布率领 67 个人骑马到来

围之内，但康巴邦布对待我们仍然彬彬有礼、仁慈宽厚。审问重新开始了，长官的秘书记录了我们的所有答话。我要求继续前进，朝觐圣城，然后再回到大本营；康巴邦布举起手，在脖子上做了一个意味深长的手势，以此作为回答。

"不行，不能再往拉萨前进一步。那样会让你掉脑袋的——连我的脑袋也保不住。我要忠于职守，我每天都从达赖喇嘛那里得到指令。"

他不为所动，毫不让步，一刻也没有丧失自制力。他既很威严又天性快活。我们谈到了被偷走的两匹马，他大笑起来，说："你可以从我这里另外牵两匹马走。在你回你的大本营的路上，将一直有人护送你到本宗边界，你将有充足的粮食、绵羊和一切必需品。只要你吩咐一声，什么都可以得到。但是你不能往南再走一步。"

那个时候，一个欧洲人去拉萨游览是不可能的。普尔热瓦尔斯基、邦瓦洛、吕推、柔克义、利特代尔，他们都遭遇了同样的、不可逾越的阻力。两年之后，寇松勋爵派遣他的英印军队去了拉萨，他们用武力打开了通往圣城的南线，4000藏人被杀。那就叫作战争。然而西藏人民仅仅想过自己的安生日子，此外别无他求。康巴邦布统治下的藏人智取我的时候，他们也使用了强硬手段，但是没有动武；他们贯彻了自己的意志，但是手上没有沾上一滴鲜血。恰恰相反，他们用最客气的态度来对待我。而我自己呢，也就以将冒险的旅行达到了极限而感到满足，我是不撞南墙不回头，一直坚持到了最后才退让。最后，康巴邦布骑马回了自己的帐篷，我告诉他，我准备明天就踏上去往大本营的归程。

次日一大早，我跨上马，只身前往康巴邦布的帐篷，这让沙格都尔和斯日波喇嘛大为惊慌。但是我走了还不到一半，就被20个骑手团团围住，被迫下马。等了一会儿，康巴邦布带着侍从出现了。地毯和垫子铺好了，我们在中立的地方坐下来交谈。我开玩笑地问他，如果他和我一起骑马到拉萨去，就我们两个人，会发生什么事？他大笑着摇头，说只要达赖喇嘛允许他这样做，他很愿意跟我一起旅行。

"那么，我们就派一个信使到达赖喇嘛那儿去吧。我愿意再等上两天。"

"不行，"他坚决地回答说，"我若是提出这样一个请求，会被立即解职的。"

康巴邦布随即眯起眼睛，指着我说："老爷[2]！"

我反问他，一个来自印度的英国人怎么可能从北边过来呢，还带着俄国人和布里亚特的哥萨克人做随从？然后我试图向他解释瑞典在什么地方。

这时，抵偿那两匹被盗马匹的两匹马被牵了过来。这是两匹驽马，我说我不想要。他们又牵来两匹特别棒的好马，我也就表示满意了。

我最后问康巴邦布，他为什么要率领 67 个人一起来——我们不过三个人，不，我现在只是孤身一人。他难道怕我吗？

"不，一点也不怕，不过我得到了拉萨的指示，要像对待我们自己国家最高级别的要人那样礼待你。"

我们再次上马，康巴邦布和他的人马一直把我送回我的帐篷。他们检查了我们的武器，又将护送我们的人介绍给我们。护送队伍包括两个军官——索朗翁地（Solang Undy）和阿那次仁（Ana Tsering）——一个军士、14 个兵士和六个照料藏人行李的仆人。他们为自己带上了十只绵羊，康巴邦布又赠给我们六只羊，还赠给了我们油脂、面粉和牛奶。我于是跟这些最好的朋友道别、分手[3]。

我们的队伍看上去好像是在押解犯人，我们三个的前后左右全是骑马的藏人。我们宿营时，他们立即将两顶帐篷紧挨着我们的帐篷支起来，夜里一直有人放哨。我们整夜睡着安稳觉，对我们那些驮运行李的牲口一点也不担心。约尔巴斯把他们吓得满心恐惧，我们不得不一直用皮带把它拴住。护送队里有两个喇嘛，他们一刻不停地转动他们的转经筒，口中叨念着"唵嘛呢叭咪吽"。

白天的旅行分成了两段，中间喝茶休息。这时藏人会用刀从地上掘出三块土，排列成三角形，用来支锅烧火。他们的午餐包括煮羊肉、糌粑和茶。他们的骑手都很英俊，头上盘着辫子，系着红色的头巾样的饰带，右臂和右肩都裸露着，皮袍子有一半滑下来垂在后背上。所有马匹都系着带铃铛的颈圈，山谷里到处回荡着那愉快的丁零丁零的铃声。

我们骑马渡过水位已经大落的扎加藏布后，护送队向我们道了别，又只剩下我们自己了。他们抛下我们走了以后，我们显得孤单凄凉起来，轮班守夜也重新开始了。一次，马伦奇站在路旁的一个小山丘上狂吠，我打马过去，看见一头熊正在挖一个土拨鼠洞。它专心致志地干它自己的事，一直到我离它很近了，也没有注意到我。它赶紧离开鼠洞溜走了，几条狗去追赶它，它掉过头来抵抗，接下来是一场热闹的舞蹈，最后双方都累得筋疲力尽才罢休。

8月20日，只剩下几英里的路要赶了。我们在一条峡谷里听到了枪声，并且看见了两个骑马的人——希尔金和图尔都·巴依——他们正出来给旅行队打猎，看到我们时，他们都流下了欢喜的眼泪。

然后我们骑马来到了营地，那里到处都很安静。切尔诺夫带领后卫队到达了，只损失了两峰骆驼和两匹马。对于我来说，这就好像是回到文明世界里一样。我先用旅行队的木桶洗了个热水澡。我已经25天没有洗澡了，洗澡水换了好几遍。随后，我高兴地脱了衣服躺在自己洁净、干燥的床上，同时，几个随从在一旁用俄式三弦琴（balalaika）、笛子、寺庙里的铃铛、我的音乐盒，以及两面临时赶制的鼓演奏音乐。我们没能抵达拉萨，却尝到了前所未有的伟大冒险的乐趣。

注释

1. 那曲是西藏地方政府旧制中的一个宗，称为坎囊宗（那曲宗），相当于县。宗的最高长官一般叫作"宗本"，相当于县令，但那仓、那曲两个地区的最高长官称为"衮巴"。

2. 老爷，即 Sahib，旧时印度对欧洲人的尊称。康巴邦布说这话的意思是，他认为斯文·赫定是从印度来的英国人。

3. 攻打拉萨的英印远征军中的路透社记者爱德蒙·坎德勒（Edmund Candler）在其著作《拉萨真面目》（*The Unveiling of Lhasa*）中提到，一小股英国军队在 1904 年 5 月初遭到了 1000 名藏人的突然袭击，藏军的指挥官就是三年前在那曲附近阻止我前进的那同一个康巴邦布。经过十分钟的激烈交战，西藏人撤退了，留下 140 具尸体，英国军队损失五人。我的朋友康巴邦布很可能就在阵亡人员之中。那一次我们遇到他的时候，他只是对他的国家尽忠。1901 年时我并不生他的气，1904 年的事情发生后，我越发钦佩他，珍存着关于他的记忆。——作者原注

第四十五章

遭到武力阻挠

我现在的计划是穿过西藏，无论走哪条路，都要到印度去。所以我决定带领整个旅行队一起向南推进，直到遭遇不可逾越的屏障为止，然后向西去往拉达克，再取道克什米尔和喜马拉雅山，最后抵达恒河岸边的温暖地区。

这是一段艰难的旅程，必须翻越几个高高的山口，还要穿过险恶的流沙地带。好几匹马死去了。我们中间的一个成员克里雅的卡勒帕提（Kalpet）病倒了，必须骑马。这个地区猎物很丰富，哥萨克人保证我们一直有肉吃。有一次他们开枪打死了一只野山羊和一只羚羊，照着它们逃跑时的姿势把它们冻得邦邦硬，所以它们的样子一直栩栩如生。还有一次，七条狗追赶一只可怜的野兔子，约尔达什捉住了它，但这时约尔巴斯半路杀出，把它吃掉了。

我们迟早会遭到阻挠，这一点越来越明显了。藏人得到了警告，在北部加强了警备。9月1日，我们在路上行进了一星期，再次遇见了牧民。在一个山口顶部，我们看到了南面的平野，上面似乎点缀了许多匹马，还有几千只羊在那里吃草。沙格都尔和喇嘛骑马到一顶帐篷里去买牛奶和油脂，但是那些人说他们得到了禁令，不许卖给我们任何东西。沙格都尔表现出很愤怒的样子，藏人吓坏了，赶紧把我们想要的东西卖给我们。三个藏人被带到我们的营地，我们用茶和面包招待他们，但我们放他们走的时候，他们急急忙忙地上了马鞍，策马飞驰而去，好像后面有魔鬼在追赶似的。

9月3日，六个武装骑手出现在旅行队的左侧，另七个骑手出现在右侧，都保持了一段距离，所有人都戴着高高的白帽子。这里有许多帐篷，我们朝其中一顶里面张望，见女人们都把头发梳成许多小辫子，背上垂着红色的丝带，上面装饰着珊瑚、绿松石和银币。

· 一群藏羚羊

　　我们再次抵达了扎加藏布，这次在离我们上次过河的地点下游很远很远的地方。河水在这里挤进了一条非常深的河槽之中。藏人们坐在河岸上，等着看一出免费的好戏。我们把折叠艇合在一起、推下水的时候，他们面无表情地望着我们。在营地里，一个头人率领一队人马走上前来，说道：

　　"我们得到命令，要阻止你们继续往南走。"

　　"好啊，阻止我们吧。"

　　"我们已经向拉萨报了信，如果你们再往那个方向前进，我们是要掉脑袋的。"

　　"那活该。"

　　"所有牧民都得到禁令，不准卖给你们任何东西。"

　　"我们需要什么就拿什么。我们有枪。"

　　旅行队沿着扎加藏布西行，我则带上了奥尔得克在河上航行，两天后到达了扎加藏布注入大盐湖色林错的河口。藏人在河岸上跟着我们，偶尔发出几声狂野的叫喊。我们在河口与旅行队会合，然后宿营。我们的哥萨克人强迫一些人卖给我们四只绵羊。

我们沿着湖岸继续前进。9月7日，有63个骑手紧跟在我们身后。在接下来的几天里，我们沿着湖的西岸行进，再沿着附近的一座淡水湖的北岸行进。藏人的数目逐日增加，好像又动员了许多部落的样子。那个头人每天恳求我们拐到拉达克方向去，要不就等等拉萨的命令，但是我们决不改道。我希望给这两片湖泊绘制出地图来，所以对待现在的处境非常镇静。

淡水湖名叫那宗错[1]，景色异常美丽，有着陡峭的湖岸岩石、港湾和湖心岛屿，以及水晶般透明的湛蓝湖水。

卡勒帕提的病越来越重，这可怜的人必须靠着一峰骆驼驮来运去。我们不时地小驻一会儿，服侍他。在湖东岸一座帐篷寨附近这样的一次小憩中，他要了一杯水喝，下一次歇脚他就去世了。他被放置在一顶帐篷里过夜，伊斯兰教徒们为他守夜。在墓地上，如西·毛拉（Rosi Mollah）说起了死者和他的忠诚，其余的人则为死者复诵祷文。一个刻有碑文的黑色十字架在小丘上竖了起来。他的帐篷、衣服和靴子都火化了。葬礼期间，藏人一直在不远处观察我们，后来，他们对我们为一个死者费这么大的事表示很惊异。"把尸首扔给狼吃，不是更简单吗？"他们说。

我们回到了日常生活的烦恼和新一天的无常中。我们向南推进，围拢的藏人人数越来越多；最近，我们的前方也出现了新的队伍，聚集在一些黑色帐篷和两顶蓝白相间的帐篷周围。一队骑手围住我们，让我们停下来，我们所在的那仓地区[2]的两位长官[3]已经到了，他们接到了来自德瓦雄（Devashung，拉萨政府）的重要信息。我于是在距他们的帐篷150步的地方扎营。我们最大的一顶帐篷里铺着一块来自和阗的地毯，这里就做会客厅用。

过了一会儿，两位衮巴骑马过来，他们身着华丽的红袍子，头戴中式官帽。我出去迎接他们，他们下了马，客气而友好地向我致意，然后进了帐篷。两人中位置更显赫的拉杰次仁（Hlaje Tsering）是一个没有胡子、拖着辫子的老者；另一个是云都次仁（Yunduk Tsering）。我们的谈判进行了三小时。拉杰次仁先开口说：

"你只带着两个同伴在东边的一条道路上骑马到拉萨去，但是遭到了阻止，被那曲的康巴邦布护送出了边界。现在你来到了那仓，在这条路上你也不会再前进一步的。"

"你拦不住我。"我回答道。

"拦得住，我们有百万大军。"

"那有什么了不起？我也能动用武力。"

"不是你就是我们要掉脑袋。我们如果让你过去，就会被砍头的。我们不如先来打上一仗。"

"不要替我和我的仆人的脑袋操心，你是永远得不到的。我们有更强大的势力支持，还有可怕的武器。我们打算继续向南走。"

"你如果长眼睛的话，明天你会看到我们是怎样阻止你的旅行队的。"他们又激动又气愤，忘乎所以地大叫起来。

"你们如果长眼睛的话，明天最好小心一点，我们要往南走，"我格外冷静地反驳道，"不过要准备好你们的滑膛枪，它会在你们的耳畔变得火热的。你们还来不及上子弹，我们就已经把你们打倒了，让你们的鼻子翘上天，你们所有人。"

"不，不，不要谈论杀戮。"他们企图说服我，"如果你们按原路返回，你们会得到向导、干粮、商队牲口和你们所需要的一切。"

"听着，拉杰次仁，你真的认为我疯了，会回到北边的荒野上去吗？我在那里已经损失了我的一半队伍！我们无论去哪里都可以，可我永远不会到那里去！"

"很好，"他说，"我们不会向你们开枪，但是我们会让你们不能成行。"

"你们怎么做到呢？"

"你们所有的骑手和每一峰骆驼都会被 20 个兵丁拉住，我们会一直拉着你们的牲口，直到它们倒下。我们有来自拉萨的特殊谕令。"

"把谕令给我看看。"我说。不过我从一开始就知道，我们是不可能过去的。

"乐意为您效劳。"他们回答道，于是拿出了那张纸。上面所押日期是："铁牛年六月二十一日。"上面提到了蒙古香客关于我们的旅行大队的报告，并且这样结尾：

"着此令从速递至那木如及那仓，俾使自那曲至吾（达赖喇嘛）土全境各色人等一体知悉，欧人严禁南行。此令亦须达至一切大小头领。宜布防那仓边境，并置全境每寸土地于严密监控之下。断无必要任由欧人擅入'圣典之地'勘察。彼等于汝二人所辖之境当无所为。设彼等诡言南行之切要，汝亦当谨记不得放行。若彼等执意南行，则汝等罪当斩首。务须强之返归，复蹈其所由之来路。"

他们还就此申斥了可怜的斯日波喇嘛几句，因为谕令里面提到了他给我们"带路"的事，但是喇嘛怒不可遏地质问他们有什么权利申斥一个身为中国子民的喇嘛。争吵越来越激烈，我便拿出大音乐盒，放在对阵双方之间。这时两个藏人愣住了，很长时间没有发出一点声响。

晚上，我去回访他们，在衮巴的大帐喝茶，大帐里装饰着地毯、坐垫、矮桌和一个祭坛，祭坛上摆着佛像、油灯和供品。我们度过了一段愉快的时光，一直交谈到半夜。

库楚克和我在那宗错上荡舟，度过了两天神仙一般的日子。湖是环形的，美如仙境一般，陡峭的岩岸从水中拔起。我们划进风景如画的狭窄港湾，金雕在峭壁间翱翔。在岸边原野上放牧畜群的牧民看见我们静静地从水上过来，都大吃一惊。他们从没见过船，赶紧把牲口从岸边赶走。在湖的西北岸，我们又见到了我们的人，一起骑马到了恰规错的东岸，这又是一座美丽非凡的湖，有着山丘、岛屿和狭湾。驮着卡勒帕提走完了他人生之路的那峰骆驼，就在去那里的路上死了；迷信的伊斯兰教徒认为这是件很自然的事。

我们的营地很壮观。我们有五顶帐篷，藏人有 25 顶帐篷，他们的人马增加到了 500 多人。岸上挤满了骑马者、步行者、马匹、牦牛和绵羊，红色的彩带在士兵的滑膛枪上飘动。为了欢迎我，藏人还表演了刀术和马术，太阳照在色彩斑斓的衣服和明晃晃的武器上，那一幕实在壮观。我们互相宴请。拉杰次仁给了我两匹马，还安排 40 头牦牛归我使用，在去拉达克的漫长旅途中，一直会有充足的牦牛供我选用。我送了两位衮巴一些怀表、手枪、匕首和别的小物件，我们成了最好的朋友。

9 月 20 日，我让霍达伊·库鲁做我的船夫，划着船向湖心进发。我们在湖面上划出去好远，这时突然爆发了一场力道十足的西风暴，波浪高高涌起，粗暴地将我们的轻舟向营地方向掷去。我们升到浪尖上，就能看见帐篷；但是落进波谷时，湖岸就从视野中消失了。我们迅速靠近湖岸，浪涛怒吼着，我们不久就会被抛到岸上去，小船会被浪头击个粉碎。藏人在岸上聚集成黑压压的一大群，准备目睹我们的船毁人亡。但是哥萨克人已经准备好了，他们脱了衣服跳进水里，霍达伊·库鲁也跳到船外，用他们强壮的臂膀将小船连同里面坐着的我抬了起来，穿过飞溅的浪涛上了干燥地面。藏人都惊得目瞪口呆。

晚上暴风停了，我又得以就着灯笼的微光成功地进行测量水深的工作。我们回来的时候从湖上眺望湖岸，就好像一座灯火通明的城市一样。月光洒在营地上，帐篷里传出欢笑声和弦乐声。

第二天，我同库楚克再度泛舟湖上，旅行队和藏人都到湖的西头去了。湖水一直向西延伸出很远，中央耸起一座岩岛。我们向湖心岛驶去。在北岸，我们向西行进的旅行队与如影随形的藏人队伍构成一道长长的黑线。

起风了。风力渐大，我们奋力划桨，必须到达那个小岛。孤注一掷地划了好一阵，我们停靠在它东岸的背风处。我们把小船拉上岸，开始在岛上漫游。

"怎么样？"我问库楚克，"我们把船拴好了吗？"

"我想是吧。"他吃惊地回答道。

"如果船漂走了可怎么办？我们只有三天的干粮。然后怎么办？船里要是灌满了水的话，就会沉底，其他人也没法来救我们。我们倒有整整一湖水喝，但是没有枪来打水鸟。"

"我想我们只能想法捉鱼了。"库楚克建议道。

"的确，但是还要等三个月湖水才能结冰呢。"

"燃料有的是，冬天显然有牦牛跑到这里来吃草。"

"我们必须建一间石头小屋，秋天就在里面过。"

"我们还可以在悬崖顶上燃起一堆烽火，我们的人要是来找我们的话，就能看见。"

"噢，别说胡话了，库楚克。最好还是去看看船在不在吧。"

船还在。

我们步行到了西岸。暴风吹得浪涛在巨大的峭壁之间乱撞，溅出飞沫。我们来到船边的宿营地，燃起篝火，煮了茶，吃了晚饭，然后我们躺下，听暴风在峭壁间咆哮。黄昏之后是黑夜，月亮升了起来。

"等后半夜风停了，我们再往西划吧。"

但是暴风一直肆虐不息，我们只好去睡觉。太阳灿烂地升起来了，可暴风却一如既往地咆哮着。我们在小岛上到处溜达，搜集燃料。我在西岸上坐了好几小时，在浪涛的歌声中陷入冥想。我登上峭壁的最高点向太阳告别，然后重新回到篝火旁坐下来等待。

夜里暴风突然停了，我们开了船，向西朝着另一座岩石小岛划去。夜色漆黑，我们点亮了灯笼，小船在大浪中颠簸。最后我们终于上了岛，把船拖上去，躺下来睡觉。

第二天早晨风又很大，于是我们继续等在这里。后来天气情况好转，我们就离开了，但是还没划多远，又一场风暴开始了，把我们逼回到岸上。下午风渐渐停息了，我们再次企图离开。我们面前仍然有大片宽阔的水域，在湖心最深处，铅锤沉到157英尺处。太阳在薄云中落下，西南方一道山脉上面的天空暗了下来。我们各执一桨划船，新起的风暴打在我们身上。我们像苦役犯一样逆着风拼命划船，浪头高涨起来，船里进了很多水。西南方向壁立着巍巍高山，我们渴望到那里避避风。船里已经进了半舱水了。

"准备好你的救生衣，库楚克，我的已经准备好了。"

我们被水雾喷溅得浑身透湿。附近出现了一点土地，我们绷紧全身肌肉划船，在最后一刻及时上了岸。我们累得半死，一下子倒在了岸上。我的手上磨出了大水泡。我们在很小一堆篝火上做了晚饭，接着就沉沉睡去了。

早晨，我们吃掉了最后一片面包，划着船驶过了该湖最西面的一部分；我们没有看到自己人，便继续划过一条很短的峡道，进入了一片新湖——阿当错[4]。我们在水晶般清澈的湖水上划了不远，一场新的风暴就把我们抛到了岸上。船被湖水淹没了，我们在激浪中翻倒，浑身精湿，不得不上岸脱掉衣服，在风中晾干。我正要去附近一顶牧民的帐篷，这时库楚克大叫起来："彻尔敦和奥尔得克骑马来了！"

不一会儿，两人就来到我们身边。他们一直骑马绕着恰规错和阿当错寻找我们，却没有找到任何踪迹，还怕我们已经淹死了。他们找我们的时候，遇到了几支藏人的巡逻队和守卫着通往拉萨的主路的八顶哨帐。后来我才知道，那两位衮巴怀疑我在耍花招，恐怕我已逃脱了他们的警戒，骑上岸边事先准备好的马，匆匆赶往拉萨去了。

我们不在的时候，又有一峰骆驼倒毙了，还有一个藏人也死去了。在去营地的路上，我们路过了他那被遗弃的尸体，已经被猛禽糟蹋得不成样子了。

拉杰次仁和云都次仁对我的归来欣喜若狂，邀请我去吃饭。

第二天早晨我们便分道扬镳了。我被托付给一支奉命陪伴我西行的护卫队，两位衮巴则折回他们的驻地去了。我望着他们率领庞大的队伍离去时，连做梦也没想到，拉杰次仁就要在我亚洲之旅的后面一章里扮演一个显赫的角色。

注释

1. 那宗错（Naktsong-tso），即错鄂，位于西藏申扎县。

2. 那仓地区，即那仓宗，大致相当于今西藏申扎县。

3. 根据西藏地方政府旧制，那仓宗的长官称作"衮巴"。所以说，这时来的是两位衮巴。

4. 阿当错（Addan-tso），即吴如错，位于今西藏申扎县、双湖县、尼玛县交界处。

第四十六章

经西藏去印度再回西藏

9 月 25 日，我们开始了穿越整个西藏腹地、历时三个月的旅途。我们的第一批护送队由 22 个人组成，归央都次仁（Yamdu Tsering）统领。我们还得到了数量充足的牦牛，一路走，一路走马灯似的更换仆役和牲口。护送队的任务是尽量防止我们往南走得太远，到"圣典之地"去，但是有好几次我违反了这个限令，主要是因为我想避开印度学者纳因·辛格[1]和英国人鲍尔[2]、利特代尔的路线，希望就此给那个地区的地图添一些内容。

尽管我们的大部分行李现在都由藏人为我们提供的牦牛驮着，然而我们没有一天不损失掉一匹骆驼、骡子或马的。老驼夫买买提·托克塔（Mohammed Tokta）是病号簿上的头一个，我们让他骑着一匹马走在最后面。他总是高高兴兴的，从不怨天尤人。平时他总是最后一个到达营地，但是有一次，他的马抵达我们的帐篷时背上没有骑手。我派了两个人带了一头骡子去找他，他们发现他正在路旁的一个坑里睡觉；他说他困得厉害，结果从马上摔了下来，一直就地躺着。他被抬回营地，立刻在疗伤的帐篷里昏昏睡去，再没有醒过来。我们次日早晨将他埋葬，在条件允许的情况下尽量遵循先知穆罕默德的习俗。

10 月 20 日，我们来到拉果错，那是一座正在干涸的盐湖。离拉达克还有 480 英里的路程，如果没有藏人的帮助，我们是永远不可能到达那里的，45 匹骡马只剩下 11 匹，39 峰骆驼也只剩下 20 峰。寒冷的季节就要来临了，气温已经下降到零下 19 摄氏度。到处都能获得食物——我们从牧民那里买绵羊，哥萨克人打猎，罗布人在波仓藏布里撒网，我们沿着这条河已经走了好几天了。在别若则错，我们遇到了进入西藏以来的第一丛灌木；于是，为了牧草和明艳的篝火，我们在那里逗留了四天。

在西藏的日土宗[3]边界，我们遇到了一个勇敢而专横的头人，他要求查看我们从拉萨来的通行证。

"我们没有通行证，"我回答说，"可我们是由藏人护送的，我想这已经足以说明问题了。"

"不行，没有通行证，你们一步也不能再往西走了，也不能通过我们宗。在这里等着吧，我派信使到拉萨去。"

"多长时间能得到答复呢？"

"两个半月。"

"太好了，"我哈哈大笑道，"这正合我意。我们先回别若则错去，那里有充足的牧草和燃料，可以建立一个供应品基地。春天来的时候，你从拉萨得到谕令，就知道我是怎么过冬的了。当心啦，掉脑袋的时候可不要怪我呀。"

他立即变得格外客气，把他的手下从边境上召了回来，向我们敞开了去日土的路。随着我们离拉萨的距离越来越远，藏人们也越来越大胆了。有一次，我们需要换人的时候，接班的新兵丁不见影子，上一班人马已准备好回去了，就把我们扔在那里不管，既没有向导也没有牦牛。我们留下了他们的牦牛，驮上行李，继续前进，他们只好又明智地跟了上来。

到了11月20日，还剩下240英里的路程要走。气温降到了零下28.2摄氏度。一峰生病的老骆驼死了，它曾经跟着我们穿过了最大的沙漠到了且末，还曾两度到过楼兰。每一天我都要跟一个曾经帮助我征服亚洲腹地广大领土的朋友诀别。康巴邦布送给我的一匹马在藏噶沙尔河[4]上掉进了冰窟窿，我们费了很大的力气营救它，又在火边把它烤干，给它盖上毯子，可第二天早晨，这匹马还是躺在灰烬旁死去了。另一天死了四匹马。现在只剩下了最后一匹马，就是我身下的这匹坐骑。

我们走过了寺庙村诺和村[5]，来到了美丽的淡水湖错温布[6]（"蓝湖"），这座湖异常狭长，处于高耸、陡峭的山峦夹峙之下。群山中回荡着铜铃美妙的叮当声。蓝湖由四个湖盆组成，中间有短峡相连，第四个湖盆里的湖水尚未结冰。湖北岸的山峦陡峻地插入湖中，于是我们面前出现了一道像藏人队伍一样难以逾越的屏障。

已经是12月3日了，大部分湖面都结了一层薄冰，但是深处的湖水还是直接挡住了我们的去路。天气寒冷、清澈而且无风。夜里，冰层扩展到了整个湖面，一直抵达山脚下。第二天下午，冰层已经有5厘米厚了，我决定用驮鞍架子和帐篷柱子造一种冰床或者浮舟，上面铺上毡垫，然后把骆驼一个一个地拉过薄冰湖面。

我们首先要用冰床作一次试航。冰床载上重量相当于一峰骆驼的人数，由两个人拉着，轻松地绕过了突出的地岬，然而冰层仍然很薄，被这么大的重量压得起伏不平，于是人们一个接一个地从冰床上跳下来。每个英雄到头来都表现得很胆怯，遭到了大家的哄笑。冰层闪着光芒，像玻璃一样透明。我们看得见水底深处鱼的背脊，就像在鱼缸里似的。过了一夜，冰层又厚了两厘米。现在能够将所有的行李运过山岬了，骆驼也终于在9厘米厚的冰层上给拖过了冰面。

一小段河汊从错温布的西端伸出，进了班公错，那是一座山地咸水湖，在雄伟的岩壁夹峙下好像一条巨大的河谷。每一座半岛所展现出的风光都无法用语言来描述，绝对是世间最了不起的风景之一。群山的山脊和峰顶上有终年不化的积雪，山肩仿佛风景优美的翼翅向西

· 测试冰面的承受力

北伸去，越来越模糊，直至完全融入远方。

我们沿着湖北岸行进，山脚下的土地一般说来还相当平坦，但有的时候，我们需要翻过低矮、陡峭的山脊，另外，巨大的漂石有时会堆积到山脚下。由于湖水很深，含盐量又很高，所以湖水没有结冰，我们费了很大的力气才把所有骆驼都运了过去。

我派了两个信使去拉达克的首府列城通报我们的到来。12 月 12 日，我有幸在西藏和拉达克的边界处遇到了一支救援队。队伍的头领是两个拉达克人（Ladiks）安纳尔·朱（Annar joo）和古朗·希拉曼（Gulang Hiraman），他们给我们带来了 12 匹马、30 头牦牛以及大量的面粉、大米、玉米、水果、果酱和活羊。最后一批藏人得到报酬后被遣散了，一个新的纪元在我们面前展开。

· 骆驼沿着班公错北岸翻过大砾石

　　当天晚上，我们的营地里充满了勃勃生气和欢声笑语，只有约尔达什气鼓鼓的。它仍像以往一样睡在帐篷里我的脚边，但是清晨来临时，它晃动着身体，把鼻子贴到地面上，沿着班公错的湖岸飞快地往东跑去。它跑回了西藏，沉溺于同牧民的母狗恋爱而不能自拔了。它再也没有回来；自从我离开奥什的那一天起，它一直都是我的室友。

　　走过班公错西岸，我们立即翻越了一道低矮的山冈，在山顶上俯瞰到了印度河流域。我们已经在一块与海洋不相连的领土上逗留两年半之久了。

　　12月17日，我离开旅行队，飞马驰行到了列城，这样我就能赶在圣诞节来临之前给家里发封电报了。小城里有成摞的信件等着我，

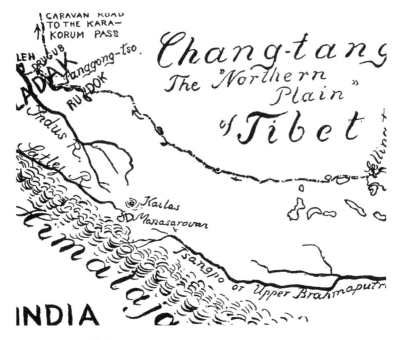

· 穿过西藏去拉达克的路线

我已经有 11 个月没有得到家乡的音讯了。寇松勋爵向我发出了最热诚的邀请，要我去加尔各答访问他。

我和摩拉维亚教会[7]善良的传教士里巴赫（Ribbach）、赫塔施（Hettasch），沙威（Shawe）博士及巴斯（Bass）小姐一起度过了圣诞节。圣诞节的蜡烛在一个基督教传教士的房间里烛火摇曳的情景，在我看来已经那么陌生了。

希尔金和我队伍里的九个伊斯兰教徒翻过喀喇昆仑山口（Karakorum）回了家，其他人则留在列城等我回来。我只带了一个随从跟我一起去印度，那就是沙格都尔。此地距离斯利那加还有 242 英里，我们用了 11 天时间骑马到了那里。我们是 1902 年 1 月 1 日出发的，徒步翻越了险恶的、冰雪覆盖的佐吉拉山口（Zoji-la）。然后我们驾着一辆轻便双轮马车（tonga）从克什米尔的首府[8]出发，用了三天时间到达拉瓦尔品第。

篇幅所限，我就不能在此赘述神话般的印度了。在拉合尔，我让一个英国裁缝把我从头到脚装束得焕然一新，然后我经过德里、阿格拉、勒克瑙和贝拿勒斯去了加尔各答。每一座城市都像梦一样，令人终生流连忘返。寇松勋爵和夫人在总督府和巴勒克布尔（Barrakpore）殷勤地款待了我。很少有学者比他对亚洲更熟悉，而他的太太又是一位最美丽、最迷人的美国女子。卡塞尔爵士[9]也在他们那里做了几日客。

我那漂亮的哥萨克人沙格都尔像做梦一样四处乱走，简直不敢相信自己的眼睛看到的美妙景象，这里同西伯利亚东部寂静的森林相比是多么不同啊！可是他得了伤寒症，我不得不特别安排把他送回克什米尔去。

至于说我自己，我去德干高原上海得拉巴附近的博尔拉姆访问了麦克斯威尼（McSwiney）上校；然后去孟买省长诺思科特勋爵（Lord Northcote）那里做客；接着骑在大象背上从斋浦尔去了琥珀堡[10]遗址；其后在格布尔特拉[11]的大君[12]处盘桓了几天；最后回到了斯利那加。沙格都尔恢复了一些，能够跟我一起回列城去。这个季节的佐吉拉山口已经被大雪覆盖，只有一条冬季道路通向山脚下深深的峡谷，几乎每天都有雪崩从上面的山上滑向峡谷，使得道路异常危险。最危险的路段总要赶在太阳升起之前穿过。我雇了63个人给我们挑运行李，用了四天工夫翻过山口并穿越了那个地区，先是步行，然后骑牦牛，后来又骑马。

3月25日，我们来到列城，沙格都尔在这里旧病复发，到一所教会医院接受了治疗，直到他脱离危险，我才能离开。九峰幸存的骆驼经过三个半月的休整，长得又胖又圆，我把它们卖给了一个新疆商人。4月5日，我带着旅行队的剩余人马出发，再次穿过西藏。可是为什么？为什么不从孟买坐船回家呢？不行，我不能把哥萨克人和伊斯兰教徒扔下不管。我难道不是对他们负有责任吗？沙格都尔是唯一一个我不得不留下的人，他需要休息两个月的时间。我给了他充足的旅费和证明信。道别的时候，我向他表示感激，祈求上帝保佑他，他回过身去哭了。很久以后，我听说他经由奥什安全地回到了家乡。

5月13日我人已在喀什噶尔，和朋友们——彼得洛夫斯基、马继业和亨德里克斯神父——在一起。公羊万卡一直陪伴我们到了这里，它对我们就像狗一样忠诚。它和所有忠诚的伊斯兰教徒都留在了喀什噶尔。我把马伦奇和马尔其克留在了奥什。后来，我告别了善良的老朋友切尔诺夫，他要回到韦尔诺耶[13]去。在里海岸边的彼得罗夫斯克，我同彻尔敦和斯日波喇嘛分手，他们要去伏尔加河口的阿斯特拉罕。彻尔敦的最终目的地是外贝加尔的赤塔，斯日波喇嘛则打算同卡尔梅克人[14]一起在一个喇嘛庙中安顿下来。无论与人还是牲口的离别都令我十分痛苦。

最后，我又是孤身一人了。我穿过俄国到了圣彼得堡，去彼得大帝夏宫（Peterhof）见了沙皇。他听到我对那几个哥萨克人的赞美，非常高兴，颁给他们圣安娜（St. Anna）勋章，并每人赏赐250卢布。他还下令，要在大阅兵的一天向西伯利亚的所有岗哨宣布，这四个哥萨克人在一次漫长而惊险的探险旅程中如何为自己和自己的国家争了光。后来他们还得到了奥斯卡国王的金质奖章。

6月27日是我一生中最幸福的日子之一：这一天我回到了家乡！

注释

1. 纳因·辛格（Nain Sing，1830—1882），印度探险家。当时，西藏地方政府不允许西方人进入辖区，故英属印度测量局培训并派遣当地土著前往西藏地区从事地理测量活动，辛格即为其中成就最突出的代表性人物。

2. 鲍尔（Bower），英国驻印度情报官，曾奉命追捕刺杀英国探险家达格利什的阿富汗凶手，并发现一本以婆罗米文字书写的梵语古书，即"鲍尔古本"。

3. 日土宗，相当于今西藏日土县。

4. 藏噶沙尔河（Tsangarshar River），即森格藏布，又名狮泉河，是印度河的上游。

5. 诺和村（Noh），又名诺村，即今西藏日土县多玛乡乌江村。

6. 错温布（Tso-ngombo），即今班公错东段。

7. 摩拉维亚教会（Moravian Church），基督教的一个派别，前身是波希米亚和摩拉维亚一带的胡斯派弟兄会。

8. 克什米尔的首府，即斯利那加。

9. 卡塞尔爵士（Sir Ernest Cassel，1852—1921），英国金融家、慈善家。

10. 琥珀堡（Amber），印度拉贾斯坦邦首府斋浦尔北部古代藩王的旧都。

11. 格布尔特拉（Kapurthala），印度旁遮普邦城市。

12. 大君（Maharajah），印度土邦主的称号。

13. 韦尔诺耶（Vernoye），即今哈萨克斯坦城市阿拉木图。

14. 卡尔梅克人（Kalmucks），主要居住在俄罗斯卡尔梅克共和国的蒙古民族，系卫拉特蒙古人的后裔。

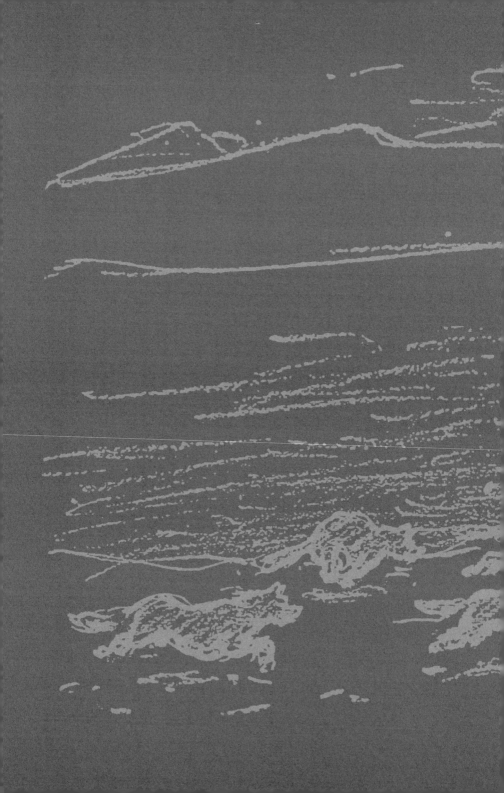

第五次
亚洲腹地旅行

第四十七章

对抗四个政府

我在家乡斯德哥尔摩一待就是三年，大部分时间都用来整理最近一次旅行的科学考察报告《1899—1902年中亚科学考察报告》(*Scientific Results of Central Asia*, *1899—1902*)，该书包括六卷文字，两卷地图。

随着这部作品的进展，我的头脑中涌现出狂野的新旅行计划，要去征服亚细亚那些未开发的地区；沙漠的风向我发出充满诱惑的召唤："回家吧！"但是这次最诱惑我的是西藏。三大块白地仍然像白纸一样张着大嘴，那就是地球上最高、最广的山脉的北部、中部和南部。最重要的是雅鲁藏布江——也就是布拉马普特拉河上游——北部的领土。有两支探险队曾经穿过这条巨大的峡谷，一直来到喜马拉雅山脉北部与之平行的区域，他们分别是1865年的印度学者纳因·辛格，1904年的英国人赖德、罗林、伍德和贝利[1]，但是无论他们还是别人都从来没有越过雅鲁藏布江以北的空白地带。这些地区存在着庞大的山系几乎已经可以肯定了，因为这寥寥可数的几个旅行家在探索藏西和藏东时不得不征服高接天穹的山峰，无疑，在东西两翼之间的空白地带同样耸立着高大的山脉。赖德曾经对旅行路线上为数不多的几座高峰做过三角测量，但是没有人去过那里，皇家地理学会主席克莱门茨·马卡姆爵士关于雅鲁藏布江北部山脉的断言是正确的："从腾格里诺尔[2]到马里亚姆拉山口的整个地区，据我们所知没有人穿越过……我认为亚洲最有地理价值的事莫过于对这些山脉的考察了。"(《地理杂志》，第7卷，482页)

我的新旅行的主要目的是进入那未勘之地，在那里发现印度河的发源地。在1906年皇家地理学会《地理杂志》上最新发表的西藏地图上，江北的空白地带上只有一句话："尚未勘察。"我有雄心将这句话从西藏地图上删掉，用山脉、湖泊和河流的正确名称代替它，并且尽可能从各个方向一次又一次地穿越这个空白地带。

我手中操着必胜的王牌，那就是印度总督、凯德尔斯顿的寇松勋爵对我的计划表现出的强烈兴趣。他于 1905 年 7 月 6 日从西姆拉给我的一封回信中这样写道：

"我很高兴您打算接受我的建议，在终止您一生奇妙的游历之前，再进行一次重要的中亚旅行。我在印度任职期间，如果能在自己的职权范围之内为您提供任何帮助，将感到十分荣幸，如果在您的伟大探险远未结束之时我已离开这个国家，那么我将感到万分遗憾。我打算于 1906 年 4 月离任，至于您的计划，我估计您明年春天才会抵达印度，到时候也许我还能见到您。我会安排一个出色的当地测量员陪同您，还会找一个受过良好的天文观测和气象记录训练的人，届时都将准备停当，听您调遣……我拿不准等您到印度来的时候西藏（地方）政府的态度会怎样。但是，如果他们继续保持友好的话，我们肯定会尽力确保您得到所需的许可证和保护。我保证，我乐于在各方面支持您的计划。你的忠实的寇松。"

一切情况都再顺利不过了。在喜马拉雅山脉以北，辽阔的未勘之地躺在神秘的静谧中；这片土地在一百五十年里一直没有被英国人碰过，而此间印度的钥匙一直握在他们手中。还有，在印度，一个总督以最友善的态度保证在各个方面支持我的计划。必要的资金已由慷慨的资助者奥斯卡国王和伊曼纽尔·诺贝尔提供给我。我的装备比以往任何时候都更完整，唯一笼罩在我头顶的阴云就是要与我那可爱的家乡分离。

1905 年 10 月 16 日，我痛苦地告别了我的双亲和家人，穿过欧洲去了君士坦丁堡，又穿过黑海到了巴统，准备再经过高加索和里海到德黑兰去。然而巴统爆发了革命，其他几个地方也是如此，通往第比利斯路上的铁路桥被炸毁，我不得不改变路线。我选择了途经小亚细亚海岸上的特拉布宗的路线，从那里乘马车，在阿卜杜勒·哈米德借给我的六个哈米迪耶[3]骑兵护送下，经由埃尔祖鲁姆和巴亚泽特[4]到达了波斯边界。我从那里只身继续前进，途经大不里士和加兹温去了德黑兰。

新国王穆萨法尔丁沙阿热情地欢迎我，而且尽了一切所能帮助我完成贯穿他的广大领土的长途旅行。我购置了16峰雄壮的骆驼，雇用了仆役，采买了帐篷、箱子和干粮，并于1906年1月1日开始了历时四个半月的驼背旅行。这期间我两度穿越险恶的卡维尔盐漠，在锡斯坦的诺斯拉塔巴德度过了一个星期时间——一场瘟疫正在此地肆虐，接下来骑着速度很快的单峰骆驼穿过了整个俾路支斯坦到达努什基，在那里见到了印度铁路。篇幅所限，我不能详细讲述这次激动人心、妙趣横生的旅行了。我们必须赶紧到未知的西藏去。

在酷暑之中（气温在5月底已达41.6摄氏度），我穿越了印度的平原；到了海拔7000英尺的西姆拉以后，我就陶醉在山区新鲜的空气中，陶醉在高贵的喜马拉雅雪松构成的黑暗的森林里了。弗朗西斯·马嘎尔尼爵士（荣赫鹏）在火车站迎接我，我受到了明托[5]勋爵和夫人的盛情款待，在他们的总督府做了座上宾。我为一种极其诚恳的氛围所包围，所有人都愿意帮助我取得成功。三个本地的助手在台拉登等候我；印度军队的总司令、喀士穆的基钦纳[6]爵士为我提供了20名武装的廓尔喀士兵。我从自己的窗口就能看到喜马拉雅山脉上终年不化的积雪，但只是第一天看见了，山的那边就是西藏，后来，难以穿透的云层降下来，遮蔽了北部那片圣地。

此时一个由亨利·坎贝尔–班纳曼[7]爵士领导的新政府在伦敦掌舵，寇松勋爵离开了他在印度的岗位，他的继任明托勋爵尽了最大的努力向我兑现寇松勋爵的允诺，但是一个强有力的人物——印度大臣约翰·莫利[8]——完全拦住了我的去路。印度外交部长路易斯·丹恩爵士（Sir Louis Dane）向我透露了莫利的决定：伦敦当局拒绝允许我从印度边界进入西藏！测量员、助手、武装护卫，所有原先答应给我的一切都被收回了。我从革命、沙漠和瘟疫中死里逃生，却恰恰在那未勘之地的门槛上遇到了比喜马拉雅山更加难以逾越的屏障。

我给首相拍了电报，遭到了他的拒绝。明托勋爵给莫利发了好几封电报，均遭到回绝。珀西勋爵（Lord Percy）在议会中就此质问莫利，却得到了这样的答复："帝国政府决定隔绝西藏和印度的联络。"他和吉卜林[9]都认为：

> 大门由我开启，
>
> 大门由我闭合，
>
> 我为我家创秩序，
>
> 白雪夫人如是说。

天哪，当时我是多么憎恶莫利呀！只要他发一句话，大门就可以敞开，然而他却在我面前把门"啪"地关上了。英国人比藏人还坏。但是他们激起了我的雄心。"咱们走着瞧，看看究竟谁对西藏更熟悉，是你还是我。"我这样想。几年之后，塞西尔·斯普林－赖斯[10]爵士在一次为我发表的致辞中说："我们对你关上了大门，你却从窗户爬了进去。"当时我还不理解，我其实多么应该感谢莫利勋爵；但是后来，我还是找了个机会向他当众致谢。

所有这些谈判和徒劳的努力花费了不少时间，但是我还好，我同总督的私人秘书、上校詹姆斯·邓禄普－史密斯爵士（Sir James

Dunlop-Smith）成了终生的挚友，我与他的往来信件可以结成一部很厚的大书。我同明托勋爵迷人的一家一起度过了难忘的两个星期，他给我讲述了他的一生。他的曾祖父 [11] 在一百年前曾经担任印度的总督，他经历了旅途的艰辛，离开故土和家人前去赴任；任期满了之后，他起航回家乡，但是在距他位于苏格兰明托的城堡仅一站之遥的地方死于心脏病发作。在他任职印度的那些岁月里，他的妻子在同他的往复书简中曾经称呼他为"可怜的笨蛋"。作为后人的明托勋爵，在一次深入阿富汗的军事远征中做了一名年轻军官。1881 年，他与罗伯茨勋爵 [12] 一道去圣赫勒拿岛 [13] 访问。他们同约翰逊（Johnson）总督在通往朗伍德的大路上散步，这时两位老夫人走了过来。总督悄声对两个勋爵说："仔细看看离我们更近的那位夫人。"两位夫人走远了以后，两个勋爵评论说："她的侧影跟拿破仑一模一样。"——"是的，"总督回答说，"她是拿破仑的女儿。"明托勋爵是拿破仑这个科西嘉人的狂热崇拜者，还讲了他的另一桩逸事。明托勋爵的一位先人拉塞尔勋爵（Lord Russell）曾去厄尔巴岛 [14] 访问拿破仑，严厉谴责那场战争及其残酷性。拿破仑面带微笑地聆听着，等拉塞尔说完，他说道："但这是一场有趣的游戏，这是一项美好的事业啊。"

后来，明托得到晋升，在罗斯福 [15] 任美国总统期间成为加拿大总督。关于罗斯福及其简朴的生活习惯，明托谈了很多。这两个人就像夜晚与白昼一样截然不同。二人中总统更为强大，但明托是一个非同寻常的高尚优雅的人物；寇松卸任后，他被任命为印度总督，统管 3.2 亿人口。

基钦纳勋爵也是一个令人难以忘怀的相识，政府对我的强硬态度令他怒不可遏。他和总督举办的官宴和晚会胜过了欧美社交圈里举办的所有类似活动，王公们一个个全都珠光宝气的。基钦纳勋爵家的门厅里挂满了他从乌姆杜尔曼的马赫迪[16]和伊斯兰僧侣那里抢得的旗子，以及从德兰士瓦省和奥兰治自由邦[17]掠得的战利品。他的房间里到处装饰着亚历山大和恺撒[18]的半身像及戈登[19]帕夏的画像，更不用说蔚为大观的康熙和乾隆时代的瓷器收藏品了。他的参谋长汤森（Townshend）也是我的朋友。后来，他于1916年指挥了美索不达米亚战役，库特－阿马拉陷落后，我在巴格达见到了他，当时他是土耳其人的囚徒[20]。关于那件事我还有许多要说的——但是我们要去西藏了。

一切努力都告失败之后，我决定通过不在莫利管辖范围之内的一条路，也就是说，从北面通过中国的领土到西藏去。我同西姆拉的朋友们道别，去了斯利那加，公开的说法是我将前往新疆。克什米尔大君亲切地接待了我；他的一个亲信副官德耶·奇申·考尔（Daya Kishen Kaul）亲自帮助我组织旅行队。我们从蓬奇王公那里购买了40头骡子，还买了新式步枪及弹药、帐篷、马鞍、工具、干粮等。两个拉其普特人[21]——甘普特·辛格（Ganpat Sing）和比库姆·辛格（Bikom Sing）——和两个帕坦人[22]——巴斯·古尔（Bas Ghul）和海鲁拉赫·汗（Khairullah Khan）——替代了我没能从印度得到的护卫。一个欧亚混血儿亚历山大·罗伯特（Alexander Robert）将做我的秘书，一个来自马德拉斯的印度天主教徒曼努埃尔（Manuel）将担任我的厨师。我带上了9000卢比的金币和22000卢比的银币。银币上都印有维多利亚女王（Queen Victoria）的头像。藏人不接受雕刻有国王[23]头像的卢比，因为女王头戴王冠，脖子上挂着珍珠项链，看起来就像一尊佛像，而国王的头像则是不戴王冠的，只有一个脑袋而已。

我有一条来自伦敦的折叠艇，还有一只非常漂亮的银色铝箱，里面分成一格一格的，装着几百片各式各样的药片，这是伦敦的宝来威康公司（Burroughs Wellcome）送给我的礼物。这条船和这只箱子都将在西藏扮演非常重要的角色。

我刚一抵达斯利那加，就接到了这张驻节公使皮尔斯（Pears）上校写来的便条："印度政府正告，克什米尔同西藏之间的边界已向你关闭。你可以去新疆，条件是你有一张中国护照，否则不能通过。"又来了新的干扰！我当然没有通往新疆的中国护照了，因为我本来是准备从印度进入西藏的。我拍电报给瑞典驻伦敦公使兰格尔伯爵（Count Wrangel），要求他同中国公使交涉，给我弄一张去新疆的护照。护照立即得到批准并且寄出。我抵达列城的时候得到了护照，向那里的英国事务官出示，他立即拍电报向印度政府询问这件事。当时的情况是这样的：我身在列城，带着一张去新疆的护照，于是经过喀喇昆仑山口的道路得以向我敞开。但是我的打算是不去新疆，因而这个护照实际上完全没有必要。我准备一走出英印当局的势力范围，就离开通往喀喇昆仑山口的路线，转而向东进入西藏境内。这个可能性也被英国官方预见到了；我离开列城一个多星期之后，拉达克的联合专员得到了西姆拉的通知，内容是：总督接到伦敦的命令，假如我前往西藏，则应阻止我，必要的话可以动用武力。这个通知没有及时抵达列城，要归功于我的一个朋友的"疏忽"，他将那封电报扣留了好几天，一直等我安全穿越边界才拿出来。他如今已经过世，我仍然充满感激地铭记着他的名字。但是联合专员大概是做了这么一番答复："他在山里消失很久了。要找他简直就像大海捞针一样困难。"至于我，我完全可以烧掉那个去新疆的中国护照。幸亏我没有烧。

现在我简略地说一说我去列城的旅途。

我于 7 月 16 日离开斯利那加。我的第一个宿营地设在加恩德尔巴尔，在夜晚的篝火映照下，看上去会被人误认为一次东方民族代表大会，人员分别来自马德拉斯、拉合尔、喀布尔、拉杰普塔纳、蓬奇和克什米尔。在斯利那加的一条大街上，我们捡了三条可怜的小狗，我们简单地称呼它们为"小白""小棕"和"曼努埃尔的朋友"。我们分成几个分队去了索纳马格（其中一个分队由一长串从克什米尔租来的马匹组成），然后经由佐吉拉山口抵达格尔吉尔。这时我已经能够判断出我的随从们都是什么性情了。两个帕坦人一直都在制造麻烦，来自蓬奇和克什米尔的人简直就是一帮乌合之众，完全无组织无纪律。我辞退了全部人员；整个"东方民族代表大会"只剩下罗伯特、曼努埃尔和两个拉其普特人。

　　我对我的计划做了根本的调整，雇用了 77 匹马和一队新的随从。组队完毕后，我们的旅行队像过节似的开进了拉玛玉如（Lamayooroo，喇嘛庙），那里的喇嘛用驱魔舞和音乐迎接我们。

　　在列城，英国人、德国传教士及当地人都热情地欢迎我们，我们还要为违禁的进藏之旅进一步完善装备。荣赫鹏曾经劝我任用买买提·依萨（Mohammed isa），此人曾多次伴随欧洲人到中亚旅行，陪同过凯里和达格利什、吕推和杰拉德，跟荣赫鹏去过拉萨，跟赖德去过噶大克[24]。他会讲突厥语、印度斯坦语（Hindustani）和藏语，又高又壮，所有人在他面前都要发抖。他严格遵守纪律，不过有时也很快乐、诙谐。

　　买买提·依萨见我时这样问候道：

　　"您好，老爷！"

　　"你好！你愿意来做旅行队的领队吗？这是一次艰难的旅行。"

　　"当然啦。去哪儿啊？"

"这是个秘密。"

"但是我必须知道我们需要多少干粮。"

"准备够人畜用三个月的干粮吧。需要多少马就买多少，雇一些有经验的人。"

买买提·依萨开始工作了，动作很快。他得到了富商哈吉·纳赛尔·沙阿（Haji Naser Shah）的大商行，尤其是他的儿子古兰·拉苏尔（Gulam Razul）的大力援助。他总共雇了 25 个人——九个伊斯兰教徒和 16 个喇嘛教徒。买买提·依萨本人是个伊斯兰教徒，但是他的兄弟次仁（Tsering）是个喇嘛教徒。此外还有两个印度教徒、一个罗马天主教徒和两个新教徒（罗伯特和我）。整队人马在我的院子前面排列好，由拉达克的联合专员帕特森（Patterson）上尉向他们训话。他们每个月的薪水是 15 卢比，先付半年的，旅行结束时每人再发 50 卢比，条件是他们的工作令人满意。62 岁的古法如（Guffaru）是队中的老前辈，三十三年前，他曾经陪同福赛斯 25 去过喀什噶尔。他带上了儿子和寿衣，这样万一他在中途去世，能保证有个像样的丧礼。舒库尔·阿里（Shukur Ali）和我于 1890 年在荣赫鹏的帐篷里见过面。其他人将在我的叙述中一一出场。

我那能干的领队还购买了 58 匹马——33 匹来自拉达克，17 匹来自新疆，四匹来自克什米尔，四匹来自桑斯噶尔。每一匹马都编了号。不久以后，它们都上了伤亡名单，全部死在了西藏。这样，我们的旅行队在出发时共有 36 头骡子、58 匹马、30 匹租来的马和十头租来的牦牛。

粮食采买完毕，帐篷、马鞍及其他一切物品都已准备就绪，我便命令索南次仁（Sonam Tsering）带领我们旅行队的大部队，向摩格里布原野进发。

注释

1. 赖德（C.H.D.Ryder）、罗林（C. Rawling）、伍德（H.Wood）、贝利（F.M.Bailey），均为英国军官，1903 年参与荣赫鹏指挥的英军入侵西藏行动，并进行了大量地学和动植物学等方面的探察活动。

2. 腾格里诺尔（Tengri-nor），即纳木错。

3. 哈米迪耶（Hamidieh），土耳其苏丹哈米德二世模仿沙皇俄国的哥萨克骑兵所组建的骑兵部队，并以自己的名字命名为哈米迪耶军团，主要由逊尼派库尔德人组成。

4. 巴亚泽特（Bayazid），即今土耳其东部城市多乌巴亚泽特。

5. 明托（Gilbert John Elliot Minto，1845—1914），英国驻加拿大总督（1898—1905）和驻印度总督（1905—1910）。

6. 基钦纳（Herbert Kitchener，1850—1916），英国陆军元帅，曾任英国驻苏丹总督、驻印度英军总司令和驻埃及总督。

7. 亨利·坎贝尔－班纳曼（Sir Henry Campbell-Bannerman，1836—1908），英国首相（1905—1908）。

8. 约翰·莫利（John Morley，1838—1923），英国政治家、作家，所著《论妥协》一书为章士钊、胡适所推崇。

9. 吉卜林（Rudyard Kipling，1865—1936），英国小说家、诗人，英国帝国主义的狂热鼓吹者。代表作有《吉姆》《丛林故事》等。1907 年获得诺贝尔文学奖。

10. 塞西尔·斯普林－赖斯（Cecil Spring-Rice，1859—1918），英国外交官。

11. 这位曾祖父即明托伯爵（Gilbert Elliot Minto，1751—1814），1807 年至 1813 年的英国驻印度总督。

12. 罗伯茨勋爵（Lord Roberts，1832—1914），英国陆军元帅，英军最后一任总司令。

13. 圣赫勒拿岛（St. Helena），英国在南大西洋的属地，拿破仑失败后被流放到这里，直至去世。

14. 厄尔巴岛（Elba），意大利岛屿，拿破仑 1814 年退位后被流放囚禁于此。

15. 罗斯福，指西奥多·罗斯福（Theodore Roosevelt，1858—1919），美国第 26 任总统。

16. 马赫迪（Al-Mahdi，1844—1885），伊斯兰国家苏丹的缔造者。

17. 德兰士瓦省、奥兰治自由邦，皆为南非省份。

18. 恺撒（Gaius Julius Caesar，前102—前44），即恺撒大帝，古罗马政治家、军事统帅。

19. 戈登（Charles George Gordon，1833—1885），英国将军。1860年，亲自指挥烧毁圆明园。在镇压太平天国起义的战争中起了重要作用。1885年，在英国驻苏丹总督任上被攻打喀土穆的起义军击毙。

20. 当时第一次世界大战战事正酣，汤森在美索不达米亚（今伊拉克）指挥英国军队进攻奥斯曼土耳其军队，受挫后退守库特－阿马拉，遭奥斯曼军队围困；英军多方解救未果，汤森率部投降。此次战役史称"库特之围"。

21. 拉其普特人（Rajputs），指印度北方一部分专操军职的人，他们自称是古印度武士种姓刹帝利后裔。

22. 帕坦人（Pathans），亦称普什图人，为居住在阿富汗东南部和巴基斯坦西北部的民族。

23. 该国王指当时的英国国王爱德华七世。

24. 噶大克（Gartok），即今西藏噶尔县，阿里地区行署所在地。

25. 福赛斯（P. T. Forsyth），英国探险家，1870年、1873年曾两次率使团赴新疆探险。

第四十八章

风暴中行舟

离开列城前不久，我去拜访了斯托克的邦主（Rajah），一个友善的中年梦想家，如果此地不是于1841年为克什米尔所征服，这个人就会成为拉达克的国王了。前任国王们的坚固城堡在小城上方高耸，在很远的距离都能看见。8月14日，我们向印度河进发，城堡高大的正面便从我们的视野里消失，被狞厉的悬崖峭壁遮蔽了。过了不久，我们告别了这条大河汹涌的波涛；我静静地祈祷着有一天我能够在它的发源地支起帐篷，那里至今还没有欧洲人涉足过。

我们的营地很壮观，里面挤满了人、马和骡子。这是一个流动的部落。我悲伤地看着我们那精壮、肥硕、神采奕奕的驮担牲口闲散地站在那里，从袋子里大口大口地吃着谷子，因为我知道，再过不久它们就会一个接一个地累死。我们每天晚上都要宰杀一只绵羊。我的随从们三五成群地围坐在篝火旁吃饭。当所有人都沉沉睡去，只听到守夜人的歌声，除此之外万籁俱寂。

我们分成长长的、移动缓慢的几个纵队，爬上张拉山口（Chang-la，海拔17600英尺）。这是我第三次翻越这个山口了。在山的另一面是鲁空和坦克策，两个我很熟悉的小村落。离开坦克策后，我们连续六个月没有看到树木。我们在这里支起一顶藏族式样的大帐篷给随从们住，然后仔细检查了所有的驮鞍，保证它们不会磨伤牲口的脊背；晚上我们开了一个晚会，有音乐，还有舞女。

我们过了班公错，抵达最后一个有人居住的地方布章。我们在那里购买了30只绵羊、十只山羊和两条狗，营地上燃起了九堆篝火。按照我们计划中的安排，索南次仁负责骡子，古法如负责马匹，买买提·依萨的兄弟次仁是负责照料我的帐篷和厨房的小分队头领，小艇由一头租来的牦牛驮着。我们清点了一下粮食的存货，谷子和玉米能坚持 68 天，面粉够吃 80 天的，大米够吃四五个月的。第一场雪激起了小狗们的愤怒，它们朝雪花又是叫又是咬。印度人也同样感到惊讶，他们还从来没有见过下雪呢。

大雪在马尔斯米克拉山口（Marsimik-la）周围积了 1 英尺深，旅行队走在白雪中看上去就好像绕来绕去的长长的黑绸带。我们还没爬到山脊（18300 英尺）上，第一匹马就倒下了。然后我们再次下山进入荒野的山谷，两边是雄伟的白雪覆盖的高山。我们在羌臣摩河谷里的驻地非常漂亮，那里的灌木为篝火提供了很棒的燃料。我现在的确自由了，但是我在西姆拉答应过，不会向东穿过这道山谷去拉那克山口（Lanek-la）——到那里只有五天的路程，而且能碰到一条更好走的进入藏西的大路。如果我没有提起拉那克山口的名字，牲口们也许可以少受些罪，我也能省下相当多的时间和金钱。但是在这种情况下，我被迫选择了穿过藏北的更长更绕远的路，藏北的气候极其恶劣，还有大片无人居住的地带。

在羌臣摩河谷，我们向稍纵即逝的夏日告别，爬上高山，面对冬天。我们驻扎在羌隆约玛山口（Chang-lung-yogma）脚下的一道山谷里，由于那个地方没有名字，我们就叫它"第 1 号营地"。到这次旅行结束之前，我将到达第 500 号营地。买买提·依萨在这个山谷的入口处竖起一个石人，给我们从列城出发时就等待着的最后一个邮差指路，但是他一直没有找到我们。

我们拐了好几百个弯，蜿蜒曲折地登上陡峭的山峰，每一匹马都得有好几个人保护着，警告和催促的喊声在群山中回响。我骑马超过旅行队，踏上了山口的鞍形通道，此处海拔 18950 英尺。我又骑马往上走了几百英尺，面前的风景一览无余。

我的力气没有白费，眼前所见无疑是世界上最雄壮的风景之一。我的周围是汹涌澎湃的山海，都是由世界上最高的山脉组成的。喜马拉雅山脉的雪峰闪闪发光地在南方和西南方耸起，巨大雪冠下的冰川表面像绿色的玻璃一样闪亮。天空清朗澄澈，间或有一小朵白云飘过。我们站立其上的喀喇昆仑山主脉向西北和东南方向延伸，从这里向南流淌的河水都汇入印度河，直达温暖、盐质的大海。我再次翻身上马，向北骑行，将印度世界留在了身后。在接下来的两年一个月里，我将无视当权者的禁令，一直在西藏生活。

我们身处荒凉、孤寂的西藏高原上，这里没有入海的河流。我们穿越了一个没有牧草的贫瘠地带，旅行队踏在柔软、潮湿的泥土里的足迹看起来像是一条公路。在我们的西南方向，尽管有蓝黑色的铅云压顶，喀喇昆仑山依然清晰可见，这些云彩间或被内部发出的闪电照亮，雷声在群山中咆哮。雪下了起来，我们很快被一道稠密的雪幕笼罩住了。我在骡子的后面骑行，只能看见离得最近的牲口，其他的大部分都隐约可见，可是最前头的就完全看不到了。风势强劲，大雪横扫过地面。我们当晚的营地静谧而寒冷，夜里死了一头骡子。

我们在这里看到了第一批羚羊。天气晴好，我们穿过阿克赛钦平原寻找水源，行进了 18 英里之后，在由含有化石的砂岩和砾石构成的山岬脚下找到了丰美的牧草。买买提·依萨在山顶堆起一座石冢。我们在这个地点掘地找水。这是第 8 号营地，我没有想到我以后还要在这个地方再次宿营。

我们继续向东前进，到了阿克赛钦湖，在湖边支起了帐篷。我们至今仍处在已有为数不多的几个白人到过的地区，美国人克罗斯比[1]即是其中一位。这里以东的地带平坦而且开阔，一条纵向山谷的北端与庞大的昆仑山系那一座座宝塔形雪峰相毗邻。地面多沙，有较好的牧草，然而在同一天里却死了三匹马。一匹狼潜伏在那里。同在沙漠里的情形一样，所有的驮鞍里都装满了干草，牲口倒毙后，干草也就当草料用了。

我们翻越了一道小山脊，向东看见了威里壁²上尉于1896年发现并命名的大湖莱登湖³。我们在该湖的西岸建起了第15号营地。我对旅行队做了一些调整，辞退了两个拉其普特人，对此买买提·依萨不无道理地说，他们的用处还不及小狗大呢。这些来自印度的随从不能忍受寒冷的气候和异常稀薄的空气，我们之所以能够将他们从这个遥远的地方遣送回家，是因为我们雇用的拉达克人要求回去，他们的30匹马损失了四匹。他们走的时候替我带了一个很大的邮包，我最重要的信是写给詹姆斯·邓禄普－史密斯上校的。我的所有瑞典来信都会寄到总督府去，我请求上校派一个可靠的信使送到当惹雍错的南岸，我预计将于11月底抵达那片大湖。这是一段历时很久的冒险，我没有把握能走那么远，我们距离那片湖还有510英里。我在印度的朋友们完全明白，尽管有禁令，我还是会试图从北边去西藏南部的。那个邮包的下落我很快就会讲到。

无论如何，我们的队伍在第15号营地时缩小了很多，我们自己的马也死了七匹。为了减轻负担，其余的马吃到了大量的玉米和谷子。我们的驻地安排如下：买买提·依萨、次仁和我的厨房都在一顶大帐篷里，那里摞着我的22只箱子。拉达克人的黑色藏式帐篷设在粮食口袋围起来的场地那边。罗伯特住进一顶很小的帐篷，我住进了另一顶小帐篷。

我们的下一个营地在湖的北岸。买买提·依萨要带领整个旅行队于 9 月 21 日到达东岸，并于当晚点燃一堆烽火。我带着船夫热依木·阿里（Rehim Ali）渡过了湖面，一直朝南划去。这一天可爱又宁静，湖面像镜子一样，一道雄伟的山脉耸立在南岸，山体是火红色的，山顶上覆盖着终年不化的冰雪。我测了水深，测深锤的线只有 213 英尺长，铅锤一直没有够到湖底，说明这是我在西藏测量到的最深的湖之一。

"这湖没有底，"我那可靠的船夫抱怨说，"太危险了。我们回去吧！"

"接着划吧。我们很快就到岸了。"

湖水和天空的颜色一样，火红色的山脉将倒影映到水面上。四周的风景美丽得不可言说。我们靠岸的时候，一天的大半时间已经过去了。3 点半之后我们才再次下水，一直向东划向约定的地点。

我们离岸边还有一定的距离，湖水仍然平静如镜。热依木·阿里看起来忧心忡忡的，他忽然说道："来了一股西暴风，而且很凶！"

坐在舵柄旁的我转过身来，看到黄沙滚滚的尘云翻卷而至，扫过了西边的山口。尘云越发稠密、阴沉，升上了天顶。云朵相互缠斗，最后融成一大片暴怒的云团。它们从西边远远地向湖上袭来，而湖水依然明澈如镜。

"竖起桅杆，扯起船帆，"我喊道，"如果风太大了，我们就靠岸。"

帆刚刚竖起来，风暴就在我们耳边咆哮了。刹那之间，清澈的湖面像块窗玻璃一样碎裂了，风呼啦一下将帆吹开，水浪变成了泡沫四溅的波涛，我们的轻舟像只野鸭一样飞过湖面。湖水在船头下面翻滚，成千上万的气泡咝咝作响，在我们划过之处构成一条泡沫的小路。

"前面有一条沙礁!"

"太浅了!"热依木·阿里喊道。

"要是在这里搁浅,船会被打个粉碎。它只不过是几块帆布!"

我将全部重量都压在舵柄上。在怒吼的浪涛中,我们碰到了沙礁的尖端,如果出了事故,小船会像石头一样沉底,因为它是由一块锌质活动船板承重的。不过我们还有两个救生圈。

风暴越来越大,桅杆已经拉得像弓一样弯了。船板割伤了我的手,不过说起来,紧紧抓住它实在是愚蠢。

"前面又有一道地岬!"

"我们必须尽力在避风的岸上着陆!"

现在我们认识到地岬那边的湖面是无边无际的,东边根本看不到岸。太阳正在落下,像个发光的大火球,将奇异的光芒洒在地面和水面上,所有的山峰都像红宝石一样闪闪发光,波涛和翻涌泡沫的浪尖都被染红了。我们划过血一样殷红的湖水,就连桅杆也映出紫色的光。太阳落山了。不久,最高的峰顶映射的最后一抹霞光消逝了,风景又恢复了平常的昏暝色调。

这时我们接近了第二道地岬。

我们驰过汹涌的巨浪。我本打算让小船顺风而行,但是还没来得及弄清自己在哪儿,我们已经飞驰而过了。我们被狂风和波涛推动着完成我们的风暴之旅,必须中断这样的飞速航行,还真是令人遗憾。月亮升了起来,前方又出现了一道地岬,我们迅速接近它的顶端。我准备好了向左舷扳动船舵,想法上岸;但是在这席卷一切的风暴中,我的努力是徒劳的,我们从地岬旁飞驶而过。太晚了。我们被投进了新的、广阔的水域。

白昼在西方消逝了。夜色升上了东边的群山，用它那黑色的翅膀笼罩着湖水。浪头在月光中闪耀着粉白色的光辉，好像山上的雪野一般。热依木·阿里吓得魂不守舍，在桅杆前面蜷缩着。我们的船穿过高涨的波涛，疯狂地疾驰，一次只能看到三个浪头，一个是将小船高高举起的浪头，一个是从我们眼前涌过的浪头，还有一个就是我们身后汹涌而来的浪头。在这般恶劣的天气中乘着一艘帆布小船夜航，实在是太危险了。

　　月亮落下，黑暗笼罩着我们。星星闪烁着，天气越来越冷了。我卸下横坐板，坐在船底，这样会稍微避一点风。只有一层帆布把我们同泡沫飞溅的波涛阻隔开，下面的水域则深不可测。

· 奇湖夜航

长夜漫漫。这湖迟早会有个尽头，假如陡峭的悬崖在东岸插入湖中，我们就没命了。我向热依木·阿里叫喊，让他一看见岸边的水浪就提醒我。但是他听不见我说话，他已经吓蒙了。

这时我听到前面有隆隆声在咆哮的风暴中隐隐传来，是拍岸的涛声。我向热依木·阿里大声喊叫，但是他一动也不动。白色的泡沫带在黑暗中隐约可见，小船偏离了方向，只需一个瞬间它就会被再次吸出去，被下一个浪头灌满水，甩出去，摔个粉碎。这时我用左手抓住桅杆，保持平衡，右手抓住热依木·阿里的领子，把他往船外掷去。成功了。浪涛像巨雷一样轰然而至。当小船又一次荡开，浪涛将泡沫飞溅的浪头灌进船里，我也跳进了水里，然后，我们一起使劲儿，把船拖上了岸。

我们将船里的水淘空，抢救出打湿的东西。我们的衣服已经结了冰，冻得像木头一样硬。我们用船桨把小船支起来给自己避风。卷测锤绳的木头卷轴和架子碎成小块，到了无法修复的地步，于是我们用这些碎木头生了一堆火。我胸前口袋里的火柴还是干的。我脱下衣服，把它烤化，再把水拧出去，希望至少能把内衣烘干。气温到了零下16摄氏度，我觉得自己的双脚几乎冻僵了，就让热依木·阿里帮我搓脚。我们能熬过这个夜晚吗？

木块烧完了，我刚要牺牲小船的一条横坐板，热依木·阿里说道："北边有光。"

是的，是真的！微弱的光亮出现了，又消失了，然后又出现了，逐渐变大。我们听到了马蹄的声音，三个人骑马向我们奔来，是买买提·依萨、饶桑（Robsang）和阿都勒（Adul）。我们跳了起来，骑上马，穿过黑夜向营地冲去，营地里的茶壶正在篝火上咝咝叫呢。

· 我们不得不跳到水里把船拖上岸

　　两天后我们翻越了另一道山脊，进入一块新的没有出口的盆地，盆地的中央是一片波光粼粼的宝石蓝的盐湖，当地人叫它雅西尔湖[4]（"绿湖"）。我们在这片水域上也进行了冒险航行，最后也是被烽火带到了安全地带。罗伯特和热依木·阿里做我的船夫，这次我们带足了衣服。我们向东北方向划去，在湖北岸停下来吃午饭，然后向南划向说好会合的地点。

　　我们把小船推下水，在距离湖岸一石之遥的地方撑船前进，因为这片湖完全不同于另一片，它非常浅。我们发现西南方向有黄色风暴的迹象，便赶紧商量对策。在北岸过夜、等着风暴吹过去会不会更明智呢？我们刚掉转船头向岸边划去，就看见两匹土黄色的大狼站在水边等待我们上岸。它们一步也不后退，热依木·阿里认为它们是打头阵的，后面还有整整一群狼。我们身上没有带枪。现在的问题是："哪个更糟糕呢，狼还是风暴？"就在我们讨论的当儿，暴风刮了起来，吹满了帆，几乎把要船掀翻了。

"那么好吧，我们走！我们要在天黑之前上岸。"

船头再次劈开哗哗作响的波浪。太阳落山了，天空一片火红；当月亮升起，浪涛蛇一样的形状又化成了银色的粉末。风从我们侧后方吹来，两个船夫也在划桨。我们尽量避开波涛，但是浪头还是不时地越过船舷，最后我们都坐在船里稀里哗啦洗起了脚。然而并没有发生任何灾难，南方出现了两大堆烽火。夜幕降临了。突然一支桨碰到了湖底，我们靠上了一处小地岬的下风处。我们上了岸，在一块潮湿的盐碱地上度过了悲惨的一夜，但是我们喝到了茶，因为我们带了两缸子淡水和食物。天亮的时候，热依木·阿里搜集了一些燃料，此后不久买买提·依萨就带着马来了。

索南次仁帮助过迪西[5]上尉（1896年至1899年）和罗林上尉（1903年）做考察旅行，他能够告诉我们这些英国人曾经在哪里宿营，迪西在他的牲口死后又把他的箱子埋在了哪里。我们把箱子挖出来，没发现什么有价值的东西，我只拿了几本小说和有关旅游的书。我急于将这些探险家的路线甩到身后，走进藏北未知的大三角地带，这些地方在英国地图上被诱人地标记成"未经勘察"。

我们在路上又走了两日，来到淡水湖普尔错的西岸。营地令人赏心悦目。猎手顿珠索南（Tundup Sonam）打到了一头野牦牛，为我们提供了好几天的肉吃。我得到了腰子和骨髓，味道实在鲜美。夜

· 两匹狼等在岸上

幕降临之后，随从们坐在篝火旁吃饭，我则在自己的帐篷里工作。然后，突然间爆发了一场剧烈的暴风——这次方向变了，是东边吹来的。两顶帐篷被刮倒了，发光的余烬像焰火一样向四下里进散。波浪钝重地拍击着湖岸，水花飞溅，落在营地上像下雨一样。

次日（9月28日）天气好极了。我们分两条路划过湖面，测量水深，然后在南岸宿营；同时，旅行队经过一天的休整，又向东岸进发。我们又花了一天时间在湖上工作，没再遭遇风暴，然后来到了我们的新营地。这里距离西岸废弃的营地并不是很远，这时我们看到那里有一堆篝火，烟雾弥漫。所有人都感到吃惊和困惑，他们八小时以前就离开了，那时篝火已经熄灭了。难道已经有藏人在追赶我们，阻挠我们的探险活动了吗？要么那是一个来自列城的邮差？不，那是不可思议的。我的随从们都认为常常有幽灵在岸上走动，他们说那是湖妖点燃的鬼火。我怀疑那是我们忘在那里的一堆干牦牛粪，被风吹落的火星点着了。

我们的旅行队缩小了。一匹马在营地上死去了；第二天我骑马走过了三匹垂死的马，都由人牵着。我们的干粮也相应缩减了，给拉达克人挡风用的粮食口袋围墙逐渐变矮。在一片空旷的小湖附近，我们的三匹马在夜里跑掉了。我派饶桑去寻找它们，三天后他带着两匹马回来了。第三匹马的足迹展示了一个悲惨而富于戏剧性的场面。这匹马遭到一群恶狼追赶，拼命逃跑，直接跑进湖水里面。群狼回来了，但是那匹马没有回来，它显然一直跑了下去，希图靠游泳活命；但是它肯定由于过度疲劳淹死了，因为对岸也没有它的任何足迹。

旅行队后面也跟着狼群和乌鸦。我们一旦有马匹死去，狼群就会出现；乌鸦几乎半驯化了，我们已经能辨认出其中的几只。

· 我们的一匹马受到狼群追击，跑进湖水里被淹死了

10月6日，气温下降到零下25摄氏度。几头骡子夜里走到我的帐篷旁，早晨，一头骡子死在了帐篷入口处。

直到现在，我们一直都在朝东北偏东方向行进。我们从现在开始转向东南方向，穿过欧洲人未曾涉足的大三角形。距离当惹雍错还有396英里。喇嘛教徒每天晚上都叨念祈祷词，希望我们能成功地抵达扎什伦布大寺；如果我们成功抵达那里，他们将把一整月的工资供奉给神圣的扎西喇嘛[6]。两天后我们失去了29匹马和六头骡子，只剩下29匹马和30头骡子，还有18只绵羊。当天，顿珠索南打了两只盘羊。他真是无价之宝，每当肉食吃光了的时候，他就会打一头牦牛、一只野羊或一只羚羊。有一天他赶到我们前面，惊动了一群在幽谷中吃草

· 西藏的山脉和地貌

的牦牛，杀死了一头健壮的大牦牛，牦牛大头朝下从山坡上滚下来，
在顿珠跟前断了气。

注释

1. 克罗斯比（O. T. Crosby，1861—1947），美国探险家。

2. 威里璧（M. S. Wellby），英国军官、探险家，著有《穿越西藏无人区》。

3. 莱登湖（Lake Lighten），意为"淡水湖"，即郭扎错，位于西藏日土县北部。该湖北半部为淡水湖，南半部为咸水湖。

4. 雅西尔湖（Yeshil-kul），即邦达错。

5. 迪西（H. H. P. Deasy，1866—1947），出生于爱尔兰都柏林的英国军官、探险家。

6. 扎西喇嘛（Tashi Lama），即九世班禅额尔德尼曲吉尼玛（1883—1937）。斯文·赫定在原书中一直以"扎西喇嘛"称呼班禅喇嘛，为便于阅读，此后均作"班禅喇嘛"。

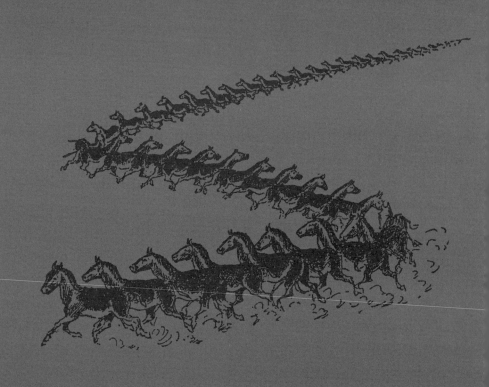

第四十九章

与死神相伴穿越藏北

冬天来了，所有人都穿上了羊皮袄。他们鞣制被宰杀的绵羊的羊皮，以制作围巾和鞋袜。我睡在半张巨大而光滑的白色方形山羊皮上，另外的半张当作被子盖在身上，夜里次仁用皮毛和毯子给我捂严实。我有一条柔软的羊皮围巾，夜里就好像躺在一个兽穴里一般。只要我醒着，饶桑就把我火盆里的牛粪烧红。就连小狗也有毡制的睡衣，小棕穿上这样一件睡衣就来回溜达，徒劳地企图从中挣脱出来。我们笑得前仰后合，尤其是小白也开始这样做，并且撕扯自己的衣服的时候。然后小棕蹲下来，责备地看着我们这些折磨它的人。

顿珠加桑（Tundup Galsan）是大家的厨师长和段子王。我的厨子次仁也喜欢不厌其烦地纠集一小拨人讲故事，但是他唱起歌来才好笑呢，听起来就像猪被门掩住了一样。

10月17日，气温降至零下27.8摄氏度。现在我有27匹马、27头骡子和27个随从，但是两天之后两匹马和一只羊冻死了。我们已经59天没有看到人迹了，我们的忧虑与日俱增。我们能够在遇到牧民之前确保有足够的牲口不死去吗？还是说，牲口会全部死光，我们必须抛弃所有的行李，继续徒步前进，寻找人烟？

地势很险恶，我们陷入群山和山谷的迷宫之中。在第44号营地，我们遇到了一场强烈的暴风雪，迷失了方向。我们的探子建议往东边的山上走，买买提·依萨第二天踏着1英尺厚的积雪去了那里。我来到那里（海拔18400英尺），发现山脉的主干离我们很近，就在山口的东南方；但是买买提·依萨顺着东北面一条大雪覆盖的荒谷下了山，并且在山谷里地势低洼的地方安了营。我们见不到任何燃料或是牧草，我们的营火是靠着空木箱维持的。大片的阴云向着白雪皑皑的山上压了下来，接着又下雪了。营地的正上方就是一道小山脊，还不到 40 英尺高，是一个随从指给我看的。那里站着两头健壮的野牦牛，正在注视我们。它们像我们一样感到惊诧，但是它们站在飞旋的雪花中，看起来当然很气派。

夜里，马儿们彼此嚼起尾巴和马鞍来了。两匹马死了。下一个营地也是一样令人绝望。买买提·依萨出去侦察，回来报信说，离这里三小时路程的地方有一片开阔地带。黄昏时分，他不幸产生了继续向平坦、多草的平原进发的冲动。我留在后面，罗伯特、次仁和热依木·阿里跟我在一起。其他人都出发了，分成三个小队，牧羊人赶着他的绵羊走在队伍的最后面，他们在黑暗中像幽灵一样消失了。天冷极了，但是这没有关系，我们都鼓起勇气，盼着明天早晨天气会好些。

我们带着两头可怜的骡子，一头半夜里就死了；另一头生生挺到了早晨，我们给了它一刀，解脱它的痛苦。它用闪闪发光的眼睛看着太阳，闪烁出钻石一般的光芒，鲜红的血在白雪映衬下触目惊心。

我们沿着其他人的足迹前进，很快就见到了顿珠索南，他告诉我们说，旅行队在夜色里迷失了方向，几个小分队也彼此找不见了，还死了四头骡子。我们在他的带领下继续前进，看到一头死去的骡子，它驮的两袋大米也在附近。远远地，买买提·依萨出现了，他正带着两个随从出来侦察。我们终于到了平原，那里的牧草长得还算凑合。我们下了马，已经冻得半死了，赶紧点燃了一堆篝火。逐渐地，各个分队都来到了我们这悲惨的第 47 号营地。索南次仁牵着幸存下来的骡子第一个赶到，他因为我们损失惨重哭了起来。那一夜死了七头骡子和两匹马。牧羊人完全找不到其他人的踪迹了，便将自己的绵羊赶进一条峡谷，他就挤在羊群中央取暖，没有狼跟到那里去，真是一个奇迹。

我们将队伍大略统计了一下。我们还有 32 个驮子、21 匹马和 20 头骡子，其中四头骡子是不中用的。只有我和罗伯特继续骑马。我决定将七袋大米中的五袋都喂牲口吃，一切都靠它们了。顿珠索南射杀了三只羚羊，使我们的悲惨状况得到一点改善。几个随从前去从猎物身上割肉做饭时，一只羚羊已经被狼群吞掉了。

两头骡子和一匹马在 10 月 24 日的旅途中倒下了，我们的情况逐日恶化，篝火旁笼罩着一片死寂。我们在一片小湖岸上安下营来，在湖边发现了干草和流动的泉水。晚上 10 点钟，一群南飞的大雁向我们飞来。这幅图景被异常明澈的月光照亮，空气也很清平。我们从大雁喋喋不休的交谈中听出它们准备在泉水旁降落和休憩，但是它们发现这个地点被人类占据了，头雁于是向它的队伍发出了新的号令，它们热烈地聒噪着再次起飞，继续向南寻找下一眼泉水。无疑，几千年来大雁就这样一直选取同样的路线，每年春秋之际往返于西藏和印度之间。

我离开列城时骑的那匹花斑马累坏了，于是我骑上一匹白色小拉达克马，它是我的朋友。我扶马鞍的时候它又咬又踢，但是我一骑上去，它就迈动稳健的步伐走了起来。我们在两个地方看见了牦牛猎人做饭用的三块石头垒成的灶，经过 65 天的与世隔绝，我们终于接近了人烟，所有人都在寻找黑帐篷。我们越晚接触到牧民，我们接近拉萨的新闻就会越晚传播开，然而我们还是渴望见到人，因为我们那些活下来的马匹和骡子坚持不了多久了。饮水也严重匮乏，有时我们不得不用锅把冰煮成水，给牲口饮用。

10 月 30 日，我们在风暴和奇寒中行进了不长的一段路程，来到第 51 号营地。我累得在马鞍上都坐不住了；我们两次停下来，用牛粪生火。帐篷一支起来，我立即爬进去，躺倒在床上。我得了非常严重的疟疾，头痛欲裂，高烧 41.5 度。罗伯特取出宝来威康公司的药箱——那家公司向斯坦利、艾敏帕夏[1]、杰克逊[2]、斯科特[3]等人也都赠送过药品。罗伯特和次仁帮我脱下衣服，在夜里一直守护着我。我在神志不清的时候恍然觉得自己已远离了西藏。我就这样躺了 84 小时，罗伯特为我高声读书。一场风暴肆虐了六天，夜里，沙尘吹进了我的帐篷，吹得烛火摇曳不停。狼群很猖獗，顿珠索南开枪打死了一匹狼，一只啄马鬃的乌鸦也被他杀掉了。很多随从都病倒了，我们的58 匹马只剩下了 16 匹。

11 月 3 日，我包裹严实，又能上路了。我们频繁遇到营地和做饭用的石灶，两天后我们发现了金矿的痕迹和人工挖掘的迹象，有一条显然是人踏出来的小路。一群野牦牛在一条峡谷里吃草。顿珠索南走在前面，除了一头像小象一样大的老公牛外，其余的牦牛都逃离了峡谷。公牦牛低下牛角向猎手冲来，他在千钧一发之际逃到一个斜坡上去，就从那里向牦牛开了两枪，射得很准，牦牛仆倒在地。我为那头美丽的动物拍了好几张照片。

11 月 7 日，我们经历了一次不寻常的冒险。我一路忙着搜集矿物标本、标路线、画素描和拍照片，总是落在队伍的最后，和我在一起的是骑马的罗伯特和徒步的热依木·阿里，后者在我下马的时候为我牵住马缰绳。我们骑马走在一片湖[4]的湖畔，右首是陡峭的山崖。两群野羊出现了。到处都有采矿人建的石冢。我们来到一片平地，50 头正在那里吃草的牦牛都逃跑了。一群藏羚羊出现在我们前方，有 20 只，等我们走近了，它们就像云影一般消逝了。我们这时

· 受伤的野牦牛从峡谷陡峭的岩壁上摔下来

看到了第 56 号营地,在我们前方半英里远的地方。我们再过几分钟就赶到了,烟已经从篝火上飘起来了。一头巨大的黑牦牛在离营地不到 200 步的地方吃草,买买提·依萨从帐篷里出来,一枪打中了那头牦牛。这受伤的野兽大怒,它一看到我们,便认定我们就是它的敌人,然后径直朝我们冲来。热依木·阿里绝望地大叫一声,拼命朝帐篷跑去,但是随后又改了主意,跑了回来。我们的坐骑惊得跳起来,撒腿狂奔,热依木·阿里抓住了罗伯特骑的那匹马的尾巴。那头牦牛离我们相当近,它怒不可遏,口吐白沫,转动着血红的眼睛,蓝紫色的舌头伸在外面,鼻孔里喷出的气息像水蒸气一样,身后是飞溅的尘烟。它低下头向前猛冲。我骑马跑在最右边,所以它准备用角第一个刺穿我的马,把马和我都甩上天,然后把我们踏成肉酱。我在想象中已经听见了我们肋骨咔咔折断的声音。牦牛这时离我们只有 50 英尺了,我摘下我的围巾挥舞着,分散它的注意力,可它根本就不看。我解下腰带,想等它再跑近点时将羊皮袍子扔到它头上,以遮挡它的视线。我觉得自己就像一个斗牛士,离死亡只有一步之遥。我还没有脱掉皮袍,就听见一声尖厉的叫喊。是热依木·阿里,他跌倒了,趴在地上。牦牛见状,立即转向了热依木·阿里,它垂下牛角,朝它的牺牲品奔去。但是,不知是牦牛认为他已经死了,还是认为他是无害的——因为热依木·阿里一动没动——牦牛仅仅用牛角刺了热依木·阿里一下,就继续在平原上狂奔而去,很快就跑远不见了。

我马上掉头下马,向热依木·阿里跑去,认为他肯定死了。他平静地躺着,衣衫破碎,满身尘土。我问他怎么样了,他举起一只手滑稽地比画了一下,意思是说:"别管我。我已经死掉了。"此时营地来了救援人员。可怜的热依木·阿里看起来实在悲惨极了,他的一条腿

· 它马上就要将我和我的马挑在牛角上了

上有一道长长的但无伤大雅的伤口。他被扶上马，包扎好伤口，进了一顶帐篷休息去了。从此他必须骑马赶路了，但是这个事件让他变得有点乖戾，过了好久才恢复正常。

在下一座营地，我们浪费了一天时间，折回北面走上已经走过的路，因为一群狼把我们的马都赶回来了。11 月 10 日，我们在一片湖[5]畔看见了一个人和一头驯养牦牛的新鲜足迹；顿珠索南在出去狩猎的时候碰上了一顶孤零零的帐篷，里面住着一个女人和三个孩子。两天后，我们又损失了三匹马，只剩 13 匹马了。我们那勇敢的猎手带了两个骑马的藏人回到营地，这是我们在 84 天里第一次见到人。

这两个人，一个大约 50 岁，另一个 40 岁左右。年长些的叫班珠（Puntsuk），年轻些的叫次仁达娃（Tsering Dava）。他们半是牧民，半是牦牛猎人，称呼自己为羌巴（changpa，北方人）。藏北所有地区

· 我们最初遇见的两个牧民

都叫羌塘（Chang-tang），即北部平原。他们管我叫邦布钦波（bombo-chimbo，大酋长）。他们很脏，头发又长又乱，头上戴的帽子可以保护他们的脸颊和下巴。他们穿着暖和的羊皮袍子和毡靴，装备着粗重的藏刀、火石和滑膛枪，但是他们完全不穿——裤子！

　　他们愿意卖给我们一些牦牛和绵羊吗？是的，很愿意！他们明天早晨会回来的。但是我们不太信任他们，夜里把他们关在了买买提·依萨的帐篷里。早晨，我的几个随从陪着他们去了他们的营地。整队人很快回来了，带回了五头牦牛，每头牦牛驮的东西都顶上我们两匹疲惫不堪的马驮的了，还带来了四只绵羊和八只山羊。我们慷慨地付给他们报酬，因为他们的确救了我们一命。

他们把他们对这个地区的了解及他们的游牧生活都一五一十讲给我们听。他们赖以维生的食品包括又老又硬又干的生肉、牛油、酸奶和砖茶。他们躲在泉水旁的小石墙后面，静静地等待着他们的猎物。次仁达娃赌咒发誓说他当年射杀过 300 头野牦牛。他们用野驴皮做靴子和皮带，还抽取野兽的筋做线。他们和他们的女人照看驯顺的牦牛、绵羊和山羊。所以他们的生活年复一年单调地重复着，不过在这令人眩晕的高度、在刺骨奇寒和狂风暴雪中生活，倒也健康活泼。他们建起供奉山神的石冢，对所有居住在湖泊、江河和大山里的神灵充满敬畏。最后，当他们死去的时候，亲人会将他们奉献给一座山，让狼和秃鹰把他们吃掉。

11 月 14 日，我们又上路了，班珠和次仁达娃做向导。他们给我讲了一些地理名称，我们为了检验他们的说法，用同样的问题分别问他们两人，买买提·依萨问班珠，我问次仁达娃。他们讲到挖金矿的人一年干两三个月的活，把成担的盐带回家，用盐换取谷物。我每天晚上发给他们发亮闪闪的银卢比，他们就拿来数钱和赌博。他们那矮小的马让我觉得很滑稽。我和次仁达娃来到营地，班珠已经将他的马放出去吃草了，但是我们一到，他的马就一溜小跑来迎接他的同伴，欢快地嘶啸着，然后它们彼此摩擦鼻子打招呼。藏人的马对我们的马很感兴趣，不理解我们那些消瘦、疲惫的牲口怎么可能跟它们是同类。我们还看到这些小小的矮种马津津有味地吃着切成长条的干肉，在牧草贫瘠的地区，牧民必须训练他们的马成为肉食动物。

一天，顿珠索南射杀了两头野牦牛。我们带上了我们所需的肉量，其余的准备留给班珠和次仁达娃；但是给了也白给，肉还是让狼先吃掉了。

我们接着骑马翻越了恰琼拉 [6]（Chakchom-la），它的高度跟墨西哥的波波卡特佩特火山一样（海拔 17950 英尺）。普通的淘金者小径也从这个山口通过。我们的营地扎在这座山的南面；我们的新朋友这时恳求我放他们回去，因为他们从来没有再往南走过。他们获得了准许，另外又得到了一大笔小费；他们似乎做梦也想不到怎么会有我们这样的人存在。

一天后，我们从另一个山口看到了六顶帐篷，周围是放牧的羊群。我们在东查错湖畔宿营。那几顶帐篷里居住着 40 个人，他们拥有 1000 只羊、60 头牦牛和 40 匹马。一个名叫洛桑次仁（Lobsang Tsering）的跛脚老头向我们提供了三头健壮的牦牛，每头索价 23 个卢比，他的一个同伴又以相同的价钱卖给我们两头。这样我们就一共有十头牦牛了，能够在很大程度上缓解我们其余牲口的负担。洛桑次仁穿着一件红皮袍子，头戴红色头巾，看上去很英俊。他说这个地区储藏着金矿和盐矿，拉萨常派人来开采。他本人和当地所有其他游牧民都来自西南的改则地方。他们似乎很想帮助我们，彼此间却很害怕，不过他们显然没有得到来自拉萨的特殊命令。

11 月 22 日，我们带着 14 头骡子、12 匹马和十头牦牛，来到一条大道上，道路是淘金者和他们的牦牛及盐队和他们的绵羊踏出来的。每天都会来的风暴很折磨人，我们包裹得严严实实的，好像北极探险家一样，骑马穿过飞旋的尘烟。我们的皮肤干裂了，尤其是指甲周围的皮肤，都患了慢性疼痛症。夜里响起了轰隆隆的声音和一声咆哮，好像庞大的火车开进带屋顶的火车站，或者沉重的大炮车全速驶过石头路似的。

第二天死了四头骡子。夜晚的气温降到了零下33.3摄氏度。我们在一座有六顶帐篷、外有石墙包围的村寨附近再次安下营来。那里的居民是那仓人,听命于德瓦雄,即拉萨政府。买买提·依萨企图通过谈判购买一些牦牛和绵羊,但是一些官员模样的人闯进帐篷,禁止任何人卖给我们东西。他知道我们的旅行队里藏了一个欧洲人,建议我们立即回去。

"这下开始了,"我想,"现在一个快差就要派往拉萨,然后就是例行的密探和禁令,最后会动员骑马的民兵来阻止我们。"

在离这个危险的地方不远处,我们遇到了一支由35个那曲香客组成的旅行队,他们带着600只绵羊和100头牦牛,刚刚去过神山冈仁波齐峰。他们的旅行速度很慢,来回一趟就要两年时间。我们在下一个营地发现了两个密探在监视我们。夜里死了一头骡子,立即就被五匹狼吃掉了一半,这些狼根本不逃跑,甚至等我骑马走得相当近了也不走。

我们在疲惫的牲口的行进速度允许的情况下尽快赶路。12月2日晚,我们在荒野的岩石中间宿营,这时两个骑手朝我们的帐篷走来。他们把辫子盘在头顶,扎着红丝带,袍子上也装饰着红色和绿色的丝带,剑鞘上镶着次等宝石,靴子是用杂色的毡子做成的。他们说自己是那曲香客旅行队的人,他们下面说的话似乎更为可信:

"你是五年前由两个人陪着到那曲来的那个白人,其中一个人的名字叫斯日波喇嘛。"

"是这样。"

"你的旅行队里有骆驼和俄国人。整个那曲的人都在谈论你。"

"很好,"我想,"现在衮巴们很快就会知道我在路上了,然后他们就会来阻止我们。"

"你们有牦牛卖吗？"我问。

"有。我们明天一早就会回来，但是不能让任何人知道我们卖给你东西了。"

"好吧，你们来吧，我们不会告诉任何人的。"

天还没亮他们就来了，带来了牦牛、牛油、砖茶和不丹的烟草。

"如果你们跟我们一道走，我可以每天给你们每人三个卢比。"我说。

"不，谢谢！"他们回答说，"已经有人通知南边的人阻止你们了，要把你们赶到西边去，跟上次一样。"

他们就这样骑马走了。我们现在拥有 18 头牦牛，继续向南方行进，翻越了一个山口，然后发现山那边的原野上覆盖着积雪。我跟罗伯特和哈吉（Haji）一起骑马走在后面，远远地跟着旅行队穿越平原。哈吉指着我们身后的山口惊叫道："有三个人骑着马跑过来了！"

"现在情况严重了。"我想。三个骑手径直朝我们奔来，一个强壮的汉子趾高气扬地命令我们自报家门。我们反问他们是谁。他们又问了几句话，便向旅行队追去。队伍已经安好了营，他们在那里严厉地盘问了买买提一番，然后上马向西骑去。

12 月 4 日，我们走过一段有上百头野驴吃草的路程。当我们来到波仓藏布——我在上一次旅行中得知了这条河的名字——我们所在之处的海拔只有 15600 英尺，对我们来说这就算非同寻常地低了，虽说实际上比雷尼尔山 [7] 的山顶还要高呢。我们立即同当地居民建立了友好关系，他们很愿意卖给我们食物。食物可是来得正是时候，因为我们自己的大米、面粉和炒面都吃光了。我每天还能吃到一小块白面包，但是随从们只是吃肉喝茶。

我们尚未失去自由。这条路是我 1901 年走过的，波仓藏布以南是那片巨大的空白地带的开端，也是我这次历险的主要目标。然而一片阴云再次笼罩在我们的行旅上空。第二天，六个人骑马来到我们的营地，他们中间级别最高的是个果瓦⁸，即地方长官。他说：

"我从北边得到了关于你的消息。现在我想知道一切，上次你就骑着骆驼走过这个地区。我现在要派一个信使到那仓衮巴那里去，否则他会割断我的喉咙。在得到回音之前，邦布钦波必须待在这里。"

"那要等到什么时候呢？"

"20 天后。"

"不，谢谢！我没有时间。我们明天就走。"

这个老人仁慈而愉快。他陪同我们一直走到河边，在我们旁边支起帐篷，也不干涉牧民帮助我们。牧民们肯定地告诉我说，那仓所有人都知道我的这次旅行。

12 月 13 日，我们从一个山口看见了寻找已久的当惹雍错。我曾经约信使到湖的南岸与我见面，但是我们已经迟到半个月了。尽管如此，我决定还是先去昂孜错，这是一座稍微偏东一点的湖。

营地附近是一条峡谷的开口，这峡谷异常狭窄，在有些地点可以同时摸到两边的岩壁。我和两个随从到那里散步，饶桑奉命带着牦牛迎接我们。他在约定的时间见到我们时看起来十分懊丧，告诉我们说，12 个武装的骑手前来阻止我们了。

我们在未勘之地只行进了几天的路程，现在我再次遭到了和以前一样的阻挠。我们一冬罹受的所有苦难，损失的所有牲口——这一切都是徒劳。我骑马回到我的帐篷，心情十分郁闷。次仁把火盆端进我的帐篷时，我说：

"你看，我是对的，我说过会有人拦住我们的。"

"拦住我们！"他惊叫道，"没有人拦住我们。"

"饶桑说 12 个骑手来过这里。"

"他误会了，那只不过是个谣言。"

"太好了！那么今天晚上我们就宰最瘦的羊庆祝一场！"

注释

1. 艾敏帕夏（Mehmed Emin Pasha，1840—1892），医生、探险家，原为德国人。奥斯曼帝国北阿尔巴尼亚省省长，埃及及苏丹赤道省省长，对非洲地理、自然史、人种学和语言学有贡献。

2. 杰克逊（Frederick Jackson，1860—1938），英国探险家。

3. 斯科特（Robert Falcon Scott，1868—1912），英国海军军官、探险家。1912 年到达南极后死于归途中。

4. 该湖即拉雄错。

5. 该湖即戈木错。

6. 拉（la），系藏族地区对山口、隘口、垭口的称呼。恰琼拉是马尔岗木山的山口。

7. 雷尼尔山（Rainier），美国华盛顿州皮尔斯县的一座火山，海拔 4391 米。

8. 果瓦（Gova），西藏地方政府旧制中的地方官员，相当于乡长或镇长。

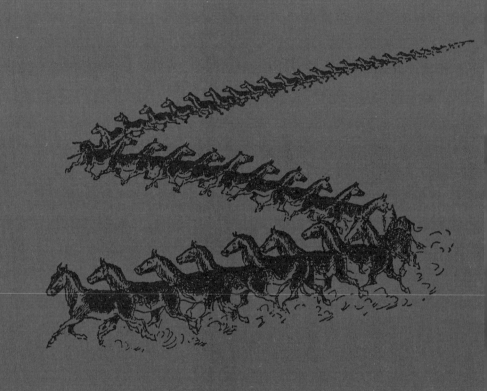

第五十章

穿过大片空白地带——
"未经勘察"

晚上，又有三个藏人骑马来到我们的营地，他们态度非常友善，告诉我们说，一个来自那曲的匪帮住在北边；他们错把我们当成了土匪，后来发现我们是好人，很是高兴。其中一个人在五年前见过我，记得我当时是由藏人护送的。他们不介意卖给我们一些牦牛，还为我们提供了一个向导。

我们买了三头健壮的牦牛，这样我们最后的十匹马和两头骡子就不用负重了。我们进入那仓宗，遇到一大队骑手，带着大量的牦牛。"他们会在边界处拦住我们的。"我想。但是这种事并没有发生，他们只是来自波仓藏布的毫无恶意的牧民，到南边来买东西。然而几天后，我们遇到一些帐篷，住在里面的人朝买买提·依萨粗鲁地喊："回去吧，你们没有资格到这里来旅行。"买买提·依萨于是挺起身子，让这些人中最傲慢无理的家伙尝了尝他的马鞭子，打那以后他们就像羊羔一样驯顺了。

12月24日早晨，我被一首悲哀的歌曲吵醒了，一个流浪的乞丐和他的老女人坐在我的帐篷外面，一边唱歌一边挥舞他们的魔杵。一个小男孩做我们的向导，带领我们穿过了一个山口。一个随从牵着我的花斑马翻过了山顶，路过时我拍了拍这匹忠诚的牲口，希望它的力气能使它坚持到我们的下一个营地。花斑马重重地叹了一口气，我策马继续前行时它就在我身后凝视着我。然而它并没有坚持到营地。

平安夜的长途跋涉实在是漫长；黄昏的阴影已经笼罩在山脚了，我们才下山进入圆形的山谷，谷底的懂布错湖心有一座岩石小岛，湖面的冰层闪烁着白光。在距离湖岸有一段路的地方，有一堆圣诞火腾起黄色的火焰。一天的工作做完了，我想做点事情庆祝一下圣诞节。罗伯特攒了大约40个蜡烛头，于是我们将它们排列在一只箱子上点燃。我召集了所有随从，让他们在合着帘子的帐篷前面坐好。突然间，我们掀开帐篷帘子，随从们看见这火光非常惊喜，他们拿来笛子和锅碗瓢盆，开始奏乐、唱歌、跳舞。附近的牧民也许认为这些仪式和咒语是女巫在跳大神，但是我们那年轻的向导认为我们发疯了，求我们准许他回到自己的帐篷里。喇嘛教徒们唱了一首向扎什伦布表达敬意的歌曲；喧闹声停止后，我朗读了《圣经》上适合圣诞节的片段，在瑞典和其他基督教世界的每一座教堂里，圣诞夜都是要朗读那些篇章的。

第 97 号营地扎在昂孜错的北岸。这是一片又大又浅的盐湖，是印度学者纳因·辛格发现的，我们在这个地点穿过了他走的路线。牧草很好，我也想让我的牲口和随从们好好休息一下，可是一些身体最强壮的人还是和我一道去工作了。我们要测量昂孜错的水深，湖面上已经结了很厚的冰。在这里逗留显然是件冒险的事，我们本来应该努力前进，深入这片禁地的。但是牲口们需要休息，我还必须给这片湖测量水深和绘制地图。

我们做了一个冰橇，我盘腿坐在上面，用羊皮袍子紧紧裹住自己，由饶桑和哈吉拉着走。另外七个人扛着我们的干粮和一顶小帐篷走过冰面。我们不时地凿破冰层，将铅锤从窟窿里垂进去。我们的第一座营地扎在湖的南岸，接下来我们向西北方向行进，遇到了一条将近 5 英尺宽的裂缝，费了很大的劲才过去。12 月 31 日，我们在西岸安下第 100 号营地。那里有一个牧羊人在照看 500 只绵羊，他一看到我们，就没命地逃跑了，羊群也扔下不管了。

1907 年 1 月 1 日，我们取对角线向着东南偏南的方向渡过了湖面。一阵强风将盐末从光滑的暗绿色冰面上刮起。我们看见了南岸的帐篷、驯养牦牛和野驴。一场激烈的风暴开始了。我的拉达克人都坐在空地上的篝火旁，空中是飞扬的粉尘和漫漶的月光，看起来真是一幅美丽的图画。

1 月 2 日，我们渡过湖面，顶着强劲的风向西南方向行进。在一个冰窟窿旁边，我一直坐在冰橇上，这时暴风吹得冰橇像艘冰艇一样在冰上跑，如果不是一道裂缝把我掀翻的话，我也许会以疯狂的速度在整个冰面上飞驰个不停。我们回到营地，紧紧拴好冰橇。我们从羊圈找来一些羊粪，生起一堆篝火，但是用了一小时的时间才暖和过来。我们的样子真吓人，脸上满是盐末，白得跟面粉厂里的人一样。

我们随后向东北方向行进，一场大风一直伴随着我们，冰屑从冰橇的冰刀下面溅射出来。我们从牧民那里买了食物，小白跟着我们，和我做伴。依斯拉木·阿洪带着罗伯特写的一封信，已经找了我们整整两天了，信上说一队武装骑手来了，要阻拦我们，还说他们坚持要跟我面谈。

这么说他们的确要阻拦我，跟 1901 年的情形一样。我现在抵达了我行程的最南端，而"圣典之地"的大门无情地向我关上了，因为：

> 大门由我开启，
> 大门由我闭合，
> 我为我家创秩序，
> 白雪夫人如是说。

第二天，我们沿着另一条路线测了水深，发现了整片湖最深的地点只有 33 英尺深。又一个信使来了，带来这样的口信："衮巴大人四天后亲自驾临，我们受到了严密监视。"衮巴还是以前的拉杰次仁吗？我为什么没有按我原来的意图去当惹雍错，从而回避那仓地区呢？

1月6日，我们沿着最后一条线路测水深，正这样忙着，买买提·依萨本人来了。他告诉我有25个藏人在我们的营地上支起帐篷，骑马的信使来来往往，没有人听说有什么邮差给我带来邮件。我本来约好了11月25日在当惹雍错见邮差的，而现在已经是1月6日了。但是话又说回来，邓禄普－史密斯上校为什么要答应我的要求，将我的邮件送进西藏呢，如果他明知英国政府动用一切手段阻止我的旅行，而我最终凭着一张中国护照去了新疆？

1月7日，我们的马匹被带了过来，我们骑马来到离东北岸距离很近的第107号营地。我在买买提·依萨的帐篷里坐下，接待了藏人的头人们，他们深深地鞠躬，还伸出他们的舌头，其中一个在拉杰次仁上次阻止我前行时就在场。

"拉杰次仁还是那仓的衮巴吗？"

"是的，他知道您又回来了，把关于您的消息报告了拉萨。他四天后会来这里，您务必在这里等他。"

11日晚，几队骑兵赶到，支起一顶蓝白两色相间的大帐篷。第二天，衮巴和一个年轻喇嘛来会见我。衮巴戴着一顶中式帽子，上面装饰着两根狐狸尾巴和一枚白色的玻璃扣子，身穿一件有腰带的长袖丝绸衣服，袖子很肥，领子是水獭皮的，耳朵上戴着耳环，足蹬天鹅绒靴子。他热情地向我问好；实际上，我们差点儿就要彼此拥抱了。但是他的命令没有一点回旋余地。

"你绝对不能穿过那仓，赫定老爷。你必须回到北方去。尽管我们是老朋友了，但我不想让你添任何新的麻烦。"

·"非常高兴再次见到你，赫定老爷。"拉杰次仁说

　　我回答说："拉杰次仁，我开始这次旅行时有 130 头牲口驮着行李，现在只剩八匹马和一头骡子了。你怎么能要求我带领这样一支旅行队回到那危险的羌塘去呢？"

　　"你想去哪里都可以，但是不能穿过我的辖地。"

　　"达赖喇嘛已经逃走了[1]，现在的政权跟我以前在西藏的时候不一样了。班禅喇嘛正在等候我的到来呢。"

　　"我只听命于拉萨的政府。"

　　"我正在等待经班禅喇嘛之手转过来的印度的来信呢。"

　　"对此我没有证据。你不往北回去，我是不会离开这个地方的。"

"我没得到印度来的邮件，也是不会离开的。"

我现在看出来了，我应该去那仓宗界外的当惹雍错，现在我唯一能做的事就是回到波仓藏布，再从那里去当惹雍错。

拉杰次仁回到自己的帐篷后，给我送来了大米、牛油和其他食物，作为欢迎的礼物，我则送给他两件洋货和两把克什米尔刀。然后我去了他装饰精美的大帐回访他，我们在那里继续谈判。他不介意我派两名信使去江孜的鄂康诺 [2] 上尉那里，拉布·达斯（Rub Das）和顿珠加桑将为第二天晚上出发做好准备。但是他们终未成行，因为衮巴第二天又来访问我，这一回他改变了主意。我极度惊讶地听到他说：

"我和我的亲信商量过了，我们一致认为，你能做的事就是离开这里，向南去拉章 [3] 地区。我请你明天继续你的旅行。"

发生了什么事？他是什么意思？难道他得到了拉萨的命令吗？我不敢相信自己的耳朵，但是仍然保持住镇定，很潇洒地说：

"好吧，我会往南走的，如果你给我一些牲口来驮行李的话。"

"你可以从牧民那里买。你的路线在昂孜错以东方向。"

我结束例行的回访，然后仔细地重新收拾了我们的行李。拉杰次仁对这个过程产生了十分浓厚的兴趣，还要走了我们剩下来的空箱子。他得到了很多皮箱，还有其他少许零碎东西。那都是他应得的，因为他为我敞开了前往"圣典之地"的道路。

1 月 14 日是个值得纪念的日子。太阳接近子午线的时候，发生了日食，太阳十分之九的表面被遮住了。我花了三小时用经纬仪观察日相，记载了气温、风向等数据。天空十分晴朗，天色暗了下来，大地一片静谧。藏人躲进他们的帐篷，拉达克人喃喃祈祷。绵羊从牧场回来了，乌鸦怠惰而昏昏欲睡地栖息着，好像夜晚临近了一般。

日食现象一结束，我就去了拉杰次仁的帐篷。

"你看见了，"我说，"当惹雍错的众神都生气了，因为你企图阻拦我去他们的湖。"

然而他居高临下地微笑着回答说：

"这不过是天狗在天上游荡，有的时候会遮住太阳。"

我们正坐着说话，帐篷门突然打开了，饶桑走进来，一副心惊肉跳的样子。

"邮件到了！"他大喊道。

"谁送来的？"我镇静地问。

"一个从日喀则来的人。"

"发生了什么事？"拉杰次仁问。

"哦，"我答道，"只不过是班禅喇嘛差人把我的邮件送过来了。"

拉杰次仁派了他的一个亲信去证实我的话。那人审问了邮差，邮差说班禅喇嘛的弟弟贡古休公爵（Duke Kung Gushuk）命令他不顾一切危险来找到我。他从牧民那里打听到了我在哪里。

现在轮到拉杰次仁大吃一惊了。他瞪大了眼睛，张大了嘴巴，就这样目瞪口呆。最后他说：

"好吧，我没什么可说的了，现在我知道是神圣的班禅喇嘛本人在期待你的到来。道路向你敞开了。后天我就回申扎宗[4]去。"

"我难道没有告诉你我会从班禅喇嘛那里得到邮件吗？"我回答说。

我起身离开，赶回我自己的帐篷，接待了不起的邮差努布顿珠（Ngurbu Tundup）。那个珍贵的邮包是从加尔各答送到江孜，再送到班禅喇嘛那里，请他送到当惹雍错的。幸好它耽搁了，跟我们一样。

大摞的信！来自家乡的好消息，报纸，还有书！同外界的联系重新建立起来，我如饥似渴地读着信和报纸。拉达克人晚上安排了音乐和舞蹈；我出去跟他们待了一会儿，用察合台语做了讲话，感谢他们一个冬天以来的坚定和忠诚。现在他们将会得到他们的报酬，还会很快见到扎什伦布寺和全西藏最神圣的人。

帐篷里的温度是零下 25 摄氏度，帐篷外面有狼群在嗥叫，我就这样躺着一直读到半夜。15 日整整一天我都在阅读。16 日，老好人拉杰次仁离开了，我们再次互赠了礼物，他骑上马，我们依依惜别，然后他和他的卫兵就消失在了最近的山坡后面。

这是我的一次伟大胜利。我将穿越巨大空白地带的东部地区，还没有任何欧洲人或印度学者从这里走过。我道路上的所有障碍都仿佛扫除一空。

我们从最邻近的牧民那里购买了三匹新的马，沿着湖的东南岸继续前进，一头被群狼撕碎的野驴躺在那里。天冷到了零下 34.5 摄氏度。

我们将下一个营地扎在一道山谷里，在那里看到了马尔下错的壮观景色。小白和一条来自布章的黑狗不见了，它们还在那头死野驴跟前。我派两个随从去找它们，但是它们却彻底消失，从此再没回来。两天后，两条流浪狗加入了我们的漫游队伍，其中一条又老又瘸，狗毛粗浓杂乱，大家都想用石头把它赶走；但是它一直跟到我们的下一个营地，随后又跟了几百英里的路程，最后终于赢得了所有人的心。它严密看守我们的帐篷寨，被大家简单地称为"瘸子"。

我们骑马穿过一个蜿蜒曲折的山谷构成的迷宫，里面有冻结的溪流和暗黑的山脉，它们从来没有在任何地图上记载过，自从诺亚离开他的方舟以后，甚至没有任何白人看见过。牧民将主脉命名为帕布拉山，我们在时常卷起漫天大雪的风暴中接近了它。在每一个山口，我们都发现了石冢，上面写有六字真言的经幡在林立的祭杆上飘扬。海拔 18060 英尺高的色拉拉山口（Sela-la）是全程最高最重要的一个山口，它坐落在无河流入海的内陆西藏与印度洋水系的雄伟的分水岭上，所有从分水岭向南流的水流都注入布拉马普特拉河的上游——雅鲁藏布江。

我们下山时遇到三个男人，他们有七匹马，大概是偷来的，因为他们一看见我们就绕了很远的路躲开。一天后我们遇到七个全副武装的人，问我们是否见过几个盗马贼，听我们说看见过，他们就驱马上了山。

我们新租了 25 头健壮的牦牛，这样就能加快速度赶路了。地势很是崎岖，越来越显而易见的是，我们必须翻越一系列山口，它们都坐落在帕布拉山的几条支脉上，每一座都几乎跟色拉拉一样高。群山中向西流淌的是美曲 5 表面冻结的河水，它是汇入布拉马普特拉河上游的热嘎藏布 6 的一条支流。西布拉山口（Shib-la）是这些次要的山口中的第一座。这是一条非常重要的大道，我们经常遇到旅行队，里面有牦牛、骑手、牧民、猎人、朝圣者和乞丐。到处都是祭献的石冢和玛尼墙，我们来到了一个巨大的宗教中心。那里的牧民都很友好，因为走在我们前头的努布顿珠为我们进行了好的宣传。

翻过切桑拉山口（Chesang-la）之后，我离开了来自羌塘的疲惫的牦牛，本来是由顿珠索南和扎西（Tashi）来照看它们的，现在我指示他们在后面慢慢走。如果我对后来得知的事情有一点预见的话，我就应该将整个旅行队都留在身后，只带三四个人赶到日喀则去。但是当时我们却满不在乎，不慌不忙地行进着。

在这里，每走一步都带来一个新的发现，每一个名字都使我们对世界的认识增多一些。直到 1907 年 1 月为止，地球的这一部分表面还像月球背面一样不为人知，我们对那个卫星正面的认识远远多于对这块复杂的山地的了解。

一条崎岖的道路通往海拔 17899 英尺高的扎拉山口（Ta-la）。在山口上的石冢和经幡面前，次仁和博鲁（Bolu）都五体投地，以额触地，敬拜山神。东南方向的风景美极了。阴影遍布的五颜六色的山脉像熊掌一样伸向布拉马普特拉河河谷；在另一边，或者说在那道巨大河谷的南岸，喜马拉雅山脉的山脊和峰峦在浅蓝色的天空下呈现出耀眼的白色，天上飘浮着羊毛一般雪白的云朵。最后，我们真能成功地穿过这片未勘之地，到达伟大的圣河吗？

2 月 5 日，我们路过一个村庄。40 个藏人从芦苇帐篷里出来同我们打招呼。他们尽力伸长舌头，用左手拿着帽子，右手抓挠头部。这几个动作都是同时进行的。

第二天我们来到海拔 14560 英尺高的拉若山口（La-rok）的石冢前。这么说自从我们离开扎拉，地势已经下降了 3300 英尺。河水从远处看起来就像一条细细的丝带，我们离喜马拉雅山脉更近了。但是世界最高峰珠穆朗玛峰还没有看见——它被云层遮住了。

注释

1. 这里是指 1904 年，入侵西藏的英军抵达拉萨前夕，十三世达赖喇嘛从布达拉宫出走，最终到达库伦，被清朝政府革去"达赖喇嘛"称号，命其在青海塔尔寺等候谕旨。1907 年恢复名号，1909 年返回拉萨。

2. 鄂康诺（W.Frederic O'Connor，1870—1943），英国军官，时任英国江孜商务代办。曾参加 1903 年英军入侵西藏行动，并于 1905 年一手策划班禅喇嘛出访印度。

3. 拉章（Labrang），原意是"佛宫"，即大喇嘛的住所，后逐渐演变为以某个大喇嘛为首的政教合一的组织。这里的拉章指扎什伦布寺所在地方。

4. 申扎宗，即今西藏申扎县。

5. 美曲（My-chu），即美曲藏布。

6. 热嘎藏布（Raga-tsangpo），即多雄藏布。

第五十一章

圣河上的朝圣之旅

从拉若山口我们骑马走上了一条通往也雄的崎岖山路，山谷越来越宽了，我们现在的高度还不到海拔 12950 英尺。我们上面的房子是白色的，屋顶上有经幡在飘扬。扎西坚白寺¹和土丹寺²两座寺院在向我致意。这是一条通往日喀则、扎什伦布寺和拉萨的交通干道。几百个藏人围住了我们的帐篷，要卖给我们绵羊、油脂、牛油、牛奶、萝卜、干草、青稞和青稞酒。在这个地方，了不起的努布顿珠又出现了，并带来了贡古休公爵的问候和欢迎。

我们应该休息一天吗？不，我们可以在日喀则休息。所以，继续前进吧！

于是我们继续前行，路过了一些村庄和青稞田。这条路上熙熙攘攘的人流里，到扎什伦布寺去庆贺新年的香客可不少。道路沿着布拉马普特拉河（或叫雅鲁藏布江）的北岸走，江水清澈、无声，在河床里滑行着，非常神圣。我们饮了江水。在荣玛村，我们自从离开列城以来第一次看见了树木。我们在这里停下来，用真正的木头燃起了营火。

2月8日，狭窄而风景如画的道路沿着山峦起伏的大河北岸前行，河水里充满了咔啦作响的浮冰。达那答村坐落在一道碎石的高岗上，从这里望过去，河谷上下是一幅壮观的远景。

旅程的最后一天，我们来到那著名的寺院。我命令买买提·依萨带着旅行队走在大路上，罗伯特、饶桑和我走水路。我们租了一条船，是那种滑稽、简单的小船，只有在树木稀少的地方才会出产这种小船。估计只有花园里有几丛树木吧，在这样的海拔高度是不会长出广袤的森林的。

长方形的小船是用四张牦牛皮缝起来，绑在一个细树枝的框子上做成的。船桨的下端分了叉，一块三角形的皮子绑在上面，看起来就像一只鸭蹼。船夫一旦将乘客从达那答送至日喀则河谷的宽阔地带，就把小船扛在肩上，沿着通往达那答的大路走回来。水流的速度大约是每秒四五英尺，对于想逆流而上的人来说太急了。

古法如本来要在大路和河水交叉的地方带着马匹等候我们。我在雅鲁藏布江上的旅行是我的一个策略性举动，它使我得以逃过密探的眼睛；即使在最后一瞬间从拉萨来了阻止我的命令，人们也只能抓住买买提·依萨和旅行队，在江上搜寻我实在是徒劳。

我们上了船，一幅幅风景扑面而来，我画了河道的地图、河岸，以及岸边的一切。这就是雅鲁藏布江，或者简称"江"，藏人就是这样称呼布拉马普特拉河（梵天[3]之子）的上游的。我揉了揉眼睛，不敢相信自己已经通过了禁地。江水是透明的浅绿色，我们似乎一动不动，江岸迅速从我们身边退去。我从小船的一侧向下看，看到了江底的砾石和沙子在我下面迅速摊开。右首朝南高高耸立着喜马拉雅山最外侧的山脉，北边出现了我们刚刚在色拉拉山口翻越的庞大山系的最后支脉，它至今尚未命名。我称之为外喜马拉雅山[4]，因为它坐落在喜马拉雅山脉（"冬天的寓所"）另一侧。每一个时刻都展示出风景的一个不同面貌。由于河水转弯陡急，我们的航行是朝着所有方向进行的，有一刻太阳光直接打在我们脸上，下一刻又打到了我们后背上。我们一会儿在北面群山脚下环绕而行，一会儿又绕着南面的山峦行进。灰色的大雁排成长长的行列，从岸上望着我们。我们路过时它们尖声高叫，但是没有骚动。这里没有人杀过大雁，所以它们非常温顺。

然而，尽管风景雄伟壮观、引人入胜，我的目光还是被香客的

· 乘坐牦牛皮做的船航行在布拉马普特拉河上游

船只紧紧地吸引住了，它们排成很长的一队，在这高贵的江上顺流而
下。我们时而从他们身边划过，时而跟其中一条船平行行驶很长一段
时间。偶尔我们会停靠到岸边，让新的一队小船驶过，他们经常将两
三条船连在一起，船上载着农夫、村民和牧民，他们带着老婆孩子去
参加扎什伦布寺即将开始的新年庆典。他们穿着红色、绿色或深蓝色
的节日服装，女人们头上戴着高高的拱形头饰，看着好像头顶光环一
样，上面装饰着珊瑚和宝石，红色、绿色和黄色的长长飘带从她们的
辫子一直垂到脚跟，上面缀满了饰物和银币。间或有一个光头喇嘛穿
着红色僧袍坐在众人中间。船上的乘客聊天、吸烟、喝茶、吃东西，
似乎都很惬意。船舷上缘固定着几根木棍，上面飘扬着小小的经幡，
是用来震慑河神、保证香客安然渡江的。我们看见好几队小船在江上
来来往往，像五彩斑斓的小岛点缀在江面上，它们丝毫也没有减损这
道流淌在世界最高山脉中间的孔雀绿江水的美丽。

· 香客去参加扎什伦布寺的新年庆典

　　岸上不时出现插着杆子的石冢，杆子上装饰着经幡。这意味着这些地点可以渡江，有供旅客和他们的牲口乘坐的渡船——都是些牦牛皮做的轻型小船。活着的时候，牦牛驮着牧民翻山越岭；死后，它们又帮忙把人类渡过圣河。

　　附近纯黑色的花岗岩山脉直插江中，我们驶过一个接一个的山岬。在南岸一个山岬脚下有一条小路，一些人正在朝江水上游行进，背上背着他们的小船。他们从后面看上去，让人想起奇形怪状的巨型甲壳虫。我们看到渔夫在忙着撒网，他们打上的鱼将摆在汉族商贩的货摊上。我们向他们买了一些他们打算明天送到日喀则集市上的鱼。

　　"我们还要走多远？"我问我们的船老大。

　　"噢，还远着哪！最远的山岬后面才是通日喀则的路呢。"

　　我不禁沉浸在梦想中。我们的视线里没有密探，没有士兵。江水荡起细细的波纹，但是没有漩涡，让我想到了塔里木河上的900英里行程。可惜这一回我们只有一天时间能够利用水的自然动力，否则的话——这种想法突然出现在我的脑海里——我们沿河谷顺流而下，直达吉曲[5]与雅鲁藏布江汇合的地点，从那里上岸，买三匹马骑着进入拉萨，是不是更好呢？

不！我1901年曾经有过的那种化装进入圣城的渴望已经彻底消失了。未知的魅力已经消退了。就在三年前，整整一大队军官和几千名英国士兵曾经跟随荣赫鹏和麦克唐纳[6]将军的远征军到过那里。跟他们在一起的还有赖德、罗林、贝利和伍德，都是大报的通讯员，最重要的是，研究喇嘛教的大学者瓦德尔[7]上校也在[8]。

右岸出现了一些村庄，新近抵达的小船一行行排列在那里；干草、牛粪和干粮堆得老高，等待着由商队的牲口运往日喀则。在摩肩接踵的藏人中间站着古法如，牵着我们的四匹马。

我们的船夫拿到了他们应得的报酬和一点奖金，我们翻身上马，进入通往日喀则的年楚河谷。太阳落山了，影子越拉越长。我们没有向导，但是路很好找，香客的队伍和商队等于给我们指了路。我们吸引了大量的注意力，但是没有人出来对我们进行任何干涉。我为黄昏和黑暗而欣喜，这个时候就没有人注意我们了。一座高高的白色圣骨冢立在我们的右边；又走了不远，我看见一座孤独的小丘上屹立着日喀则宗——官府雄伟的城堡。我们进入日喀则的时候会不会遭到阻止和逮捕呢？不会。这时两边的白房子在黑暗中依稀可见，我们走在了日喀则城的一条大街上。

一个男人来到我身边，啊，是我们自己人南木加（Namgyal）！他领着我们进了一堵墙上的一扇大门，门后面就是贡古休的花园。买买提·依萨和其他随从在这里同我们见了面。那里还有一些藏人，都是贡古休的仆人，他们带我走进紧挨着大门的一座房子里，为了供我使用，房子已经收拾打扫过了。但是我更喜欢住在花园中自己的帐篷里，我们那些通风的住所已经支起来了，篝火在帐篷前面燃烧着。我在自己的帐篷旁坐下来，一边自问我是不是在做梦。

晚上，几个班禅喇嘛手下的俗官来到我的帐篷里，询问了我一系列问题，还做了笔记。然后，我吃了晚饭，随即在日喀则市进入了酣甜的梦乡。

第二天早晨，我四处查看我们这不寻常的营地。我们带着来自列城的六匹马和一头骡子来到了这里，其中一匹马死在了此地的马厩里，被拖了出去。它悲惨的命运让我很难过，半年来它在羌塘经受了数不清的艰难困苦，到头来却在目的地倒下了。它翻越过几乎高达19000英尺的山口，现在却死在它那装满饲料的、海拔仅12700英尺的马槽面前。最后六头牲口得到了精心的照料，我们用干草给它们做床铺，如果它们想休息，就可以躺在柔软的地方了。它们可以尽兴地吃青稞和苜蓿草，喝水，同时稍微活动活动，这样才不至于变得筋骨僵硬。牲口里有我的那匹拉达克小白马，它驮着我经历过了那么多场风暴，我走进它的马厩抚摩它，它却又踢又咬。

注释

1. 扎西坚白寺（Tashi-gembe），藏传佛教寺庙，位于西藏谢通门县通门乡，建于 14 世纪，始奉噶举派教法，僧尼各半，后改宗格鲁派。

2. 土丹寺（Tugdan），即土丹朗嘉寺，藏传佛教萨迦派古寺，兴建于 15 世纪，位于西藏谢通门县仁钦则乡。

3. 梵天（Brahma），印度教主神，代表宇宙最高的永恒实体或精神。

4. 外喜马拉雅山（Transhimalaya），即今天的冈底斯山和念青唐古拉山。

5. 吉曲（Ki-chu），即拉萨河，流经拉萨市。

6. 麦克唐纳（G. MacDonald），英国军人，与荣赫鹏共同指挥了英军 1903 年对西藏的侵略。

7. 瓦德尔（L. A. Waddell，1854—1938），1903 年入侵西藏的英国远征军医官，后成为专事西藏研究的大学教授。

8. 两年前，又有一个英国人去了拉萨。《地理杂志》刊文评论了他的成就，他在欧美四处演讲，还出版了一本书。有人寄了张圣迭戈的报纸给我，该报以如下措辞为他做广告："演讲人将以真实的故事，讲述他如何进入向'异教狗'关闭的城市！此人据信是进入西藏首府拉萨的唯一一位白人男子。"但是在他之前不久，贝尔（Bell）先生已在拉萨住了一年之久，而且爱德华·佩雷拉（Edward Pereira）将军刚刚到过那里。贝利少校访问过该城。地质学家海登（H. Hayden）博士在达赖喇嘛的驻锡地布达拉宫住过半个星期。另外，两名机械师在那座宫殿里花了一个半月装电话，两名英国军官在拉萨电报局做了好几年的雇员，更不要说荣赫鹏的拉萨军事远征队，或者在过去岁月里到过那里的天主教传教士们了。——作者原注

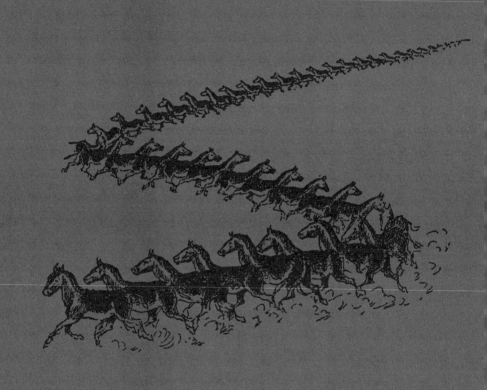

第五十二章

同班禅喇嘛一道
庆贺新年

我还没有巡视完一圈，一个欢快的汉人胖子就来拜访我。他是一名军官，姓马，指挥着140名守城的中国士兵。我邀请他到我的帐篷里来，请他喝茶吸烟。马先生不理解我是从哪里来的，他说他认为我是从天上掉下来的，悄无声息。

"如果我知道你要来日喀则，"他说，"我就会动用武力阻止你，因为这个城市跟拉萨一样，不对欧洲人开放。"

我大笑着跟马先生开玩笑，问他，既然我已经平安抵达了日喀则，我们接下来该怎么办呢。

2月11日一大早，洛桑次仁喇嘛（Lobsang Tsering Lama）和一个汉人段宣（Duan Suen）来访问我。他们对我的到来同样一无所知，也许认为我是从地底下钻出来的吧。他们也进行了询问并做了记录。

"我知道，"我说，"新年庆典从今天开始，我想亲眼看一看。"

"这对一个欧洲人来说是不可能的。"

"我还想见一见班禅仁波切[1]。"

"只有极个别的凡人才能见他的面。"

我忽然想到出示我的中国护照，这样做有利于段宣。他仔细查看了护照，越看兴致越浓，眼睛也越睁越大。最后他说：

"这可是张很棒的护照啊！你为什么不一开始就给我们看呢？"

"因为那是去新疆用的，我却到西藏来了。"

"那没有关系。这个证件非常重要。"

他们退了出去。不久我就接到了班禅喇嘛派人送来的表示欢迎的纪念品，那是一条哈达，长条状的浅蓝色薄纱，象征着尊敬、祝福和欢迎。更重要的是，我受到郑重邀请，可以到寺庙里参加新年传召大法会。现在我要颂扬印度政府了，是他们坚持要我申请一张中国护照，没有它，也许我永远也得不到许可去拜谒扎什伦布寺。直至今日，我仍然对自己在不为人知的情况下到了日喀则感到大惑不解。也许部分原因是自从英国军队 1903 年和 1904 年远征拉萨以来，藏人对欧洲武器心存敬畏；再一个可能是由于那么多的头人都带着手下到扎什伦布寺去庆贺新年，我率领旅行队经过的时候他们都不在岗位上。还有一个可能的理由是我最后一天走了水路，又是在天黑之后抵达的。我在新年传召大法会开始前两天抵达那里，也是我的万幸；因为我有机会亲眼看到喇嘛教最大的年度庆典仪式，而且是在整个喇嘛教世界最重要的寺院里举行——因为当时达赖喇嘛逃到库伦去了。

藏历新年（Losar）是为了纪念佛陀战胜六个外道，从而庆祝真正的信仰对于不信的胜利而设的。这是整个民族的节日，它庆祝春天和光明的回归，庆祝寒冷和黑暗的消亡，此时种子再次发芽，青草为牧民的畜群生长出来。新年传召大法会持续了 15 天，远近香客麕集扎什伦布寺，到处都听得见六字真言的呢喃声："唵嘛呢叭咪吽。"

班禅喇嘛的一个侍从查则堪（Tsaktserkan）来向我转达上师进一步的欢迎，还通知我说，他和洛桑次仁喇嘛奉命在我居留日喀则期间照顾我。

我穿上我最好的衣服，买买提·依萨穿上他那身华丽的红色节日礼服，戴上绣金的头巾。罗伯特、次仁和另外两个喇嘛教徒得到许可陪同我前往。我们骑马走了大约 12 分钟，来到大寺。香客们从四面八方涌来，路边有许多小摊位，为远道而来的客人提供甜食和其他小吃。

我们在喇嘛寺大门口下马，把马留在了那里，然后沿着一条很陡的巷子向上攀登，巷子是由大块的黑石板铺成的，经过几个世纪不可胜数的香客踩踏，已经磨得锃光瓦亮。巷子两边都是高大的住宅，在所有房屋的上面耸立着美丽的"梵蒂冈²"——即班禅喇嘛的寝宫拉章，它的正面是白色的，窗框是黑色的，窗框上面是黑红条纹相间的中楣，还带有许多小阳台。我们被带领着穿行在迷宫一样的黑屋子和过道里，走上很滑的立陡立陡的木头楼梯，穿过长廊和大厅。日光洒进来，映出成群的红色喇嘛的侧影。最后我们终于被带出来，进了一条长廊，他们在最边上给我设了一张椅子。

从那里我可以清楚地看到庭院里举办的庆典活动。游廊环绕在庭院的四周，由柱子支撑着，有好几层。游廊顶上是露天阳台，我们的最下面就是这样一座阳台，那里坐着香客，一边聊天一边吃甜食，这些来自拉达克、不丹、锡金、尼泊尔和蒙古的陌生人都挤在一起。官员们穿着色彩斑斓的漂亮衣服，戴着华丽的帽子，自成一组坐在那里。另一座阳台上是同样身着节日盛装的官太太们。到处——就连大寺的屋顶上——都挤满了人。我们下面是铺着石板的很深的庭院，中央竖着一根高高的旗杆，上面垂挂着五彩斑斓的丝带。有一道石头台阶从庭院里通往红色长廊，这里遮着牦牛毛织成的厚重的黑帘子。

两个僧人出现在最上面的一个屋顶上，用法螺吹出呜呜声，然后僧人们开始喝茶。从红色长廊里传来合唱队优美的歌声，犹如波浪一般起伏。班禅喇嘛的楼座在红色长廊的上面，挂着一面绣金的黄色大缎帘子，全西藏僧侣中最神圣的一位就将透过帘子上面的一个小方孔观看着节日庆典。

洪亮、空旷的法螺声宣布班禅喇嘛从拉章出来了，等待的人群中发出一阵嘀咕声。队伍到了，走在前头的是拿着圣僧权标的大喇嘛们，然后班禅本人出现了，所有人都起立鞠躬。他的僧袍是黄绸子

· 去见班禅喇嘛途中的陡急楼梯和露天佛堂

· 吹响法螺，揭开大法会序幕·

的，头饰是一种沉重的羊毛材料制成的，很像古罗马头盔。他盘腿坐在几块垫子上，他的母亲和弟弟（公爵）及几个高级喇嘛在他的左右落座。他们的动作都很缓慢，雍容而又高贵。

一些僧人在我面前摆了一张桌子，上面的糖果、橘子和茶盏把桌子都压弯了。他们通知我说，这是因为我是班禅喇嘛的贵客。我的目光同他的目光相遇了，我起身鞠躬，他向我友好地点头致意。

这时仪式开始了。两个戴面具的喇嘛迈着舞步走下红色长廊的楼梯，在方形庭院里绕着神秘的圈子，另外 11 个喇嘛跟在后面，每个人扛着一面卷起来的旗子。每面旗子都高高举起，在一根长长的、分叉的竿子上展开，向圣僧致敬。这些旗子色彩各异，每面旗上都垂下三条不同颜色的丝带。

这支奇异的队伍不断壮大。一会儿，来了一队穿白衣的喇嘛，拿着各种法器。一些人摇着金质香炉，蓝灰色的烟雾从里面袅袅升起；一些人穿盔戴甲，全副武装；还有些人披着绣金的丝绸斗篷。随后乐队吹奏起来，乐器是六只黄铜镶边的紫铜长号，有 10 英尺长，号管搭在小僧的肩膀上。庭院中回荡着庄严而深沉的号声，夹杂在婉转的笛声、钹声、钟声，以及 40 面竖起来抬着的大鼓低沉的鼓点中间。戴黄色僧帽的乐师们坐在庭院一边的小台阶上。

一个喇嘛从红色长廊里走出来站在楼梯上，端着满满一碗山羊血。他一边迈着神秘的舞步转圈，一边将羊血洒在台阶上面。这是不是从喇嘛教以前的远古遗留下来的以人为牺牲的迷信习俗呢？

12 个喇嘛戴着面具，扮成魔鬼、恶龙和可怕的野兽进入庭院，开始转着圈跳他们的魔舞。音乐一直没有间断，节拍加快了，舞者也加快了他们的舞步。那华美的绣金五彩绸衫飞旋起来，好像撑开的雨伞。他们披着方形披肩，中间掏一个洞，脑袋从里面钻出来；这些披肩也从他们的脖子上水平飞旋起来。他们的手里舞动着丝带和经幡，不间断的音乐越来越狂野，舞蹈也越来越暴烈，简直让人感到头晕目眩。香客们激情澎湃，他们向舞者掷去大米和青稞，结果让寺庙里的鸽子大快朵颐。

庭院里燃起一堆篝火，僧人们在篝火附近举起一张大纸，纸上写着去年所有人们想驱除的邪魔。一个喇嘛端着一只碗走上前来，里面装着易燃的火药。他念诵着一些让人听不懂的咒语，双臂神秘地挥舞着。那张纸拿得离火更近了。喇嘛将碗里的东西倒进火里，火焰呼地蹿起来，将纸和上一年折磨过人类的所有苦厄都吞噬掉，人们高兴地

· 驱魔舞

欢呼起来。压轴戏是 60 个喇嘛跳的集体舞。

然后班禅喇嘛站起身来，像他进来时一样缓慢、庄严地退场。香客们像风中的谷壳似的散去。

我回到住所，看到一整队骡子驮着大米、面粉、青稞、干鲜果品，以及其他食品进了我的花园。这是班禅喇嘛表示欢迎的礼物——实在太珍贵了，因为这些食物够我、我的随从和牲口吃上一整个月的。最后，查则堪前来宣布，上师希望于次日早上接见我。

我在传译、买买提·依萨和两位大喇嘛的陪伴下，参观了拉章的房间、走廊和楼梯。寺庙里一位最高级别的高僧首先接待了我，这是一个矮胖的男人，脑袋光溜溜的像个台球。他的住室装饰得光彩夺目、雍容华贵，祭坛、书柜、桌椅都漆得闪闪发光，金银佛像立在贵重的金银佛龛里，不灭的灯火在钵子里闪烁。他送给我一尊佛像，我则回赠他一柄银鞘的匕首。

一小时之后，一个信使来到，说我可以继续前往"梵蒂冈"的更高部分了。喇嘛们三三两两地站在走廊和大厅里交头接耳。我们到了目的地，只有买买提·依萨可以陪同我。我们进了屋，这个房间比那个胖子的房间更大，但是要朴素得多。房间的一半是露天的；另一半高出一个台阶，有屋顶。在右边的一个小凹室里，圣僧盘腿坐在一张固定在墙壁上的长凳上，正透过一个朝着日喀则和大河河谷敞开的方形小窗口向外眺望。他的前面摆着一张桌子，上面有一个茶杯、一个望远镜和几张印有文字的纸。他穿着普通喇嘛的衣服，只有那件绣金的黄背心显示出区别，他的两条胳膊是赤裸的。

他表现出极度的仁慈和友好，向我伸出两只手来，并示意我在他身旁的欧式座椅上坐下。现在我可以从近处观察他了。我忘记了以我们的标准来衡量他长得并不好看这一事实，因为他的眼睛，他的微笑，他那异常的谦逊，他那柔和、低沉、几乎羞怯的声音，始终吸引着我。他请求我原谅接待的简陋；但是我说，只要能在扎什伦布寺做他的客人就已经三生有幸了。

然后我们整整交谈了三小时。我们谈到了我的旅行、欧洲、中国、日本、印度、勋爵老爷（明托）、基钦纳，以及无数其他事情，这里就不一一赘述了。他给我讲了他一年前对明托勋爵的访问，还有他到佛祖生活和云游过的圣地朝圣的情况。两个仆役阶层的喇嘛像门闩一样站在住室没有屋顶的地方，班禅喇嘛两次挥手让他们退下，那是因为他想说或想问一些不愿让他们听见的事情，譬如，他请我不要让汉人知道我做了他的宾客，或是他向我敞开了大寺的秘密。他说我有完全的自由，我可以随便游览、拍照、画画、记笔记，任何时候在任何地方爱干什么干什么；他是我的朋友，他本人会给他的僧友下命令，吩咐他们带我参观庙宇。

他6岁时来到扎什伦布寺坐床，十九年来一直担任现在的高位。在西藏，他被称作班禅仁波切（"珍贵的导师"），而拉萨的达赖喇嘛则叫作加波仁波切（"珍贵的国王"）。这两个称号本身说明了宗教和世俗权力的区别。达赖喇嘛拥有更大的政治权力，因为他统治整个西藏，只有后藏[3]地方是由扎什伦布寺的拉章即班禅喇嘛统治的，但是后者在研习经卷方面却被认为更神圣、更博学。在我到来的时节，达赖喇嘛尚在外国，他于1903年因英军入侵而流亡，所以班禅喇嘛是目前西藏权力最大的人。这就可以解释英国何以也想取得他的友谊和信任，请他到印度去，在那里，帝国的威力和昌盛给他留下了不可磨灭的印象。

两位高僧彼此间有一种互惠的关系。班禅喇嘛是灵童时代的达赖喇嘛的导师，教授他学习教义和经典。同样，达赖喇嘛又带大了一个新的班禅喇嘛。班禅喇嘛是无量光佛（Dhyani Buddha）的化身，是现世佛阿弥陀佛（Amitabha）的化身，但是又代表了宗教改革家宗喀巴（与帖木儿同时代）的超自然复活；达赖喇嘛是观世音菩萨（Bodhisattva Avalokiteshvara）的现世化身，他的藏语名字是坚热意希（Chenreisig），是万世众生的主、佛寺的主和西藏的圣主释迦牟尼佛（Sakyamuni Buddha）的代表。

所以，藏人相信灵魂转世。一个班禅喇嘛死去时，他的灵魂——也就是阿弥陀佛的灵魂——开始云游，并且寄住在一个与圣僧亡故同时降生的男孩的身体里。

然后要遍访整个喇嘛教世界寻找转世灵童，等待寻找结果回来可能需要好几年时间。有孩子出生的家长必须特别提供生子时是否出现了异象或征兆的信息，几百个答案来到扎什伦布寺，然后着手进行调查，选出最可信的，重新测验。最后，只剩下几个人选，里面肯定有真正的新班禅喇嘛。几个男孩的名字写在纸条上放在一个盖着盖儿的金瓶里，由一位大喇嘛随意掣取一个。这个名字就是继承阿弥陀佛尊位的神圣的继承人。

接见终于结束了，我请买买提·依萨呈上那个宝来威康铝药箱，我们已经将它磨得银光闪闪，用黄绸布包裹起来。这位高僧大德非常满意。后来，我费了很大力气向两个喇嘛医生解释如何针对各种病症使用这些药品，他们把一切都用藏文记录下来。我们保留了足够剂量的药品，以备不时之需，这对我们更有价值。

最后，班禅喇嘛带着一如既往的友好微笑同我告别。无论他本人还是我都不相信他是一个神，但是这个目送我出门的人必定是一个高贵而温存的人。

从那以后，整个日喀则都在谈论一个外国人得到的无上礼遇。香客们回到自己的家乡，在他们的山谷里传诵这件事，有的时候这对我起了很大的帮助作用，甚至比一本护照更行得通。每当我一次次遇到牧民惊呼："啊，你就是班禅喇嘛的朋友！"我就深深地祝福这位仁慈的高僧。

注释

1. 班禅仁波切（Panchen Rinpoche），即班禅喇嘛。仁波切意为"珍宝"，是对活佛的尊称。

2. 梵蒂冈（Vatican），天主教教廷所在地，位于意大利首都罗马西北角高地，系一袖珍小国。

3. 后藏，即日喀则。

第五十三章

在扎什伦布寺和
日喀则的经历

扎什伦布寺是一座"贡巴"或"棍巴"（gompa，寺院），一个"修行所在"，一座寺庙。它是一座寺庙密集的小城，至少有100所独立的房子，简直就是座石房子的迷宫，房舍都是粉白色的，顶上有红黑相间的屋檐，狭窄的小巷和台阶将房屋彼此分隔开。寺庙依山而建，拉章——即"梵蒂冈"——及其美丽的门面在最高处耸立着，荒野的山脊构成它的背景。拉章的前面下方是一排五座中国风格的鎏金顶宝塔，那是已故的班禅喇嘛们的陵墓。扎什伦布寺建于1445年[1]。一世班禅喇嘛的灵塔建在举办大法会活动的庭院之上，灵塔内部光线昏暗。可以看见一座形如金字塔的高高的"圣骨冢"，镶金雕银，上面镶嵌着宝石，那是最近去世的一位圣僧的石棺。石棺里铺着盐，死者盘膝坐在上面——因为喇嘛必须像佛一样采坐姿圆寂。

我们从这个陵墓去了三世班禅喇嘛[2]的安息地，他的名字叫罗桑华丹益希（Panchen Lobsang Palden Yishe），阿弥陀佛在1737年到1779年之间转世到他的身体里。他曾跟印度总督沃伦·黑斯廷斯[3]展开过热烈的谈判，结果起了疑心的乾隆皇帝邀请他去了北京，他在那里圆寂。他灵塔入口处的牌子上用明艳的颜色书写着他的名字。

五世班禅喇嘛的灵塔是香客们出资兴建的，对外开放，可供香客们供拜。一队牧民从那里经过，面对石棺前祭坛上的一排塑像、布施碗和燃烧的细蜡烛，在木地板上伏身拜倒。

每座灵塔的外面都有一个庭院，三段木楼梯通向一个露天的阳台，或者叫前厅，墙壁上画着四大天王[4]的神像，他们被塑造成野兽和龙的狰狞模样，手持兵器和法器，周围是火焰和祥云。带有黄铜门环的红漆实木门从这个大厅敞开，通向死者的墓室。

一个快活的老人守护着宗喀巴大殿[5]。大殿里陈列着这位宗教改

· 扎什伦布寺内的三座班禅喇嘛墓

革家的一座身披五彩衣服的雕塑，他微笑着坐在莲花瓣上——这象征着他在天国的渊源。宗喀巴是格鲁派（Gelugpas）——"善德宗""黄教"——的创始人，这是一个很大的教派，所有最重要的庙宇和大喇嘛都属于这个教派。他创立了甘丹寺（Galdan）、哲蚌寺（Brebung）和色拉寺（Sera），都是拉萨附近的大寺；他提出应当禁欲；现在他安息在甘丹寺的一具悬空石棺[6]里。喇嘛们在他面前击鼓，摇铜铃铛，哼唱着颂歌。两个喇嘛出来请我喝茶，还转达了上师的最新问候，让我小心别累着。

如果要把我在扎什伦布寺的经历——叙说的话，篇幅就会太冗长了。回忆起那段美妙的时光，我总感到惊诧和快慰。一天，在举行庆典的庭院狭窄的一边，班禅喇嘛坐在他的宝座上听喇嘛们辩经[7]，他也不时亲自参与进去。辩经结束之后举行了宴会，桌子已经摆好了，班禅喇嘛的茶壶是金的，其他人的是银的。然后他下了台阶，在两个喇嘛的搀扶下来到红色长廊，第三个喇嘛在他后面举着一顶黄色的遮阳伞。

我们观看了喇嘛的寝室，看到了他们居住的简朴的僧房。然后我们下楼到红色长廊下面的厨房里，那里的六口大锅里煮着 3800 个和尚用的茶，喝茶时间一到，就有法螺吹出响亮的信号。我在这庙宇之城里漫步，有时会看见班禅喇嘛走在一队人中间往来于一些法事法会之间。一次，我们进了一座有一个方形蓄水池的叫作甘珠尔殿（Kanjur-lhakang）的大殿，大殿里收藏着 108 卷《甘珠尔》[8]。年轻的喇嘛们坐在桌旁的长凳上接受一个堪布喇嘛[9]的教诲。大寺里有四个该级别的喇嘛，但是只有两个翁则[10]级别的。年轻喇嘛们富于节奏地吟咏着，一把大米不时地撒在他们头顶。只要有人给几个卢比，他们就会唱诵一段安息人灵魂的祷文——我不失时机地出钱听了这样一次唱诵。

2 月 16 日，班禅喇嘛邀请我到拉章为他拍照，他正在为一队朝圣的尼姑摩顶赐福。我们再次交谈了将近三小时，说的大多是地理。我们分手的时候，他送了我大量的西藏特产，有来自汉地的绣金布料，现在仍然装饰着我的房间的华丽的红色藏毯，铜质和银质的钵盏，最后还有一尊镀金阿弥陀佛像（"他是无量寿佛"），外面包裹着黄绸布。这最后一样礼物表达了他祝愿我长寿的意思。

我就这样每天在寺庙中游荡，画素描，拍照片。所有喇嘛都很友好，彬彬有礼。各个角落和屋檐下面都挂有铃铛，铃舌上系着猎鹰的羽毛；当风吹过寺庙之城的时候，和谐的铃声就会响起来。

新年庆典不限于宗教仪式，因为来朝圣的香客都是人，他们也需要娱乐。一天，人们来到日喀则城外的田野里，70个服色鲜艳的骑手比赛骑射，一边策马飞奔，一边用弓箭射小靶子。比赛结束后，我邀请所有的参赛选手到我的花园里喝茶。一天晚上，我的朋友马先生在他的衙门里放烟花庆祝春节，人群里到处是做成龙和马形状的纸灯笼。

　　日喀则城的房屋都是白色的，顶部有红黑相间的镶边，平屋顶上围着栏杆。像寺庙的屋顶一样，这些民居的屋顶也装饰着成捆的树枝和麦茬，再用布苫上；这都是驱魔用的。院子里的铁链子上拴着像狼一样凶猛的红眼睛大狗。贡古休公爵的宅子是我们见过的最豪华的房子，里面的房间里有地毯、长椅、书柜、佛龛和桌子。公爵的妻子是

· 贡古休公爵之妻，班禅喇嘛的
　弟妇

个漂亮的女人，我有幸为她画了张肖像。

我不在大寺里的时候，就忙于为远远近近的人画素描。各种各样的人来到我们的花园里——求布施的尼姑和僧人，跳舞的小伙子，还有密探。一天，一个天葬师（lagba，即切割尸体的人）来见我。从事天葬师行业的人社会地位低下，都住在扎什伦布寺西南不远处的贡巴萨巴村。每当喇嘛临终时，僧众要为他做祈祷。一旦死亡来临，就要为死者做祈祷。死者要在他的禅房里停置三天，然后由一两个僧友把他抬到贡巴萨巴去，将尸体上的衣服脱下来分了。两个僧人这时要赶紧走开，让天葬师来处理尸体。他们将绳子的一头套在尸体的脖子上，另一头系在地上立着的一根柱子上，然后将尸体拉直、剥皮。秃鹰一直等待着这个时刻，几分钟就将尸体吃得只剩骨架了。随后骨头在一个研钵里碾成粉末，骨粉和脑浆掺在一起，天葬师将这混合物捏成丸子，抛给天上的秃鹰吃。许多寺庙里养圣狗替代秃鹰。普通信徒的殉葬方式也类似。我的天葬师给我讲这些风俗的时候，买买提·依萨吓得脸刷白，要求退席休息。

我在日喀则待了47天，人们对待我的温暖和友好逐渐降温了。许多喇嘛对我频繁参观寺庙感到不满，汉人更是对我心怀恶意。日喀则最糟糕的谣言中心是广场——在那里可以听到大量关于我的议论——藏族商人在那里摆着货摊，戴红头巾的女商贩则坐在地上，他们就在自己的摊上跟汉人、拉达克人和尼泊尔人做买卖。乔装的探子出现在我的花园里，整天在这里闲混。早在2月14日，就有一个喇嘛和一个官员从拉萨来访问我，他们告诉我说，一队巡行的探子22天来一直在当惹雍错和昂孜错附近寻找我，最后终于找到了我们的踪迹，在我们抵达日喀则36小时之后到了这里。这意味着我们差一丁点儿就失败了。拉萨还另外派出了一队人马来阻拦我们。

现在就有两位来自拉萨的先生坐在我的帐篷里，他们宣布说，根据西藏和英国之间签订的条约，西藏只有三个边陲城市在一定条件下对"老爷"们开放，它们分别是江孜、亚东和噶大克。我回答说："首先，我没有在那个条约上签字。其次，我人已经在日喀则了，感谢你们的疏忽。第三，我是班禅喇嘛的朋友，所以是不可侵犯的。"

他们被难住，离开了；但是他们经常回来，到我们这里打探消息，然后向拉萨报告。即便不来，他们也会派密探来监视我们，不过我们自己也派化装的拉达克密探监视拉萨密探的密探活动。

我再没有听到班禅喇嘛的问候，为了政治原因他必须谨慎行事。最后，我在当地只剩下一个朋友了，那就是江孜的鄂康诺上尉，他远离所有的政治阴谋，以各种方式私下里帮助我。他帮我把金子换成银子，他给我送来成箱的食物，他在我和印度之间传递信件，他还给了我一大批我很喜欢的书籍。我们的交往仅限于书信往来，但是我永远忘不了我欠他的深厚情谊。

我已经急不可耐地想走了，但我还是一天又一天地留了下来，为的是在我接下来的旅行中争取最有利的条件。一天，我收到一封来自高大老爷的短信，他是中国政府在江孜的代表。他直截了当地给我送来中英条约中几个条款的抄件，其中一条说道："禁止任何外国代表或使节进入西藏。"我的答复大意如下："如果你想知道我和我的计划，你最好写信给鄂康诺上尉，而不是给我寄来无礼的信件。"

高大老爷又派人送来一封信，信上说："任何情况下都不准你到江孜去。"

"当然不去了，"我心想，"我肯定会遵守这个命令！"但是我回答说："无论英国和中国之间签署了什么样的条约，都跟我没有关系，因为我人就在西藏，我们的下一步安排必须从这一点开始。"高大老爷回复说："我已接到我国政府的命令，如果你到江孜来，就立即将你送往印度边境。你最好按原路返回，我国政府乐见其成。"

如果我去了江孜，我理所当然会住在鄂康诺的家里。一个中国官员居然威胁说要逮捕一个英国政府的客人！鄂康诺在给我的一封信里对这个想法嗤之以鼻。

马先生深感绝望，他由于没有阻拦住我，遭到了拉萨的办事大臣（Amban）联大人[11]的申斥。拉萨政府建议扎什伦布寺的僧众冷淡对待我。拉萨、日喀则、扎什伦布寺、江孜、北京、加尔各答和伦敦之间交换了意见，来自四方的消息使我遭受到了巨大的压力。然而到头来还是我赢了。

3月5日，高大老爷建议我写信给中华帝国派驻拉萨的钦差大臣棠大人[12]，再写信给办事大臣联大人，要求得到特许从江孜穿行。这种突如其来的转变显然是一种策略。我因此写信给棠大人说，因为我不想违反中国政府的意思而到江孜去，所以，一旦他们给我提供牦牛，我就将往西北方向行进。我还给联大人写信说："如果你想摆脱掉我，就应该帮助我回去。我绝对不去印度，我的手下都是山民，他们到那里去会死的。他们是英国臣民，我对他们负有责任。"

3月4日，我最后一次参观扎什伦布寺，那里的僧人拜托我以后不要再来了。3月12日之后，一种凝重的静默笼罩着我们，马先生、查则堪及所有其他朋友都消失了，现在没有人来看我们了。我们被孤立起来，所有同我们的交往都遭到禁止，我在自己的帐篷里感觉就像一个囚犯。只要我还在西藏，英国就干涉不了我；只要我原地不动，就没有人能接触我。但是只要我一动弹，我就真的会成为一个囚犯；我会被武装卫队包围起来。我逗留的时间越长，他们最后也越能让步。就这样，一星期过去了。最后马先生、两个来自拉萨的先生和一些日喀则宗的官员来到我这里，想知道我要走哪条路回去。"沿着热嘎藏布走到它的发源地，穿过雅鲁藏布江以北的地区。"我回答说。他们开了个会，决定接受我的条件，把责任揽在他们自己身上。

经过进一步的磋商，我又接到棠大人一封彬彬有礼的信和联大人一封同样客气的信后，两位老人的态度缓和起来。他们频繁来我的花园里造访，为我们提供了我们所需要的所有装备。最后，他们还给了我一本在西藏通行的新护照，请我指出我打算前往的地方。但是我小心地没有泄露出我的真实计划。

3月25日，我帐篷里的"居民"数突然增加了，小棕生下了四条黑狗崽。我对狗崽的喜爱和悉心照料简直可以同它们的母亲相比拟，想到日后有了令人愉快的旅伴，我就感到非常高兴。第二天，我跟马先生道了别，给了他三匹瘦弱的马，以补偿我给他带来的种种麻烦，感谢他没有阻挠我的行程。现在，我们离开列城时携带的130头牲口只剩下两匹马和一头骡子了。我们还从日喀则购买了几匹骡子和马，但是我们的大量行李必须用租来的牦牛驮运。两个汉人和两个藏人组成了一支护卫队伍陪同我们，这两个藏人一个来自拉章，一个来自日喀则宗。他们带来了他们自己的随从、马匹和驮行李的牲口。

27日一大早，我派买买提·依萨代我去向班禅喇嘛辞行，后者回赠了真挚的祝福，并表达了对中国更高权力阻止他按自己的意愿招待我的遗憾。

我们出发的时候，一场猛烈的风暴自西向东袭来。班禅喇嘛无疑会坐在他的小窗口前举着望远镜观望我们。雅鲁藏布江的浪涛飞溅着白沫，我们费了很大的周折才用租来的船只运送马匹过江。

注释

1. 实为 1447 年。

2. 应为六世班禅喇嘛。

3. 沃伦·黑斯廷斯（Warren Hastings，1732—1818），英国首任孟加拉总督、印度总督，后因被指控专横和贪污腐化遭弹劾。

4. 四大天王，即持国天王、增长天王、广目天王和多闻天王。

5. 宗喀巴大殿，即扎什伦布寺最早的建筑措钦大殿。

6. 实际上是一座肉身灵塔。

7. 辩经，即藏传佛教中通过逻辑推理和互相辩论的方式深入学习和理解佛教教义的课程。多在寺院内空旷之地、树荫下进行，形式主要分为"对辩"和"立宗辩"两种。

8.《甘珠尔》（Kanjur），西藏佛教经典《大藏经》二藏之一。《大藏经》分为教说翻译、论著翻译两部，称为"二藏"，即《甘珠尔》《丹珠尔》。

9. 堪布喇嘛（Kampo-lama），藏传佛教中深通经典并主持寺院或扎仓（藏僧学习经典的学校）的喇嘛。

10. 翁则（Yungchen），藏传佛教中寺院的领经师。

11. 联大人，即清廷最后一任驻藏大臣联豫。

12. 棠大人，应指当时清廷派往西藏查办事件的张荫棠（1866—1937）。

第五十四章

奇特的寺庙——
闭关的僧人

我和随从们跟我们的护卫队结成了很好的朋友，我尽了最大努力来松懈四个警卫的警戒，送给他们香烟、小礼物和银币。

　　这样做的直接后果就是，他们不再干涉我进入塔丁寺（Tarting-gompa）了。寺庙的大雄宝殿在昏暗的光线下美丽异常，48根红色柱子在大石板地面上耸立。塔丁寺友好的喇嘛属于非正统的本波佛教[1]信徒，他们很有自己的特点。他们转动转经筒的方向与规定的方向相反；他们围着寺庙和神山朝圣时转圈子的方向也是逆时针的。这在格鲁派（黄帽教派）看来非常不合礼仪。无论如何，从他们的寺庙望去，下面是雄伟的山峦和荒野的山谷，风景十分壮观。

　　话说1832年，即七十五年以前，一个名叫拥中苏丁（Yundung Sulting）的5岁游牧民男孩来到塔丁寺，成为一名小沙弥，法名朗江喇嘛（Namgang Lama），他一步步升迁，最后达到了最高级别，成为著名的朗江仁波切（Namgang Rinpoche）。我们到达的前一天晚上，他刚刚圆寂，尸体仍然放置在他的禅房里。我和两个随从去了那里。两个老人坐在院子里，正在为丧礼劈劈柴。他将在山谷里被火葬，他的骨灰将被带到冈仁波齐峰去。我们进入禅房，四个僧人坐在里面，他们要为死者诵经三天三夜。去世的老人前额上蒙着一块布，头戴一顶五彩王冠，坐在床上，微微躬着背。他的床前是一张几案，上面有佛像和两根燃烧的蜡烛。

　　四个僧人看到我们进来，惊得目瞪口呆，这种亵渎神灵的举动是闻所未闻的，但是他们什么都没有说，也没有停止诵经。我待了好一会儿，对这庄严的死亡产生了奇怪的印象。七十五年来，朗江仁波切聆听着风中的铃声，目送着日夜、冬夏在神圣的群山中交互更替。现在，在这个非常的时刻，他的灵魂从肉体中解放，开始了飘移，而这

· 四个喇嘛为死者诵经

个时刻，在它命运攸关的时候，却遭到了我们的搅扰。

在甘丹曲登寺（Gandan-choding）——一座有 16 个尼姑的尼姑庵，暗淡、荒凉的大殿中立着六根雄伟的红柱子，比又穷又脏的尼姑们好看多了，她们的衣着跟喇嘛一样，而且也剃了头发。

最美丽的景致要算扎西坚白寺了，这是外喜马拉雅山南麓下的一座白色小城。它的大院子里立着班禅喇嘛的一个宝座，他每年来这座寺庙访问一次。大雄宝殿里到处是珍贵的佛像和金质饰物。藏经阁里收藏着 108 卷对开本《甘珠尔》和 235 部《丹珠尔》（Tanjur），至少需要 50 头骡子才驮得动。巨型转经筒的高度是 11 英尺，周长则需四个人合抱。一个小一些的转经筒上部边缘有一根木钉子，圆筒每转一圈，铃铛就被撞响一次。一年到头，两个僧人从天亮坐到半夜，就转

· 甘丹曲登尼姑庵中的尼姑

　　着这个转经筒，它一天要转一万圈；转经筒上面覆盖着几百万字的祷文，写在薄薄的纸上。僧人们也诵读祷文，他们恍惚出神，合着双眼大声喊叫，拜倒在地上，对一切议论都充耳不闻。

　　巨柱上悬挂着盔甲、军旗和神幡，上面生动地描画了佛陀及弟子们的生平故事。祭坛上摆着盛放供品的碗和燃烧的蜡烛；供桌后面坐着释迦牟尼佛，他汇集梦想，深不可测，充满了对人类的惠爱，仿佛正从莲花座中起身。

　　我流连往返于这座迷人的庙宇，一天的大半时间就这样过去了。沉落的夕阳将华美的红霞从主殿的窗户里照射进来，这是我在西藏见

· 扎西坚白寺中的巨型转经筒

· 扎西坚白寺中一些漆成金色、红色和黄色的神像

过的照明最好的宫殿。柱子通常是红漆的，太阳将它们映成了透明的红宝石。身着红僧袍的僧人坐在红色长椅上，影子在他们身后投射下来。金色的塑像和莲座上的莲叶闪闪发光。

我们继续沿着雅鲁藏布江北岸向西行进，来到了加嘎村，那里有一架奇异的铁索桥（现在已经塌掉了）跨过江水，通向彭措林。紧贴着在这个地方的西边，热嘎藏布流进了干流河雅鲁藏布江——布拉马普特拉河上游，后者自南而来，穿过了一条漆黑、开阔的河谷入口。我本希望在这个地点对河流进行一些测量工作，但是旅行队已经继续前行，进了热嘎藏布边上的多温玛村。我们在那里组装好折叠艇，一个藏人做船夫，我乘船漂进急流之中，漂到了汇合点，我们的人已经带着马匹和行李到了那里。我的船夫技艺高超，他在飞溅的泡沫中小心翼翼地把着舵，沿狭窄的通道行进，两边都是危险的岩石。护卫队对我这样做的目的不明所以，就一直在岸上跟随我们。有几个随从感到非常好奇，就请求我允许他们在雅鲁藏布江上行舟，我非常爽快地允准了。我们一整天都待在那里，天黑之前还没有回到驻地，中国马的铃铛和拉达克人的歌声在峡谷中悠扬地回荡。

我们骑马上了河谷，来到林欧村，美曲在那里流入热嘎藏布，有两尊巨大的佛像刻在一面笔直、光滑的花岗岩石壁内。我惊讶地发现，我们的护卫不是带领我们继续在热嘎藏布的河谷里走，却在美曲河谷中向北走。这条河自外喜马拉雅山的主脉流来，那里正是我想去的地方。我们越往前走地势越高，几乎每天都得到一批新的牦牛来驮行李。我们不断路过玛尼墙、石冢和经幡。我们走的是一条香客朝圣的路线，这条道路通向一座寺庙。路上行人很多，我们遇到了旅行队、商人、农民、香客、骑手和乞丐，他们都吐出舌头，客气地向我

林欧附近一座花岗岩大佛像，
像下有一人打坐

们致意。

我们骑马走在花岗岩和板岩中间，穿过风光无限的荒野的美曲河谷，来到一座大寺庙[2]前。这座寺庙坐落于通村，看起来像一座满是白房子的小城。在这里，我们的日喀则护卫队由一队新的警卫替换掉。在折宗村，我们的高度是海拔 13700 英尺。这里的居民中间有一个 20 岁的少妇，名叫布金（Putin），她的美貌非同寻常，打扮也漂亮。嫉妒在西藏是不存在的，在那里一个妻子往往有两三个丈夫，通常是兄弟，嫉妒不会出现；就是说，夫妇间的忠贞是行不通的。

美曲的急流在优美的深谷里唱着澎湃的歌，雄鹰在岩壁中间翱翔，岩鸽在"咕咕"叫，松鸡在沙砾中鸣啭，野鸭在岸上"嘎嘎"大叫。我每到一座寺院都待上几小时，列隆寺（Lehlung-gompa）是其中最大的一座。关于所有这些寺庙，足以写上一整部书。我们不时地路过式样独特的桥梁。河谷紧缩成一个狭窄的回廊，危险的道路高出谷底200英尺，陡峭岩壁的裂缝里钉进了铁楔和木楔，厚厚的片岩板松散地搭在上面，这种搁板在有些地方只有1英尺宽，下面就是深渊。河谷以东的山岭被一条条支流的河谷贯穿，这些都是我们从色拉拉来时经过的地方。

我们在河谷里一块膨出的地方宿营，一座架在沉箱上的十孔桥梁从那里跨过美曲。在美曲西边的群山中间一条很小很陡的峡谷里，坐落着奇特的庙宇林嘎寺（Linga-gompa）。它包括大约40座彼此分离的房子；跟这个地区的其他东西一样，在我参观之前绝对没有欧洲人听说过它。我和两个随从骑马来到它面前，暗色的山坡上，一块巨大的石板上刻着六字真言"唵嘛呢叭咪吽"。在寺院的主殿里，神秘的黄昏降临了，经幡、旗帜、鼓、铜锣和长号装饰着墙壁和柱子，屋顶

· 美曲河谷中的布金太太，公认的美人

上有一个开口射进微弱的光线照在佛像身上，僧人们坐在长椅上，吟唱着起伏不停、富于节奏的歌曲。

白苏殿（Pesu）耸立在一道平台样的岩石山脊上，我们可以通过它的屋顶平台和窗户看到我们身下三面环绕的深渊。从这个屋顶看到的风景有一种野性、粗犷的美，完全无法用语言来形容。寺庙内部也有一种神秘的气氛。我登上一段很陡的台阶，进入圣像大殿，左边的窗户在风中吱嘎作响，一个小孔里射进来的微弱光线照在一整排中型佛像身上。我的伙伴留在了前厅，我独自跟诸佛待在一起。不时有老鼠从黑暗中冒险溜出来，从案子上盛供品的碗里偷东西吃。左边的彩旗被窗户进来的气流吹动，神佛的面容随之改变；看着蹲坐的佛像对着偷吃的老鼠露齿而笑，这足以让人敬畏鬼神。

· 林嘎寺一座大殿中吟唱的喇嘛

我发现林嘎寺如此引人入胜，便在这里逗留了好几天。一天，我们走进寺里名为桑德布（Samde-puk）的小庙堂，到了上面一面山壁脚下的苦修洞穴（dupkang）。它其实是一间小屋，由中等大小的石块建成，没有窗户，入口处也砌上了墙。屋顶上有一个小烟囱，墙上接近地面的地方有一个小孔，食物就用一块托板从这里推进去。

　　在这个漆黑的小屋里，一个喇嘛已经闭关整整三年了，这期间同外界的一切联系都被切断！他三年前从林加村来，是个无名小辈。由于这个洞穴没有人占用，他就起了所有僧人的誓约中最具约束力、最为可怕的誓言，也就是说，将自己的余生都囚禁在那里。另一个苦修僧人不久前刚刚去世，他在里面度过了十二年的时光。在他之前，一个僧人在洞穴的黑暗中生活了四十年！的确，在通村也有一个类似的洞穴，那儿的僧人们告诉我说，一个年轻的苦修僧人进了洞，在里面生活了六十九年。僧人感觉到死亡将临，无法抗拒再次看见太阳的渴望，所以他发出信号，要求外面的僧友恢复他的自由。但是老人已经完全瞎了，他还没有出来走到阳光里，就像块破布似的皱成一团死去了。那时候，目睹他进入洞穴的喇嘛里面已经没有一个在世了。

　　现在我们就站在林嘎寺中这样一个洞穴的外面。待在里面的隐士拥有仁波切喇嘛（Lama Rinpoche，圣僧）的尊号，他应该是一个40岁左右的男人。他思考和梦想着涅槃，作为他自愿苦修的回报，他的灵魂将免除轮回的痛苦，直接进入永恒的安息——虚无。

　　每天早晨，人们把一碗糌粑推进去，大概还有一小块牛油，他喝的是洞穴里面涌出的泉水。每天早晨，空碗要收回来，重新盛满。他每六天得到一小撮茶叶，每个月两次得到几根树枝，他可以用火石来点燃。如果每天给他送食物的喇嘛透过小窗口跟他说话，他就会永远

· 桑德布，林嘎寺的一部分，坐落在河谷的高处

遭到诅咒，所以他保持沉默。如果闭关者对服务的僧友说话，他就将牺牲掉多年来孤独思考所修得的功德。如果服务的僧友在收回碗的时候发现里面的东西没有碰过，他就明白苦修之人非病即死。他会再次将碗推进去，沮丧地走开。如果第二天碗仍然没有碰过，而且一连六天都如此，洞穴就会被打开，因为可以确定里面的苦修僧人已经亡故。死者随即被抬出来火化，跟其他圣徒的殉葬方式一样。

"他听得见我们说话吗？"我问桑德布的僧人。

"听不见，"他们回答说，"墙太厚了。"

我简直迈不开步，不能从那个地方离开。离我仅仅几英尺远的地方有这样一个人，与他的意志相比，所有其他人都变得太渺小了。他同世界断绝了关系。他已经死了。他属于永恒。向不可避免的死亡挺身走去的士兵是英雄，但他只是这样做了一次。仁波切喇嘛的身体能坚持好几十年，他的苦难只有到死才能得以解脱。他对死亡怀有一种难以遏制的渴望。

仁波切喇嘛不容抗拒地迷住了我。此后很久，我都会在夜里想起他；甚至今天，十八年已经过去，我仍经常好奇他是否还活在他的洞穴里。即便我拥有权力、获得许可，我死也不愿解放他，让他走出来进入阳光之中。在这样的伟大意志和神性面前，我觉得自己像一个毫无价值的罪人和懦夫。

我想象着他出现在我面前，在他有生之年第一次、最后一次也是唯一一次走在一支庄严的队伍中，由林嘎寺的喇嘛陪伴，沿着我们刚刚走过的路行进在山谷里。所有人都一语不发。他感觉到太阳的温暖，看见了山坡上明亮的原野。他看见自己的影子和其他行进者的影子投在地上。他再也看不到影子挪动了，因为他将住进一个密封的、孤独的阴影里，一直到死。他最后一次看到了天空和浮动的云彩、山峰和闪亮的雪域。

他看着洞穴敞开的门。他进去了，带着破旧的席子作为自己的床，大家诵经祈祷。门锁上了，门外将砌起一堵大石墙，一直砌到洞穴顶。他是否站在那里，捕捉消逝的白昼的最后一抹光芒？当石头之间最后的缝隙被填满时，黑暗无情地吞噬了他。服务的僧友完成了爱的劳作，沉默而肃穆地走回林嘎寺。

这封闭起来的人除了自己的祷告声别的什么也听不见。长夜漫漫。但是他不知道太阳何时沉落，夜晚又从何时开始。对他来说，只有一成不变的黑暗。他睡着了。休息好了以后，他就醒来，不知道黎明是否已经来到。夏天就要结束了，他会注意到这一点，因为气温下降了，湿度减小了。冬天来了，他受着冻；春天和夏天临近了，上升的气温给了他一种健康的感觉。新的一年开始了，一年接着一年。他不停地祈祷，梦想着涅槃。渐渐地，他对于时间的掌握松懈了，他意识不到日夜行进得有多么缓慢，永远坐在自己的垫子上，沉溺在涅槃的梦想中。他知道只有通过强大的自制，才能进入天国。

他老了，但对此浑然不知。对于他，时间是停滞的；然而他的一生同涅槃的永恒相比，似乎又仅仅是一个瞬间。没有人来看他，也许一只蜘蛛或者一只蜈蚣有时会从他的手上爬过。他的衣服碎裂了，他的指甲长得很长，他的头发又长又乱。他没有注意到自己的皮肤变得极度苍白，视力下降，最后眼睛里的光芒完全消失。他渴望得到解脱。总有一天，他的门会有人敲响，那是唯一获准进入他的洞穴看望他的朋友，那就是"死亡"，来领他走出黑暗，带往涅槃的大光明中。

·圣僧走向他将幽闭其中、度过余生的洞穴

· 对阳光的最后一瞥

· 死神

注释

1. 本波佛教（Pembo），即西藏原始宗教雍仲本教，简称本教或苯教。

2. 该寺即帮玉寺。

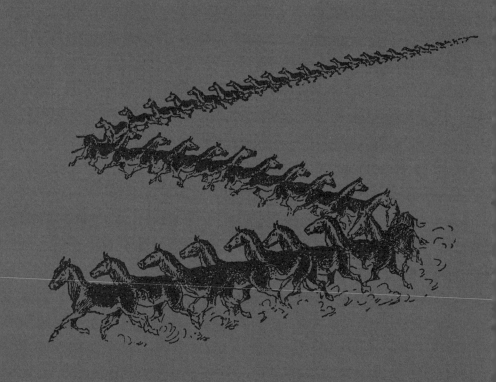

第五十五章

新的外喜马拉雅山山口——
买买提·依萨最后的旅行

4月17日，我们骑马来到果吾村，这是最后一个人类尚且居住在石屋里的村落。我们再次看到了高山草甸上黑色的帐篷、吃草的黑牦牛和雪白的绵羊。暴雪降下，我们不久就走进一道山谷，谷底满是冰块。

左边耸立着一座高山，上面有一个怪异的、直上直下的山洞，下面的洞口住着两个行乞的喇嘛和两个来自尼泊尔的尼姑，他们服侍着更高处山洞里的两个苦修僧人。一段自然形成的又滑又险的螺旋形台阶通往那个壁龛样的洞穴，一位年逾百岁的苦修僧人贡桑乌布（Gunsang Ngurbu）在里面修行沉思。为了接近他，我们不得不挪开一块很薄的石板，它像一块窗板一样挡住了通往他的洞穴的入口。但是尼泊尔尼姑请求我千万不要去打搅这位老人，所以我就满足于从石板下的一条缝隙朝洞室里张望。除了两个人影外看不到别的什么，我听到老人在喃喃诵经。冬天他在上面肯定感到寒冷，但是至少他能看见太阳、星星和飞旋的雪花，因为他的石洞朝山谷敞开。但是他永远不能跟任何人说话，他甚至不知道另一个石洞里还有他的一个邻居。

从那里走了不远，我们来到羌拉布拉山口（Chang-la-Pod-la），它海拔18270英尺，是外喜马拉雅山的大陆分水岭上的第一个山口，位于色拉拉西部43英里。这是一个重大的新发现。我们第二次穿越外喜马拉雅山和雅鲁藏布江北部的巨大空白地带，我梦想着能一步一步地填补这个空白，一直到它的最西端。

我们向西北方向前进。我不能理解护卫队的企图，他们就那样带领我们朝着那个方向走，但那恰恰是我最想走的路线。护卫队的一个头领曾经在通村当过喇嘛，不过由于爱上了一个女人，遭到了僧友们的驱逐。

我们来到山口的另一边，又到了没有河流流进印度洋的地区，河水最终都流进了当惹雍错，我希望能够逼近它的岸边。在人们能够第一次看见神山达果岗日[1]的地点，立着一座飘扬着风马旗的石冢。印度学者纳因·辛格从北面也看到了神山，但从没有欧洲人看到过它。藏人都在这里五体投地仆倒，敬拜神山。

　　护卫队下一次换班的时候，五个老人及另外一大堆人成了我们的警卫。他们想把我们带回热嘎藏布去，但是我劝诱他们继续向西北方向前进。他们有 11 顶帐篷和大约 100 头牦牛。我时常到他们的营地拜访，给老人们画素描。

　　我们接近了神山，它有着巨大的雪峰和五条看得见的舌状冰川。从西到西南的方向耸立着一条崭新的、未知的山脉，体积非常庞大，山脊上是终年不化的积雪。我们在达果岗日山脚、达果藏布河畔安下了第 150 号营地，这条河流入当惹雍错，再走两天的路就能到那片湖。迄今为止，一切都进展得很顺利，但是在这个地方，20 个全副武装的人出现了，拉杰次仁派他们来检查我们是否在向"圣湖"行进。他们的领队是伦珠次仁（Lundup Tsering），我们在昂孜错的时候就认识他了，那时他是拉杰次仁的随行人员。他们说我们无论如何也不能去圣湖。但是在河谷的右边离我们营地不远的地方，有一道多岩的红色山岬，据说从山岬的顶部可以望见湖水。我答应不到湖岸上去，只要他们允许我爬上那道红山岬，他们对此并不介意。但是 4 月 28 日我们启程的时候，拉嘎地区的头人出现了，率领着 60 个身着红色和杂色服装的骑手，骑着白色、黑色和枣红色的马。他们将我们团团围住，怒骂着，尖叫着，不允许我们离开营地一步。我们一整天都在谈判，最后他们做了让步，我和两个随从骑马去了湖那边，遥望着湖水在北边像刀锋一样闪烁着蓝光。

从那里我们向东南方向行走，想第三次翻越外喜马拉雅山，途中发现了许如错，一片中型大小、尚未化冻的湖泊。5 月 6 日，我们再次翻越了外喜马拉雅山，这回翻越的是阿灯拉山口（Angden-la，海拔 18500 英尺），它坐落在羌拉布拉山口以西 52 英里的地方。我再次成功地占领了巨大空白地带的一部分。两边的风景都很壮观，在我们身后的北边仍然能够看见达果岗日，南边则能够看见喜马拉雅山雪白的群峰。

我们走上去往热嘎藏布的路。一天晚上，有人报告说老古法如生病了。他躺在他的帐篷里，好像已经奄奄一息了，已经要求他的儿子准备好了裹尸布。老头的肚子疼得厉害，但是我给他开药时，他又嘱咐我回去躺下。买买提·依萨差点儿笑岔了气，其他人也围在他的床边笑得喘不上气来。最后我给他服了鸦片，第二天早晨，他就像泥鳅一样欢蹦乱跳了。

5 月 11 日，我们在纷飞的大雪中抵达了热嘎藏布，趴在篮子里旅行的小狗惊讶地乱抓雪花。我们走在赖德和他的伙伴们曾经绘成地图的路线上，但是在去往玛那萨罗沃 [2] 的 83 天旅程里，我整个儿走的都是未知的新路线，只有两天半除外。

热嘎扎桑的两个首领非常固执，他们出示了从德瓦雄得到的命令。命令的大意是，我从这里只能走扎桑道（tasam）——即通往拉达克的主要商道——这条路线，正如赖德的探险队当年所做的那样。我写信给拉萨的棠大人和联大人，请求他们允许我取道扎日南木错、昂拉仁错和玛那萨罗沃去印度。我将徒步为我送信的重任托付给了顿珠索南和扎西，派他们将信送到距此 200 英里路程的日喀则的马先生那里，然后再来跟我们会合。

我们并不急于赶路，以免把他们落下太远。我们在这个地方待了一星期，时至 5 月 15 日，夜里的气温仍下降到了零下 26 摄氏度。5 月 21 日，与藏人们的愿望相悖，我们沿扎桑道以北的一条路向西走，进入了荒野与冬日的严寒并存的巨大的珠穆乌琼山群。我们来到山群的另一边，在巴桑山谷的入口处待了一天。从那里去宗本官邸所在地萨嘎宗 3 只有一天的路程了。我不想朝那个方向走，而是希望从南边绕路去加大藏布汇入阔大的雅鲁藏布江的地点。这个请求得到了藏人的批准，条件是买买提·依萨必须带着旅行队的大队人马从大路走到萨嘎宗。

我们分手的前一天晚上，拉达克人在篝火旁跳起了舞，买买提·依萨弹起了吉他。5 月 27 日早晨，两队人马分头启程。只剩下买买提·依萨和我了，我们骑在马背上，我像往常一样向他发布指令，然后我们说了再见。我那漂亮的旅行队领队看起来状态极佳，他一溜小跑追上了其他人。这是我最后一次给他下达指令。

我自己则追上了罗伯特和次仁率领的分队。我们的旅行最后收获颇丰。我们乘船测量两条河流的水量，这样工作了四天之后，在扎布尔地区宿营。5 月 31 日，我们将完成到萨嘎宗的最后一天行程，但是这天一大早，一个野蛮而狠心的头人来到了我们的营地，还带着一群雇来的打手。他鞭打了为我们服务的藏人，命令他们带着他们租给我们的马离开，而我们将作为他的囚犯监禁三个月，而且得不到任何粮食。我派了一个随从偷偷去了萨嘎宗，带消息给买买提·依萨，让给我们送来五匹马，然后我把那个头人叫到我的帐篷里。他说我没有权利走扎桑道以外的道路，我警告他不要装腔作势，如果我高兴，我可以将他的脑袋交给我在拉萨的中国官吏朋友。这话激怒了他，他冲过来，拔出刀来砍我，但是我坐着没动，没有表现出任何恐惧，于是他住了手，收起武器走了。当晚他带和仆人和牦牛又回来了，宣布通往萨嘎宗的道路向我们敞开了。

6月1日早晨，我们的几个随从赶到，带来了五匹马和买买提·依萨捎来的口信，他的营地一切都好。我们拔营起程，路很漫长。我还像通常那样被工作耽搁着，跟在其他人后面来到了营地。古法如和全体随从前来欢迎我。

"可买买提·依萨在哪儿呢？他一般都在的呀！"我问。

"他躺在帐篷里呢，一整天都病着。"

我知道他经常犯头痛，所以就平静地走到我的帐篷里去吃晚饭。天黑了，饶桑来告诉我说，跟买买提·依萨说话，他已没有反应了。我赶紧去了他的帐篷。他的嘴歪扭着，他的瞳孔也表明他中风了。我仔细询问了其他人，他们说他是中午倒下的，几小时后就不能说话了。一盏油灯在他的脑袋旁点着，照见正坐在那里哭泣的他的兄弟次仁。我叫了他的名字，他虚弱地尽力动了一下头。我悄声对罗伯特说他活不到明天了，罗伯特感到惊恐异常。我们唯一能做的事就是将冰块放在他的头上，把热水瓶放在他的脚旁。

但是这一切都是徒劳的，他的大限到了。晚上9点，垂死的挣扎开始了，他的手脚变得冰凉，身体打着冷战。他粗重的呼吸逐渐减弱，然后停止；又过了一分钟，买买提·依萨吐出最后一口气，他死了。

我在死亡的庄严面前脱帽肃立。喇嘛教徒用自己的语言做了祈祷，伊斯兰教徒叨念着他们的"真主至大"。古法如绑住死者的下巴，将他的下颚固定住，然后用一块白布蒙住他的面孔。次仁痛哭失声，敲打着自己的额头，来回扭动着身体，我试图让他平静下来，但是最后我们不得不将他抬回自己的帐篷。他后来终于在那里睡着了。

伊斯兰教徒将帐篷布置成一个小礼拜堂，由五个人守夜。半夜我去了那里。他躺在那里，这个大个子，像个国王似的笔直地躺着，嘴唇上浮现出安宁的微笑。他本来脸色苍白，但是经历了羌塘所有的风暴和西藏日照充足的日子后，肤色已经变成古铜色了。

第二天（6月2日）是一个星期日。当天遗体得到了清洗，然后裹在古法如的裹尸布和一块灰色毯子里，放进一口简陋的棺材，由八个伊斯兰教徒抬到萨嘎宗政府为我们指定的安葬地点。我的信仰喇嘛教的仆人们正在坟地上忙活。送葬的队伍很简单，我走在棺材后面，然后是罗伯特和几个扈从。次仁留在自己的帐篷里，沉浸在悲痛之中。一些藏人在远处看着我们，他们以前从来没有看见过这样一种仪式，他们的风俗是把死者扔给野兽吃。抬棺材的人唱着一曲挽歌，他们走得非常缓慢，还停下来休息了两次——肩头上的负担太重了。

遗体放进了坟墓，脸朝向麦加。遗体被推进了一个壁龛，以免被泥土压得太狠。墓穴添满了土以后，我上前一步，致了简短的悼词，感谢买买提·依萨始终如一的忠诚。

然后我们静穆而悲伤地回到自己的帐篷。我在一块石板上写下了买买提·依萨三十年来服务过的欧洲人[4]的英语名字，他最后跟随了我，于1907年6月1日去世，终年53岁。这段话将同他的阿拉伯名字及"唵嘛呢叭咪吽"（这样他的坟墓对藏人也同样神圣了）一起，刻在他坟墓前的石碑上，还有一小块石板放在旁边，路过的伊斯兰教徒可以跪下来为死者祈祷。

6月3日，伊斯兰教徒和其他人要求宰一只羊，设宴纪念他们的旅行队领队。然后我们才意识到我们的损失，我们痛苦地思念他。

思乡病袭击了所有人。看到拉达克人热情地坐在篝火旁为他们家乡的老婆孩子缝鞋，那场面实在感人。罗伯特也渴望见到他的母亲、妻子和兄弟。但是比起其他任何人来，我更渴望雅鲁藏布江（布拉马普特拉河上游）北部的未勘之地。我们恨不得一得到允许便立即开拔；但是关于我的路线问题还要跟藏人谈判整整一星期，经过许多的"如果"和"而且"，他们批准了我走北线去纽圭⁵的请求。

古法如被指派为继任领队。我对我的随从们说，谁若是对他不像对买买提·依萨那样恭顺，就会立即遭到解职。死者的遗物装进两只箱子封上，最终将运给他的孀妇。我们只找到十卢比的钱，这足以证明他诚实地掌管了委托给他的资金。

6月7日，我们起程了。我骑马来到墓地，最后向买买提·依萨致敬。很快小丘就挡住了我们的视线，再也看不到坟墓了，它将交由无边的孤寂照管。

注释

1. 达果岗日（Targo-gangri），即达果雪山。

2. 玛那萨罗沃（Manasarovar），即玛旁雍错。

3. 萨嘎宗（Saka-dsong），即今西藏萨嘎县。根据西藏地方政府旧制，"宗本"是本地最高长官。

4. 身为准将死于世界大战最后一刻的罗林上尉曾为买买提·依萨写过一篇墓志铭，发表在1909年4月的《地理杂志》上（442页）。——作者原注

5. 纽圭，即西藏萨嘎县拉藏乡纽圭达桑村。

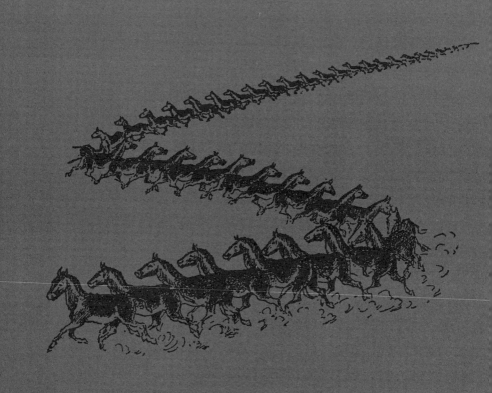

第五十六章

发现布拉马普特拉河的源头

我们沿着道路前进，路过了达吉岭寺（Targyaling-gompa）。态度强硬的僧人们声称，如果我们胆敢冒犯他们的圣地，他们就要向我们开枪。我回话说，他们不必担心，我们看了扎什伦布寺，对他们的寺庙根本没兴趣。

纽圭现由一个正直的果瓦统治，没费一点周折，他就允许我骑马上了吉隆拉，一个 17400 英尺高的山口，它所在的山脉属于外喜马拉雅山的一个分支。从那里我们看见了好几座冷布岗日的高大雪峰，赖德和伍德的探险队从雅鲁藏布江峡谷也对它们做了三角测量。我产生了继续攀登主脉的想法，但是我答应过果瓦不会越过这个山口，于是痛心地再次放弃了对大片未勘之地的探索。

6 月 17 日，我们在达巴容山谷宿营。我们听到道路上响起铃声，一个骑手飞马来到我的帐篷，下了马，递给了我一封信。我心怦怦跳着在封印处读到这样的英文字句："Imperial Chinese Mission，Tibet"（西藏，大清国使团）。于是我紧紧攥住对我的宣判。我的所有随从都聚集在帐篷前，他们渴望回到拉达克家乡，希望我们不会再被任何额外的远游耽搁。信是棠大人写来的，措辞很客气，但是内容可以归结为这样一句话："回到拉达克，不允许向北或任何其他方向继续旅行！"我将信的内容透露给了随从们，他们静静地回到自己的帐篷，现在，他们回家的希望比以往任何时候都大了。这些无情的中国官员激怒了我，我决定调动我所有的智慧瞒骗他们。我们向西走得越远，留在身后的未勘之地也就越大，但是无论如何我要想办法到那里去。

去了日喀则的顿珠索南和扎西当晚恰好回来了。他们完成了任务，就赶紧往回赶，但是一天晚上，在离日喀则不远处，他们遭到了强盗袭击，强盗用枪指住他们，抢走了他们身上除衣服以外的一切。纯属偶然，强盗没有发现其中一人藏在腰带后面的 30 枚银币。他们吓坏了，将每一个影子、每一块石头都想象成强盗。他们最后赶上了我们，虽然筋疲力尽，但是很高兴，我因此给了他们很多的奖赏。买买提·依萨去世的噩耗他们已经在路上听说了。

一种怪病袭击了我们的四条小狗，它们本来就要成为我帐篷里可爱的室友了。不出一星期它们就都死了，小棕和我在帐篷里又是孤零零的了。

在寺庙村扎东，我们再次走上了扎桑道。此地的权力掌握在一个果瓦手里，他曾经做过喇嘛，但是因为一次恋爱事件被"黄帽派"扫地出门。我答应他给很多银币，只要他让我看一眼尼泊尔北部。"乐意效劳。"他说，甚至让我租用了一些他的马。我如果更小心谨慎一些，就应该对这非同寻常的恩惠保持警惕。首先，进入禁止欧洲人旅行的地带就很冒险，即便进入，也只能采取几条特定路线并持有适当的护照才能旅行。其次，我一进入尼泊尔，实际上就离开了西藏，藏人可以在我回来的时候合理地在边界处阻拦我。

尽管如此，我还是于 6 月 20 日起程，在里孜寺（Likse-gompa）过夜，这是布拉马普特拉河（雅鲁藏布江）南岸的一座寺庙。关于这座小寺院的观感，我只想提一下圣犬，它吃的是僧人的粪便和他们的死尸；僧人们饮水的容器是象牙一样白森森的人头骨。

两天后，我们骑马登上了海拔 15290 英尺的科里拉山口（Kore-la），它位于两条圣河——布拉马普特拉河（雅鲁藏布江）和恒河——之间的分水岭喜马拉雅山中。从布拉马普特拉河到山口的斜坡几乎察觉不到，彼此间的海拔差也只有 315 英尺。因此可以挖一条运河，强行使布拉马普特拉河上游成为恒河的一条支流。而事实上，这两条河流一直到胡格利三角洲¹才汇聚在一起。

从山口上看到的风景非常美妙。南面，尼泊尔的山脊和山谷在阳光照耀下闪闪发光。北面，外喜马拉雅山沐浴在阳光中。但是喜马拉雅山的雪峰被云层遮住了，道拉吉里峰²（海拔26830英尺）则根本就看不见。

我们漫步下山，进入尼泊尔，到了喀利根德格河谷，那是圣河恒河的一个支流；与其在马背上颠簸，不如索性下来徒步旅行。空气更暖了，呼吸更顺畅了，我们看到了越来越多在西藏气候下无法生存的植物。在山口下2800英尺的地方，我们在离纳玛殊村很近的一座花园里扎营过夜，这座花园属于"山南之王"罗·噶普（Lo Gapu），他是加德满都的大君属下一个边界小邦的王公。和煦的轻风吹拂着繁茂的树冠：真像在天堂里一般。罗·噶普的两个仆人来邀请我们去他们主人的驻地做客，到那里去还要再往山谷里走很远，但是我谢绝了，他有可能会拘禁我们。第二天早晨，我们就骑马回了科里拉，不过我访问尼泊尔的消息甚至传到了大君的耳朵里。一年多以后，我的家人朋友正为我的性命安危大为担心，瑞典王太子在伦敦见到了尼泊尔的大君，在那次会见中，大君谈起了我对他的国土的访问，宣称我当时的担忧是没有根据的。但是那时候我早已回到西藏了。

扎东的果瓦讨回他的马并得到了答应给他的报酬，然后我们同古法如及旅行队会合，沿着雅鲁藏布江的南岸穿越陌生的土地，向西偏西北方向前进。在那木拉寺（Namla-gompa），我们渡过了雅鲁藏布江，那里的江面宽2900英尺，像一片湖一样。几天后，我们抵达了土松村，然后帮助一个喇嘛过了河。雅鲁藏布江在这个地点的水流量是每秒钟 3240 立方英尺。五个从西藏最东部康巴地区来的姑娘到访我们的营地，她们背着行囊，挂着木棍，一路上靠挨个帐篷乞讨来维持生活，已经朝拜了神山冈仁波齐峰。

我现在接近了我想解决的最重要的地理问题之一。我希望成为第一个发现布拉马普特拉河发源地并确定它在地图上位置的白人！1865 年，知名的印度学者纳因·辛格沿着从拉达克到拉萨的商道主路旅行，经过此地，他注意到这条河来自西南部的冰川，但是他从来没有到过那里。1904 年，赖德和他的探险队走上了同一条商道，他的路线从河北 30 英里的地方经过。为了解决这个问题，我必须首先测量形成布拉马普特拉河的诸条支流的水量，这项工作必须在一个晴朗的日子里进行，而且尽可能同时进行。我发现其中一条河——库比藏布[3]——的流量有其他所有河流加起来的三倍大，所以，沿库比藏布溯流而上，就肯定能找到布拉马普特拉河的发源地。

不过我先派古法如带着旅行队沿着主道去了帐篷村托钦，那里离圣湖的东北岸不远。只有罗伯特、三个拉达克人和三个藏人陪同我，这几个藏人对这个地区非常熟悉。他们都是黝黑的皮肤，穿着羊皮大衣，肩上扛着大步枪，我在日记里称他们为"三个火枪手"。

我们沿着库比藏布向西南方向行进。南方和西南方，那是一个巨峰林立的世界，山都是黑的，但是顶部覆盖着终年不化的积雪，山峰之间是尖尖的狼牙一般的大冰川舌。我们越走越高，到处发现很薄的树皮，那是尼泊尔的桦树或其他树木的树皮，被风刮过了喜马拉雅山来到这里。三个火枪手注意到我在使用经纬仪进行观测，开始紧张起来，他们问，是不是我搞得雨都不下了；我向他们保证说，为了草地和牲口，我也像他们一样盼望着下雨。

我们走得越高，库比岗日的九座苍莽雪峰就在我们面前显得越发雄壮高大。一天晚上，南方闪过蓝白色的闪电；山顶在闪电的背景映照下漆黑一片，就好像是黑纸剪下来的一般。这神圣的群山就是布拉马普特拉河——梵天之子诞生的地方！这条河穿过西藏南部的大部分地区，穿过喜马拉雅山脉，灌溉阿萨姆邦[4]农民的田地，然后在胡格利三角洲同恒河的河水汇聚在一起。

7月13日，我们骑马登上一块巨大古老的冰碛的顶点，从那里，我们看到雄伟山脉的令人惊异的风光，有苍莽的黑岩石、圆顶和山口，有永久积雪的冰原盆地，有巨大的冰川，冰川表面有暗黑的、绸带似的冰碛，冰层里还有蓝绿色的仙洞。我们脚下的冰碛就是来自朗噶钦山群的那条冰川的下部，它的融水注入了库比藏布的所有源流中最大的一条。这就是布拉马普特拉河的发源地，这里的海拔是15950英尺。

三个火枪手完成了任务，我发给他们报酬后遣散了他们。整趟旅行花了35美元！以如此之低的成本发现了世界上最著名河流之一的发源地，谁不想拥有这样的荣誉呢！三个向导认为我疯了，才骑马走了那么几天，就给了他们那么多银子。至于荣誉，我想骄傲地同纳因·辛格和赖德分享，他们在这些地区旅行过，尽管他们没有抵达发源地。

在接下来的日子里，我们继续向西行进，通过扎木隆拉山口（Tamlung-la），我们翻越了布拉马普特拉河和圣湖的分水岭；向我们左边望去，是群山，是冈隆岗日（萨特莱杰河[5]真正的发源地就在这里）和久拉曼达塔[6]高高拱起的山峰；然后就是扎葛藏布，又叫朗钦

· 雄伟的库比岗日山脉，永久为白雪和大冰川所覆盖

甘巴，即"象泉河"（萨特莱杰河的上游，所有注入圣湖的河流中最大的一条），我们在河岸上稍微停了一会儿，那里的仙泉像卢尔德[7]的神水一样，能治愈疾病，抵御各种灾难和邪气，包括饥荒、干旱和盗贼的侵袭；向西北方向望去，我们看到了西藏人心目中最神圣的山——冈仁波齐峰，它的峰顶上就是湿婆[8]的天堂；最后，在它的山脚，我们看到了圣湖玛旁雍错（印度人称之为玛那萨罗沃）的一角。

在托钦，我们全体再次集合起来，我在那里对旅行队进行了重要的改组。13个随从将由古法如率领，带着我所有多余的行李和300页写给朋友们的信，直接回拉达克的家乡。其中最重要的信是写给詹姆斯·邓禄普－史密斯上校的。我请他将我的邮件、6000卢比、手枪、干粮等送到噶大克来，我准备于一个半月后抵达那里。剩下的12个随从将跟我走，次仁成为领队。7月26日，我们分道扬镳。古法如带着13头牦牛和他的小分队向家乡进发。分别的时候大家流了不少眼泪。藏人看到旅行队分成两部分，以为像上次一样，过几天就重新会合在一起。

我和其他人向西南方向行进，在玛那萨罗沃湖畔宿营，这里离色热龙寺（Serolung-gompa）很近，它是朝圣者转湖会遇到的八座寺庙中的第一座。它们就像八颗珍贵的宝石一样镶嵌在一只神圣的手镯上。

注释

1. 胡格利三角洲（Hugli），即恒河三角洲，世界上最大的三角洲。

2. 道拉吉里峰（Dhaulagiri），喜马拉雅山脉中段山峰，位于尼泊尔境内，海拔8172米，为世界第七高峰。

3. 库比藏布（Kubi-tsangpo），即库比曲。

4. 阿萨姆邦（Assam），印度东北部一邦，处于雅鲁藏布江中部流域。

5. 萨特莱杰河（Satlej），印度河的支流，其上游在中国境内称朗钦藏布，意为"象泉河"。

6. 久拉曼达塔（Gurla-mandata），即纳木那尼峰。

7. 卢尔德（Lourdes），法国西南部上比利牛斯省的朝圣城镇。城镇附近一洞穴中的地下水被视为神水。

8. 湿婆（Siva），印度教三大神中司破坏之神。

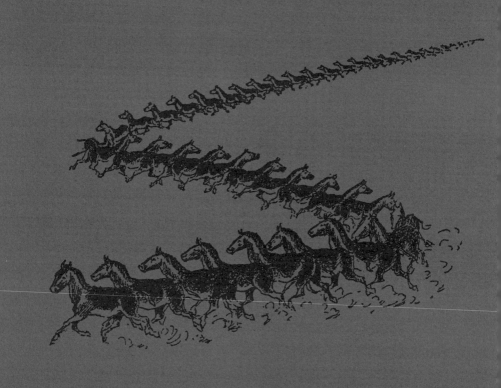

第五十七章

"圣湖"玛那萨罗沃

西藏人的玛旁雍错——或错仁波切（Tso-rinpoche，"圣湖"），或者印度人的玛那萨罗沃，梵天的灵魂——实在是神圣而又神圣啊！湖岸有群山环绕，金雕从它们在北方凯拉斯峰和南方久拉曼达塔山永久雪域下的巢中凝望着圣湖翠蓝的水面，印度的信徒看见湿婆从天堂化作一只白天鹅飞下，在湖面上盘旋。这片湖几千年来一直得到古老的宗教颂歌的赞美。《塞犍陀往世书》[1]中的《玛那萨堪达》（*Manasakhanda*）部分是这样说的：

> 身体碰触过玛那萨罗沃的土地的人，曾在其中沐浴的人，
> 将前往梵天的天国；喝下它的湖水的人，将前往湿婆的天国，
> 将得以解脱百次轮回的罪孽；就是名叫玛那萨罗沃的野兽，也
> 将前往梵天的天国。它的湖水就像珍珠。没有哪座山及得上喜
> 马恰拉山[2]，因为凯拉斯峰和玛那萨罗沃就在其中；正如露水被
> 朝阳晒干，人类的罪孽也将在瞻望喜马恰拉山的时候涤除。

我怀着虔敬之心在湖岸上宿营，想测量这片湖泊，调查它跟萨特莱杰河的水文地理关系（这是一个悬而未决的古老问题），探测它的水深——这还从来没有人做过，就这样以我的实际行动赞美它那翠蓝的水波。在湖面上，我们所处的高度是海拔 15200 英尺。湖是椭圆形的，北部膨大，直径大约是 15 英里。

现在我们要到圣湖上去了。我们等着 7 月 26 日和 27 日两天过去，因为风太大了。我们的藏人随从警告过我们，我们会被深深的湖水吸进去，就此灭亡。27 日晚，风停了，我决定连夜划船渡过湖面。我用罗盘对准对岸（西岸），确定我的前进方向为南偏西 59 度，舒库

尔·阿里和热依木·阿里负责划桨。我们带了测锤、速度计、灯笼和够用两天的食品。我们离岸时，营火冒出的浓烟径直向天上的星星升起。"他们永远到不了湖的另一岸，湖神会把他们拉进去的。"我们的藏人随从说，次仁也跟他们一起害怕起来。这时是晚上9点钟，消退的波浪拍击着湖岸，声音优美动听。我们平稳地划了还不到20分钟，营火的光亮就消失了；然而远处水浪拍击湖岸的声音仍能微弱地听到。除此之外，就只有船桨击水的声音和船夫的歌声来打破这寂静了。

午夜临近了。在南方山脉背后的片状闪电照耀下，整个天空都变成了蓝白色，有一个瞬间，天空就像正午一样明亮。月亮在水面上的倒影是银白色的，并且轻轻摇曳着。水深已经达到了210英尺，我的船夫感到害怕，他们不再唱歌了。

我在灯笼光下读水深和仪器数据，并且做着记录。一种童话般的气氛笼罩着我们。在夜半时分，在湖的中央，这湖对于亿万亚洲人来说就像吉内萨雷海[3]对于基督教徒一样神圣！只是玛那萨罗沃的神圣性比起对太巴列湖、迦百农[4]和救世主的尊崇来，要古老好几千年。

夜晚的时光行进得很慢。黎明在东方现出微芒，新的一天的前锋已经从山头上隐约可见。羽毛般的云彩染上了玫瑰的颜色，它们在水中的倒影好像在滑过玫瑰园一般。阳光打在久拉曼达塔峰顶上，闪耀出紫色和金色的光芒，反射的光就像一件光的斗篷似的，罩住了东方的山坡。久拉半山腰上的一圈云朵将阴影打在山坡上。

太阳升起来了，像钻石一样闪耀着；整个无可比拟的风景被赋予了生命和颜色。数以百万计的朝圣者见过晨曦莅临圣湖，但是在我们之前没有一个凡人从玛那萨罗沃的中央看到过这样的景象。

大雁、海鸥和海燕尖叫着飞过水面。船夫困了，有的时候他们一边划着一边就睡着了。早晨的时光消逝了，我们仍然继续待在这风景的中央。我也困了，合上眼睛，想象空中传来竖琴的琴声，看到成群的红色野驴在湖面上彼此追逐。

"不，这样可不行！"

为了让我的随从们振作起来，我用手往他们身上撩水。在下一个测水深的地点，我们发现湖的最深处是 268 英尺，然后我们用了早餐，有雁蛋、面包和牛奶，湖水就像井水一样甘甜。时值正午，现在我们显然正在接近西岸，我们都能清晰地看见湖岸的景物。划行了18 小时后，我们终于上岸了。

我们收集了燃料，煮了茶，煎了羊肉，一边吸烟一边聊天，将小船和船帆改造成一顶帐篷，才晚上 7 点钟就歇下了。第二天，我们向北航行，船离岸不远，路过了立在高高石岗上的果初寺（Gosul-gompa），然后在西岸又度过了一个夜晚。远在太阳升起之前，西风就咆哮而至。4 点半钟，我们起航了，从岸边划了还没多远，湖面就涌起了相当高的水浪，风直接从后面吹来。我们飞驶过湖面，回到了宿营地，我们的人在岸上迎接我们，既高兴又惊奇，他们自从远远地看到我们的船帆像一个小白点一样大，就一直在等待我们了。

8 月 1 日，我们把营地向南迁移，旅行队走在东岸上，我则划船前进。南边耸立着冈隆岗日，正如我所证实的（见《外喜马拉雅山》第二卷，153 页），它的山脚下就是萨特莱杰河的发源地。在阳果寺（Yango-gompa），我们对寺中的一个尼姑和十个僧人进行了短时间的访问；在吹果寺（Tugu-gompa）墙外，我们支起了帐篷，13 个僧人非常友好地接待了我们。他们看到圣湖上有一条船，惊诧万分，关于

· 喇嘛们同印度商人算账

我的幸免于难，他们只能解释为我同班禅喇嘛结下的友谊使然。在供奉湖神拉森·多吉·巴瓦斯（Hlabsen Dorje Barvas）的阴森大殿里，有一幅画画的是湖神从波浪中升起，冈仁波齐峰的穹顶巍然耸立在他的头上。

1907 年 8 月 7 日属于我人生经历中那种需要特别标上三颗星的日子。日出时分，一个喇嘛站在吹果寺的屋顶上吹响法螺。一群印度朝圣者在岸边洗浴，将湖水从头顶上浇下来，好像婆罗门在贝拿勒斯[5]码头敬拜神圣的恒河一样。冈仁波齐峰被云雾遮蔽了。

我同舒库尔·阿里和顿珠索南一起上了船。我们带上了皮衣、食物、船帆和备用船桨，但是这一次湖水是完全静止的，我们没有竖起桅杆。我们的前进方向是北偏西 27 度。划了好几小时，果初寺在左舷出现了，它远远看上去像一个小斑点。现在是下午 1 点钟，黄色的尘云在西北湖岸盘旋而起，风也从同一方向吹来，雨水那黑色的流苏垂挂在山坡上。一场大雨浇在我们头上，然后又变成了冰雹。我从来没有见过这样的景象！亿万颗大如榛子的雹粒像子弹一样射进水中，激得湖面水花飞溅；湖水在沸腾、翻滚，水沫沿着湖面飞旋。我们只能看见附近的水浪，巨大的黑暗笼罩着我们，小船里面却被冰雹铺成了白色。冰雹又转成了疯狂倾泻的倾盆大雨，我将皮衣盖在膝盖上，但是连衣褶里都积成了小水洼。

才平静了一小会儿，紧接着一场新的风暴又袭来，这回是从东北岸来的，我们听到它在远处好像重炮在轰鸣。有好一会儿，我们努力将小船往西北方向划，朝向我的罗盘锁定的地点；但是浪涛越涌越高，飞溅着泡沫的水浪冲过了右舷的栏杆。船里的水涨起来了，我们一边划船，水一边"哗啦哗啦"地响。我们不得不顺着风朝西南方向划，这个做法真是危险！但是成功了。现在开始了一段令我永生难忘的航程！

暴风！我们是果壳里的三个人，身处跟我家乡暴风中的海浪一样高的波涛之中。水泼过我的全身，渗进了我的皮坎肩，但我没有觉察到自己都冻僵了。我们沉在孔雀绿的湖水中，透过玻璃一样透明的水浪，看见太阳在遥远的南方照耀。我们的船在泡沫中被抛举到浪尖上，颤抖了一秒钟，然后再次被扔进险恶地翻腾着的水的黑暗墓穴。小船慢慢注满了水，我们在靠岸前能否一直浮在水面上？我们只要能扬起船帆，就更容易在暴风里保持平稳了。现在小船要在风里倾斜侧倒了，右舷栏杆朝着向风方向，我拼尽全力靠在小船的舵柄上，顿珠则尽其所能扳动船桨。

"划呀，划呀！"我喊道。

他的确划了，他的船桨随着一声巨响折断了。完了，我想，现在我们肯定要翻船了。但是顿珠是一个能力很强的家伙，他连想都没想，就去取那只备用的船桨，将它从套环里抽出来，放到桨架里去，然后在小船倾覆之前把它划了出去。船里灌的水越多，我们就在水里沉得越深，水浪也就越容易进来。

"呀，真主！"舒库尔·阿里用单调而低沉的声音叫道。

一小时一刻钟以来，我们一直疲于奔命，这时危险才过去；我们远远看到了果初寺，就在我们正前方。它的轮廓很快变大了，僧人们站在寺庙的阳台上看着我们。我们在岸边被拍岸巨浪卷起来，小船再次被吸力拽走。顿珠索南从船上跳了下去。这家伙疯了吗？水没过了他的胸口，但是他牢牢抓住小船，把我们拽下水去。我们在浅水中学着他的样子，将我们的果壳拖上了岸。

经过这番艰苦的挣扎，我们都累坏了，一头栽倒在沙滩上，一句话也不说。过了一会儿，几个僧人和小沙弥来到我们身边。

"你们需要帮助吗？你们在湖上晃来晃去的时候，看起来真是可怕，今天湖发怒了呢。到我们这儿来吧，我们有温暖的房间。"

"不，谢谢！我们就待在这里，但是请给我们一些燃料和食物。"

他们很快回来了，带着甜奶、酸奶和糌粑，我们的食品里只有茶还能用。他们用树枝和牛粪生了一堆表示欢迎的篝火；我们在火边脱下衣服烤干——这是我们在西藏的湖泊上失事后的家常便饭。

早晨，饶桑骑马带来了新鲜的食品，不过所有人都认为我们死了。吹果寺的僧人还在湖神像前焚香，求他饶恕我们。他们考虑得真

· 三个小喇嘛

周到！上帝保佑他们！

　　我在果初寺待了 12 小时。我有时坐下来，在神殿的八根柱子之间画画；有时观察那神秘的萨迦（Sakia）之子的塑像，僧人们用孔雀毛从一只银碗里蘸来圣水，洒在塑像上，同时叨念着"唵嘛吽"。在这里，在湖神自己的大殿里，他同样是在神秘的幽光中君临。

　　我走到外面的屋顶平台上。圣湖昨天还想尽办法淹死我们，现在已经像镜子一样平滑了。空中稍微有点雾蒙蒙的，看不清东岸究竟是山还是天，唯见湖天一色。有东西在我眼前游动。经过昨天湖上的颠簸，整座庙宇似乎在我身下晃动，我感觉好像要被卷入无限的空间中去。但是下面就是圣湖，沿岸有无数的朝圣者为了灵魂的安宁而疲于

· 圣湖岩岸上的果初寺

奔走。玛那萨罗沃就是象征着生命的巨轮的轴心！我可以在那里待上很多年，看着寒冰怎样将它的篷顶铺展在湖面上，冬天的风暴将飞旋的雪吹过地面和冰面，春天的来临使冰盖裂开，最后由和暖的夏风完成最后的任务，可靠的雁群做它的先锋。我愿意坐在那里，看新的日子怎样乘着早晨的翅膀掠过，与变化无常同时又总是引人入胜的圣湖成为一体，而圣湖一年到头日日夜夜都在人们的眼前展开它那非凡的图景。

然而此时白天逝去，晚霞消失了。我站在一群喇嘛中间，走到栏杆前，喊道：

"唵嘛吽！"

注释

1.《塞犍陀往世书》(*Skandha purana*)，古印度文献经典，《往世书》之一种。

2. 喜马恰拉山（Himachala），即喜马拉雅山。

3. 吉内萨雷海（Sea of Gennesaret），即加利利海，又称太巴列湖，以色列境内最大的淡水湖。《圣经》中所记载的耶稣基督的大量事迹都发生在这片湖的湖畔。

4. 迦百农（Capernaum），《圣经》中的地名，位于加利利海西北岸，今已成废墟。耶稣基督开始传道时，即迁居此地。

5. 贝拿勒斯（Benares），现名瓦拉纳西，印度北方邦城市，位于恒河中游左岸。印度教七大圣地之一，每年来此朝拜和下恒河沐浴者达二三百万人。

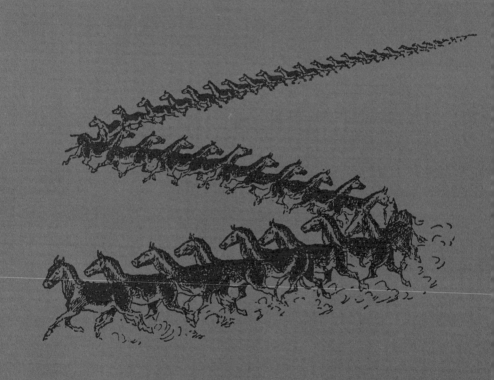

第五十八章

"魔湖"拉喀斯塔尔

我们划船回到吹果寺的时候，天气晴好，僧人们以感人的友好态度欢迎我们。他们说，那棵根植于湖底金沙中的圣树升到了湖面上，1000个僧人的禅房挂在它的1000根树枝上，它的脚下就是湖神的城堡。从圣湖里流出四条大河：格尔纳利河[1]、布拉马普特拉河、印度河和萨特莱杰河。

我们骑马沿久拉山的山坡转了一圈，再次路过果初寺，来到了位于圣湖的西南角的吉乌寺（Chiu-gompa）。那里住着一个孤独的僧人，是善良而忧郁的次仁顿珠（Tsering Tundup）喇嘛，他对自己的孤寂感到厌倦了，要求我允许他陪我一起上山。但是我们就要出发的时候，他又失去了勇气，不愿离开他的寺庙。我又几度渡过了湖面，还骑马去了本日寺（Pundi-gompa），在那座寺庙附近，饶桑和我从12个强盗手下死里逃生，他们更喜欢抢劫有牲口和物品的藏人商队。在朗纳寺（Langbo-nan-gompa），我和12岁的住持一起喝茶，他是一个风趣、机灵的男孩，对我的速写本发生了浓厚的兴趣。我们骑马离开时，他站在窗口向我们挥手道别。加吉寺（Charyip-gompa）是湖上第八个也是最后一个寺庙，一个孤独的喇嘛住在那里，当他敲响他那口大钟时没有人听得见。然而六字真言"唵嘛呢叭咪吽"铸进了铜钟里，大钟鸣响时，声波将它传送到了圣湖的水波上面。

我们发现自己再次来到了吉乌寺，玛那萨罗沃有时会泛滥到这个地方，再通过一条河床向西流入附近的一片湖——藏人称之为拉昂错，印度人称之为拉喀斯塔尔。河床通常是干涸的，东边的湖面得升高6英尺才能形成泛滥。这种情形1846年发生过一次，当时亨利·斯特雷奇[2]在那里，后来1909年也发生过一次，我是从古兰·拉苏尔的一封来信里得知的。但是当时河床是干的，对这个问题进行彻底的

· 朗纳寺 12 岁的住持在僧房里

调查是我此次旅行的重大任务之一。这样一个课题本身就需要一整本书来研究[3]。

藏人对我滥用自由感到十分愤怒。最接近的当权者——巴嘎的果瓦——一个营地接着一个营地地追捕我，但是每当他的人骑马飞驰到我们的帐篷前，他们都会得到这样的答复："他在湖上呢，你们想抓就抓吧。"还没等他们到彼岸抓住我，我已经从相反的方向走在回来的途中了。他们越发感到困惑，可能得出了一个结论，认为我是个神话。无论如何，他们一次我的面也没见过。

但是现在，果瓦向吉乌寺发出了最后通牒，如果我不到巴嘎自首，他的人会没收我的所有财产，用牦牛运到那里去。"很好，"我回答说，"随你的便！"一小队人真的带着 15 头牦牛来了，我们高兴地帮他们装卸。他们于是走了，由我的一半随从陪同着，而我带着另一半人去了拉昂错，即印度人所说的拉喀斯塔尔，对于藏人来说，它同圣湖完全相反，始终为魔鬼所占据。去年冬天，五个藏人抄近路在冰面上走，结果冰面破了，五个人全部淹死了。湖的形状像一个沙漏，但是湖的南半部比北半部更接近球形，我们在两半之间细颈处的东岸宿营。第二天早晨，我们开始测量水深。我顶着大风渡过了湖面，没有出现灾祸，但是大风发展成了狂风，整整一天一夜我们只好无助地待在西岸上。转天早上，我们在强风中回到了营地。从那以后一切似乎都在跟我们作对，风暴日夜肆虐，所以我们不得不收拾起小船，用最后一头来自蓬奇的骡子运走，我们则骑马绕着原始而美丽的岩石湖岸行走。

一天晚上，我们在南岸一条陡峭的地岬顶端扎营，在地岬的延长线上，一座名叫纳加多的岩石岛屿从水波中升起。5 月里，大雁在该岛平展高地上的沙子和沙砾中产卵，拉萨政府雇了三个人在此保护大雁免受狐狸和狼侵扰，这三个人从冰面上走过去，在安全许可的范围内尽可能久地待在岛上。但是有一年春天，他们没能在一场风暴将冰面完全击破之前及时离开纳加多岛，只好在岛上待了八个月，靠雁蛋和野草维持生命。

我也想到那座"雁岛"上去，罗伯特和依舍（Ishe）划船，我离开了湖岸。这是下午的早些时候，我们打算入夜前回来，到时候随从们会炸一只大雁作为我的晚餐。我们的营地被高高的山壁遮挡住了，我们并没觉得有风，直到离岸有了一段距离才发现。但是我们随即飞快地驶向小岛，在一个小水湾里艰难地靠了岸，在这种天气下我们不可能考虑划回去。我们把小船拖到岸上，对小岛进行考察。岛很小，只需 25 分钟就能转一圈。

　　大雁孵蛋的地点早已鸟去巢空，但是几千颗雁蛋仍然埋在沙子下面，在风停歇下来、我们得以划船回营地之前，我们有足够的东西吃。我们敲开一些雁蛋，发现蛋已经坏了，又试了好多颗蛋，最后只发现八颗雁蛋在沙子下面保存完好，可以食用。依舍带了一袋子糌粑，我们在饲雁者建的一堵石墙的避风处生起一堆火，烤雁蛋吃晚饭。跟几年前在恰规错一样，此刻我再次想到我们的危险处境——如果风把小船吹跑了怎么办。

　　我们睡在沙子里，第二天早晨，晨曦还没有照亮东方，我们就回去了。我的炸大雁这时已经干巴了，但我还是有滋有味地吃了它。这天早晨，巴嘎的一个果瓦也来到了，发出严厉的最后通牒。我们为他做了一顿丰盛的饭菜，我跟他开玩笑说："平静下来，果瓦，我会跟你走的。"这时，风暴将飞扬的尘埃笼罩在整个地区；我们在风暴中骑马绕湖一周，穿过了萨特莱杰河曾经从拉昂错流出来的旧河床，于 8 月 31 日深夜抵达了巴嘎。

　　本地区的头人们这下子心满意足了，他们终于将我抓进了他们的网里。现在，回到拉达克的最后一段旅行即将开始，我们要沿着大道穿过格列 4，这是神山冈仁波齐峰南部的一个地区。我对头人们说我会如他们所愿去拉达克，只要他们让我在格列停留三天。他们对此并不介意。

　　在一位大喇嘛和他的红衣僧人护卫队及一支装备停当的旅行队陪同下，我们于 9 月 2 日启程，当晚在格列平原上支起了我们的帐篷，从这里我们能看见世上最神圣的山脉。

注释

1. 格尔纳利河（Karnali），恒河支流，上游在中国境内，称为马甲藏布（"孔雀河"）。

2. 亨利·斯特雷奇（Henry Strachey，1816—1912），英国军官、探险家。

3. 这本书业已写讫，即我的《南藏》（*Southern Tibet*）一书的第一部和第二部。——作者原注

4. 格列（Khaleb），即西藏普兰县巴嘎乡的格列塘咔。

第五十九章

从神山到印度河的源头

等到第二天早晨，我们已经准备好了跟顽固的藏人来一次恶作剧。我已经侥幸在两片湖上度过了一个月的时间，对玛那萨罗沃的水深进行了测量，还造访了那里的全部八个寺庙。我现在想不顾一切代价完成绕神山一周的旅行，这是所有朝圣者的心愿，还从来没有一个白人这样做过。

9月3日一大清早，我派次仁、南木加和依舍带着够吃三天的粮食到冈仁波齐峰伸展出的山谷里去。他们一消失，我就骑上马，和饶桑一起跟随他们的足迹前进。我的帐篷就搁在了格列，结果果瓦认定我晚上就会回来。

我们进入了美丽的深谷，两边是绿色和紫色的砂岩和砾石构成的高大、直立的山崖，路过了好几队朝圣者。他们都是徒步转山，不说话，只是叨念着他们那永恒的"唵嘛呢叭咪吽"。我们在年日寺 [1] 歇息了几小时。在它神殿的祭坛上有两段象牙，"是从印度凌空飞来的"。神山从寺庙的屋顶看上去非常雄伟，它的形状是一个四面体，坐在一个四面垂直的底座上。它的山峰上覆盖着恒久不变的冰雪，从它的冰盖的边缘，融化的水急流而下，形成冒着泡沫的新娘面纱。

山谷更高处的两边都是花岗岩，走在其中就好像走过巨大的防御工事、高墙和高塔。右边山谷敞开的地方，冈仁波齐峰的峰顶不时地进入视野。无论我们从哪个角度看见它，它的雄伟庄严都同样迷人，同样令人感到自己的渺小。

我们的第一夜是在止热寺 [2] 屋顶上和其他朝圣者一起度过的。我们从他们那里得知，印度河的发源地距离这里只有三天的路程！我们应该继续往那里去吗？不！我们必须先完成我们已有的计划，然后再去！

我们因此继续围绕神山进行了转山朝圣之旅，从南面看起来它好像一块巨大的水晶石。我们的足迹穿过整整一座虔诚的朝圣者竖起的碑林，一个老人的遗体躺在石碑中间，他一劳永逸地完成了自己的朝圣。我们向一个山口爬去，坡度非常陡。一个山坡上立着一块巨大的花岗岩石，岩石下面有一条穿过松土层的狭窄隧道，藏人认为无罪的人能爬过隧道，有罪的人则会在里面卡住。依舍勇敢地经受了这种考验，他爬进了黑暗的洞口，用胳膊肘和脚爬行着钻进地里。他支着身子，用脚趾使劲蹬地，于是尘土都溅了起来，但是没有什么进展，他卡住了。我们捧腹大笑，饶桑大呼小叫，南木加笑得坐了下来，次仁笑出了眼泪。我们听到这个撕下假面具的"罪人"在地底下发出半窒息的呼救声，但为着他的灵魂的缘故，还是让他在洞里躺了一会儿。最后我们拖着他的腿把他拉了出来，他看起来就像一尊干泥像，一副懊丧模样。

来自西藏各地的朝圣者麇集冈仁波齐峰，即"神圣的冰山"，或"雪山珍宝"。这座山是世界的肚脐，它的峰顶就是湿婆的天堂。转山能使一个人减轻轮回的痛苦，离涅槃更近，他的羊群将繁荣，他的财产将增加。我们遇到一位老者，他转山已经有九次之多，还要再走四圈。他从早到晚地跋涉，两天能够走完全程。有些朝圣者不满足于走路转山，他们匍匐在地，将手印印在路上，站起来，然后再趴下来印。他们一路重复这个动作，这样需要20天才能环山一周。

我们最后终于爬上了海拔18600英尺的卓玛拉山口（Dolma-la）。山口有一块大石头作为标志，上面还立有装饰着经幡和飘带的风马旗杆。虔诚的信徒们把他们自己的发束供在这里，用一圈乳油把它沾在

· 止热寺旁的巨型花岗岩石

石头上，还供上他们自己的牙齿，把牙齿塞在石缝里。他们从自己的衣服上撕下布条，捆在飘带上，然后拜倒在石头周围的地上，敬拜冈仁波齐峰的神灵。

从卓玛拉下来后，我们走在陡峭的山路上，径直来到错噶瓦拉[3]前，它的湖水常年结冰。有我那四个喇嘛教徒扈从步行陪同——因为除了异教徒，谁都不可以骑马走在圣者的道路上——我骑马从尊珠寺（Tsumtul-pu-gompa）来到塔尔钦拉章（Tarchen-labrang），转山朝圣路上的第三座寺庙。这时我们已经走完了转经筒形状的圆圈，我们每走过一步都听见那永恒的真理"唵嘛呢叭咪吽"，那神秘、无底的"唵"

和"吽"——开始和结束。埃得温·阿诺德[4]说：

> 露水凝在莲花上！升起，伟大的太阳！
> 举起我的树叶，将我和波涛糅合。
> 唵嘛呢叭咪吽，旭日东升！
> 露珠滑入光辉的大海！

我回到格列之后，去见我们那和气的果瓦，直接告诉他我打算去印度河的发源地。经过漫长的谈判，他同意了，条件是半支旅行队直接去噶大克，在那里等待我的到来。

"你必须承担自己旅行的风险，"他说，"你会遭到我们官府的阻拦，也可能遭遇强盗的袭击和抢劫。"

我带了五个随从、六头驮行李的牲口、两条狗、两支步枪、一把手枪和够吃好几天的食物。一直到止热寺，路线的开头部分我们都熟悉；我们从那里离开朝圣路线，进入外喜马拉雅山死气沉沉的山谷。第二天夜里，我们听到口哨声和信号声，便严密看守着牲口。翻过则地拉钦拉山口（Tseti-lachen-la，海拔 17900 英尺），我们就越过了外喜马拉雅山的主脉。这是我们第四次翻越这道山脉了。我们同一些牧人一起在山脉北坡印度河畔宿营，他们正赶着 500 只驮着青稞的绵羊到改则去。

其中一个牧人是一位老者，他愿意陪我们去印度河的发源地，即藏人所称的"狮子口"（Singi-kabab），但是为此要价每天七卢比。我们还租了他的八只羊，驮着够马吃一星期的青稞。这个叫白玛丹则（Pema Tense）的人实在是超值，他跟我们一起待了五天，同他分手的时候，我们给了他 42 美元的工钱。对他来说这是一笔巨大的财富，对我来说，我用很低的价钱换取了对印度河源头的发现。

我们跟白玛丹则一起走上略微倾斜的山谷，将河的诸条支流甩在身后，而这条著名的河本身也在逐渐缩小。我们在一处河水宽阔的地方待了一会儿，捉了 37 条鱼，这对于我单调的食谱是一个很好的改善。接下来，我们走过一块陡峭的岩石，一群野绵羊正在往上爬。这些灵巧的动物完全被旅行队吸引住了，乃至于没有发现顿珠索南在岩石脚下偷袭过来。一声枪响，一只漂亮的野羊掉进了河谷。

9 月 10 日晚上，我在"狮子口"支起了帐篷！一眼泉水从一块平坦的石板下分成四股流了出来，然后又合为一条小溪。三块高高的石碑和一个四方形的玛尼墙，上面雕刻着美丽的象征符号，以证明这个地点的神圣性。这里的海拔是 16940 英尺。大约四十年前，一位印度学者访问过印度河上游。他在距离河水源头 30 英里的地方渡了河，没有继续前行到这个重要的地点。在我旅行前一年出版的地图上，印度河的发源地仍然被说成是冈仁波齐峰的北坡，也就是外喜马拉雅山的南侧，而实际上，它是在这个雄伟的山系的北侧。

研究亚历山大大帝的阿利安[5]在其著作《印度记》(Indica，第六卷，第一章)中写到了如下的有趣故事：

> 起初，他（亚历山大）看见印度河里的鳄鱼时，以为自己发现了尼罗河的发源地，除了尼罗河他没有在其他任何河流里看见过鳄鱼。他以为尼罗河发源于印度的什么地方，流过广阔的沙漠地带，在那里失去了印度的名字，但是后来，它又开始在有人居住的土地上流过，被那个地区的埃塞俄比亚人以及埃

及人称作尼罗河，最后汇入内海（地中海）。因此，他写信给奥林匹娅斯[6]谈到印度这个国度时，先说了其他事，然后说他认为自己发现了尼罗河的发源地。然而，当他对印度河的真相进行更为仔细的调查时，他从当地人那里听说了以下的细节——希达斯皮斯河[7]跟阿塞西尼斯河[8]汇流，后者又跟印度河汇流，它们的名字都来自印度；印度河有两个河口，分别注入大海，但是它跟埃及人的国度没有关系。他因而删掉了给母亲信中关于尼罗河的段落。

亚历山大看到这条巨河大量的河水从喜马拉雅山脉的河谷中奔涌而出，于是认为自己看到的就是它的源头。他之所以心存如此离奇的念头，以为他发现的是尼罗河的源头，是缘于他对印度洋的无知。他以为印度和非洲大陆是连接在一起的，他所看到的那条从喜马拉雅山奔腾向前的大河将弯向南方，然后向北汇入地中海。但是他又很快认识到两块大陆中间隔着一个大洋，印度河的河水就是流到那里去的，所以，在把信寄给奥林匹娅斯之前，大帝还有机会纠正自己的错误。他找到的不是尼罗河的发源地，而是印度河的发源地。但即便如此也是一个错误，因为亚历山大不了解该河还有几百英里长的上游。两千二百多年过去了，直到 1907 年 9 月 7 日，印度河的真正的发源地才被发现。

我因此有幸成为第一个发现布拉马普特拉河和印度河源头的白人，这两条河都自古闻名，像螃蟹的两只钳子，夹住世界上最高的山系喜马拉雅山。

由于脱离了当局的管辖，我们现在继续向空白地带的西部进发，来到雄巴玛赞地区。从那里我们踏上一条向西的路线去往噶大克，半路翻越了久赤拉山口（Jukti-la），它的最高点是 19100 英尺。这是我们第五次穿过外喜马拉雅山了。但是久赤拉并不是我的发现，纳因·辛格 1867 年就翻越过它，英国人卡尔弗特 [9] 1906 年也来过。然而没有其他白人或印度学者穿越过阿灯拉和则地拉钦拉两个山口之间那片伟大的未勘之地，它有 3000 英里的距离和 45000 平方英里的面积。关于那片土地，世人所知的仅限于冷布岗日的几座高峰，赖德探险队曾经对它们进行过三角测量。由于藏人和中国政府的严厉态度，我将被迫离开所有这些曾经是我旅行初衷的土地。

但是我必须去那里。如果我的计划没有得到实施、目的没有达到就回家去，那将是不可思议的。首先，我必须在噶大克和噶尔昆萨 [10] 等待邓禄普 – 史密斯上校把钱和其他东西从印度寄给我。藏西的长官——两位噶本 [11]——在我企图诱骗他们准许我直接到那片未勘之地去的时候非常铁面无私，这意味着会死更多的马匹和骡子，把一个月的路程变成六个月，以及在羌塘度过一个冻死人的冬天。

遭遇到了那么多次顽固的拒绝后，我的计划反而不断发展和明确。噶尔昆萨现在成了一个重要的商埠，大批来自拉萨和拉达克的商人在那里支起帐篷，储运货物。我在这里散布谣言说我受够了西藏，想经过拉达克旅行到新疆的和阗，再从那里去北京。我的中国护照也同那条路线相呼应，所以我在印度的朋友没人怀疑我的真正动机。我甚至写信给路透社驻印度记者、我的朋友巴克（Buck）先生，说我就要去和阗了。我只向一个来自列城的商人古兰·拉苏尔透露了我的秘密，我委托他替我组织一整支新的旅行队。我购买了 20 头他在噶尔昆萨所拥有的骡子，除此之外，他还给我弄到 15 匹精壮的马，我本人还剩下五头老牲口。然后他写信到列城，以我的名义雇了11名新的随从，他们将在鲁空与我会合。最后，他弄来了粮食、皮毛、衣服、帐篷——简而言之，所有粗重的装备——还借给我5000卢比银币。由于他为我提供的服务，他被瑞典古斯塔夫国王[12]授予一枚金质奖章，还得到了印度政府授予的"汗阁下"（Khan Bahadur）的荣誉称号。

11月6日，来自印度的货物，6000卢比和邮件终于都来了。这时我才得到了英国和俄国签订条约的消息，条约签订于当年（1907年），其中如下段落与我密切相关：

> 大不列颠和俄罗斯联合声明，在此后三年中，未经事先批准，
> 禁止任何科学探险队进入西藏，同时呼吁中国发出同样的禁令。

迄今为止，英国、印度、中国都反对我，现在又加上了个俄国。我打心眼里笑话那些可敬的外交家，他们居然坐在谈判桌旁为我订下了法律。问题是如何悄悄溜过拉达克，从那里，我将走主要的商路到喀喇昆仑山口，跟去年一样转而向东，进入西藏；等到了无人居住的地区，我就要化装旅行了。

一切准备就绪，我们便朝着坦克策和鲁空进发。我遣散了原来的所有随从，包括罗伯特在内，因为，假如我在西藏到了以前到过的地方，而他们中间有谁让人发现跟我在一起，那么我的整个计划就必定会落空。像以往一样，分离是痛苦而伤感的，但是只能如此。他们都哭了，但是也都从丰厚的报酬里得到了安慰。就这样我再次挺身而起，绝对孤独地站在中亚腹地，同五个联合起来阻挠我

计划的政府相抗争。

　　然而我的孤立在古兰·拉苏尔所雇佣的 11 个随从来到鲁空的时候结束了。其中八个是伊斯兰教徒，三个是喇嘛教徒。旅行队的领队名叫阿不都·克里木（Abdul Kerim）。其他人分别名叫库图斯（Kutus）、古兰（Gulam）、苏安（Suän）、阿不都·拉萨克（Abdul Rasak）、萨迪克（Sadik）、洛桑（Lobsang）、贡久（Kunchuk）、贾法尔（Gaffar）、阿卜杜拉赫（Abdullah）和索南贡久（Sonam Kunchuk）。他们大部分是拉达克人，只有洛桑一个是藏人，他是他们中间最优秀的，但其他人也都是一流的。我讲话欢迎他们，祝他们在去和阗（！）的路上一切顺利。他们所有人，甚至包括阿不都·克里木在内，都丝毫不知道我的真实计划，因而他没有为牲口带够青稞是可以谅解的。我告诉他带上够吃两个半月的青稞，但是到和阗只有一个月的路程，于是他只带了够这段距离用的青稞。

　　我们有三顶帐篷。我的帐篷非常小，只能装下我支在地上的帆布床和两只箱子。我们的旅行队共有 21 头骡子和 19 匹马。我骑着我那匹拉达克小白马，它在上次旅途中陪伴我走完了全程。银币和罐头食品装了四个驮子，厨具装了两个驮子，帐篷、皮毛和随从们的东西还需要几头牲口来驮。只有我和阿不都·克里木骑马，其他牲口全部驮着我们吃的大米、面粉和糌粑，以及牲口吃的青稞。我们只有两条狗——小棕和一条新来的狗，叫"黄狗"。除此之外，我们还买了 25 只绵羊。

　　这样，一切都是簇新的，只有小棕、那头来自蓬奇的白骡子和我的小马是原来的老队员。我意识到这次旅行会比上次更艰苦，上次是 8 月开始的，现在已经到了 12 月了。我们有可能直接走进使人瘫痪的严寒和摧毁一切的狂风的怀抱。12 月 3 日夜里，气温已经降到了零下 23.4 摄氏度，而且肯定还要逐渐下降到水银本身的冰点 [13]。

注释

1. 年日寺（Nyandi-gompa），即曲古寺。

2. 止热寺（Diripu-gompa），又称执热寺、折布寺、哲热普寺，

3. 错噶瓦拉（Tso-kavala），即噶瓦拉湖。

4. 埃得温·阿诺德（Sir Edwin Arnold，1832—1904），英国诗人和学者，以史诗《亚洲之光》闻名。

5. 阿利安（Arrian，86—160），希腊历史学家和哲学家，著有《亚历山大远征记》等。

6. 奥林匹娅斯（Olympias，前 375—前 316），马其顿王后，腓力二世之妻，亚历山大大帝之母。

7. 希达斯皮斯河（Hydaspes），即今杰赫勒姆河，位于巴基斯坦旁遮普平原。前 326 年，亚历山大大帝在希达斯皮斯河畔与印度波罗斯展开一场大战，史称希达斯皮斯河战役，系亚历山大东征四大战役之一，也是亚历山大一生中最后一次大战。

8. 阿塞西尼斯河（Acesines），即今杰纳布河，印度西北部、巴基斯坦东部河流，印度河主要支流之一，汇入萨特莱杰河。

9. 卡尔弗特（Albert Frederick Calvert，1872—1946），英国探险家。

10. 噶尔昆萨（Gar-gunsa），即今西藏噶尔县昆莎乡。

11. 噶本（garpun），西藏地方政府旧制中阿里地区总管，下辖四宗六本。

12. 古斯塔夫国王，即古斯塔夫五世（Gustav V，1858—1950），瑞典国王，1907 年即位。

13. 水银的冰点即其熔点，约为零下 39 摄氏度。

第六十章

藏北危难的冬日

12 月 4 日，我们来到了什约克村——这是我们旅行的第一天，也是整个旅途中最艰难的日子之一。道路经过一条很狭窄的峡谷，谷底的大部分都是河水，一半结冰了，另一半河水异常湍急。挑夫挑着行李，牲口们除了鞍子什么也没驮。我的挑夫大约有 100 人，一边唱着歌一边消失在河谷里。过了一会儿，我和一个同伴骑马出发了。路只有 6 英里远，但是我们用了八小时才走完，我们不得不一次次地重新过河。岸边的一些地点镶着很厚的冰带，但是会突然结束，马匹从冰面直接就跳进了湍急的河里。河水有 4 英尺深，我们必须夹紧膝盖，才不至翻过马头掉进河里。我们有好几次赤脚从右岸上的岩石上滑过，从而避免了涉渡，但是马匹必须涉水过河。苏安在一个地点企图骑马涉渡，但水太深了，马踩不到河底，他只得游到冰面的边缘，然后爬上去。最后一次渡河的时候，行李是由光着身子的人扛的，他们走在遍布岩石的河底上保持平衡，手里拄着棍子，彼此搀扶着。我骑着一匹高头大马过了河，洗了一次足浴。这些在两岸间往返的人为什么没有冻死，对于我来说是一个谜。其中有一个在河中央停住动不了了，不得不由他的同伴来营救。我们在岸上生了一堆火，让他们暖和身子。

在什约克村，所有的驮鞍都放在火边烤干。我们所在的高度是海拔 12400 英尺，我们很久都没有到过这样低的高度了。

我们开了告别晚会，为昨天晚上庆贺。村里的姑娘们围着一大堆篝火跳舞，乐师在一旁伴奏。

12 月 6 日，又一次死亡之旅开始了，这是我在西藏经历的最费劲的一次行军。我们带上了一个名叫图布戈斯（Tubges）的什约克牧羊人，让他为我们照看几天羊。他很快就证明自己是一个出色的神射

· 什约克村的姑娘们围着篝火跳舞

手，于是我们留下了他，这样我们一共有 13 个人了。

我们缓慢而艰难地在什约克河谷行进，遇到了来自叶尔羌和和阗的商队。其中一人走到我跟前，给了我两捧桃干。

"你还认得我吗，老爷？"他问。

"当然了，毛拉·沙阿。"

自从 1902 年春天离开我之后，他一直没有回家！现在他央求我让他再次加入我们，但是我们没有位置给他了。到处散落着丝绸的包裹，是商队在驮货物的牲口死后抛弃的。我们向北行进，什约克河谷情况很恶劣，到处是岩石、冰凌和漩涡。气温已经下降到了零下 25 摄氏度，黄狗趴在地上，对着严寒愤怒地吠叫。此外，沉默君临了，我们感受到冬日的严寒从各个方向袭来。突然，我听到一种奇怪的悲号声从我的新厨子古兰掌管的帐篷里传来。是小棕，它又给我们生了四条小黑狗，跟在日喀则那次一样。其中两条是母狗，随从把它们溺死了。我们精心照料另外两条狗崽，在行进途中，贡久将它们放在皮毛大衣里，紧贴着自己的身体。这条从新疆到克什米尔再到印度的商路无疑是世界上最艰难的路线，而且也是最高的一条路线。在布拉克营地，我们遇到了一支叶尔羌商队，有 20 匹马躺倒在地死去；上路以后，我们在两小时的旅途里数到了 63 具牲畜尸体。

第 283 号营地没有牧草。我检查了我们的青稞储备，发现只够十天用的了！

"我难道没有告诉你带够两个半月的青稞吗？"我问那个老头。

"你说了，"他呜咽着回答道，"但是再过两星期我们就可以走上去和阗的路，在协依都拉买到青稞了。"

我跟他说了几句狠话。无论如何，我自己在出发前没有检查装备，这是我的错。回到拉达克去是不能考虑的，因为那样一来我的真实意图就会暴露出来。我在零下 35 摄氏度的气温里坐了半宿看地图。这里离去年秋天的第 8 号营地有 96 英里，那里的牧场很好。从那里再走 400 英里可以到洞错，我想去一趟那片湖泊，以便从那里直接穿过湖泊南部的空白地带。但是在远远没到洞错的地方，我们就能遇到牧民，从而买到新的牲口。我必须让这个计划得以实施。向前，无论要经历多少危难的日子，也绝不能后退！

我们越早离开（向北的）喀喇昆仑山路线，转而向东和东南方向进入西藏腹地，情况就越好。12 月 20 日，一道巨大的横向山谷诱惑我们去寻找一条向东的捷径，向那个方向挣扎了一整天后，我们发现山谷缩成一条峡谷，最后只剩下一道石缝，就连一只猫也很难爬进去。我们就地宿营，没有一棵草可以让牲口吃，马儿们在吃彼此的尾巴和绳索。气温下降到零下35摄氏度。第二天早晨，我们掉头按原路折回，我骑马走在最后，库图斯徒步走在我前面。我们走过买买提·依萨那匹来自日喀则的白马，它现在冻得像石头一样硬，躺在山谷里。

我们再次走上到处是商队马尸的道路，一种令人毛骨悚然的气氛笼罩着山谷。尸体随处可见，有些被积雪半掩着，狗对着它们吠叫。狂风从南边吹来，红色的尘土在雪野上落下来，好像斑斑血痕，此地"红山洞"（Kisil-unkur）的名称就是这样恰如其分。

我们在这里宿营，这样就能在第二天早晨——也就是圣诞节的前一天——向上爬1000英尺到达达桑高地了。如果我们在那里遭到暴风雪的袭击，那就十分可能是致命的，所以我的随从们都很严肃。天黑下来以后，两个照看羊的人才露面，只剩下12只羊了，其余的都冻死了。我们没有燃料，随从们围坐在一堆燃烧的树枝旁，唱着一首赞美真主的优美的圣歌。按说他们只唱欢快的歌曲，但我只要听到深沉、严肃的曲调，就明白他们认为我们的处境非常危急。

圣诞节的前一天阳光普照。我们登上达达桑高地时，我骑马走在前头，离开了通往和阗的商路，转而向东。随从们不明白我是什么意思，他们渴望着和阗的葡萄和丰盛的炖肉锅，而我却骑马径直进入这寒冷多雪的可怕的沙漠。

在一些地方，雪的硬壳能禁住马的重量，但是雪壳也经常破裂，牲口于是会陷进充满白雪的五六英尺深的空洞，像海豚一样跳进细末状的雪里。一切都是死一样的惨白，旅行队在白色的背景下呈现出醒目的黑色。在我们的圣诞营地上，温度计在早上9点钟就读出了零下

27.2 摄氏度，夜里至少有零下 38.9 摄氏度。月亮将清澈、明亮的银辉洒在这死一般寂静的地方。严寒在我的帐篷四周肆虐之时，我正在阅读《圣经》上关于圣诞的段落，全然不理会一场暴风雪可能会穿过山脉，抹掉暴露我们路线的足迹。早晨一匹马倒下了。

我们沿着一条羚羊小径向东疾行。没有牧草！只剩下两袋子青稞了。等青稞也吃光了，牲口就会得到大米和糌粑，我们有大量的干粮。所有人都患上了头痛症，我又听到了那古怪的真主颂歌。阿不都·克里木每天夜里祈祷，为其他人求得宽恕。也许他们是对的，我把标准定得太高了！但是我们必须前进，哪怕不得不在牧民中间徒步乞讨。

我们进入一道山谷，那里的积雪少一些，一种黄色的东西在我们左首的山坡上闪光。是草！我们停下来宿营，牲口还带着身上的驮子就跑了过去。苏安满心喜悦地跳起了一种滑稽舞，让我们所有人士气大振。一头骡子死在了牧场上。附近有野牦牛，这样我们就又有了燃料。22 只野绵羊在一面多岩的山坡上攀爬。

我把阿不都·克里木、古兰和库图斯叫到我的帐篷里，将我的计划透露给他们。我说了我想穿越东南部那片巨大、未知的土地，说了藏人是如何监视我，还说了我为什么有必要在遇到第一批牧民的时候就伪装起来，从那时起阿不都·克里木将变成我们这支队伍的头领，我则变成他的仆人中最谦卑的一名。他们惊讶地彼此对望着，但是只知道说"好的"和"阿门"，尽管他们也许纳闷，他们是不是跟一个疯子搅和到了一起。

我们来到了喀拉喀什河谷，这是和阗河的两条源头河之一，十三年前和阗河救我一命的时候我就打算进行这次沙漠旅行了。在这里，我们仍然企图抄近路进入西藏腹地，却必须再次掉转方向，让我们的牲口和我们自己不必要地白费了两天力气，累得要命。于是新的一年——1908年就这样糟糕地开了头。

我们仍然需要继续向东，于是翻越了两个山口。一头野牦牛向我们跑来；它意识到自己的错误就掉头跑了，被狗追了一阵子。过了第二个山口就没有积雪了，还好我们上次走冤枉路时带了满满的两袋雪。我们在一条开阔的山谷里宿营，那里有燃料，所有牲口都被带到一处牧场吃草，那里的一眼结冰的泉水为它们提供了饮水。夜里，牲口们跑出去寻找更好的牧草，它们走了很远，第二天随从们费了一整天才把它们都找回来。与此同时我独自坐在我的帐篷里，由小棕和"小狗崽"（Little Puppy）陪伴着。另一条狗崽死掉了。一种奇怪的荒凉感占据了我的心。只要太阳在天上，一切就都可以忍受，因为那时能还看到山脉和云朵奇异的结构和颜色。但是太阳一落山，漫长的冬夜和刺骨的寒冷就开始了。

1月8日，一匹马和一头骡子死了。第二天，我们只走了几英里的路，来到一眼水源充足的泉水旁。从那个营地（第300号）向东，我们看见我去年曾经去过的羌塘地区。又过了一天，我们在曾经成为我们第8号营地的优良牧场上停了下来，买买提·依萨堆的石冢在山坡上像座灯塔一样耸立着。1月14日，气温下降到了零下39.8摄氏度！不可能保暖了。每天晚上我都让古兰给我搓脚，它们全生了冻疮。图布戈斯在第306号营地附近射杀了一只野绵羊和一只羚羊，我们的最后两只绵羊于是得以暂缓赴死。

我们转向东南方向，迷失在群山的世界里，而且不断遭到风暴的打击。旅行队里四分之一的牲口都死了，现在那来自蓬奇的最后一头骡子也倒下了。我们一天连 6 英里的路也走不了。青稞吃光了，所以牲口都吃上了大米和饭团。时间是具有毁灭性的，我们没有一天不失去一匹马或一头骡子的。

窝尔巴错（迪西和罗林曾经访问过这片湖）横亘在我们的路线上，洛桑在前面做领航员。湖的中间部分很窄，洛桑步行穿过了冰面，冰像水晶一样透明，呈暗绿色。在裂缝里，松散的雪粒堆积起来，给牲口提供了立足之地，否则肆虐的狂风会把整个旅行队都吹跑的。在远处的岸上，泉水喷涌而出，迫使我们上了山坡。那里的一个水湾里有很好的牧草。两匹马和一头骡子被遗弃在了那里。在遇到牧民之前，我们能活下来吗？

我们在暴风中奋力爬上了一个 18300 英尺高的山口，两匹马死在了半路。现在连阿不都·克里木也必须徒步旅行了，我们需要他的坐骑来驮东西。积雪有 1 英尺深，库图斯和我远远落在了其他人后面。我们发现索南、库楚克和苏安走岔了路，他们心脏和头都痛，不能继续走下去了。我让他们先就地休息，然后再跟上我们的足迹。晚上，他们拖着疲惫的身体来到了营地。阿不都·克里木来到我的帐篷，非常沮丧地说，如果十天之内得不到牧民的帮助，我们就完了。"是的，我知道，"我回答说，"帮助其他人鼓足勇气，照顾好牲口，一切都会好起来的。"

1 月 30 日到头来成了更艰难的一天。到处都下了两英尺厚的雪，往往厚达 3 英尺。两个向导手执木棍，带领我们这支半死不活的队伍上了一个山口。上坡路上全是深深的积雪，又是如此之高的海拔，就连最优秀的旅行队牲口也要丧命。雪正下着，狂风像刀子一样割着我们的皮肤。我们所有人排成一个纵列，走在向导踩出的沟垄里。总有

· 我们半死不活的牲口在深深的积雪中爬向山口

一匹马或一头骡子一再倒下，必须将它一次次扶起来。一匹棕色的马
倒下来，几分钟后就死了，飞旋的大雪用精致的白色裹尸布盖上了
它，而尸体还是温热的。我们的前进速度慢得令人绝望，让人怀疑我
们是否有力量登上这个祸害人的山口的顶端。我坐在马鞍上，雪将
我牢牢地粘在了上面，我的手脚都冻木了，然而我不敢怠慢我的地
图、罗盘和怀表，我握铅笔就好像握着锤子柄。这个山口跟前一个一
样高。我们缓慢地下山，很快就停在1码深的雪中了。暴风仍然吹得
很紧，狂怒地咆哮着，席卷着我们周围精细、干燥、飞旋的大雪；我
们铲掉积雪，费劲地支起帐篷。然后夜的黑暗降临了，即便那里有牧
草，我们也发现不了，因为有雪，于是我们拴住了牲口。风暴在我们
周围咆哮着，但我仍然听得见献给真主的庄严颂歌从随从们的帐篷里

隐约传出。早晨又死了一头骡子。

1月的最后一天，我们只走了3英里路。四头老牦牛在营地上方爬着山坡，在积雪里挣扎着。我在这里详细检查了所有的行李，一切并非绝对必需的东西都堆起来烧掉了。我们打碎了所有的箱子，作为后备的燃料，箱子里的东西都装进了袋子，这样分量更轻，对牲口更适合。

大雪下了一整夜，上一个山口肯定被雪封住了。如果我们在其中一个山口遇阻，我们就会陷入困境。我们至少不必为来自北方的追兵而感到恐惧了，但东南方向等待我们的是什么，我们只能猜测。我们继续走在一条巨大、开阔的山谷里，雪停了，天气晴朗。我们看见了谢门错[1]，在它的西岸宿营，那里牧草丰富。我们在那里停留了三天，

· 深雪中的四头老野牦牛

筋疲力尽。风暴已经持续两星期了，我像个囚徒一样坐在自己的帐篷里。小棕和我渴盼着春天，唉，到春天还有四个月！小狗崽是冬天出生的，还不知道和煦的春风是什么感觉呢。

2月4日，太阳回来露了一下脸。一匹马和一头骡子死了；我们带着最后的17头牲口沿着谢门错的湖岸走着。风景美极了，群山都是火黄色的。沿着湖岸形成的环形剧场式的线条说明了湖水正处于干涸的状态。

我们每天都看见游牧民或猎人的足迹。我们那些疲惫已极的牲口又死了两头。我仍然骑着我那匹拉达克小白马，但是现在它也累了。它在水平的地面上也磕磕绊绊地摔倒了，西藏的土壤粗暴地迎接了我。从那以后，那匹马就不用再为我服务了。

我们在一条敞开的峡谷里宿营。阿不都·克里木来到我的帐篷，用十分严肃的口气报告说，他看见北边来了三个人。我带着望远镜走出来，距离太远了，雾气使他们看起来非常高大。我们看了他们好一会儿，最后他们走近了，但是，唉，那只是三头吃草的野牦牛。

跟去年一样，我被两种情感撕扯着。一方面，我渴望牧民出现，从他们那里购买牦牛和绵羊；另一方面，没有人出现保证了我们的安全，因为我们一旦接触到牧民，关于我们旅行队的谣言就会一顶帐篷一顶帐篷地散布开来，遭到反对的危险也会与日俱增。然而最重要的还是，在我们旅行队的牲口全部倒下之前，我们必须找到当地人。

注释

1. 谢门错（Shemen-tso），即鲁玛江冬错。

第六十一章

我成了一名牧羊人

2月8日又是一个值得纪念的日子。我们穿过一道巨大、开阔的山谷时，看见了一只藏羚羊，就在我们前面100英尺的地方。它没有逃跑，我们立即注意到它的一条后腿曾经陷到过陷阱里面，但被这可怜的东西挣脱了。我们的狗要去追它，但我们的两个随从把它们都赶走了。我们宰了羚羊，在附近宿营。陷阱是用羚羊具有弹性的肋骨做成的一个漏斗，绑在一个植物须根做成的结实的环上。这个机关固定在一个土坑的底部，漏斗便藏在坑里。藏族猎手自古以来就知道，羚羊在行进途中会在一排几百码长的小石冢前停下来，然后一路紧挨着石冢走，一直到头。不久，沿着石冢就会踏出一条小路，而陷阱就布置在那里。

　　显然，我们现在离黑帐篷已经不远了。我们看见了两个男人较为新鲜的脚印，也许我们自己也被人注意到了，也许对我来说化装已

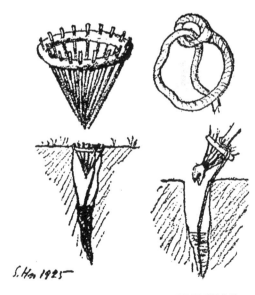

· 羚羊陷阱的构造

经太晚了。我把随从们叫到我的帐篷里，让他们各自熟悉即将扮演的角色。我们将扮成 13 个供富商古兰·拉苏尔驱遣的拉达克人，阿不都·克里木是我们的旅行队领队，我是他的 12 个随从之一，名字叫哈吉·巴巴（Haji Baba）。古兰·拉苏尔派我们穿越这些地区，调查一下明年夏天是否值得派一支大商队到西藏来买羊毛。我们正在说话，洛桑来报告说，他在远处看见了两顶帐篷。

我派阿不都·克里木和其他两个人到那里去。过了几小时，他们回来了，带来了一只绵羊和一些鲜奶。大人孩子都算在内，那两顶帐篷里总共住着九个人，他们拥有 150 只绵羊，但是主要靠用陷阱猎捕来的羚羊肉生活。阿不都·克里木也为他们逮住的那只仍然戴着圈套的羚羊付了钱。这个地方名为热乌琼。我们已经有 64 天除了自己以外没见到人了。

由于我们现在必须时刻准备见到更多的牧民，我于是穿上了我的拉达克服饰，跟我的随从们穿的一样，只是我的衣服太整洁了。但是过不多久，篝火的烟灰和食物里的羊油就把它弄脏了。

在第 329 号营地，我的小马看起来实在累坏了，其他牲口都在贫瘠的草地上吃草，只有它还站在我的帐篷跟前，眼睛和鼻孔下挂着冰柱。我帮它弄掉了冰柱，喂它饭团吃。

2 月 15 日，我们的队伍缓慢地向一个新的山口进发。我骑马走在前面，在山口的顶部（海拔 18550 英尺），我停下来等大家。身后朝向西北的风景雄伟壮丽，仿佛汹涌澎湃的海洋凝滞了，然后戴上了炫目的雪野皇冠，山是由板岩、斑岩和花岗岩构成的，色调各不相同。我等着九头牲口驮行李上来，其他四头牲口累垮了，随从们不得不扛着它们的部分行李登上山顶。我们从山口又下到一个多岩的山谷，那里的雪又是很深，我们把雪在火上化成水给牲口喝。天黑以后，落在后面的随从带着一头骡子到了，另外三头牲口——其中包括我的那匹拉达克小白马——都死了。自从我们一起从列城出发到现在，已经一年半了，这匹马选择了一个醒目的地点作为它的终点，在这个山口的顶峰，它的骸骨将在冬季的暴风雪和夏日的阳光中褪成白色。它的离去留下了极大的怅惘，我们都感到十分凄凉。再有这样一个山口，整个旅行队就会全军覆没。

现在行李对于十头牲口来说太重了。我所有的欧洲人的衣服，除了内衣以外，都给烧掉了。我抛弃了皮毛垫子、不必要的厨具和我所有的卫生用品，包括剃刀，只保留了一块肥皂。除了一盒奎宁，所有的药品都扔了。所有多余的书籍都化作了火焰。我们就像一只热气球，为了保持飘浮在空中而将沙袋扔出去。

在去往一片小湖——冷穷错[1]的路上，羚羊和整群的瞪羚使得我们所穿越的大片高原充满了生气。这是未勘之地中一大块地方的边缘，我们已经离开了迪西和罗林的路线。湖水结了厚厚的冰，我们在冰面上凿了一个洞，往里面沉了一些金属物件，包括一些贵重的备用器械。

第二天的旅途把我们带到了一些相当大的金矿，它们的矿坑位于垒有石坝的小溪河床里，都很浅。我们看到了远处两顶牧民的帐篷，但是没有理会它们。图布戈斯打了五只野兔，这极大地缓解了我们的肉食匮乏。在一条美丽、开阔的山谷里，我们看见至少1000头野驴成群地散布着；再往下走出很远，又看见了五群野驴，其中一群有133头之多。它们绕着我们奄奄一息的旅行队跑，仿佛在嘲笑我们似的，其姿态之优雅难以用语言描述，让人不禁以为，它们是由隐身的哥萨克人骑着的，正在遵从响亮的命令，因为它们队列整齐，蹄子

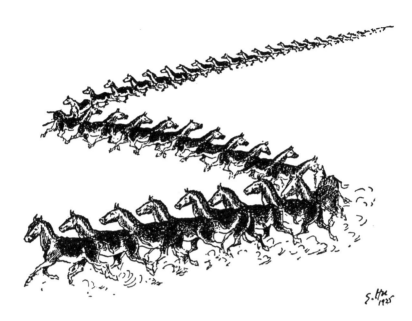

· 排成一列奔跑的野驴

"喀啦喀啦"作响，步调完全一致。

2月27日，我们在第341号营地附近发现了一些牧民，他们卖给我们两只绵羊、一些牛奶和牛油。从那里我们走向一处凹地里的两片小湖，离湖岸不远的地方，有两个牧羊人正在放羊，还有一个男人赶着六头牦牛。我们在那里宿营。它海拔15200英尺。洛桑和图布戈斯去了附近的一顶帐篷，一个老者出来问道：

"你们要干什么？你们去哪里？"

"去萨嘎宗。"他们回答说。

"撒谎。你们在为一个欧洲人服务。说实话吧！"

我的随从们回来的时候非常沮丧。阿不都·克里木的运气好一些，他又买回来一只绵羊和一些鲜奶。

我们本来打算第二天继续前进的，但是肆虐了30天的风暴发展成了一场飓风，拔营起程绝对是不可能的，空气里的浮尘那么多，我们走在路上都看不清哪里有山谷敞开、哪里有山脉隆起，所以只好待在原地不动。我们的邻居来拜访我们，那个骄傲的老者听说我们会为12只绵羊付38个卢比，心才软了下来，我们成交了。我一直躲在自己的帐篷里。大风咆哮着，天气十分寒冷，我老是觉得自己快要冻木、冻僵了。

然后我们又上路了。我们现在有三匹马、六头骡子和12只绵羊，就连绵羊也为我们驮行李，因为五只绵羊能驮一头骡子驮的东西。在一座突起的小山冈上，有两条狗向我们跑来，我们没留意那里立着两顶帐篷。帐篷里的人卖给我们一些绵羊，我们的绵羊总数现在达到了17只，希望很快就不用再依靠我们那些疲惫的牲口驮东西了。

狂风一直追赶着我们，在这样的气候里骑马真是一种酷刑。大风把地面吹出了沟壑，风的咆哮声好像高压水龙射在着火的房子上，又像火车隆隆开动，也像战车从圆石铺成的街道上滚过。3月6日，我们费了好大劲儿在一片盐湖岸边支帐篷。我的帐篷终于立了起来，暴露在飞沙走石的强烈轰击之下，这时它几乎要在风力的重压下崩溃了。拉达克人再也没有足够的力气把自己的帐篷支起来了，我让一些人爬进我的帐篷，其他人则在帐篷挡住风的地方等候。穿越西藏高原的旅行实在不是一件愉快的差使！

第二天，我骑马走在前面，库图斯和古兰陪伴着我。一条结冻的水道挡住了我们的去路，它的冰面像玻璃一样透明。过冰面的时候，我们最好的一头骡子滑了一下，扭伤了一条后腿；这样一来，这头牲口再也站不起来了。我们尽了一切努力帮助它，但这都是徒劳的，它不能走了，所以我们必须杀了它。第二天早晨，我们继续南行的时候，小棕和黄狗同那头死骡子留在一起，美美地吃了一顿暖乎乎的骡肉。

我再次跟古兰和库图斯走在前面，古兰打头，一旦看见浓雾里有帐篷出现就向我们示警。风暴一如既往地肆虐着。突然他发出了停下的信号，透过浓雾看去，一间石屋、两间小棚屋和一堵墙在一条峡谷的右侧隐约可见，离我们大约有几百步远。现在掉头太晚了，否则我们是会这样做的，因为我们现在有可能直接撞进一个头人的怀里，他当然会阻止我们继续向南行进。我们走过了这些房屋，既没看见人也没看见狗，于是偷偷摸进了一块突出的悬崖底部的裂缝里，悬崖上面是两座圣骨冢和一堵玛尼墙。

有那么一刻，沙尘的浓雾疏散了一些，我们看见山谷的另一边有一顶巨大的黑帐篷，离我们很近。我们的人终于到了，他们失去了一匹马。旅行队里原来的40头牲口，现在只剩下两匹马和五头骡子了。阿不都·克里木和贡久去了那顶大帐篷，那里住着一个孤独的喇嘛医师。帐篷内部装饰得像一个小型神殿，那个喇嘛是附近牧民的精神导师。这个地区叫作那荣，地区长官改则本²随时都可能回来。我们真幸运，没碰上他在家！我的随从很快同他的内弟成了朋友，后者卖给了我们五只绵羊、两只山羊、两担大米、两担青稞和一些烟草。

3月10日日出的时候，又来了另外几个藏人，想卖羊给我们，我们欣然买下了。我完成了伪装，把脸涂成棕色，跟图布戈斯和其他两个人走在前头，赶着我们的31只绵羊，都驮着行李。藏人站在一旁看着我们，他们很快注意到我根本不是赶羊的料。我这辈子从来没有放过羊。我像随从们那样挥动我的木棍，像他们那样吹口哨，还像他们一样发出一些奇怪的声音，但是羊对我毫不尊重，它们想往哪儿

· 赶羊

走就往哪儿走，我跑得上气不接下气。等我们远远地离开了那些帐篷后，我在一道岩缝里躺下，等待着旅行队，而且很高兴我又能骑马了。

　　我们骑马走过一个流沙地带。我们朝西南方向走，风暴迎面吹来，沙粒和我的皮衣不断摩擦，导致它充满了静电，我只需摸一下马的鬃毛，就能"啪"地闪出火花。我们在一个羊圈里宿营。

　　小棕和黄狗没有能抵达那荣，自从它们留下来跟那头倒毙的骡子在一起之后，就没有人见过它们。我希望它们能找到我们，就像它们以前多次做到的那样。但是也许狂风抹去了我们的踪迹，扰乱了它们的嗅觉，我们再也没有见到它们。有多少次了，我夜不成眠的时候，帐篷布一掀起来，我就觉得是我那老伙计、好旅伴爬进来，在它的角落里躺下，但那总是风在欺骗我；我仿佛看到了那不幸的狗，在我们

· 我们最喜爱的狗，被独自留在了西藏寒冷、孤寂的荒野中

走过的各个山谷里日日夜夜绝望地奔跑着，总在徒劳地寻找我们的踪迹；我仿佛看见它爪子受了伤，蹲坐着向月亮吠叫。它这一辈子都是在我的旅行队里度过的，现在它却失去了我们。对小棕的思念折磨了我很长时间，我好像觉得一条狗的幽灵随时随地跟随着我——一条可怜、孤独、遭遗弃的狗，在向我求救。但是关于小棕命运的谜——它是和黄狗相依为命，跟牧民生活在一起，还是筋疲力尽地成了群狼的口中餐——永远不能揭开谜底了。

3月15日，我们在洞错的西岸宿营，这是一片小湖，由纳因·辛格于1873年发现。那里的高度只有海拔14800英尺。我们现在就站在未勘之地的北端，如果我们成功地继续向南，一直到雅鲁藏布江（布拉马普特拉河），我们就会穿过了巨大空白地带的中心。现在重要的是我们要机警从事。

阿不都·克里木去了两顶帐篷，还同两个男人进行了如下的对话：

"你们有多少人？"他们问。

"我们一共 13 个。"

"你们有多少步枪？"

"五支。"

"你们来的时候，还有一个人骑马走在前头，你们都步行。骑马的是个欧洲人。"

"欧洲人从来不在冬天旅行。我们是拉达克的羊毛商人。"

"拉达克人从来不走这条路，而且冬天更不会来。"

"你们叫什么名字？"阿不都·克里木问道。

"那曲顿珠（Nakchu Tundup），那曲伦珠（Nakchu hlundup）。"

"你们有没有牦牛和绵羊卖？"

"你付多少钱？"

"你要多少？把牲口带过来。"

谈话的结果是第二天早晨我们买了两头牦牛和六只绵羊。我们现在位于邦巴³的北部边界，这个地区的名字叫邦巴强玛，距离邦巴本噶玛本错（Karma Puntso）的帐篷营地有六天的旅程。

我们每天都要路过好几次藏人的帐篷。每次看见帐篷，或者碰见有牧羊人在放羊，我就去赶我们自己的羊。我在这方面逐渐熟练一些了。一次，图布戈斯打了七只松鸡，一个藏人看见了，议论说，只有欧洲人才会吃松鸡，但是图布戈斯让他相信，阿不都·克里木也有这种古怪的口味。

我们走在一条人踏出的小路上；3 月 18 日，我们在一个山口脚下宿营。第二天早晨，我们正准备拔营，三个藏人来访问我们。我急忙从帐篷中间跑出来，跟洛桑和图布戈斯一起把羊群赶上山口。我们遇到一个骑着一匹白马的藏人，他身后跟着一条毛蓬蓬的黑色看门大狗[4]，身上带两块白斑。阿不都·克里木带着旅行队随后到来，用 86 卢比买下了那匹马，又用两个卢比买下了那条狗。那狗属于扎嘎尔（Takkar）种，所以我们就叫它扎嘎尔。它凶猛异常，而且像狼一样残忍。藏人帮助我们在它的脖子上拴了一根绳子，留出两截很长的绳头，由贡久和萨迪克各执一头，把它夹在当间走，防止它咬人。

在山口的另一侧，我们下到一条峡谷里，那里有帐篷、羊群和骑手，让人不禁猜测又有军事动员了。我们在那里宿营。扎嘎尔可能觉得自己像汤姆大叔[5]一样：他也被卖给别人，开始了囚徒生涯，但是看到那匹白马似乎让它很高兴。我们失去了小棕和黄狗以后，还是需

· 得由两个人拽着扎嘎尔

要一条看门狗。为了防止扎嘎尔逃走，我们想到往它的脖子上拴一根杆子，这样它就不能把杆子咬断了，但是只要有人接近它，它就扑过来，呲着犬牙，瞪着血红的眼睛，决定去咬断那迫害它的人的喉咙。于是随从们将一块很厚的伏伊洛克（vojlok）毯子扔在狗身上，四个人坐在它上面，其他人用一根粗绳子把杆子拴在它脖子上，然后他们把杆子插进地里，扎嘎尔才被固定住。操作完毕后，它企图往人们身上扑，但是大家四散奔逃了。"有它在住所周围真好。"我想。

现在我们每天都能碰见牧民。看不见帐篷的时候，我就骑马；但是只要有人或帐篷进入视线，我就下马去赶羊。绵羊的数目在逐渐增加，我们最后幸存的马匹和骡子的负担变得越来越轻。不过绵羊也是我们的食物。我们费了很大的劲渡过了半结冻的康坚藏布⁶，它是从夏康坚山里流出来的；然后我们从牧民那里得知，再走七天的路，我们就将到达宗本扎西（Tsongpun Tashi）的帐篷营，那是一个拉萨商人，当地的人们冬天都愿意从他那里买砖茶。

在接下来的日子里我们艰难翻越了两个山口。我们一会儿走过帐篷和羊群，一会儿看见山上的野绵羊和高原上的瞪羚。我们没能让两头衰弱的骡子翻越一个陡峭的山口，就把它们活着留在了那里，希望路过的牧民会照顾它们。人们到处都在谈论宗本扎西，他住在这巨大的未勘之地的内部。我心里充满了巨大的期待，我能成功吗？每天早晨我都将我的脸和手涂成棕色。我穿着一件很脏的皮毛大衣，戴着一顶羊皮帽子，穿着靴子，跟我的那些随从非常相像。但是时刻保持警惕是很令人讨厌的，我感觉自己好像做贼一样。只要走在前面的古兰伸出手臂，那就意味着我必须下马去放羊，然后阿不都·克里木会骑上我的马。我在自己帐篷里的时候，完全是一个囚徒，扎嘎尔总是在

· 固定在地上的扎嘎尔

帐篷门前拴着。

这条新来的狗毫不妥协，没有人能接近它，就连我们自己人从帐篷里出来，它也要粗暴地吠叫；不过它对库楚克最愤怒，是他买下的它。唯一能接近它的是小狗崽，它想跟扎嘎尔玩，但扎嘎尔可没有玩的心情。

我们的路上一道山岭接着一道山岭耸起，我们必须全部翻越它们才行。在一道山岭的南麓，一眼丰沛的泉水涌出来，形成一条水晶般清澈的小溪缓缓流淌，两岸都是青草。我们在溪水里捉到了 160 条美味的鱼。在一个幽深的水塘里，水几乎是停滞不动的；我们能清楚地看见水底，好像看见干涸的河床一样清楚。小狗崽这辈子除了透明的冰以外什么都没见过，以为水面上也可以待着，所以就跳了上去，结果大吃一惊，对突然之间沉入深水感到非常不快。

一个牧羊人走过来，他告诉我们，去宗本扎西的帐篷只需要短短一天的路程。"现在我们又要面对一切了。"我想。如果我们能从他眼皮底下安然走过，那才会是一个纯粹的奇迹呢。

注释

1. 冷穷错（Lemchung-tso），疑即喀湖错。

2. 改则本（Gertse Pun），改则本是阿里地区"四宗六本"之一，大致相当于今西藏改则县。其长官亦称"改则本"，即土官，相当于当地世袭的贵族头领。

3. 邦巴（Bongba），阿里地区"四宗六本"之一。下文的"邦巴本"即指其长官。

4. 这条狗是一只藏獒。

5. 汤姆大叔（Uncle Tom），美国女作家斯托夫人的小说《汤姆叔叔的小屋》中的人物，是一个逆来顺受的老黑奴。

6. 康坚藏布（Kangsham-tsangpo），即索美藏布。

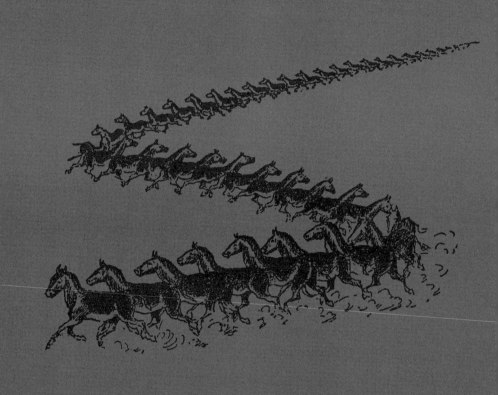

第六十二章

再次成为藏人的俘虏

3 月 28 日是一个至关重要的日子。我一边吹着口哨一边赶羊，同时阿不都·克里木带着另外两个人去了别人指给他的宗本扎西的大帐篷。我们认为与其像贼一样在夜里偷偷溜过去，不如干脆直接扭住公牛的犄角，正面交锋。我们已经走过了好几个帐篷营地，总有一些人走出来询问我们是什么人。在一个营地，阿卜杜拉赫用我们一匹奄奄一息的黑马换了两只绵羊和一只山羊。据说一顶大帐篷属于这个地区的果瓦，另一顶帐篷里居住着门董寺¹的住持——除了藏人，无论我还是世界上的任何其他人都没听说过那个寺庙。邦巴的长官噶玛本错也在当地的什么地方。所以说我们被高层人士从四面八方包围住了，随时都可能遭到阻拦，成为囚徒，现在可真要小心警惕了。我们看起来像乞丐一样，这绝对对我们有利。实际上，我们的确是一群衣衫褴褛的人，只有四匹马、三头骡子、两头牦牛和一群绵羊，当然没有人相信一个欧洲人会带领这样一支悲惨肮脏的队伍旅行。

我们在宗本扎西和那个住持的帐篷之间宿营，但是离两顶帐篷都有一定的距离。阿不都·克里木很快就回来了，他买来了大米、青稞、牛油和糌粑，这些干粮都驮在一匹马的背上；马也是他刚买的。宗本扎西原来是个慈祥的老人，他相信了阿不都·克里木给他讲的故事，另外，他还警告我们这个地区南部有匪帮。阿不都·克里木也保证让宗本扎西以很低的价格买一匹我们的马——就是阿卜杜拉赫已经卖掉的那匹。然后我的旅行队领队去了果瓦的帐篷，他到目前为止事事做得漂亮。在那里他得知，由于失职，果瓦已经被门董寺的住持革出教门，一段时间之内不允许他离开自己的帐篷。"好了，"我们想，"这个隐患也排除了。"

第二天早晨，宗本扎西亲自来到我们的帐篷跟前。我赶紧给自己涂上颜色，将所有可疑的东西都装进一只米袋的底部。这回这个拉萨商人的脾气跟上次完全不同了，他怒不可遏。

"说好要卖给我的那匹马在哪里？你们撒谎，你们这帮流氓！现在我要检查你们的帐篷和东西。拴好你们的狗！"

我们把狗都拴好，老头儿走进阿不都·克里木的帐篷，跟往常一样，他的帐篷就支在我的旁边。他像一只蜜蜂一样怒火中烧，到我坐着藏身的帐篷来检查，但是古兰同时放了扎嘎尔。老头儿一出现在门口，那狗就扑向他，他赶紧跑开了。

"库图斯，"阿不都·克里木吼道，"带上哈吉·巴巴，去把那匹跑丢的马找回来。"

库图斯赶紧来到我身边，我们一起朝最近的山上跑去。

"那是谁？"宗本扎西问。

"哈吉·巴巴，我的一个仆人。"阿不都·克里木眼睛一眨也不眨地回答说。

"我会一直等在这里，直到哈吉·巴巴找回那匹跑掉的马。"宗本扎西说。

尽管如此，阿不都·克里木还是运用外交手腕摆平了这位不速之客。我们在山脊上的藏身之处看见他在扎嘎尔重新拴好之后没精打采地去了住持的帐篷，而住持帐篷所在之处，是我和库图斯的必经之路。我们眼盯地面飞快地走着，佯装在寻找那匹马的足迹；终于把那顶帐篷远远甩在身后，避免了进一步的险情，我们着实感到高兴。旅行队很快跟在我们后面赶到，我接着赶羊，因为我们还要走过 20 顶帐篷，里面总有好奇的人出来看我们。我们最终逃离了这个是非之地后，就在山谷里的一块平地上宿营。

我长出了一口大气。我们没有邻居，扎嘎尔像往常一样拴在我的帐篷前面。我坐下来，把这一天发生的事都记录在日记里，还画了一幅全景图。这是一个晴朗的夜晚，带有春意的和风吹过平原，扎嘎尔屈尊跟小狗崽一起玩。突然之间，这条大狗向我走来，怔怔地看着我。"说吧，你要什么？"我问。它把脑袋歪向一边，开始用它的前爪挠我的胳膊，我捧起它那毛蓬蓬的脑袋，拍了拍它。我们彼此理解。它开始高兴地发出"嗷嗷呜呜"的声音，向我跳过来，好像在说："啊，来跟我玩吧，不要一个人闷闷不乐地坐在那里。"我松开了它脖子上的绳结，解掉了自从它成为我们的俘虏那天起就一直拖着的那根讨厌的杆子。它一动不动地站在那里。最后，我拂去了它眼角的土疙瘩，这时它感到无限喜悦，抖动着身体，把灰尘抖落，然后顽皮地蹿上跳下，差点儿把我给扑倒。它又是蹦又是跳，又是嗥叫又是狂吠，好像对我充满自信地还它自由感到既自豪又幸福，然后它像离弦的箭一样射过了平地。"现在它要回到它以前的主人那里了。"我想。但是不对，它在一瞬间就又飞奔回来，扑到小狗崽身上，力量太大了，使得小狗在地上打了好几个滚。它重复这样做了许多次，最后把小狗崽搞得晕头转向。我的随从们惊诧地发现扎嘎尔这么快就被驯化了，我居然可以像跟小狗崽一样安全地跟它玩了。

　　在这段自愿的囚禁期，我每天晚上都跟我的新朋友——小棕的继任者——玩耍，而扎嘎尔日日夜夜都是我最好的保护者。它发展出了对所有藏人的仇恨，不能忍受任何一个藏人接近帐篷。它的攻击十分迅猛，我不得不为它撕坏的衣服、造成的创伤向和平的牧民赔付了相当一笔银卢比。它还协助我避开藏人眼目，因为它不让任何人接近我的帐篷。我们不愿意好奇的邻居来访的时候，只需把扎嘎尔拴在帐篷门口，就能保证绝对的安全。

我还要万分感激扎嘎尔帮助我成功地第六次翻越了外喜马拉雅山；后来，我每想到它，总感到非常温暖。

我们出乎意料地度过了平静的几天，走上了淘金者去藏西所走的道路，买了一匹马和更多的绵羊，发现了一片名为曲依错的湖泊，遇到了贩盐的商队和贩牦牛的商队。我们轻松地登上了尼玛隆拉山口（Nima-lung-la），从那里欣赏到了南面外喜马拉雅山脉最重要的山岭之一。在一道光秃、狭窄的山谷里，一只山枭栖息在我们的帐篷上方，发出"咕咕"的叫声。洛桑告诉我们说，这种鸟会警告旅行者留心小偷和强盗。

现在已经是 4 月初了。我们沿着这条迄今为止未经勘测的河流——布藏藏布[2]向南行进。有许多牧民在河畔宿营过，他们中有人告诉我们说，这条河汇入塔若错，该湖在西北方向，离此地有几天的路程。在南方和东南方，有两座雄壮的雪峰，属于冷布岗日。然后我们抵达了美丽的竞技场形状的山谷，它半边环绕着雪峰和冰川，里面有布藏藏布的几条源头河。

我们用两头疲惫的牦牛跟一些好心的牧民换了九只绵羊。4 月 14 日，我们走过一个贩盐的商队，他们共有八个人和 350 头牦牛。这些人对我们表示了浓厚的兴趣，问了许多令人不快的问题。

第二天，我们登上了桑木耶拉山口（海拔 18130 英尺），第六次翻越了外喜马拉雅山的主脉，这是西藏没有入海口的地带同印度洋水系的大陆分水岭。在东边的阿灯拉山口和西边的则地拉钦拉之间，我已经成功地确立了一条穿过空白地带的新路线。就在这个地方，我忽然大胆地想到，这在北面同喜马拉雅山平行的大片山系以后应该叫作外喜马拉雅山。

我正坐在山口画画，对这重要的地理新知的收获感到欢欣鼓舞，这时库图斯悄声对我说：

"牦牛来了。"

下面山谷里出现了庞大的牦牛商队，像一条黑蛇缠上山来，我们听到了驱赶牲口的口哨声和尖叫声。然后我们下到山口南边的山谷里；我又一次心满意足地想到，那条在花岗岩上潺潺流过的小溪最终会在印度的大海里达成它的涅槃。

我们一整天都没有经过一顶帐篷，这片土地地势太高了。我们只遇到两个骑手，阿不都·克里木跟他们一起待了好一会儿，买回他们的一匹坐骑。我们再次遇见绵羊商队，他们要贩盐去巴萨古。在去往加大藏布——我们去年结识的一条河——途中，我们遇到了牧民，他们警告我们说，要防备一队强盗，他们有 18 个人，都带着武器。我们避开了巴萨古和萨嘎宗，往回走了一段，翻过山去热嘎扎桑，就是这条路线因盗贼蜂起而臭名昭著。晚上伊斯兰教徒又该唱他们那古怪的真主颂歌了。

4 月 21 日，牧民的帐篷又多了起来，我只好又去赶羊。我们很快来到一顶大帐篷前，这是康巴则南（Kamba Tsenam）的帐篷，他拥有 1000 头牦牛和 5000 只绵羊。4 月 22 日，我的一个随从在路过的时候拜访了一些牧民，问他们是否愿意卖给我们一些马匹。雪下得很大，我可以骑马走上很长的一段路程而不被发现。我们的两个随从去了康巴则南的帐篷，买了一些干粮。这个富有的牧民本人并不在家，但是他的两个仆人晚上骑马来到我们的营地，以 127 卢比的价钱卖给我们一匹漂亮的白马。

· 从我们的营地看过去的外喜马拉雅山

4月23日，我们继续向东登上了嘎布拉山口（Gabuk-la）。我们幸运地找到一位照管马匹的老人，他成了我们的向导。他相当健谈，在说起别的事情时跟我们说起，去年有个欧洲人去过那些地方，有一个大个头的旅行队领队突然死了，就葬在萨嘎宗。

第390号营地设在通往炯钦拉山口（Kinchen-la）的山谷开口处。整整一个晚上都下着暴雪，我们再次进入了隆冬。

我们的紧张情绪与日俱增。我们每走一步，都离危险线更近一点，因为再有两天的路程，我们就会来到商队主道扎桑道上，那里会有警觉的官员。即将发生什么，我们如何克服困难，都还是一个谜。我预备了好几个计划，将视情况来决定使用哪一个。即便我们再次被藏人俘虏，我也满足于穿过了邦巴本，它与外喜马拉雅山中段相对应，至今尚未被勘察。

这一天将如何结束呢？这就是我在 4 月 24 日出发时的想法，当时阳光灿烂，我们将穿过白雪覆盖的土地。我们仰慕珠穆乌琼的巨大山体，我像通常一样停下来为炯钦拉（海拔 17850 英尺）画风景素描。从那里可以看到东北方向雄伟的雪岭、西边的冷布岗日和东到东南方向的喜马拉雅山雪白的山岭。没有人打搅我们。我画完素描，跟着旅行队的足迹前进，他们已经在一条相当窄的峡谷里安下了第 391 号营地，那里有牧草、燃料和饮水。

我们都感到生死关头正在临近，相应采取了一些激进的预防措施。我的欧洲毯子、装仪器的皮箱和所有其他看起来容易引起怀疑的东西都清理掉，或埋或烧。阿不都·克里木将住进我的帐篷；从这时开始，我将住进一个秘密隔间，是他的大帐篷里一个相当小的密室。我们的两顶帐篷总是背靠背地搭在一起，这使得我能够从一顶爬进另一顶，而不会让人从外面看见。重新布置后，如果我藏在单独的隔间里的话，藏人搜查两顶帐篷都不会找到我。

我正坐着写字，这时阿不都·克里木进来，神情严峻，以严肃的声音说道："一队人从山口上下来了！"

帐篷布较长的两个侧面上各有一个窥视口，我从其中一个往山口的方向看。没错！八个男人正在走来，他们牵了九匹马，其中两匹都驮了东西。他们不是一般的牧民，因为他们穿着红色和深蓝色的羊皮大衣，戴着红头巾，而且装备着步枪和佩刀。

我把所有能引起怀疑的东西都放进米袋，那是我通常藏东西的地方。我命令古兰将扎嘎尔拴在我的帐篷入口处。我重新往脸上涂了棕色，再戴上我那肮脏的拉达克头巾。三个陌生人将他们的马匹带到离扎嘎尔不到 30 步的地方，扎嘎尔愤怒地吠叫起来。他们在那里将马背上的驮子和马鞍都卸下来，搜集燃料，点燃篝火，用一口锅取了水来，好让自己过一个舒服的晚上。

其他五个人——其中两个显然是重要的官员——进了阿不都·克里木的帐篷，没有任何客套，就开始了一场生动然而低声的谈话。我听到他们提到我的名字，阿不都·克里木赌咒发誓说我们的旅行队里没有欧洲人。然后他们走了出去，围着他们的营火坐成一圈喝茶。

外面的人看不到我，我就爬进了阿不都·克里木的帐篷。我的所有随从都坐在那里，看那样子好像刚刚听到了对自己的死刑判决。那队人的头领说了："刚刚从北方来的贩盐商队已经把你们的消息报告给了萨嘎宗的长官，长官怀疑赫定老爷隐藏在你们中间，派我来进行一次彻底的搜查。所以我要检查你们所有的行李，将每个袋子都翻个底朝天，最后仔细检查你们所有人的皮肤。如果结果证明如你们所说，你们的队伍里没有欧洲人，那么你们就可以随便到任何地方旅行。"

我的随从都认为我们的处境令人绝望，库图斯建议他和我等天一黑就逃到山里去藏起来，一直等到搜查结束。"那没有用，"古兰小声说，"他们知道我们一共 13 个人。"

"不，"我接着说，"现在没有用了，我们被抓住了。我会出去到藏人那里自首。"

阿不都·克里木和其他人开始哭泣，认为我们的末日已经来临。

我起身出去，藏人停止说话，看着我。我在扎嘎尔身边停了一会儿，轻轻拍了拍这条狗，它亲昵地"呜呜"叫着。随后我缓缓朝藏人走去，拇指插在腰带里，他们都站了起来。我做了一个高傲的纡尊降贵的手势，让他们坐下。我在两个最重要的官员中间坐下来，右首坐着边巴次仁（Pemba Tsering），我立即想起去年见过他。

"你认出我了吗，边巴次仁？"我问道。

他没有回答，而是猛地向我转过头来，然后意味深长地看着他的同伴们。他们都羞愧地沉默着。

"是的，"我继续说，"我就是赫定老爷。你们要对我做什么？"

趁他们坐下来窃窃私语时，我派库图斯去取来一盒埃及香烟。我发了一圈烟，他们都抽了。现在他们的头领恢复了勇气，他拿出一封信，是从德瓦雄的长官那里寄来的，信上说我不能再向东走一步。

"明天你们要跟我们去萨嘎宗。"

"不行！"我回答说，"我们在那里留下了一座坟墓，我永远不会回到那个地方去。去年我想去萨嘎宗北边的山区，当时你们阻止了我，现在我来到这里，走过了那片禁止通行的土地。所以你们看到，你们干预不了我，我在你们的国家比你们自己更强大。我现在要去印度，但是走哪条路线由我自己来决定。"

"萨嘎宗的长官会决定这一点的。你能不能跟我们去雅鲁藏布江边的斯莫苦³，到那里跟他会面呢？"

"完全乐意。"

一个送快信的人立即被派去见长官。

现在谈话更自由了。

领队说："去年我们强迫你去了拉达克，现在你又来到了我们中间。你为什么回来？"

"因为我喜欢待在西藏，我喜欢藏族人民。"

"如果你也喜欢住在你自己的国家，那对我们来说更好。"

就这样，我们坐着聊天和吸烟，直到太阳落山。我们成了最好的朋友，我的随从们对这次冒险有了一个令人愉快的结果感到既惊讶又高兴。藏人们打心眼里笑话阿不都·克里木编造的我们是所谓羊毛商人的荒唐故事，但是他们相信我拥有秘密的力量，所以我才能安然穿过羌塘，逃过匪帮的诱捕。他们的头领仁齐多齐（Rinche Dorche）——人称仁多（Rindor）——记录下我说的所有话，准备汇报给长官。

我们的流浪生涯现在真的开始了新的一章，我有一种重获自由的舒适感觉，因为再不需要藏在自己的帐篷里了。然而我现在是一个真正的俘虏。我们把我的帐篷尽量弄得好看，把米袋之类的东西都搬出来，我们在抛弃了一些东西后没有来得及烧毁更多珍贵而有用的东西，我当然觉得庆幸。我先用热水彻底洗了个澡，一共换了四回水，然后又修了胡子。我怀念我的剃刀和其他卫生用具，但是有了水和肥皂，我可以不用其他奢侈品。

4月25日，我们骑马去了斯莫苦，到那里有两天的路程。我们的队伍看起来好像一群囚犯，六个藏人走在我的两边。我们发现长官已经到了会面地点，出席的有多齐祖安（Dorche Tsuän）、他的同僚尼旺（Ngavang）和他的儿子旺吉阿（Oang Gyä）。多齐祖安是一个43岁的高个子，穿着绫罗绸缎，顶戴花翎，留着辫子，戴着耳环、戒指，穿着天鹅绒靴子。他进了我的帐篷，温文尔雅地微笑道：

"我希望你一路都很愉快。"

"是的，谢谢，但是天气冷极了。"

"去年你得到命令离开此地，那么为什么又回到这里了呢？"

"因为你们国土上的好几块地方我实在太想看了。"

"去年你去了尼泊尔，到了库比岗日，去了两片湖泊，进了所有的寺庙，转了神山，去了印度河的发源地，我对你的行程了如指掌，但今年这种事是万万不可能的。德瓦雄发布了新的命令，我也已经报告政府说你又来了。现在你必须从你的来路回到北方去。"

我穿过桑木耶拉的最新路线的东西两侧，仍然有充满了地理学之谜的大片空白地带。一种征服这些地方的不可抗拒的渴望油然而生，我想完成我的先锋工作，为整片没有标明的土地绘制出地图，只留下具体的工作让未来的探险家去做。但是我意识到，除了外交技巧，什么也不能让这些地区向我敞开大门。我于是开始这样说，我想取道江孜回印度去。

"不可能！你永远不能获准走那条路线。"

"我还想写信给联大人，并给我的家人寄信。"

"我们不负责送信。"

就这样，我无法告诉联大人和我在印度的朋友我还活着，我的父母直到 9 月份才能得到我的消息。那样他们就会往最坏处想，许多人都认为我已经死了。

多齐祖安则坚持让我回到北方去。我回答说：

"你可以杀了我，但是你永远不能强迫我翻过桑木耶拉。"

"那么，好吧，我可以允许你沿去年回拉达克的原路回去。"

"不，谢谢！我从来不走老路，这违背我的信条。"

"你的信条真是奇怪！那么你要走哪条路呢？"

"翻过桑木耶拉东边的一个山口，然后去扎日南木错，然后再往西去。"

"不可思议！但是你是否愿意跟我们到康巴则南的帐篷里进一步

谈判呢？"

"当然。"

在我们走之前，我写了一个单子，列出我们路上所需要的衣服和粮食；多齐祖安便派了一个信使到宗嘎的一个富商那里去，那里离西藏的南部边界很近，距斯莫苦有两天的路程。多齐祖安爱上了我的一把瑞典手枪，要求我卖给他，但是我告诉他这枪不卖。尽管如此，我还是同意把手枪作为礼物送给他，只要他们允许我自己选择路线。

"这很奇怪，"他说，"你穿得比你所有的仆人都破，但是你却那么有钱！"

我们为一匹棕色的马出了 100 卢比，它却遭到了狼群的袭击，被吞食了，藏人镇静地接受了这场灾祸。但是图布戈斯打了一只大雁，却把他们气疯了；年轻的旺吉阿来到我的帐篷里，含着眼泪悲叹道：

"这是谋杀！你们不明白另一只雁会伤心而死吗？就因为你们杀了它的伴侣！你们杀什么动物都可以，但是不要打扰大雁的安宁。"

然后我们出发了，翻越了四个山口。我们在南木钦山谷里扎营的时候，商人们带着我们需要的东西来了。我的随从们有了新的衣服；阿不都·克里木为我弄到一件地道的藏袍，是深红的布料做的，跟当地贵族穿的一样。我买了一顶带毛边的中式帽、一双优雅的靴子、一串挂在脖子上的念珠，还有一把挂在腰上的宝刀，银剑鞘上装饰着宝石和珊瑚。我们购买了大米、青稞、面粉、糌粑、茶叶、白糖、石蜡蜡烛和烟草，足够支持两三个月，也买了许多骡马。藏人看到我帐篷里地毯上堆起来的银币，都惊得瞪大了眼睛。

到此为止一切都顺利，只是路线的问题悬而未决。我们在多齐祖安的帐篷里商讨了好几小时。

· 身穿藏人服装的我

"除了桑木耶拉以外没有别的山口可走。"他们说。

"有，当然有，"我回答说，"有桑木巴提拉。"

"那条路太糟糕了，我们的牦牛不租给到那里旅行的人。"一个牧民插嘴说。

"那么我就把牦牛买下来。"

"我们不卖牦牛。"

"有大队的匪帮为害那个地区。"长官说。

"那么你们有义务给我配一支护卫队。"

"我的士兵属于萨嘎宗的部队。"

"那么我们分成两队：阿不都·克里木带着旅行队大部翻过桑木耶拉，我带着一支小分队走东边的路，此后我们在布藏藏布下游会合。你给我十个人做护卫队，他们每人每天会得到两个卢比的报酬。

这样你就可以监督我的活动，另外也可以保证我不进行任何长途的迂回旅行，因为你知道我必须按天付钱。"

多齐祖安思考了一会儿，然后出去跟他的亲信开了一个秘密会议。他回来的时候，我的计划得到了批准。他只是让我在一张纸上签字，要求我对一切后果负全部责任。

卫队长立即被介绍给我，他的名字叫尼玛扎西（Nima Tashi），看起来是个好人，穿着一件很肥大的皮毛大衣。康巴则南的哥哥班楚（Panchor）是个 55 岁的牦牛猎人，他将做我们的向导；他是个满脸皱纹的老人，也是个彻头彻尾的流氓。

5 月 4 日，我们都去了康巴则南的营地，山谷里发展出一座相当规模的帐篷城。我们曾经于 4 月 22 日路过那里，所以说我们恰好绕

· 我们的护卫队长尼玛扎西

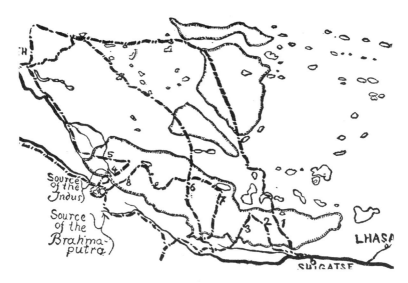

· 图中的几个大块表明到 1906 年为止西藏未经勘察的地区。 数字 1 到 8 标示了我 8 次翻越外喜马
拉雅山的地点

着珠穆乌琼山群画了一个圆圈。晚上，康巴则南偷偷溜进我的帐篷，向我透了底，说班楚会带着我和护卫队去任何我们想去的地方。他还主动告诉我说，他跟整个地区的所有强盗都保持着很好的关系。"我是所有强盗的父亲。"他说。

5月5日是我们在一起的最后一天，晚上，我们为多齐祖安和他的所有随从举行了一个告别晚会。我跟头领们坐在我帐篷的入口处喝茶；外面，在我们面前生了一堆巨大的篝火，篝火周围是我的随从在跳拉达克舞，玩得十分开心。两个随从蒙着一块毯子，用两根木棍做犄角，装扮成一头野兽，偷偷来到篝火旁，被一个埋伏的猎人掀翻在地。滑稽的苏安表演了向一个女人求爱的舞蹈，女人是由他手里的木棍代表的。观众有节奏地拍着巴掌，拉达克人唱着歌，藏人们则围绕着剧场欢快地嚎叫。多齐祖安向我保证说他们这辈子从没有这么开心过。这时，大雪降了下来，篝火的浓烟和飞旋的雪花也加入了舞蹈。这是一个有趣的、成功的夜晚，客人们散去、篝火熄灭的时候，已经过了午夜。

注释

1. 门董寺（Mendong-gompa），噶举派（白教）寺庙。又称门东寺，位于西藏措勤县，建于 19 世纪。

2. 布藏藏布（Buptsang-tsangpo），即今毕多藏布。

3. 斯莫苦（Semoku），位于今西藏萨嘎县加加镇附近。

第六十三章

穿越未勘之地的新旅程

5月6日早晨，我们分道扬镳，古兰、洛桑、库图斯、图布戈斯和贡久跟我一起走，大家都骑马，尼玛扎西和他的九个藏兵也骑马。我们有牦牛驮行李，在路上又买了些绵羊。阿不都·克里木和另外六个人走桑木耶拉一线，奉命在塔若错附近等我。由于我率领的小队必须尽量轻装简从，我犯了个错误，把大部分资金——2500卢比——都交给了阿不都·克里木。

我们向北骑行穿过未勘之地，翻越雄伟的康琼岗日，到达我们的老相识加大藏布上游，在四面有高山环绕的勒布琼错¹湖畔扎营。外喜马拉雅山主脉巨大的雪峰在我们面前高耸而起。我们越登越高，这个由山脉、山谷、河流和湖泊组成的复杂迷宫逐渐在我眼前清晰起来。地势很崎岖，我们走过长着青苔的岩石，走在除了牦牛很少有人走过的小径上。但是我们终于登上了桑木巴提拉海拔19100英尺的山顶，我在那里第七次翻过外喜马拉雅山系，我们下山后又到了没有入海口的地区。

尼玛扎西和他的那班勇士非常畏惧强盗，他们只要一看见远处出现几个骑手，就会想到强盗要来袭击了，于是开始找麻烦，想回去。但是我提议每天晚上给他们20卢比之后，他们留了下来。班楚给大家讲强盗打劫的故事，还告诉我们夜里买买提·依萨的坟墓旁有鬼魂出没。

此地猎物很丰富，有瞪羚、藏羚羊、野绵羊、野牦牛和野驴。我们到处路过帐篷营地；5月15日，我们宿营的时候，围上来60个好奇的藏人。

我们渡过松娃藏布，登上了小小的德塔拉山口（Teta-la），在它的门户得以看到一幅难以形容的扎日南木错盐湖美景，该湖呈浓郁的

· 一群藏人

翠蓝色，周围环绕着藕荷色、黄色、红色、粉色和棕色的光秃秃的群山。西北方向耸立着夏康坚，东南方向是达果岗日，南方和西南方是外喜马拉雅山——山上都有亮闪闪的雪野。我心中狂喜，一连几小时坐着观赏这一切伟大的壮美，还为湖景画了一幅彩色的画。印度学者纳因·辛格 1873 年听说了扎日南木错，但是无缘目睹这片湖，于是我心满意足地成为第一个看见并证实它的存在的外人。它位于海拔15360 英尺处。

从德塔拉，我能够用望远镜清晰、明显地看到达果岗日所有的山峰、雪野和冰川；我对它山脚下的圣湖当惹雍错长久以来的渴望又回来了。到那里只有几天的路程。我跟尼玛扎西和班楚在扎日南木错湖畔的营地谈判，向他们许诺大笔赏金，但是他们不敢让步。他们害怕我以某种手段违抗他们的意愿去了当惹雍错，就去报告了头人扎拉次仁（Tagla Tsering），此人去年曾参与伦珠次仁在圣湖南岸附近阻止我的行动。他带着 20 个骑手来了，他们都穿着战服，携带着长矛、腰刀和步枪，还戴着高高的白帽子，他本人则穿着一件豹皮衣，身披红袍，肩上挎着的一根带子上挂着六个银噶乌（佛像盒）。他既快活又诙谐，我们一起在湖边度过了愉快的四天。尽管如此，他态度很强硬，我没有能够贿赂他。他的最后通牒是：不能向东走一步，也不许去访问门董寺，那是一个坐落在扎日南木错西边的寺庙，我们以前听说过。唯一向我敞开的道路是去塔若错方向的，我将在那里见到阿不都·克里木。结果我不得不第三次放弃当惹雍错之行。几年之后，著名的英国地质学家亨利·胡伯特·海登 [2] 爵士来到了这片湖泊，他最近在攀登阿尔卑斯山时丧了命。他是我所知道的唯一一个在我的旅行之后能够穿透雅鲁藏布江以北未勘之地的欧洲人，但是由于他过早夭亡，他的调查结果没能出版。

5 月 24 日，我们同善良的扎拉次仁及他的士兵告别，骑马向西沿着扎日南木错（"王山的天湖"）湖岸前进。我们违抗了禁令，在门董寺宿营。这是一座红白两色的小僧院，僧人和尼姑都住在帐篷里。我们在果娃拉山口（Goa-la，"瞪羚山口"）西边发现了特别的嘎仁错，它被一堆山脊和地岬环绕着。几天后，我们再次进入了邦巴本，在布藏藏布河畔安营扎寨。6 月 5 日，我们同护卫队告别，他们表示已经完成了自己的任务，就跟班楚一起回了萨嘎宗。这样一来，我们物色了两个谦逊的牧民做向导，完全能随心所欲地去自己想去的任何地方了。但是现在的首要任务是找到阿不都·克里木和他的分队，谁也没有见到过他们的踪影。于是我们沿河向塔若错继续前进。

· 扎拉次仁和他的几个手下

　　尽管已经是 6 月初了，我们在这里却遇到了最强烈的暴风雪，大地变地像白垩一样惨白。外喜马拉雅山中有雷声轰响，它最雄壮的山岭之一在布藏藏布河谷西南方向高高耸起。小狗崽从来没有听到过隆隆的雷声，吓得夹着尾巴跑进了我的帐篷，趴在那里对着阵阵雷声吠叫；经历过打雷的扎嘎尔则处之泰然。

　　我们在布藏藏布河畔的营地十分漂亮，我真想在那里多待些时候，观看大雁和黄色的雏雁在河上游泳。我们最后把帐篷支在了塔若错的南岸附近，到处都看不见阿不都·克里木和他的队伍的一丝踪影，倒是有两个当地头人带着一队骑手来访问了我们。他们从没听说过阿不都·克里木，但是答应去找他。他们说，唯一向我敞开的路线是翻越隆嘎拉山口（Lunkar-la），到赛利普寺（Selipuk-gompa）去，而这正是我想走的路线，因为它径直穿过那片"尚未勘察"的未知地带中最广大的一块。

于是我们于 6 月 9 日出发，到了临时关闭的小寺庙隆格尔寺（Lunkar-gompa），登上隆嘎拉（海拔 18300 英尺），并且在山顶看到了塔若错和以矿藏丰富著称的盐湖扎布耶茶卡[3]的辉煌景色。

我们在这个地区遇到的所有牧民和头人都很热情友好。在新发现的布如错[4]，热吉洛玛的本达尔（Pundar）果瓦来拜访了我们，为我们提供了我们所需的给养。这里有外喜马拉雅山系巨大的外围山脉自北向南延伸，我们通过苏拉山口（Sur-la）翻越了其中的一座，山口高达 19100 英尺，被一个壮阔的雪顶、峰峦和晶亮的蓝色冰川构成的世界围绕着。然后我们下到向北流淌的边当藏布[5]河谷中，于是苏拉的山岭便处于我们右侧，其山谷的前端被白雪覆盖的山峰遮住。意识到自己是第一个涉足这一地区的白人，我不禁涌起难以形容的满足感，觉得我好像是自己领地上一位强有力的君主。日后肯定会有考察队进入这块领地，从山志学和地理学角度来看它是世界上最值得关注的地方，在未来的几百年里，它将像阿尔卑斯山一样为世人所知。但是这个发现是属于我的，这一事实永远不会为世人遗忘。

但是阿不都·克里木在哪里？他消失得无影无踪了。他是遭到强盗袭击了吗？我这样安慰自己：毕竟从鲁空开始的这一段路程的所有考察结果都在我这里——采集品、日记和地图。但说到钱，我只剩下 80 卢比（合 27 美元）了。

我们沿着边当藏布到了另一片新发现的湖休布错[6]，它的湖盆同样为高大的群山所环绕。"淘金道路"翻过了东北方向的嘎拉山口（Ka-la）。6 月 23 日，我们来到扎耶帕巴拉山口（Tayep-parva-la），波光粼粼的大盐湖昂拉仁错映入我们的眼帘，它被砖红色和紫罗兰色的群山围绕着——真是一幅流光溢彩、美妙绝伦的风景。没有一棵树，没有一丛灌木，只有峡谷中偶尔出现的瘠薄的牧场，这里同西藏高原上其他一切地方一样贫瘠荒凉。蒙哥马利[7]上尉手下的一个印度学者四十多年以前听说了这片湖，将其命名为嘎拉仁错（Ghalaring-tso），但是无论他还是别人都不曾到过这里。

我们在湖岸上驻扎了两天，后来又在流入该湖的松当藏布河畔宿营。附近有很多狼，我们必须多加小心看好自己的牲口，有一次，一群狼甚至在光天化日之下走得离我们相当之近。洛桑在松当藏布河畔抓住了一匹凶猛的小狼崽，我们给它拴了根绳子，留在营地里，扎嘎尔和小狗崽对它敬而远之。有一次，这小狼崽冷不防挣脱绳子，逃进河里，准备游到对岸去。但是扎嘎尔认为这就太过分了，它发出一声怒吼，跃入河中，赶上幼狼，把它按在水里直到淹死，然后用牙齿叼着它游回我们这一岸，连皮带骨头吃了个精光。

我们于 6 月 27 日来到赛利普寺，住持江则申格（Jamtse Singe）诚挚地迎接我们。为了减轻我们恐怕失去阿不都·克里木的焦虑，他查阅了经书，断言我们的人还活着，目前在南方，而我们 20 天之内就会与他们相遇。我的现钱花得只剩 20 卢比，我已经准备卖掉步枪、手枪和怀表了，那样的话我们一准能够到达托钦和玛那萨罗沃，并且从那里派一个信使到我们在噶大克的老朋友那里去。

在休布错的时候，我们曾经见到过一支庞大的牦牛商队，现在他们也在赛利普宿营。商队属于当惹雍错湖畔筑曲地方的长官，他正带着 100 个人、400 头牦牛和 400 只绵羊前往神山冈仁波齐峰朝圣。我跟他和他的两个兄弟成了朋友，他们来我的帐篷里拜访，我跟他们一

· 赛利普寺的住持

起用了晚餐。长官名叫索南努布（Sonam Ngurbu），他的相貌引人注目：古铜色的脸孔、笨拙的宽鼻子、狮鬃一样的黑发（而且里面无疑内容丰富），身穿一袭樱桃红的长袍。他和他的两个兄弟共享两个妻子——也就是说，平均每人有三分之二个妻子，从她们的相貌来看，这已经足够了——两个女人又老又丑又脏。

　　我试图卖给他们一把精良的瑞典手枪，但是索南努布出价10卢比，我说，如果他肯出300银卢比我就卖给他。一块要价200卢比的金表让他十分惊羡，他认为人类能制造出如此小巧精致的东西，真是不可思议。但是12点和6点对他来说都一样，因为天上的太阳是免费的嘛，所以他就不再还价了。他出价60卢比，想买我们的最后一把瑞典军用手枪。

"不，实在不行，"我回答说，"我不是个乞丐，60 卢比对我来说毫无意义。"当然，我在撒谎，因为我的确是个乞丐，就像二十二年前在克尔曼沙阿一样处于水深火热之中。然而，索南努布给我们提供了大米、糌粑和糖，这样我们就可以走到托钦；作为回报，我送了他一块表。

赛利普的果瓦十分搞笑。他带着一队游手好闲的人到我的帐篷来，摆出一副官架子问我是什么来路。他本来听说来了个欧洲人，见到的却是个身着藏人衣服的陌生人，周围是五个名副其实的流浪汉，着实大吃一惊。这一切超出了他的理解能力，我也无意于为他解开这个谜团，所以他离开的时候脑子还是乱的。

我们于 6 月 30 日起程，在日阿则平原上宿营，从那里看去，外喜马拉雅山锯齿状的雪峰十分壮观。黄昏时分，洛桑来告诉我说，来了四个男人和四头骡子，我连忙用望远镜观望。啊哈！是阿不都·克里木、我的两个随从和一个向导。其他人几天以后也到了。我本来对我的领队有一肚子火要发，但是他轻松过关了，部分是因为银子分毫未损，部分是因为他的确遭到了强盗的袭击，被抢走了一匹马和一头骡子，最后还因为他遇到了不友善的地方头领，头领强迫他走了塔若错北边难走的路线。

我们现在只需最后穿越这片未勘之地。我们也因此有了很多重要发现，在这部书里就不赘述了。我们翻越了丁拉（Ding-la）——一个 19300 英尺的山口，它是我们在西藏的整个行程中遇到的最高山口；我们还翻越了 17300 英尺高的苏埃拉山口（Surnge-la），它坐落在大陆的分水岭上。7 月 14 日，我们抵达了托钦。

至此，我已经八次翻越了外喜马拉雅山，通过的是八座不同的山口，其中只有久赤拉一个山口当时已经知名。在西边的久赤拉和东边的卡兰巴拉之间，有一块 570 英里长的地区从来没有欧洲人涉足过，在英国最新出版的地图上，只标上了"尚未勘察"的字样。尽管东边和西边都存在着雄伟的山系已经尽人皆知，但我有幸描述中间巨大的空白地带，真是让人高兴。我抵达托钦的时候终于完成了这项探险事业。

世界上最高的山脉全都聚集在地壳上这块庞大的隆起中，而西藏占据了其中最大的部分。它们是喜马拉雅山、外喜马拉雅山（同西部的喀喇昆仑山交汇在一起）和昆仑山（包括阿尔格山）。至于我所发现的那部分外喜马拉雅山，应该说它的山口通常都比喜马拉雅山的山口高上 500 米，但是它的山峰却要低上 1500 米。降临到喜马拉雅山的雨水都流入印度洋，但外喜马拉雅山则是海洋和没有入海口的高原之间的分水岭，只有印度河的源头位于外喜马拉雅山的北坡，该河穿过这个山系，也穿过了喜马拉雅山[8]。

回到家乡后，我为布拉马普特拉河以北的山系所取的名字遭到了某些英国地理学家的反对，反对的理由是亚历山大·甘宁汉[9]1850 年的时候已经使用了这个名字，将其用于喜马拉雅山西北方的山脉。在印度已经有人提议用我的名字命名这个山系，我谢绝了这个荣誉。请原谅我引用亚洲地理方面最杰出的专家之一——凯德尔斯顿的寇松勋爵最近发表的一些言论，他提到我在邦巴的发现后，这样说道：

> 除了这项伟大的发现，我还将举出他对几百英里路途的描绘，以及对这条巨大山脉（或山系）山志学意义上确切存在的确证——在我看来，他非常恰切地将其命名为外喜马拉雅山脉。

关于这条山脉以全长整体存在的猜测已经持续了很多年，利特代尔和当地勘测家亦曾分别从其末端翻越。但是一切都要留待赫定博士当场探明，然后将它那绵长、连续、厚重的山体安放在地图上……我们得以确知世界上最伟大的山结之一的存在，这对人类知识的增长绝非小事一桩。至于赫定博士为它所作的命名，我只想说，对一个重大的地理新发现进行命名的必要因素可归为以下几点：一，如果可能，这次命名应当由主要发现者来完成；二，这个名称应当易读、易写、不过分晦涩含混；三，如果可能，它应当拥有一定的说明性价值；四，它不应与得到普遍认可的地理学命名原则相抵触。外喜马拉雅山这个名称结合了所有这些长处，而且在中亚可以找到一个直接的类比，那就是外阿赖山，这座山脉同阿赖山的位置关系与外喜马拉雅山同喜马拉雅山的关系相酹。我对于这一名称曾经授予另一条山脉的事实丝毫不以为意，因为命名的不适当注定会使它在初期便告废止。在我看来，在当前情形下用另一名称进行替换的任何企图都是注定要失败的。

——《地理杂志》，1909 年 4 月号

注释

1. 勒布琼错（Lapchung-tso），疑即惩香错，在西藏阿里地区措勤县。

2. 亨利·胡伯特·海登（Henry Hubert Hayden，1869—1923），英国地质学家。1922 年，海登作为矿业顾问应西藏地方政府邀请前来访问，到达了当惹雍错。

3. 扎布耶茶卡（Tabie-tsaka），又名扎布耶错、查木错、扎布错。

4. 布如错（Poru-tso），即帕龙错。

5. 边当藏布（Pedang-tsangpo），又称白当藏布。

6. 休布错（Shovo-tso），即仁青休布错。

7. 蒙哥马利（Thomas Montgomerie），英国军官，英属印度测量局官员，培训"印度学者"进入西藏进行地理测量的始作俑者。

8. 关于外喜马拉雅山的详尽描述，以及在我的探险之前世人对于这个山系的所有了解，请参阅拙著《南藏》（斯德哥尔摩，1917 年和 1922 年）第三卷和第七卷。——作者原注

9. 亚历山大·甘宁汉（Sir Alexander Cunningham，1814—1893），英国陆军军官、考古学家，曾在印度进行过多次考古发掘。

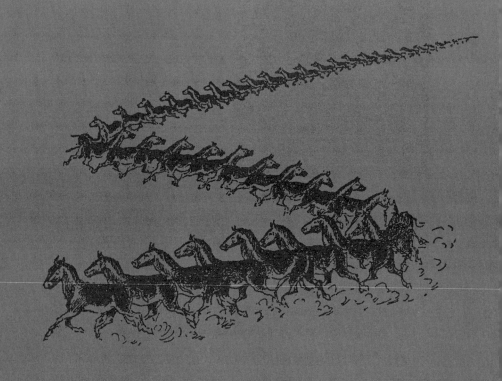

第六十四章

到印度去

我们在托钦耽搁了九天，这要"归功于"当地长官的严格执法。大体上他们还是友好周到的，但是去年我未经许可就四处乱走，给他们惹了一身麻烦，所以他们再也不愿意为我引火烧身了。我没有护照，所以他们不能允许我继续前进，只能按原路返回。如果将我放行，沿路官员难辞其咎。托钦地方长官也不会允许我租用牦牛或是购买粮食，但是假如我愿意向北返回赛利普，他们就会为我提供一切可能的帮助。

藏族人真是奇怪！去年，我想了各种各样的花招设法进入雅鲁藏布江以北的未勘之地却失败了。最后，我被迫牺牲了一年的时间、整整一支 40 头牲口的旅行队和几千卢比来实现我的目标。现在，我多次穿越了这片未勘之地后，只是想南下到印度去，他们却又强迫我回到雅鲁藏布江北面去！

最后我失去了耐心，带上我的 12 个随从和十匹马上路了，不要任何帮助。我们沿着玛那萨罗沃的北岸走。我拜访了我们的朋友——朗纳寺的年轻住持和吉乌寺孤独的顿珠喇嘛。在直达布日寺[1]，我把旅行队分开了。只有洛桑、库图斯、古兰、苏安、图布戈斯和贡久陪我去印度；其余人则由阿不都·克里木率领，直接去拉达克。

我沿着萨特莱杰河[2]旅行，渡过了它那些深峭的支流，这是我在亚洲走过的最有趣的路程之一，因为我们斜着穿过了喜马拉雅山脉。无法用语言形容我们在各处看到的风景之奇美，只消看到一次，就可以一辈子回味那高耸的山峰、那耀眼的雪野，还有环抱萨特莱杰河谷的陡峭岩壁，甚至可以在想象中听到汹涌澎湃的河水隆隆的涛声。

从直达布日寺到西姆拉的旅途用了一个半月。我在这里只回忆两件趣事，是关于这条横穿地球上最高山脉的王家大道的。

在炯隆寺（Kyunglung），一座下弯的木桥跨过萨特莱杰河，此桥由两条桁条上铺横板构成，宽 4 英尺，长 42 英尺，没有栏杆。桥下几英尺的地方就是萨特莱杰河，夹在绝壁之间，以令人炫目的速度奔涌着，沸腾着，冒着泡沫；在几百步开外，河身变宽了，发出空洞而可怕的吼声。深深的河水在轮廓分明的岩石河床里奔涌，人过桥的时候可不敢犯晕。随从们扛着行李过桥，但两匹马给我们制造了很大的麻烦。我从康巴则南那里买来的那匹白马已经驮着我走了 480 英里的路途，它最后一个过桥。我下了马，大家把马鞍卸了下来，这畜生被汹涌的河水吓坏了，它这辈子从来没有见过桥，浑身颤抖得厉害。我们在它鼻子上绑了一根绳子，两个仆人将它拉上桥，其他人挥着鞭子赶它。一切似乎都进行得很顺利，它四条腿打战，前进到了桥的中间。但是它在那里看到下面河水翻涌出的泡沫，变得惊慌失措。它停下来在桥上掉转头，头朝着上游方向，支起耳朵，瞪着眼睛，张大鼻孔，打着响鼻，绝望地向河里跳去。

"它昏了头，会被岩壁磨成肉酱的。"我首先想道。我的第二个念头是："我没有骑着它过桥真是万幸！"但最离奇的是，那匹马居然浮上了水面，在桥下的宽阔水道里轻松游到了左岸。它只一跃就上了岸，然后开始吃草，就好像什么都没发生似的！

我们必须渡过萨特莱杰河的所有支流。它们的河道很深，就像科罗拉多大峡谷一样；当然了，尺寸要小得多。然而其中一些支流可不能小觑。从阿里藏布河谷的边缘看去，巨大的河谷就在下面。我们徒步下去，经过了几百个陡峭的"之"字形，走了 2720 英尺来到河边；然后再爬上相同的高度，来到另一面。要花大半天时间才能走上区区几英里的路。

在石布奇山口（Shipki-la）附近，我们跨过了中国和印度的边界，

在这里，我们最后一次身处海拔 16300 英尺的高度。我驻留了很久，凝望着西藏，我那充满胜利和悲伤的土地，我那荒凉冷淡的土地，它为旅行者制造着人为和天然的障碍；从它那令人眩目的高原归来，旅行者带回的是无数难忘的珍贵记忆，尽管他曾历尽艰辛。

在几英里长的一段路程中，我们从河谷向山口爬了 5620 英尺。我们现在从山上的寒冷和暴风中下到了河岸，和煦的夏风从杏树中间吹过。我们在左岸；在印度境内，第一个村庄普村出现在右边山上，嵌在浓郁的树丛中。村里有一个摩拉维亚传道点，是许多年前建立的，现在仍然由德国传教士管理。

但是我们如何才能渡过这条大河呢？河水在这里挤入一条狭窄河道，两边是垂直的岩壁，浪花飞溅着、打着旋儿从河床上咆哮而过。岸上不见任何生灵，普村也模糊不清，只有一条像我拇指一般粗的钢索从深涧上伸过去，下面是 100 英尺的深渊。河上曾经架过一座桥，但是已经断了，只剩下两头的石头桥墩和一度是桥头的连接桁条。我们的最后一个向导乌如（Ngurup）知道该怎么办。他用绳子在钢索上绕几圈，把自己牢牢捆在里面，再抓住钢索，将自己拉过河去。然后他跑向普村，很快就带回来两个传教士和一些当地居民，他们拿来一个恰好跟钢索合槽的木头轭，用绳子捆好，再用另一些绳子来将它在钢索上拉来拉去。于是我们可以渡河了，骡子、马、狗、箱子和人都被拉了过去。我把腿伸进绳套里，用两手抓住轭，腰上还拴着另一根绳子，就这样从深涧上给拉了过去。整个过程非常危险，我两腿吊在空中，在天地之间摇摆着，到钢索中间是 150 英尺的距离，可我觉得好像没有尽头似的。我最后滑过右岸的桥头，终于松了一口气，觉得安全了。

· 过西藏和印度之间的边界

这是 1908 年 8 月 28 日；我从 1906 年 8 月 14 日起就没见过一个欧洲人，直到马克斯（Marx）先生和同伴来迎接我。我们在他们那里住了几天，星期天还出席了他们为当地人的孩子举行的感人的大弥撒。

　　从普村，我们又下到海拔更低的高度，从此一天比一天暖和了。扎嘎尔身披一身厚厚的黑毛，遭了很大的罪，吐出舌头流着口水，从一处阴凉跑到下一处阴凉，每到一条小溪，都躺进去伸展开身体，让自己更凉快一些。半年以前它来到我们中间，当时西藏冬季的风暴在我们的帐篷周围漫卷着飞雪。过石布奇山口之前，它一直呼吸着故乡新鲜、凉爽的空气，并且最后一次看见牦牛；而我们现在把它带到了地狱般炎热的地方。它思虑再三，意识到我们的友谊正在瓦解。我们用武力把它从牧民中间夺走，现在又背叛了它，把它诱骗到一个酷热

· 西部的藏族少年

不堪忍受的国度。它在我们中间越来越感觉像一个陌生者，经常整天消失，但是晚上凉快的时候，它会回到我们的营地。它感到孤独，认为我们无情地抛弃了它。一天晚上，它没有回来，我们再没有见到它。无疑，它是回西藏去了，回到了贫困的牧民和寒冷的暴风雪中间。

9月9日，我在高拉拿到了邮件；14日，我在法古宿营。我几天前离开了整个旅行队，现在是独自一人旅行。9月15日，我进入西姆拉，在日记里写下"第500号营地"。

第二天，我出席了明托勋爵官邸举办的一场豪华的正式舞会——就在不久前，我还像乞丐一样流浪，还在放羊！透过总督府的窗口，我看得见喜马拉雅山。在喜马拉雅山的雪峰后面，就是我那梦幻的、亲爱的西藏。通往禁地的门又一次关上了。

我正是沿着莫利勋爵和英国政府曾经阻拦我通行的路线从西藏来到印度的，不过方向恰好相反。现在，西姆拉的英国人把我当作一位凯旋的英雄来欢迎，非常客气地款待我。我就这次幸运地完成的旅行在报告厅做了一次演讲，印度总督明托勋爵及夫人、基钦纳勋爵、政府官员、军官、学者、土邦邦主和外交使节都来听讲。

痛苦的时刻到来了，我要同六个随从、小狗崽和幸存的牲口告别了。我替他们和他们的同伴——无论活着还是死了——以及一切中途倒毙的骡马向上帝祷告，在他的保佑下一切都平安度过了。现在这支残存的队伍要回列城去了，除了大笔的酬金和新衣服外，我还给了他们余下的牲口和四倍的路费。明托勋爵向他们训了一次话，感谢他们那堪称楷模的忠诚。古斯塔夫国王向他们及先前遣散的所有随从颁发了特别勋章。拉达克人穿过花园出发时哭得很伤心。对我来说最痛苦的就是同小狗崽的诀别了，从它在喀喇昆仑山口的山脚下出生时起，它这一辈子都是在我的帐篷里度过的。古兰将负责照顾它，能够把它当作我们同甘共苦的活生生的纪念品加以保留，他非常高兴。我拥抱了这条忠诚的狗，抚摩着它，然后便看着它在花园的树丛间消失，而我们之间的纽带也永远割断了。

10月初，明托勋爵和夫人去山里旅行，基钦纳便请我去他那里住。我在印度英军总司令位于斯诺顿的豪宅中度过了令人难忘的一个星期。我想我可以毫不夸张地说，我在这些日子里同基钦纳相与甚欢，我们两个单身汉就这么平静地住在这座大宅中，一起吃饭的只有两个副官。基钦纳用武力征服了非洲，而亚洲却落在了我手里，于是他不厌其烦地向我了解这个大洲的一切细节，他的工作重心现在正在向这里转移。假如我能把他讲述自己一生经历的话都记录下来，那简直可以写上一整本书。他谈到了他的早年生活，谈到了特拉布宗和萨瓦金[3]，谈到了在巴勒斯坦所做的风土学工作，谈到了戈登帕夏，谈到了同伊斯兰教先知及僧侣们的战争，谈到了乌姆杜尔曼战役，谈到了在南非的战争，谈到了他在印度军队中所实施的改革——他亲口说到的这些情况可以对我所保存的他从四个大洲给我写来的信件做一个补充。这都是我们每天晚上在通往西藏的道路上散步时他讲出来的。

基钦纳作为一个硬汉，也表现出温情、单纯的一面，这是人们始料不及的。起初我搬到他的宅子里来时，他将我引进我的房间，桌子上摆着插满鲜花的花瓶。副官们告诉我，这些花都是他自己在花园里种的。"为什么？"我问道。当然了，他想让色彩协调。我卧室的桌子上放着一大堆关于西藏的书籍，是他从自己的图书室里找出来的，这样一来我在新的环境中会有一种亲切感。至于其他一些琐事，大多数军官是很少关心的，基钦纳却做得很仔细。假如他要举办一个盛大的宴会，他必定很在意餐桌的布置，桌布铺好后还要再检查一遍，好像在安排战场上的队伍似的。他会站在长条桌子的顶头，弓着身子，眯起一只眼睛检查酒杯、勺子和刀叉等是否整齐，再把它们一一摆正，直到没有一点毛病为止。

他热衷于进行种种改革。他的驻扎地斯诺顿在他开进之后完全变了个样，就是说，他觉得营地在印度平原上显得过于平坦，便下令在那里堆起了一座小山；而斯诺顿处于丘陵地带，他又让人搬开一座小山，辟出一个网球场。他不时会产生一些念头，总是自己画设计图，不单设计建筑物和里面的房间，连艺术装饰也亲自设计。

头三天过去后，基钦纳问我：

"您满意吗？还想要点别的什么？"

"一切都让我觉得很舒适，只是少了一样东西。"

"是什么？"他吃惊地问道。

"太太。我来斯诺顿以后还没见过女人呢。"

"好的。明天我们就请客，不过客人名单得由您自己来定。记住了，只要太太们！"

我在西姆拉结识了许多可爱的夫人，便一一提了出来。她们都受到了邀请，这可是件前所未有的事。这次宴会是我这辈子参加过的宴会中最愉快、最出格的一次。基钦纳高兴极了，不过他在席间讲的一些故事却更适合只有先生们参加的宴会。

另一天晚上，我邀请他一同去剧场。他恐怕从没来过这种地方，大家都很奇怪怎么会在这里看见他。

然而日子消逝如飞。10月11日，基钦纳驱车送我去火车站，我同他、同我忠实的朋友邓禄普－史密斯爵士告别。

注释

1. 直达布日寺（Tirtapuri），又译芝达布日寺，噶举派寺庙，位于西藏噶尔县。

2. 这里指中国境内的萨特莱杰河上游朗钦藏布（象泉河）。

3. 萨瓦金（Suakin），苏丹东北部港口城市。

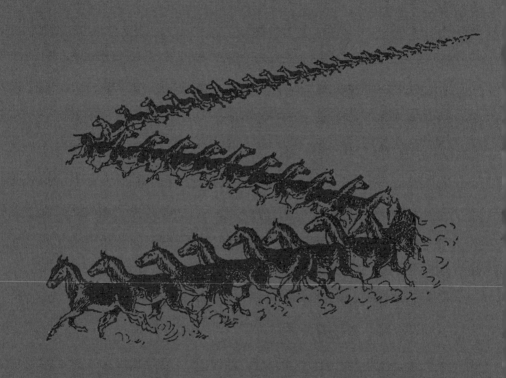

第六十五章

尾声

我在伟大的亚细亚荒野的旅行现在已接近尾声了，所以我只是将此后数年间所发生的重大事件和我的经历大致叙述一下。

我在印度时收到了东京地理学会一封格外诚恳的邀请信，请我去日本做几次关于西藏的演讲。我于是乘坐"德里号"（Delhi）轮船从孟买出发，经科伦坡、槟榔屿、新加坡和香港到了上海。在上海的戏院，由著名的亚洲旅行家布鲁斯（Bruce）上尉主持，我做了有关西藏旅行的演讲。然后我乘坐天洋丸抵达神户，一些学者前来欢迎我，并陪同我到横滨去。地理学会在这里为我举行盛大的欢迎会，主席菊池男爵致欢迎词，接着就是一连串的豪华宴会和表彰授勋。我住在瑞典公使瓦伦贝里（Wallenberg）家中，并且到英国公使麦克唐纳爵士（Sir Claude Mcdonald）那里为外交使团做了一次演讲。在我所出席的宴会中，以下这一次特别难忘：

瑞典公使馆的先生们和我是仅有的客人，主人则是日俄战争中12位举世闻名的将军。战功卓著的老将军奥[1] 以洪亮的声音用日语致欢迎词，再由一个传译翻译成英文。东乡[2] 海军大将、山县[3] 元帅和乃木[4] 大将也令人难忘。我的好友中还有大谷[5] 伯爵，德川侯爵及其兄德川公爵，以及小川、山崎、掘、井上、大森等教授。大森教授是日本最著名的地震学家，1923 年 10 月初，我在特殊的情形中又见了他一面，当时我乘坐前面提到的天洋丸从旧金山到横滨去，大森在檀香山上了船。9 月 1 日的大地震[6] 使得他连忙从澳大利亚返回日本，那时他生着病，躺在自己的船舱里。船到震毁的横滨，他是被人用担架抬上岸的；回到劫后的东京他就死了。

我最后要提到的是那个时代最伟大的日本人——明治天皇[7]，他凭着勇气和意志力破除旧的积习，使自己的国家顺应了时代的需求。

他个子高出国民一头，为人淡泊温和，兴趣广泛；他在东京的皇宫里接见了我，于是我得以结识他。他先是问到我国国王的健康及我的旅行，例行寒暄之后详细地了解了西藏的情况。他最后说的几句话让我印象特别深刻："能够从各个方向穿过西藏是您的造化。您就这样结束吧，想想看，假如您再回到那高原上去，可能就不会像前几次那样容易通过了。"

我在汉城[8]的伊藤[9]公爵那里做了四天客。他以令人吃惊的坦率谈到日本政治的未来，但他所说的话不便在此复述，况且，从那时起，世事发生了多么大的变化呀！伊藤公爵请我参观旅顺口，我结识了旅顺都督大岛[10]将军，再次见到了曾经担任日本驻斯德哥尔摩使团代办的日下部（Kusakabe）先生，适逢圣诞夜，他的家里装饰着一棵瑞典式的圣诞树。

我在沈阳参观了皇陵和著名的战场。我在哈尔滨等候从海参崴（符拉迪沃斯托克）开来的欧亚特快列车，耽搁了两小时，这时一群俄国军官注意到我，就请我进了一间候车室，里面的一张桌子几乎要被上面堆着的香槟酒瓶压塌了。这里热闹非凡，人们都在高谈阔论。我偶然问一个将军，我是否还有时间进城里买一顶皮帽子，好让我在西伯利亚的凛冽寒风中好过一点，他肯定地说，所有店铺都关门了，然后把自己的大皮帽子扣在了我的头上。我戴着它到了圣彼得堡，而那将军的蓝地银十字帽徽也一直没有取下。每当我身披一袭俄式大氅、头戴这顶奇异的将军帽出现在西伯利亚的车站月台上，那里的所有卫兵都会注目敬礼。我一面还礼，一面心中窃喜，这样一来我就不会遭到拘禁了。

我坐了十天的火车到了莫斯科，我的姐姐阿尔玛（Alma）和朋友们前来迎接我。我去参观了克里姆林宫和特列季亚科夫画廊（Tretyakov Gallery）。瑞典驻彼得堡公使布兰德斯特罗姆（Brandström）请我吃饭，赴宴的宾客中有王公贵族、地理学家，有普尔科沃天文台台长巴克伦德教授和伊曼纽尔·诺贝尔。沙皇在皇村接见了我，我在大地图上向他指出了我的旅行线路。

几天后的 1909 年 1 月 10 日，我回到斯德哥尔摩家中，见到亲朋好友都很平安，真有说不出的高兴。

现在开始，几乎同我在西藏的游历一样紧张，尽管方式完全不同。欧洲所有的大规模地理学会都请我去演讲。在柏林，我当着皇帝和皇后的面演讲；在维也纳，我又见到了老皇帝约瑟夫[11]；在巴黎，一群出色的地理学家和其他学者聚集在索邦大学（Sorbonne）的大讲堂听我演讲。伦敦皇家地理学会在"王后厅"集会，勇敢、干练的斯科特也出席了，几年后他死于南极探险的归途中。这个学会的一个惯例是从听众中选出一人向演讲者表示感谢，但这次的中选者却是印度大臣莫利爵士！现在看上去温文尔雅的他，当初曾坚决阻挠我从印度到西藏去，无论明托勋爵怎样请求，都不肯做丝毫让步；可是竟然要由他来做致谢报告，感谢我的演讲及我冲破一切禁令和关卡所取得的新发现。他所使用的言辞是关于我的所有献词中最华丽的，成了我对皇家地理学会最珍贵的回忆。只有一位绅士、一位具有骑士精神的人才说得出这样的话，才能公平地将研究活动同政治上的危局区分开来。爱德华国王大概就是根据莫利爵士的提议，于是年秋天授予我 K.C.I.E.[12] 勋位。陛下希望我前往伦敦亲手从他手中接受授勋状，但我做不到，因为我正忙于在德国、奥地利和匈牙利做演讲，于是授勋的任务便落在了英国驻斯德哥尔摩公使斯普林 - 赖斯爵士身上，此人后来出任英国驻华盛顿公使，他是我认识的人士中最富同情心、最有才能的人之一。

1910年2月，我在罗马的意大利地理学会发表演讲，本应由学会主席授予我金质奖章，他请国王为我颁奖，国王却将奖章递给了王后，于是我从王后手中接过了它。我不是天主教徒，这辈子也没想过能够有幸谒见老教皇庇护十世[13]，但是现在这件稀奇事恰恰发生了：教皇十分熟悉天主教在西藏的传教事务，尤其熟知鄂多立克[14]修士的故事（鄂多立克的故乡波代诺内距离教皇的出生地很近），他表示我可以去拜访他。他是一位慈祥的老人，我们谈得很投机。

同年5月，罗斯福总统到斯德哥尔摩来，我同他晤谈多次，在威廉王子那里的初次会面相当有趣。曼特柳斯（Oskar Mantelius）、阿伦纽斯（Svante Arrhenius）、隆贝里（Einar Lönnberg）等教授，以及诺登舍尔德所乘坐的"维加号"的船长帕兰德海军上将也在被邀之列，我们站成一个半圆形，王子依次把我们介绍给罗斯福，介绍到我时，他说："赫定博士。"这个姓氏并没有引起总统的注意。但是过了一会儿，王子再次提到我，自然不加头衔直呼名字，罗斯福突然身子一震，手拳曲着差点儿摸到我的脸，龇牙露齿，几乎一字一顿地叫道："您说的莫不是斯文·赫定？"然后他又转过头对我说："真高兴见到您！我读过您的书，咱们饭后一定好好谈一谈。"

我们好好谈了，但不止这一次，又有许多机会长谈，我赞赏他是一个意志坚定的男子汉。罗斯福一直劝我秋天就去美国做一通公开演讲。

"我将为您准备好一切。"他说。

"好啊，要是有罗斯福总统做后台老板，我准会取得好成绩的。"

我开玩笑道。

"您只要提前三个月给我拍电报，我就会替您把事情安排好。您一定会取得好成绩！"

然而我的美国之行这次并未实现。

从西藏归来的头几年里，我写成了我的游记，以 12 种文字出版，同时开始了科考作品《南藏》的写作，这本书直到 1923 年 1 月才彻底脱稿。

1911 年 5 月，我和姐姐阿尔玛去英国旅行了一个月，访问伦敦的时候恰逢乔治[15] 加冕前热闹的筹备期。我当时见了许多印度的老朋友，特别是时任皇家地理学会主席的寇松勋爵。我和姐姐在塞西尔饭店（Cesil）请客，这在 1911 年的热闹时节自然算不上什么盛会了。应邀赴宴的共有 13 个人——其中七个现已去世——包括瑞典王太子、明托勋爵、基钦纳爵士、瑞典公使弗朗吉尔伯爵、童子军将军巴登·鲍威尔[16]、邓禄普 – 史密斯、荣赫鹏和西藏旅行家罗林上尉等。我手绘的桌牌表现了客人们各自的"生活道路"，让大家都很高兴。

同年夏天（7 月），卡塞尔爵士于前往北角[17] 旅行途中抵达斯德哥尔摩，他邀请我和其他几位先生陪他一起去。我们参观了瑞典最北部的矿区，在午夜观看了太阳[18]，从纳尔维克穿过黑色的北极洋流到了欧洲最北部的瓦尔格山，然后沿着挪威海岸归来。

战争的阴云临近了，全世界都在骚动不安，当时潜入瑞典的俄国间谍引起了种种猜测。我发表声明，主张抵抗俄国的侵略，并于 1912 年 1 月出版了一本名为《一个警告》的小册子，印了上百万份准备在国内散发。我意识到这本小册子将使我永远同俄国断绝关系，并且引起沙皇的反感——他是如此有恩于我——便动身到圣彼得堡去。沙皇在皇村接见了我，我向他坦陈自己的忧虑，并且通知他我的警告将在一星期之内发表。沙皇听得很专注。现在俄国的政局全变了，尼古拉二世也已故去，所以我公开他的谈话内容并无不妥。

"瑞典没必要害怕俄国嘛。"他恳切地说。

"不，陛下，不一定是直接的威胁，但俄国把舰队扩充到今天的规模，这足以构成我国加强防卫力量的充分理由。"

"我们现在所造的战舰是要对付一个与瑞典完全不同的强国，您大可放心。"

"的确，但战事一起，谁也不知道会发生什么样的事情。"

"我很赞同您的见解，在一次全面的欧洲大战中，瑞典会陷入危险的境地，而我们在某种情形下也许不得不对您的国家采取一种不太友善的态度。无论如何，瑞典加强海岸的防守是明智的。"

这是我最后一次见沙皇。我返回斯德哥尔摩当天，我的小册子散遍了整个瑞典。沙皇读了以后，在一次同布兰德斯特罗姆谈话时对它的发表表示遗憾。至于说我自己，俄国的皇家地理学会将我的名字从会员名册中除掉了。直至1923年12月我再一次前往圣彼得堡时，我才应邀在该学会发表演讲，但那时的学会已经因为局势变动而作了改组，我受到了热烈的欢迎。

1912年和1913年两年，我的生活比较平静，大部分时间都花在《南藏》一书的写作及地图的绘制上。1913年夏，我在瑞典做了一次长达3000英里的汽车旅行，得以见识我的祖国里我尚未到过的部分。这年深秋再次爆发了要求保卫祖国的民众运动，"农会"事件使这种遍及全国的觉醒达到了顶点：1914年2月6日，3万多农民高举飘扬的农会旗帜到王宫来，向国王宣布，他们愿意付出一切代价来捍卫瑞典的安全、自由和独立。我本人也参加了卫国运动，就保卫祖国和其他一些政治问题多次发表演讲。

1914年夏天，我和父母兄弟姐妹在斯德哥尔摩海滨一座岛上度假，天气又热又闷，空气很不新鲜，这时关于萨拉热窝刺杀案[19]的电报传到了。7月25日，法国总统率领的一支小舰队紧贴着我们这座岛的登陆桥驶进斯德哥尔摩，他这是从圣彼得堡的沙皇那里返航。晚上，国王在王宫里为总统召开盛大宴会，我也在被邀之列。普恩加莱[20]问了我一些有关西藏的问题，这个话题在那天当然是最无关紧要的。宴会10点钟结束，普恩加莱连夜赶回巴黎。接下来的一星期极为阴森恐怖，大战爆发了。

显然，此后几十年里整个政治经济的发展都为这次世界大战的结局所决定了。一种不可抑制的渴求攫住了我，那就是从近处、在火线上观摩战争。在战场上认识现代战争实在是一种宝贵的经验；人们至少可以因为战争的本来面目而厌恶它，并且认清各国当权者的连篇谎言。

只有德国皇帝[21]才能允许一个外国人参观自己的前线，我的请求由德国驻斯德哥尔摩公使赖谢瑙（Reichenau）上呈最高权力，并获得批准。我于9月中旬到11月中旬待在西线，拙著《全民皆兵的民族》写的就是我的所见所闻。

1915年，我去拜访兴登堡[22]和鲁登道夫[23]，见证了对俄战争的重要一段，并且随奥匈帝国军队开进波兰。拙著《到东线去》就得自我在东线的印象和经历。

1916年，我作为恩维尔帕夏[24]、哈利勒帕夏[25]和杰马勒帕夏[26]

的客人在亚洲战场逗留了七个月。我在小亚细亚、美索不达米亚、叙利亚、巴勒斯坦和西奈沙漠旅行，但我的注意力不在军事上，而在这些值得注意的地方及其居民和古迹上。我觉得最有趣的经历是在科尔德威[27]教授率领下在巴比伦废墟中的几天漫游。我在耶路撒冷度过了难忘的两星期。我这次旅行的经过都写在《巴格达－巴比伦－尼尼微》（*Bagdad-Babylon-Nineveh*）和《耶路撒冷》（*Jerusalem*）二书中。我的老父亲仍然像往常一样替我誊清稿子，我的母亲则负责校读，但是这一次我的父亲却没能把工作做完：他殁于 1917 年 2 月，享年 90 余岁。我们失去他非常悲伤。

我于 1917 年秋天考察了冯·毕洛[28]指挥的意大利前线后，就去了库尔兰和里加，特别是忙于考订瑞典的古籍，追寻我的一个同胞本特·乌克森谢纳（Bengt Oxenotierna）男爵的"散佚足迹"，此人 300 多年前曾在波斯沙阿阿拔斯大帝军中供职，到东方进行过奇异的旅行。

其后数年间，我完成了《南藏》一书，共九册正文、三册地图，直至 1922 年深秋，这项工作几乎占据了我全部的时间。它相当繁重，足以将我彻底拴在书桌旁。为了抖去书籍、地图和稿件上的尘埃，同时摆脱遍布全欧洲的沉闷、污浊气氛，我于 1923 年 2 月 1 日乘坐汉堡－美国航线的"汉莎号"（Lufthansa）轮船到美国去，在那里一直逗留到 9 月份。如果有时间，我以后将写下对美国的观感。我的归途经过太平洋、日本、中国、蒙古、西伯利亚、俄罗斯和芬兰。我此前从未做过环球旅行，现在终于知道地球是圆的。

这本书的最后几行是在我 1914 年秋天住过的别墅里写的；我于是问自己，今天的世界是不是比那时候更和平、更宽容了。经过最近的十年时间，人们真的变得有点像哲学家了。故此，我要在斯德哥尔摩海滨小岛上结束这本《我的探险生涯》，至于未来的岁月会带来什么，则掌握在全能的上帝手中。

注释

1. 老将军奥，即奥保巩（1847—1930），日本元帅陆军大将。曾参加甲午战争、日俄战争，两次入侵中国。

2. 东乡，即东乡平八郎（1848—1934），日本元帅海军大将。日俄战争时任联合舰队司令长官。

3. 山县，即山县有朋（1838—1922），日本首相、枢密院长、元帅陆军大将。日本近代陆军的奠基人。甲午战争爆发时率军入侵朝鲜。

4. 乃木，即乃木希典（1849—1912），日本陆军大将。曾参加甲午战争、日俄战争，入侵台湾，任台湾总督。明治天皇逝世后切腹自杀尽忠。

5. 大谷，即大谷光瑞（1876—1948），日本僧侣、探险家、历史学家、考古学家。曾三次组织"大谷探险队"到中国西北地区探险、盗掘文物。

6. 9 月 1 日的大地震，即日本关东大地震。

7. 明治天皇（1852—1912），名睦仁，日本第 122 代天皇。在位时推行现代化改革，史称"明治维新"。

8. 汉城，即今韩国首都首尔。

9. 伊藤，即伊藤博文（1841—1909），日本政治家。曾任首相、朝鲜总督。1909 年 10 月在哈尔滨遭朝鲜爱国青年安重根刺杀身亡。

10. 大岛，即大岛义昌（1850—1926），日本陆军大将。1894 年率部入侵朝鲜，首先挑起与清军的战争，遂成甲午战争的开端。日俄战争后日本在中国东北的首任关东总督，后改任关东都督，驻旅顺。

11. 约瑟夫，即弗兰茨·约瑟夫一世（Franz Joseph I，1830—1916），奥地利帝国以及奥匈帝国皇帝（1848—1916 在位）。其皇后即著名的茜茜公主。

12. K.C.I.E.，即印度帝国高级勋位爵士（Knight Commander of the Indian Empire）。

13. 庇护十世（Pius X，1835—1914），意大利籍教皇（1903—1914 在位）。

14. 鄂多立克（Ordorico de Pordenone，1286—1331），意大利圣方济各会会士，中世纪四大旅行家之一，与马可·波罗、伊本·拔图塔、尼哥罗·康蒂齐名。曾到中国传教，大约于 1325 年抵达元大都（北京），归国后口述其旅行见闻，由他人记录整理成《鄂多立克东游录》。

15. 这位要加冕的乔治，即乔治五世（George V，1865—1936），英国国王（1910—1936 在位）。

16. 巴登·鲍威尔（Robert Baden-Powell，1857—1941），英国陆军军官，男、女童子军的创建人。

17. 北角（Nordkap），挪威北方马格尔岛北端的一个海岬，同常被认为是欧洲大陆的最北端。

18. 此即极昼现象。

19. 萨拉热窝刺杀案，即奥匈帝国皇储斐迪南大公前往当时波黑省首府萨拉热窝视察时，被塞尔维亚民族主义者普林西普刺杀身亡一事。该事件成为第一次世界大战的导火索。

20. 普恩加莱（Raymond Poincaré，1860—1934），法国政治家，第一次世界大战期间任总统。

21. 此处的德国皇帝，即威廉二世（William II，1859—1941），第一次世界大战期间的德国皇帝。

22. 兴登堡（Paul von Hindenburg，1847—1934），第一次世界大战期间的德国元帅，战后魏玛共和国第二任总统。

23. 鲁登道夫（Erich Ludendorff，1865—1937），德国将军，第一次世界大战期间德国军队的主要指挥者之一。

24. 恩维尔帕夏（Enver Pasha，1881—1922），奥斯曼帝国陆军大臣、总参谋长，1908 年青年土耳其党革命中的英雄。

25. 哈利勒帕夏（Halil Pasha，1881—1957），奥斯曼帝国军官，美索不达米亚地区的最高指挥官。"库特之围"战役的指挥者。

26. 杰马勒帕夏（Ahmed Cemal Pasha，1872—1922），奥斯曼帝国海军大臣、伊斯坦布尔警察总监。

27. 科尔德威（Robert Koldewey，1855—1925），德国建筑师、考古学家，证实了《圣经》中所说的巴比伦的存在。

28. 冯·毕洛（Otto von Below，1857—1944），德国陆军将领，第一次世界大战中德军最出色的战场指挥官之一。

地名索引

A

Abdal 阿不旦

Acesines 阿塞西尼斯河

Addan-tso 阿当错

Adrianople 阿德里安堡

Afrasiab 阿夫拉西亚卜

Agra 阿格拉

Akato-tagh 阿卡托山

Ak-baital 阿克拜塔尔山口

Aksai-chin 阿克赛钦

Aksai-chin 阿克赛钦湖

Aksu 阿克苏

Asku 阿克苏河

Alai Mountains 阿赖山

Alai Valley 阿赖山谷

Ala-shan 阿拉善

Aleppo 阿勒颇

Alexander Range 亚历山大山

Altmish-bulak 阿提米西布拉克

Alvand 阿尔万德峰

Amber 琥珀堡

Amdo-mochu 安多莫曲

Amu-daria 阿姆河

Anambaruin-gol 安南坝河

Anambaruin-ula 安南坝山

Anau 安纳乌

Andere 安迪尔

Andes 安第斯山脉

Andishan 安集延

Angden-la 阿灯拉山口

Aral Sea 咸海

Ararat 亚拉腊山

Ara-tagh 阿拉塔格

Aris River 阿里斯河

Arka-tagh 阿尔格山

Arport-tso 窝尔巴错

Asarhaddon 阿萨尔哈东

Asa River 阿萨河

Asia Minor 小亚细亚

Askabad 阿什哈巴德

Assam 阿萨姆邦

Asterabad 阿斯特拉巴德

Astin-tagh 阿斯腾塔格

Astrakhan 阿斯特拉罕

Aulie Ata 奥利埃阿塔

Avat 阿瓦提

Ayag-kum-kol 阿牙克库木湖

B

Badakshan 巴达赫尚

Bagdad 巴格达

Bahrein Islands 巴林群岛

Baïram Ali 拜拉姆阿里

Baku 巴库

Bakuba 巴古拜

Balakhany 巴拉哈尼

Baltic 波罗的海

Baluchistan 俾路支斯坦

Bao-yah-ching 百眼井

Barfrush 巴尔弗鲁士

Basang Valley 巴桑山谷

Bash-kol 巴什库勒湖

Bash-kum-kol 巴什库木库勒湖

Basra 巴士拉

Batum 巴统

Bayazid 巴亚泽特

Beglik-kol 贝格力克湖

Belarum 博尔拉拉姆

Benares 贝拿勒斯

Ben-i-Said 拜尼萨德

Bering Strait 白令海峡

Berlin 柏林

Black Sea 黑海

Bogtsang-tsangpo 波仓藏布

Bokhara 布哈拉

Boksam 博克善

Bombay 孟买

Bongba 邦巴

Bongba Changma 邦巴强玛

Bordoba 博尔德伯

Bosporus 博斯普鲁斯海峡

Bostan 波斯坦

Brahmaputra 布拉马普特拉河

Buriat 布里亚特省

Budapest 布达佩斯

Bujentu-bulak 布延图布拉克

Bukhain-gol 布哈河

Bulak 布拉克

Bulak-bashi 布拉克巴什

Bulungir-gol 布隆吉尔湖

Bulun-kul 布伦库勒

Buptsang-tsangpo 布藏藏布

Bushir 布什尔

C

Cairo 开罗

Calcutta 加尔各答

Canyon of the Colorado 科罗拉多大峡谷

Cape Town 开普敦

Capernaum 迦百农

Caspian Sea 里海

Castile 卡斯蒂利亚

Caucasus 高加索

Chaga 加嘎

Chakchom-la 恰琼拉

Chakmakden-kul 查克马廷湖

Chaktak-tsangpo 加大藏布

Chal-tumak 恰勒图马克冰川

Chang 后藏

Chang-chenmo 羌臣摩河谷

Chang-la 张拉山口

Chang-la-Pod-la 羌拉布拉山口

Chang-lung-yogma pass 羌隆约玛山口

Chang-tang 羌塘

Chardeh 查尔德

Chargut-tso 恰规错

Charkhlik 婼羌

Charkhlik-su 婼羌河谷

Chatyr-kul 恰特尔克尔湖

Chegelik-ui 其格里克

Cherchen 且末

Cherchen-daria 车尔臣河

Chesang-la pass 切桑拉山口

Chimborazo 钦博腊索山

Chimen-tagh 祁漫塔格

Chimkent 奇姆肯特

Chinas 钦纳兹

Chita 赤塔

Choka-tagh 穹塔格

Chokchu 筑曲

Chol-kol 卓尔湖

Chomo-uchong 珠穆乌琼山群

Chugatai Pass 楚加塔依山口

Chunit-tso 曲依错

Colombo 科伦坡

Constantinople 君士坦丁堡

Constantinovskaya 康斯坦丁诺夫斯卡娅

Corna 古尔奈

Ctesiphon 泰西封

D

Dalai-kurgan 达来库尔干

Dalbyö 达尔比约

Damascus 大马士革

Dambak-rong 达巴容

Damghan 达姆甘

Dangra-yum-tso 当惹雍错

Dapsang 达桑高地

Daraut-kurgan 达拉乌特库尔干

Dardanelles 达达尼尔海峡

Dead Sea 死海

Deh-i-Namak 德伊纳玛克村

Dehra Dun 台拉登

Dekkan 德干高原

Delhi 德里

Demavend 达马万德山

Desert of Takla-makan 塔克拉玛干沙漠

Dhaulagiri 道拉吉里峰

Ding-la 丁拉

Diyala River 迪亚拉河

Dolma-la 卓玛拉

Don 顿河

Drugub 鲁空

Dulan-kit 都兰寺

Dumbok-tso 懂布错

Dunglik 墩里克

Dungtsa-tso 东查错

Dural 都拉里

E

Ecbatana 埃克巴塔纳

Elba 厄尔巴岛

Elburz Range 厄尔布尔士山脉

Enseli 恩泽利港

Erzerum 埃尔祖鲁姆

Ettek-tarim 艾台克塔里木河

Euphrates 幼发拉底河

F

Fagu 法古

Farsistan Mountains 法尔斯山脉

Ferghana 费尔干纳

G

Gabuk-la 嘎布拉

Galata 加拉塔

Ganderbal 加恩德尔巴尔

Ganges 恒河

Ganglung-gangri 冈隆岗日

Gar-gunsa 噶尔昆萨

Gartok 噶大克

Gaura 高拉

Geok-Tepe 盖奥克泰佩

Gertse 改则

Gez-daria 盖孜河

Goa-la 果娃拉

Gobi Desert 戈壁滩

Godaur 古多里

Golden Horn 金角湾

Gom-jima 贡吉玛

Gompa-sarpa 棍巴萨巴

Govo 果吾

Grusian 格鲁吉亚军用公路

Gulf of Finland 芬兰湾

Gurla-mandata 久拉曼达塔

Gusheh 古谢赫

Gyangtse 江孜

H

Hamadan 哈马丹

Hamburg 汉堡

Harbin 哈尔滨

Hesarmestjid 哈扎尔马斯杰德山

Hashemabad 哈什马巴德

Herat 赫拉特

Himalayas 喜马拉雅山脉

Hindu kush 兴都库什山脉

Ho-lao-lo-kia 霍劳洛加镇

Holuin-gol 呼鲁音郭勒

Hong Kong 香港

Honolulu 檀香山

Hormuz 霍尔木兹海峡

Hugli 胡格利

Hunserab River 红其拉甫河

Hydaspes 希达斯皮斯河

Hyderabad 海得拉巴

I

Indus 印度河

Iran 伊朗高原

Irkeshtam 伊尔克什坦

Irtysh 额尔齐斯河

Isfaïran River 伊斯法兰河

Ispahan 伊斯法罕

J

Jaje-rud 贾哲鲁德河

Jerusalem 耶路撒冷

Jeypore 斋浦尔

Jiptik 吉普蒂克

Jisak River 吉扎克河

Jukti-la 久赤拉

K

Kabur 喀布尔

Kahka 卡赫卡

Kailas 凯拉斯峰

Ka-la 嘎拉

Kalgan 张家口

Kali Gandak 喀利根德格河

Kalta-alaghan 卡尔塔阿拉南山

Kamper-kishlak 康波基什拉克冰川

Kanchung-gangri 康琼岗日

Kang Rinpoche 冈仁波齐峰

Kangsham-tsangpo 康坚藏布

Kanjut 堪朱特

Kansk 坎斯克

Kapurthala 格布尔特拉

Kara-dung 喀拉墩

Kara-kash-daria 喀拉喀什河

Kara-korum 喀喇昆仑山脉

Kara-korum Pass 喀喇昆仑山口

Kara-koshun 喀拉库顺湖

Kara-kul 喀拉湖

Kara-kul 卡拉库力湖

Kara-kum 卡拉库姆沙漠

Kara-muran 喀拉米兰河

Kara-shahr 喀喇沙尔

Karaul 喀拉乌勒

Karbala 卡尔巴拉

Kargil 格尔吉尔

Karnali 格尔纳利河

Karong-tso 嘎仁错

Karoshti 卡罗什蒂

Kasbek 卡兹别克山

Kashan 卡尚

Kashgar 喀什噶尔

Kashgar-daria 喀什噶尔河

Kashgar Range 喀什噶尔山脉

Kashmir 克什米尔

Katmandu 加德满都

Kauffmann Peak 考夫曼峰

Kazalinsk 卡扎林斯克

Kazvin 加兹温

Kedleston 凯德尔斯顿

Kerbela 克尔贝拉

Keriya-daria 克里雅河

Kermanshah 克尔曼沙阿

Kevir 卡维尔盐漠

Khalamba-la 卡兰巴拉

Khaleb 格列

Kham 康巴

Khara-kottel Pass 哈拉库图山口

Khara-nor 哈拉湖

Khartum 喀土穆

Khiva 希瓦

Khojent 苦盏

Khokand 浩罕

Khorasan 呼罗珊

Khotan 和阗

Khotan-daria 和阗河

Ki-chu 吉曲

Kilimanjaro 乞力马扎罗山

Kilung-la 吉隆拉

Kinchen-la 炯钦拉

Kisil-unkur 红山洞

Kitab 基塔布

Kizil-art 克孜勒阿尔特山口

Kizil-kum 克孜勒库姆沙漠

Kizil-zu River 克孜勒苏河

Kobe 神户

Kodom 科多姆

Kòk-moinak 阔克－莫依纳克山口

Koko-nor 青海湖

Koko-shili 可可西里山

Kok-sai 科克塞

Konche-daria 孔雀河

Koom 库姆

Kapa 喀帕

Kore-la 科里拉

Korla 库尔勒

Krasnovodsk 克拉斯诺沃茨克

Kronstadt 喀琅施塔得

Kubi-gangri 库比岗日

Kubi-tsangpo 库比藏布

Kucha 库车

Kuen-lun 昆仑山脉

Kuhrud 库赫鲁德

Kulja 固勒札

Kum-bum 塔尔寺

Kum-chapgan 库木恰普干

Kum-chekkeh 昆其村

Kum-rabat-padshahim 库姆－拉巴特－帕德沙西姆

Kura River 库拉河

Kurbanchik 库尔班其克峡谷

Kurdistan 库尔德斯坦

Kurlyk-nor 可鲁克湖

Kuruk-daria 库鲁克河

Kuruk-tagh 库鲁克塔格

Kut-el-Amara 库特－阿马拉

Kwei-hwa-chung 归化城

L

Labrang 拉章

Lache-to 纳加多岛

Ladak 拉达克

Largäp 拉嘎

Lahore 拉合尔

Lailik 拉依力克

Lake Huron 休伦湖

Lake Lang-kul 郎库里湖

Lake Lighten 莱登湖

Lake Superior 苏必利尔湖

Lakor-tso 拉果错

Lanek-la 拉那克山口

Langa-chen 朗噶钦山群

Langak-tso 拉昂错

Langar 兰加尔

Langchen-kamba 朗钦甘巴

Lapchung-tso 勒布琼错

Lar 拉尔河

La-rok 拉若山口

Leh 列城

Leipzig 莱比锡

Lemchung-tso 冷穷错

Leon 里昂

Liang-chow-fu 凉州府

Linga 林加

Lingo 林欧

Longwood 朗伍德

Lop Desert 罗布沙漠

Lop-nor 罗布泊

Los Angeles 洛杉矶

Lou-lan 楼兰

Lourdes 卢尔德

Lucknow 勒克瑙

Lunkar-la 隆嘎拉

Lunpo-gangri 冷布岗日

Lüshun-kou 旅顺口

M

Madras 马德拉斯

Manasarovar 玛那萨罗沃

Mandarlik 孟达里克

Maral-bashi 马热勒巴什

Marchar-tso 马尔下错

Margelan 马尔吉兰

Mariam-la pass 马里亚姆拉山口

Masar-tagh 麻扎塔格

Masenderan 马赞达兰省

Marsimik-la 马尔斯米克拉

Masra 马斯拉

Mecca 麦加

Mehman-yoli 麦曼约里

Mendjil 曼吉勒

Merdasht 美尔达什特

Merket 麦盖提

Merv 梅尔夫

Meshhed 马什哈德

Mesopotamia 美索不达米亚

Miandasht 米安达什特

Minto 明托

Miran 米兰

Mirsa-rabat 米尔扎拉巴特

Molja 莫勒切河

Mont Blanc 勃朗峰

More 摩勒

Moscow 莫斯科

Mt. Arafat 阿拉法特峰

Mt. Everest 珠穆朗玛峰

Mt. McKinley 麦金利山

Mt. Whitney 惠特尼山

Muglib 摩格里布

Murdab 穆尔达布湖

Murgab 穆尔加布河

Murgab 穆尔加布河谷

Mus-kol 穆兹科尔山谷

Mus-kurau 慕士库劳山口

Mustagh-ata Mountains 慕士塔格山

My-chu 美曲

N

Nagara-Chaldi 纳加拉－恰尔迪

Nagrong 那荣

Naïji-muren 奈齐河

Nakchu 那曲

Naktsang 那仓

Naktsong-tso 那宗错

Nama-shu 纳玛殊

Namchen 南木钦山谷

Namru 那木如

Nan-kou 南口山谷

Narinsk 纳林斯克

Narvik 纳尔维克

Nasretabad 诺斯拉塔巴德

Neva Quay 涅瓦河码头

Nganglaring-tso 昂拉仁错

Ngangtse-tso 昂孜错

Ngari-tsangpo 阿里藏布

Nima-lung-la 尼玛隆拉

Nineveh 尼尼微

Nishapur 内沙布尔

Niya 尼雅

Noh 诺和村

Nordkap 北角

Nova Zembla 新地岛

Novorossiysk 新罗西斯克

Nushki 努什基

Nyang-chu 年楚河

Nyuku 纽圭

O

Omaha 奥马哈

Omdurman 乌姆杜尔曼

Orange Free State 奥兰治自由邦

Ordos 鄂尔多斯

Orleans 奥尔良

Orsk 奥尔斯克

Osh 奥什

Otrar 奥特拉尔

P

Pabla 帕布拉山

Pamir 帕米尔高原

Pamirsky Post 帕米尔斯基哨所

Panggong-tso 班公错

Panj River 喷赤河

Paoto 包头

Paris 巴黎

Parka 巴嘎

Pasaguk 巴萨古

Pasargdae 帕萨尔加德

Pas-rabat 帕斯拉巴特

Pedang-tsangpo 边当藏布

Peking 北京

Peninsula of Apsheron 阿普歇伦半岛

Pera 佩拉

Persepolis 波斯波利斯

Persian Gulf 波斯湾

Perutse-tso 别若则错

Petrovsk 彼得罗夫斯克

Pima 媲摩

Ping-fan 平番

Pinzoling 彭措林

Plevna 普列文城

Pobrang 布章

Poo 普村

Pool-tso 普尔错

Poonch 蓬奇

Popocatepetl 波波卡特佩特火山

Pordenone 波代诺内

Poru-tso 布如错

Pulau Pinang 槟榔屿

Pulkova 普尔科沃

R

Rabat 拉巴特

Raga-tasam 热嘎扎桑

Raga-tsangpo 热嘎藏布

Rages 拉格斯

Rahna 拉纳

Rainier 雷尼尔山

Rajputana 拉杰普塔纳

Rakas-tal 拉喀斯塔尔

Rartse 日阿则

Ravalpindi 拉瓦尔品第

Resht 拉什特

Riga 里加

Rigihloma 热吉洛玛

Riochung 热乌琼

Rome 罗马

Rostov 罗斯托夫

Rudok 日土

Rungma 荣玛

S

Sabzevar 萨卜泽瓦尔

Sachu-tsangpo 扎加藏布

Sadanapalus 萨丹纳帕路斯

Saka-dsong 萨嘎宗

Samarkand 撒马尔罕

Samye-la 桑木耶拉

San Diego 圣迭戈

San Francisco 旧金山

Sangmo-bertik-la 桑木巴提拉

Sanskar 桑斯噶尔

Sarajevo 萨拉热窝

Sarik-kol Mountains 萨雷阔勒岭

Sarik-kol Valley 萨雷阔勒山谷

Satlej 萨特莱杰河

Sea of Azov 亚速海

Sea of Gennesaret 吉内萨雷海

Sea of Marmora 马尔马拉海

Sefeed-Rud 塞菲德河

Sela-la 色拉拉

Selipuk 赛利普

Selling-tso 色林错

Semiryetchensk 塞米尔耶申斯克

Semnan 塞姆南

Semoku 斯莫苦

Sennacherib 辛那赫里布

Seoul 汉城（今首尔）

Shakangsham 夏康坚

Shahidullah 协依都拉

Shahr-i-sabs 沙赫里萨布兹

Shah-yar 沙雅

Shanghai 上海

Shansa-dsong 申扎宗

Sharud 沙鲁德

Shat-el-Arab 阿拉伯河

Shayok 什约克

Shayok Valley 什约克河谷

Shemen-tso 谢门错

Shen-yang 沈阳

Shib-la 西布拉

Shigatse 日喀则

Shipki-la 石布奇山口

Shi-ming-ho 石门河

Shiraz 设拉子

Shirge-chapgan 切尔盖恰普干

Shovo-tso 休布错

Shuru-tso 许如错

Shuster 舒斯特尔

Siberia 西伯利亚

Sierra Nevada 内华达山脉

Simla 西姆拉

Sinai 西奈

Singapore 新加坡

Singer 辛格尔

Singi-kabab 狮子口

Si-ning 西宁

Sirchung 折宗

Sir-daria 锡尔河

Sistan 锡斯坦

Snowdon 斯诺顿

Sofia 索非亚

Soma-tsangpo 松娃藏布

Sonamarg 索纳马格

Spitsbergen 斯匹次卑尔根群岛

Srinagar 斯利那加

Stamboul 斯坦布尔

St. Helena 圣赫勒拿岛

Stockholm 斯德哥尔摩

Stogh 斯托克

St. Petersburg 圣彼得堡

Stralsund 施特拉尔松德

Suakin 苏亚金

Su-bashi 苏巴什

Sufi-kurgan 苏菲库尔干

Sumdang-tsangpo 松当藏布

Sung-shu-choang 松树庄

Surakhani 苏拉哈尼

Sur-la 苏拉

Surnge-la 苏挨拉

Susa 书珊城

T

Tabie-tsaka 扎布耶茶卡

Tabriz 大不里士

Tagarma 塔合曼大峡谷

Tage-tsangpo 扎葛藏布

Taghdumbash-daria 塔格敦巴什河

Takbur 扎布尔

Takla-makan 塔克拉玛干

Ta-la 扎拉

Tamboff 坦波夫

Tamdy 塔姆德

Tamlung-la 扎木隆拉

Tana-bagladi 塔纳巴格拉迪湖

Tanak 达那答

Tang-la 唐古拉山脉

Tangma 多温玛

Tanksi 坦克策

Tarbagatai 塔尔巴哈台

Targo-gangri 达果岗日

Targo-tsangpo 达果藏布

Tarim River 塔里木河

Tarok-tso 塔若错

Tashi-lunpo 扎什伦布寺

Tashkent 塔什干

Tash-rabat 塔什拉巴特山口

Tatlik-bulak 塔特勒克布拉克

Taurus 托罗斯山脉

Tavek-kel 塔瓦库勒村

Tayep-parva-la 扎耶帕巴拉

Teheran 德黑兰

Teta-la 德塔拉

Temirlik 铁木里克

Tengis-Bai Pass 腾吉斯巴依山口

Tengi-tar 腾吉塔尔峡谷

Tengri-nor 腾格里诺尔

Tenkar 丹噶尔

Terek-davan 铁列克达坂

Terek River 捷列克河

Teri-nam-tso 扎日南木错

Thermopylae 温泉关

Tian-shan 天山

Tiberias 太巴列湖

Tiflis 第比利斯

Tigris 底格里斯河

Tikkenlik 铁干里克

Tokchen 托钦

Tokus-kum 托库斯库姆

Tokyo 东京

Tomsk 托木斯克

Tong 通村

Tong 同村

Tong-burun 通布伦山口

Tong-tso 洞错

Tonkuz-basste 通古孜巴斯特

Tossun-nor 托素湖

Tradum 扎东

Transalai 外阿赖山

Transbaikalia 外贝加尔

Transcaspia 外里海州

Transhimalaya 外喜马拉雅山

Transvaal 德兰士瓦省

Trebizond 特拉布宗

Tsachu River 扎曲

Tsagan-nor 查汗诺尔

Tsaidam 柴达木　柴达木盆地

Tsangarshar River 藏噶沙尔河

Tsangpo 雅鲁藏布江

Tsaritsyn 察里津

Tsarskoe Selo 皇村

Tseti-lachen-la 则地拉钦拉

Tso-kavala 错噶瓦拉

Tso-mavang 玛旁雍错

Tso-nek 错那

Tsongka 宗嘎

Tso-ngombo 错温布

Tuksum 土松

Turan 图兰低地

Turkestan 突厥斯坦

Turkoman 土库曼湾

Turugart 吐尔尕特山口

U

Ujiri 乌季里

Ulan-alesu 乌兰阿勒苏

Ullug-art 乌鲁尕特山口

Ulug-chat 乌鲁克恰提

Umballa 安巴拉

Upal 乌帕尔

Ural River 乌拉尔河

Urga 库伦

Urumchi 乌鲁木齐

V

Vakjir 瓦根基山口

Varge 瓦尔格山

Vernoye 韦尔诺耶

Victoria Lake 维多利亚湖

Victoria Nyanza 维多利亚湖

Vienna 维也纳

Vladikavkaz 弗拉季高加索

Vladivostok 符拉迪沃斯托克

Volga 伏尔加河

W

Wang-yeh-fu 王爷府

Washington 华盛顿

Wiesbaden 威斯巴登

Y

Yallok 亚洛

Yam-bulak 羊布拉克冰川

Yangi-kol 英库勒

Yangi Shahr 英吉沙

Yardang-bulak 雅尔丹布拉克

Yarkand 叶尔羌

Yarkand-daria 叶尔羌河

Yatung 亚东

Yellow River 黄河

Yenisei River 叶尼塞河

Yeshil-kul 雅西尔湖

Ye-shung 也雄

Yezd 亚兹德

Yike-tsohan-gol 伊克错罕郭勒

Ying-pen 营盘

Yokohama 横滨

Yuldus Valley 尤尔都兹谷地

Yulfa 尤尔法

Yumba-matsen 雄巴玛赞

Yurun-kash 玉龙喀什河

Z

Zendeh-rud 扎因代河

Zerafshan 泽拉夫尚河

Zoji-la 佐吉拉山口